AF597879

chez le même éditeur:

FEUTRY M., MERTZ DE MERTZENFELD R., DOLLINGER A.
Dictionnaire technologique Volume 1: mécanique - métallurgie - hydraulique et industries connexes
Anglais - Français - Allemand et index
1976. 750 pages 15 000 termes
Supplément espagnol
1976. 400 pages 15 000 termes

SYNDICAT NATIONAL DES FABRICANTS DE RESSORTS
Dictionnaire technologique Volume 2: les Ressorts
Français - Allemand - Anglais - Espagnol
sous presse

SALON A.
Vocabulaire Critique des Relations Culturelles Internationales
Index Anglais - Allemand - Français et Allemand - Français - Anglais
1978. 175 pages

CONSEIL INTERNATIONAL DE LA LANGUE FRANÇAISE
Vocabulaire des Sciences et Techniques Spatiales
1978. 215 pages

dans la même collection:

AFTERM
Actes du congrès de "Terminologies 76"
1977. 450 pages

DUBOIS M.
Dictionnaire des Sigles Nationaux et Internationaux
1977. 404 pages 25 000 entrées

dictionnaire international d'abréviations scientifiques et techniques

MICHEL AZZARETTI

LA MAISON DU DICTIONNAIRE
95 bis, rue Legendre 75017 Paris tel: 229. 48. 36

PARIS 1978

ISBN 2-85608-003-0

La masse des documents nécessaires à l'information de toutes les branches d'activité a conduit leurs auteurs à raccourcir autant que faire se peut, la longueur de ces documents, donc la longueur des textes, donc la longueur des mots : c'est l'*abréviation.* On la trouve partout, en toutes langues. Et comme, parallèlement, la tendance va, par la force des choses, vers l'information d'audience internationale, il faut bien que l'homme aux prises avec elle, et c'est le cas de tous les hommes actifs, puisse comprendre l'*abréviation* qu'il rencontre çà et là au cœur de cette information, surtout quand son sens n'est pas évident : et il l'est de moins en moins.

Telle est la raison d'être du présent dictionnaire. Eu égard, nous l'avons dit, à l'internationalisation montante de l'information, nous avons cru servir l'utilisateur (documentaliste, traducteur, chercheur, etc.) en groupant les abréviations, qu'elles soient françaises, anglaises, allemandes, italiennes ou espagnoles, sous un même signe alphabétique ; à l'exception, évidemment, des *abréviations* de langue russe, que l'on a regroupées en fin de volume, l'ordre alphabétique de cette langue ne nous permettant pas d'insérer ses abréviations au milieu des autres.

Le caractère incomplet de l'ouvrage n'échappera à personne. Cependant, tel qu'il est, il pourra donner des intuitions révélatrices sur les acceptions de telle ou telle *abréviation* qui ne figurera pas dans ces pages. D'ailleurs, ce dictionnaire ne représente qu'un premier pas car nous nous engageons, s'il trouve son application comme nous l'espérons, à y introduire dans un délai raisonnable un nouveau lot d'abréviations internationales...

l'Auteur

The volume of data necessary to all forms of professional activities has compelled their originators to shorten, as much as possible, the said data, which means the texts or words used to convey them : abbreviate ! abbreviate ! abbreviate !

Abbreviations are to be found everywhere, in every language. And it occurs that, contemporaneously forced by to-day's circumstances, there also is a trend toward an international circulation of the same information, so that the man confronted with them, and it might well be every active man of this world, must have some means of understanding the abbreviations that occur to him in the middle of the said data, especially when their meaning is not self-explanatory, which it incidentally is increasingly not.

This accounts for the motivation of our dictionary. Given, as said, the increasing character of internationalism of data, we are confident that we can be of help to the user (whether a documentalist, a translator, or involved in research, etc.) if we gather under the same letter of the alphabet all the abbreviations of the same spelling, whether English, French, German, Italian or Spanish, with the exception of Russian abbreviations which have been listed at the end of the book, as their alphabetical order did not allow us to introduce them among the other languages.

The imperfect character of this work will undoubtedly be manifest to all. However, in its present state, it will nevertheless give some intuitive ideas as to the meaning of a given abbreviation although not to be found here. Finally, this book is to be understood as a first step and, if it can be found of help as we believe, we undertake that we shall, as soon as reasonably possible, introduce in it a new set of international abbreviations.

The Author

Der Umfang der für die Information aller Tätigkeitsbereiche notwendigen Unterlagen hat deren Verfasser dazu geführt, im Rahmen der Möglichen, die Länge der Dokumente, d.h. die Länge der Texte, die Länge der Wörter zu verkürzen : und das bedeutet Abkürzung ! Diese wird überall und in allen Sprachen gefunden. Und, da zwangsläufig die Tendenz herrscht immer mehr ein internationales Publikum zu informieren, ist es unerlässlich, dass der Mensch, der dieser Information konfrontiert wird - und dieses gilt für alle tätigen Menschen von heute - die Abkürzung verstehen kann, die er darin antrifft, besonderes wenn deren Sinn nicht selbstverständlich ist : und dieses ist er immer weniger !

Aus diesem Grunde haben wir das vorliegende Wörterbuch geschaffen. In Anbetracht des wie gesagt immer internationaleren Characters der Information, haben wir dem Benutzer (Dokumentalisten, Übersetzer, Forscher, u.s.w.) zu helfen gedacht, indem wir unter demselben Zeichen des Alphabets alle diesem Zeichen entsprechenden Abkürzungen gesammelt haben, seien sie französisch, englisch, deutsch, italienisch oder spanisch. Nur die russischen Abkürzungen sind am Ende des Werkes zusammengestellt worden, da die alphabetische Folge dieser Sprache uns nicht erlaubt diese in die Anderen einzugliedern.

Das dieses Werk unvollkommen ist, wird niemandem entgehen. Jedoch, wird es so wie es ist, selbst dem der die gesuchte Abkürzung nicht findet, intuitive Aufschlüsse über deren Bedeutung vermitteln. Dieses Wörterbuch wird ohnehin nur einen ersten Schritt darstellen, denn wir verpflichten uns dieses, wenn es wie wir hoffen seine Verwendung findet, einen neuen Reihe von internationalen Abkürzungen, in normaler Zeit, zu vervollstandigen.

der Verfasser

La cantidad de documentos necesarios para la información de todos los sectores de actividad resuelta en que los autores acortan dichos documentos, según posibilidad, los textos, las palabras : así nace la abreviación. Esta se encuentra en todo lugar, en todos lenguajes. Y como, en el mismo tiempo, la tendencia, por las circustancias desarrolléndose en el mundo de hoy día, está dirigida a la información internacionalizada, hay que entender las abreviaciones que encuentramos cuando la evidencia no señala su sentido ; lo que sucede con frecuencia más y más elevada.

Todo esto determina el porqué de este diccionario. Frente a la internacionalización cada vez más grande, como susodicho, de la información, la nuestra intención ha sido de ayudar al utilizador de este diccionario (documentalista, traductor, investigador, etc.) por medio de una distribución agrupada de las abreviaciones de idénticas letras alfabéticas, sean estas francesas, inglesas, alemanas, italianas o españolas, con la excepción de las abreviaciones rusas, de alfabetización diversa.

Es manifiesto que la perfección no caracteriza este diccionario. Todavía, tal como es, podrá sugerir al utilizador ciertos pensamientos intuitivos para determinar el sentido de ciertos abreviaciones que no se encuentrarán en el libro. Además, dicho diccionario se presente sólo como paso primero que prometemos de complementar en su tiempo, si la apreciación de los lectores está sí como expectada, con la introducción de una nueva serie de abreviaciones de carácter internacional...

el Autor

La quantità dei documenti informativi necessitati oggi da tutte le forme dell'attività professionale, ha creato una necessità di riduzione, da parte degli autori all'origine di tale informazione, della lunghezza dei loro documenti, dei loro testi e finalmente delle loro parole : vale a dire abbreviare ! Tale abbreviazione risulta universale, da riscontrare in ogni luoghi, in ogni lingue. E come, in paralello, la tendenza punta verso l'internazionalizzazione dell'informazione, bisogna che l'individuo confrontato coll'abbreviazione, cioè ogni persona in attività, possa comprenderla, anche quando la significazione di quest'abbreviazione non risulta manifesta : caso di frequenza aumentante.

Questo spiega la ragione d'essere del nostro dizionario. Di fronte a una crescente internazionalizzazione dell'informazione, come detto, pensiamo aiutare l'utilizzatore (informatori, traduttori, ricercatori, ecc.) sistematizzando tutte le nostre abbreviazioni di medesima alfabetizzazione, sía francese che inglese, tedesche, italiane o spagnole, in un medesimo articolo, con eccezione, naturalmente, delle abbreviazoni di lingua russa, di ordine alfabetico diverso.

Che questo dizionario sía imperfetto sarà manifesto per tutti. Ma potrà tuttavia impartire al lettore qualche idee intuitive della significazione di tale abbreviazione non figurando nell'opera. Per altro, questo dizionario si presenta solamente come primo passo, dato che prendiamo l'impegno di continuare, essendo questo libro ricevuto come speriamo, coll'introduzione nelle sue pagine di un'altra nuova seria di abbreviazioni internazionali...

l'Autore

Instructions pour l'emploi du dictionnaire
Notes on the use of the dictionary
Wörterbuchgebrauchsanweisungen
Instruciones para la utilización del diccionario
Istruzioni per l'uso del dizionario

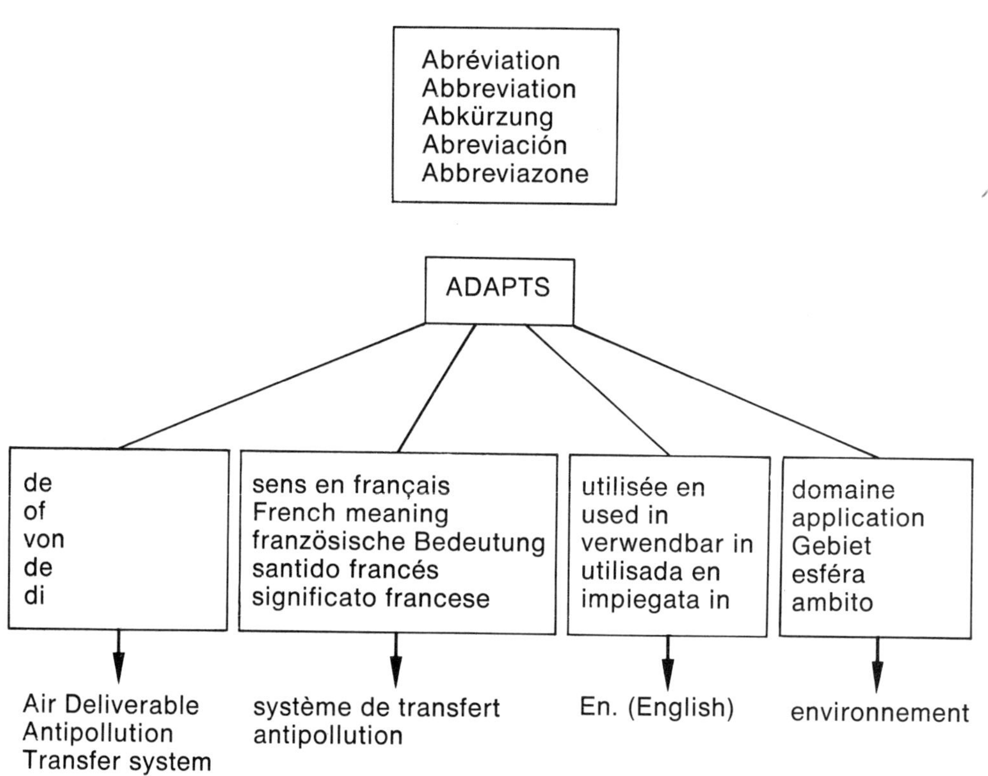

Am : Américain
De : Allemand
El : Espagnol
En : Anglais
Fr : Français
It : Italien
Ru : Russe

A

A — tableau « A » — liste des « médicaments pour lesquels le cadre du conditionnement est rouge et qui doivent porter le mot « poison » en caractères noirs, ainsi que la mention « Ne pas dépasser la dose prescrite » (« Sécurité Sociale ») — Fr. — pharmacie

A — First Class — première classe — En. — généralités

A — abraser — (traitement de surface) — Fr. — métallurgie

a — accélération — (grandeur SI en m/s/s=m/S² — Fr. int. — unités de mesure

A — accepté — (contrôle qualité) — Fr. — aéronautique

A — accompagnement — (dans les coupe-circuits) — Fr. — électricité

A — acconto — acompte — It. — commerce

A — acting — faisant fonction de — En. — généralités

A — active — actif — En. — généralités

a — activo — actif (verbes) — El. — grammaire

a — adaptateur, adapteur — Fr. — tuyauterie

A — adénine — Fr. — génétique

A — advanced — avancé, d'avant-garde, expérimental — En. — aéronautique, etc.

A — affected — s'applique à — En. — général

A — agents chimiques — (résistant aux) — Fr. — plastiques

A — « résistant aux agents chimiques » (symbole normalisé) — Fr. — câbles téléphoniques

A — agréé — (contrôle qualité) — Fr. — marchés officiels

A — alcohol — alcool éthylique — En. — chimie, plastiques

A — alodine — (traitement de surface) — Fr. — métallurgie

A — amphibium — avion amphibie (ou OA) — En. us. — aéronautique milit.

A — amplifier — amplificateur — En. — électronique

a (alpha) — angle d'attaque ou d'incidence — Fr. int. — aérodynamique

A — Angström — (longueur d'onde, très petites longueurs) — int. — unités de mesure

A — applicable — applicable — En. — général

a — are — Fr. — unités

a — area — are — El. — unités

A — symbole normalisé de l'« argentage » — (traitement de surface) — Fr. — métallurgie

A — « arrivée » — (sur les indicateurs SNCF) — Fr. — rail

A — « Assembler » — (« placer un objet sur ou dans un autre avec lequel il fera un tout ») — Fr. — organisation du travail

A — assistant — Adjoint — En. — social

a — assymetrisch — asymétrique — De. — géométrie

A — astronomical — astronomique — En. us. — espace (« NASA »)

A — astronomical unit — unité astronomique — En. fr. int. — astronomie

A — Ather — éther — De. — chimie, pharmacie

A — Attacker — avion d'attaque — En. us. — aéronautique milit. (« Navy »)

a — atto — symbole de 10^{-18} — int. — unités de mesure

a — aus — de, à partir de, hors de — De. — général

A — avalanche (diode à) — Fr. — semi-conducteurs

A — Auswärtiges Amt — Ministère des Affaires Etrangères — De. — Administration

A — Avis (ministériel, etc.) — Fr. — Administration

A — Avogadro — nombre de masse — Fr. int. — physique

AA — acétanilide — int. — chimie

AA — Aluminium Association — Société de l'Aluminium — En. US. — industrie

AA — an, auf — à, sur — De. — généralités

AA — antiaircraft — anti-avion, contre avion — En. — militaire

AA — arithmetic average — moyenne arithmétique — En. — mathématique
AA — armature accelerator — accélérateur d'induit — En. — électricité
AA — Automatic Approval System — système d'homologation automatique — En. — industrie, contrôlé
A — Automobile Association — Association des automobilistes — En. — social
aa — « of each » — de chaque (indication médicale) — En. — médecine
AA — Aerolineas Argentinas — compagnie aérienne argentine — El. — aéronautique
AAA — Agricultural Adjustment Act — loi de réajustement agricole — En. USA — agriculture
AAA — American Arbitration Association — Association d'arbitrage américaine — En. US. — juridique
AAA — Antiaircraft artillery — D.C.A. — En. — militaire
AAAS — American Association for the Advancement of Science — Association américaine pour l'avancement de la science — En. US. — social
AAC — Aires d'Activités Commerciales — Fr. — commerce
AAC — Air Approach Control — contrôle d'approche aérienne — En. — aéronautique
AAC — Automatic Approach Control — contrôle d'approche automatique — En. — aéronautique
AACC — Aéronautique chinoise (voir CAAC) — En. — aéronautique
AACS — Airways and Air Communication Services — Communications aériennes — En. — aéronautique
AD — Advanced Ammunition Dépot — Dépot de munitions avancé — En. — militaire
AADA — Antiaircraft Defence Aerea — zône de DCA — En. — militaire
AADC — Advanced Avionics Digital Computer — Calculateur digital de bord perfectionné — En. — aéronautique, militaire
AADC — Antiaircraft Defence Commander — Commandant de DCA — En. — militaire
AAF — Académie d'Agriculture de France — Fr. — agriculture
AAFC — Antiaircraft fire control — commande de tir de DCA — En. — militaire
AAFS — Advanced Aerial Fire Support system — (projet militaire US) appui-feu aérien avancé — En. — militaire
AAG — Air Adjutant General — En. US. — militaire
AAH — Advanced Attack Helicopter — (projet militaire US Army) Hélicoptère d'assaut avancé — En. US. — militaire
AALC — Amphibious Assault and Landing Craft — véhicule amphibie de débarquement et d'assaut — En . — militaire
AALMC — Antiaircraft Light machine Gun — mitrailleuse légère de D.C.A. — En. — militaire
AAM — Air-to-air Missile — Engin Air-Air — En. — militaire fusée
a.a.O. — am angeführte Orte — au lieu indiqué — De. — général
a.a.O. — am angegebenen Orte — au lieu indiqué — De. — général
AAOC — Antiaircraft Operations Center — Centre des Opérations de D.C.A. — En. US. — militaire
AAP — Apollo Applications Program — Programme d'applications Apollo — En. — espace
AAOR — Antiaircraft Artillery Operations Room — Salle de commande de la D.C.A. — En. US. — militaire
AAPA — American Association of Port Authorities — Association des Autorités Portuaires américaines — En. — administration
AAPG — American Association of Petroleum Geologists — Association américaine des pétrogéologues — En. — sciences géophysique
AAPP — Airborne Auxiliary Power Plant — moteur auxiliaire de bord — En. — aéronautique
AAPU — Airborne Auxiliary Power Unit — Groupe auxiliaire de bord — En. — aéronautique
AAR — Against all risks — contre tous les risques assurance tous risques — En. — assurances
AAR — Association of American Railroads — Association des Chemins de fer américains — En. — chemin de fer
AARS — Attitude and Azimuth Reference System — système de référence d'assiette et azimuth — En. — aéronautique navigation
AASD — Antiaircraft selfdestroying — En. — militaire
AASM — Assozierte Afrikanische Staaten und Madagascar — Etats africains associés et Madagascar — De. — politique
AASR — Airport and Airways Surveillance Radar — Radar de surveillance des lignes aériennes et des aéroports — En. — aéronautique radar
AAT — Administration de l'Assistance Technique (ONU) — Fr. — politique

AAT — Aires d'activités techniques — Fr. — technique

AATC — Automatic Air Trafic Control — Contrôle automatique du trafic aérien — En. — aéronautique

AATO — Army Air Transport Organisation — En. US. — militaire

AAU — Altitude Alerting Unit — avertisseur d'altitude — En. — aéronautique

AB — Adapter booster — booster adaptateur — En.

AB — Afterburner — post-combustion, réchauffe — En. — aéronautique

AB — Air Base — Base aérienne — En. — militaire

AB — Airborne — aéroporté, de bord — En. — aéronautique

AB — Anchor bolt — boulon d'ancrage — En. — mécanique

AB — Art Bachelor — Licencié ès-lettres — En. — enseignement

AB — auf Befehl — sur ordre — De. — militaire

AB — Aussenhandelsbank — Banque du commerce extérieur — De. — commerce

ABALL — Aeroballistic — aéro-balistique — En. — engins, etc.

Abb — Abbildung — figuré — De. — dessin indus

ABC — After-bottom center — En.

ABC — Atomic bomb club — club atomique — En. — politique

ABC — Advancing blade concept — hélicoptère bi-rotors contrarotatifs : accroît la vitesse de la pale avançante au lieu de la freiner — En. — aéronautique hélico

ABC — Acéto-butyrate de cellulose ou CAB — Fr. — int. chimie

ABC — Advance-Booking Charter — Charter à réservations — En. — aéronautique

ABC — American-British-Canadian standards — Normes américano-anglo-canadiennes — En. — normalisation

ABCCC — Airborne Battlefield Command and Control Center — P.C. aérien — En. US. — militaire

ABC-Staaten — Argentinien, Brasilien und Chile Staaten — Argentine, Brésil et Chili — De. — politique

ABE — Allgemeine Betriebserlaubnis — autorisation générale d'exploitation — De. — aéronautique

ABG — Abgeordneter — Député — De. — politique

ABGB — Allgemeines Bürgerliches Gesetzbuch — code civil autrichien — De. — politique

ABK — Abgekürzt — abrégé, raccourci — De. — général

Abküfi — Abkürzungsfimmel — lubie des abréviations — De. — général

abl — ablativo — ablatif — En. — grammaire

ABL — Automatic Biological Laboratory — Laboratoire biologique automatique (spatial) — En. — satellites

ABL EG — Amtsblatt der Europäische Gemeinschaft — Journal officiel de la Communauté européenne — De. — politique

ABLV — Allgemeine Beförderungsbedingungen für den Luftverkehr — Réglementation du transport aérien — De. — aéronautique

ABM — Anti-Ballistic Missile — fusée anti-fusée — En. — engins militaire

ABMA — Army Ballistic Missile Agency — Administration des engins balistiques de l'Armée — En. US. — militaire

ABN — Airborne — aéroporté, de bord — En. — aéronautique

ABNML — Abnormal — anomalie (signal à bord des satellites de la NASA) — En. US. — satellites

ABRES — Advanced-Ballistic Re-entry system — système de rentrée balistique avancé — En. — militaire engins

ABS — Absatz — paragraphe — De. — général

Abs — Abschnitt — chapitre — De. — général

Abs — Abschrift — copie — En. — général

ABS — Absender — expéditeur — De. — postes

ABS — Absolute — absolu — En. — physique, etc.

ABS — Acrylonitrile-Butadiène-Styrène — int. — plastique

ABS — American Bureau of Shipping — (organisme certificateur analogue au Bureau Veritas en France) — En. — administration

ABS — Anti-ballistic system — système anti-ballistique — En. — militaire

ABSORB — Absorber — absorbeur — En. — technique

ABSORP — Absorption — Absorption — En. — technique

ABT — Abteilung — Département Section, Service — De. — Industrie

ABTA — Association of British Travel Agents — Association des Agences de voyage britanniques — En. — industrie

ABVT — Allgemeine Bedingungen für die Versicherung von Gütertransporten — Réglementation sur la sécurité des Transports routiers — De. — transports

ABW — Abwicklung — développement, liquidation — De. — mathématique, commerce

ABZ — Abzüglich (der Kosten) — après déduction des frais — De. — commerce

AC — Absolute ceiling — plafond absolu — En. — météo

AC — account — compte-client, compte — En. — commerce

A/C — Account current — compte courant — En. — banques

AC — accumulator — mémoire — En. — informatique

ac — acides minéraux — Fr. — chimie

AC — Acre — acre = 4 016,86 m^2 — En. — unités

Ac — actinium — int. — chimie

AC — Adaptive control — contrôle progressif — En. — technique

AC — Advisory Circular — circulaire d'information — En. — administra.

AC — Aerodynamic Center — centre de gravité aérodynamique — En. — aérodynamique aéronautique

AC — Agent comptable — Fr. — comptabilité

A/C — Aircraft — Avion, aéronef — En. — aéronautique

AC — Airworthiness Committee — commission du CDN — En. — aéronautique

AC — Alternating current — courant alternatif — En. — Electricité

AC — Altocumulus — En. Fr. — météo

AC — Armament control — contrôle des armements — En. — militiare

AC — Atlantic Council — Conseil de l'Atlantique — En. — politique

A/C — Average Contamination — contamination moyenne — En. — nucléaire

a.c. — « before meals » — « avant les repas » — En. — médecine

ACA — Armament Control Agency — Administration du contrôle des Arm. — En. — politique

ACA — Attitude Controller Assembly — Contrôleur d'assiette (NASA) — En. — satellites

ACA — Australian Council for Aeronautics — Conseil aéronautique australien — En. — aéronautique

ACA — (tourelle) automatique contre avion — Fr. — militaire

ACADE — Action contre l'autodestruction de l'Eglise — Fr. — religion

ACAP — Aviation Consumer Action Project — (organisation de consommateurs présidée par Ralph Nader) « projet d'action des utilisateurs d'avions » — En. US. — aéronautique

ACC — Accumulator — accumulateur — En. — technique

ACC — Area control center — centre de contrôle aérien pour la navigation de Zone — En. — aéronautique

ACC — Air chaud et conditionnement — Fr. — technique

ACC — Air control center — centre de contrôle aérien — En. — aéronautique

ACC — Air Coordinating Committee — Comité de coordination aérienne — En. — aéronautique

ACC — Associated Contract Carriers — Association des Firmes travaillant sous contrat — En. US. — industrie

acc. tr. — accelerometer — accéléromètre — En. — instruments de mesure

accum. — accumulator — accumulateur — En. — technique

ACD — Automatic Call Distribution — répartition automatique des appels — En. — téléphone

ACDA — Alameda CO. Draymen's Association — En. — industrie

ACDA — Arms Control and Disarmament Agency — Administration du contrôle des armements et du désarmement — En. — politique

ACE — Allied Command Europe — Commandement allié Europe (OTAN) — En. — militaire

ACE — Altimeter Control Equipment — matériel altimétrique — En. — aéronautique

ACE — Attitude Control Electronics — calculateurs d'assiette — En. — satellites

ACE — Automatic Computing Engine — Moteur calculateur automatique — En. — technique

acét. — acétone — Fr. — chimie

ACF — Action Catholique française — Fr. — religion politique

ACF — Air Combat Fighter — Chasseur (avion) — En. — aéronautique militaire

ACF — Annealed and Cold-Finished — recuit et fini à froid — En. — métallurgie

ACF — Automobile-Club de France — Fr. — automobile

ACF — Avion de Combat Futur — (projet de DASSAULT) — Fr. — militaire

ACFT — aircraft — avion, aéronef — En. — aéronautique

ACG — Action catholique générale — Fr. — religion politique

ACGF — Action catholique générale des femmes — Fr. — religion politique

ACH — Amplificateur de charge (Chauvin-Arnoux) — Fr. — électricité

ACI — Army Council Instruction — Instruction militaire, armée de terre — En. US. — militaire

ACI — American Concrete Institution — Institut du ciment américain — En. — bâtiment

ACI — Agence congolaise d'information — Fr. — presse
ACI — Association commerciale internationale — Fr. — commerce
ACIGY — Advisory Council of the International Geophysical Year — Conseil de l'année géophysique internationale — En. — sciences
ACIR — Aviation Crash Injury research — Recherche sur les accidents d'avion — En. — aéronautique
ACL — Area de Convertibilitad limitada — aire de conversion limitée — El. — finances
ACL — Aire de conversion limitée — Fr. — finances
ACLANT — Allied Command Atlantic (NATO) — Commandement allié atlantique — En. — militaire
ACLF — Association des Communautés de Langue française — Fr. — politique linguistique
ACLG — Air-Cushion Landing Gear — atterrisseur à coussin d'air — En. — aéronautique
ACLS — Automated Control and Landing System — Système automatique de contrôle et d'atterrissage — En. — aéronautique
ACLS — Air-Cushion Landing System — système d'atterrissage sur coussin d'air — En. — aéronautique
ACM — Air Chief Marshall — (grade) — En. — militaire
ACMR — Air Combat Manœuvering Range — espace de manœuvres aériennes — En. - militaire
ACO — Action catholique ouvrière — En. — politique
ACO — Assistant Contracting Officer — Officier des Contrats adjoint — En. US. — militaire
ACOFCS — Assistant Chief of Staff — Chef d'Etat-Major adjoint — En. — militaire
ACOS — Assistant Chief of Staff — Chef d'Etat-Major adjoint — En. — militaire
ACOT — Assistant Chief of Staff, organization and training — Chef d'Etat-Major adjoint, organisation et formation En. — militaire
ACP — Auxiliary Control Panel — tableau de commande auxiliaire — En. — aéronautique
ACQ — Acquisition — acquisition — En. — radio
ACR — approach control radar — radar de contrôle d'approche — En. — radar aéronautique
ACS — Aerodrome control service — service de contrôle des aérodromes — En. — aéronautique
ACS — Air conditioning system — circuit de conditionnement d'air — En. — aéronautique
AC/S — Assistant Chief of Staff — Chef d'Etat-Major Adjoint — En. — militaire
ACSH — Aluminium conductor, steelreinforced (ALCOA) — conducteur aluminium renforcé acier — En. — électricité
ACT — Aids to Corporate Thinking — (programme Marché commun) d'aide à la recherche — En. — recherche
ACTF — Altitude Control Test Facility — Installations d'essai de contrôle d'altitude — En. — aéronautique
ACTH — Adréno-Cortico-Tropic Hormone — hormone corticotrope — En. — médecine biologie
ACTIV — Army concept team in Vietnam — équipe militaire au Vietnam — En. US. — militaire
ACU — Action catholique universitaire — Fr. — religion politique
acus. — acusativo — accusatif — El. — grammaire
ACV — Air-cushion vehicle — véhicule sur coussin d'air — En. — transports
ACV — Armoured Command Vehicle — véhicule de commande blindé — En. — militaire
ACVTVM — Alternating current vacuum tube volt-meter — voltmètre électronique à lampes en courant alternatif — En. — instruments de mesure
AC&W — Air Control and Warning — Contrôle et alerte aérienne — En. — militaire
ACW — American Chain of Warehouses, inc. — Chaîne d'entrepôts américains — En. US. — commerce
ACW — Anti-clockwise — sens contraire des aiguilles d'une montre — En. — technique
AC&Y — Akron, Canton & Youngston — chemins de fer — En. US. — chemins de fer
AD — Active duty — service actif — En. — général
A/D — after date — après la date — En. — chronologie
AD — A Dato — à la date — It. — commerce
Ad — Advertisement — annonce publicitaire — En. US. — publicité
AD — Airworthiness Directives — Instructions de navigabilité (FAA) — En. — aéronautique
AD — Amplificateur différentiel — Fr. — électronique
A/D — Analog-to-digital — transformation analogue-digital — En. — informatique
AD — Anno Domini — après J.C. — En. — chronologie

AD — « assez dur » (joint de colle dans les plastiques) — Fr. — plastiques
AD — Ausser Dienst — hors service, inutilisable — De. — général
ad. — « to, up to » : — « jusque » (indication médicale) — En. — médecine
ADA — Average daily attendance — assistance moyenne journalière — En. — enseignement
ADAC — Allgemeiner Deutscher Automobil-club — Automobile-Club d'Allemagne de l'Ouest — De. — automobile
ADAC —automated direct analog computer — calculateur analogique direct automatisé — En. — informatique
ADAC — Avion à décollages et atterrissages courts — F. — aéronautique
ADAM — air Deflection and Modulation — projet d'avion V/STOL de Ling-Temco-Vought — En. — aéronautique
ADAP — Airport Development Aid Program (FAA) — Programme d'aide au développement des Aéroports (FAA) — En. — aéronautique
ADAP — Association pour le Développement des Associations de Progrès — Fr. — social
ADAPTS — Air Deliverable Antipollution Transfer system — système de transfert antipollution largable — En. — environnement
ADAR — Advanced Design Array Radar — Radar en nappe expérimental — En. — radar
ADAR — Avion à Décollages et Atterrissages réduits — Fr. — aéronautique
ADAS — Abkommen über Deutsche Auslandsschulden — Convention sur la dette extérieure allemande — De. — politique
ADAS — Automated Directory Assistance System — répertoire automatique — En. — téléphone
ADAS — Avion à décollages et atterrissages silencieux — Fr. — aéronautique
ADAU — Auxiliary Data Acquisition Unit — unité auxiliaire d'acquisition des données — En. — informatique
ADAV — Avion à décollages et atterrissages verticaux — Fr. — aéronautique
ADB — Allgemeine Deutsche Binnen-Transportversicherungsbedingugen — Conditions générales des assurances transport à l'intérieur du pays — De. — assurances transports
ADB — Asian Development Bank — Banque de développement asiatique — En. — finances
ADB — Ausstellungsdienst Berlin — Service des Expositions Berlin — De. — social
AdBiz — Advertizing Business — la publicité — En. US. — publicité
ADC — Aerodrome control — contrôle d'aéroport — En. — aéronautique
ADC — Aerospace Defense Command — Commandement de la Défense aérospatiale — En. US. — militaire
ADC — Aide de Camp — Fr. — militaire
ADC — Air Data Computer — centrale anémométrique, centrale aérodynamique — En. — aéronautique
ADC — Air Defense Command — Commandement de la Défense aérienne — En. US. — militaire
ADCC — Air Defence Control Center — Centre de commandement de la Défense aérienne — En. — militaire
ADE — Accessory Drive Equipment — relais d'accessoires — En. — aéronautique
ADEMS — Airborne display and electric Management system — Système de gestion électrique et de présentation de bord — En. US. — aéronautique
ADERA — Association pour le développement des études et de la recherche en Aquitaine — Fr. — enseignement
ADEU — Automatic Data Entry Unit — unité automatique d'entrée des informations — En. — informatique
ADF — Aerial direction finding — radiogoniométrie
ADF — Automatic direction finder — radiogoniomètre (radiocompas) — En. — aéronautique
ADHGB — Allgemeines Deutsches Handelsgesetzbuch (DDR) — Code du commerce (RDA) allemand — De. — commerce juridique
ADI — Association pour le Développement International — Fr. — politique
ADI — Attitude Director Indicator — Indicateur de Directeur d'Assiette — En. — aéronautique
ADIBU — Autodistribution — Fr. — économie
ADIG — Allgemeine Deutsche Investment Gesellschaft — Société d'investissements allemande — De. — finances
ADIZ — Air Defence Identification Zone — Zone d'identification de défense aérienne — En. US. — militaire
AD LIB — Ad Libitum — à volonté — la. — musique
ADLS — Automatic Drag Limiting System — limiteur de traînée automatique — En. — aéronautique hélices
ADMA — Abu-Dhabi Marine Area — Zone maritime d'Abu-Dhabi — En. — politique
ADMÓN — Administración — Administration — El. — administ.

ADN — Acide désoxyribonucléique — Fr. — génétique
ADN — Allgemeiner Deutscher Nachrichtendienst — Agence de Presse allemande — De. — presse
ADO — Air Defence Officer — Officier de la défense aérienne — En. — militaire
ADOC — Air Defence Operations Center — Commandement de la défense aérienne — En. — militaire
ADP — Aéroport de Paris — Fr. — aéronautique
ADP — Automatic Data Processing — informatique — En. — informatique
ADR — Accident Data Recorder — enregistreur d'accidents — En. — aéronautique
DR — Adresse — adresse — De. — postes
ADR — Advisory Route — route conseillée — En. — aéronautique
ADS — Accessory Drive System — système de prise d'accessoires — En. — aéronautique
ADS — Advance Dressing Station — En.
ADS — Aircraft Development Service — En. — aéronautique
ADS — Air Data System — Centrale Anémométrique — En. — aéronautique
ADS — Air Defence Ship — bâteau de D.C.A. — En. — militaire
ADS — Allgemeine Deutsche Seeversicherungsbedingungen — Règlement des assurances maritimes allemandes — De. — assurances maritimes
ADS — Analyse de Décision Stratégique — Fr. — militaire
ADS — Ankers Data System — System Ankers — En. — informatique
ADS — Automatic Door Seal — porte étanche automatique — En. — aéronautique
ADSOL — Association pour la Détermination de la Solidité des teintures et impressions sur textiles — Fr. — textiles normalisation
ADSP — Allgemeine Deutsche Spediteur-Bedingungen — Réglementation générale des Transports routiers — De. — transports
ADT — American district Telegraph — En. — US. — postes
ADV — Abteilung für Datenverarbeitung — Département informatique — De. — informatique
ADV — Advanced — avancé, expérimental — En. — général
ADV — Advertisement — annonce (publicitaire) — En. — publicité
ADV — Alternate Voice Data — système de communications alternées — En. — radio aéronautique
ADV — Arbeitsgemeinschaft Deutscher Verkehrs-Flughäfen — Association d'étude des aéroports civils allemands — De. — aéronautique aéroport
Ad Val — Ad Valorem — « selon la valeur » — En. — douanes
AE — Agricultural Engineer — Ingénieur agronome — En. — agriculture
AE — am Ende — à la fin — De.
AE — Angle of elevation — site — En. — géodésie, etc.
AE — Attente évitable (dont l'exécutant est responsable) — Fr. — org. du trav.
AE — Ausfuhrerklärung — Déclaration d'exportation — De. — douanes
AE — Auto-Extinguible — Fr. — plastiques
AE — Avance d'Equipement (programme P.E.R.T.) — F. — aéronautique
A.E.A. — Association of European Airlines — Association des Compagnies aériennes européennes — En. — aéronautique
AEC — American Engineering Council — En. — industrie
A.E.C. — Atomic Energy Commission — Commission de l'énergie atomique (USA) — En. — nucléaire
AECA — Asociación Económica Centroamericana — association économique de l'Amérique Centrale — El. — économie
AECMA — Association Européenne des Constructeurs de Matériel aérospatial (anciennement AICMA) — Fr. int. — aéronautique
AEDC — Arnold Engineering Development Center — (soufflerie aéronautique) — En. — aéronautique militaire
AEDO — Aircraft Engineering District Office — bureau d'étude de circonscription aéronautique — En. — aéronautique militaire
AEEC — Airline Electronic Engineering Committee — (commission de travail de l'ALCAC) — En. — aéronautique
AEEN — Agence Européenne pour l'Energie nucléaire — Fr. — nucléaire
AEIOU — Austriae Est Imperare Orbi Universo — « Il appartient à l'Autriche de dominer sur l'Univers » (devise des Habsbourg) — La. — politique histoire
AELE — Association européenne de libre-échange — Fr. — politique économie
AELP — Allied Electrical Publication — manuel des industries électriques — En. — électricité
A.E.N. — Attenuation Equivalent Nettiness — Affaiblissement équivalent de netteté — En. — radar télévis.
AEP — Allied Engineering Publication — manuel édité par les Allied... — En. — technique normalisation

AEP — Agence européenne de productivité — Fr. — industries économie
AERALL — Association d'Etude et de Recherche sur les Aéronefs allégés — Fr. — aéronautique
AERCO — Aérosol conditionnement — Fr. — commerce
AERLGL — Aerological — aérologique — En. — aérologie
AERLY — Aerology — aérologie — En. — aérologie
AERNL — Aeronautical — aéronautique — En. — aéronautique
AERO — Aeronautical Weather Report — rapport météo aéronautique — En. — aéronautique météo
AES — American Electrochemical Society — Société de l'Electrochimie américaine — En. — électrochimie
AESC — American Engineers Standards Committee — Commission de normalisation de l'Ingéniérie américaine — En. — industrie normalisat.
AEtP — Allied Electronics Publication — Document « Allied Elec... » — En. — électronique normalisation
AEW — Airborne Early Warning — radar de surveillance militaire aéroporté — En. — militaire
A/F — Accross Flats — (cote) sur plats — En. — dessin indus.
AF — Activity factor — coefficient d'activité de pale — En. — aéronautique
AF — Admiral of the Fleet — Amiral de la Flotte (USA) — En. — militaire
A/F — Air-Field — terrain d'atterrissage — En. — militaire
AF — Air Force — Armée de l'Air américaine — En. — militaire
AF — Air France — (compagnie aérienne) — Fr. — aéronautique
AF — Anni futuri — années futures — It. — prospective
AF — Allocations familiales — F. — social
AF — Assurance-Foire — Fr. — assurances
AF — Audio-frequency — basse fréquence, fréquence acoustique fréquence audible — En. — radio acoustique vibrations
AF — « avec fils de connexion » — (code des résistances CCTQ) — F. — électricité norm.
AF — Soudage sous argon avec électrode fusible — Fr. — soudage
AFA — Abteilung für Abnützung — De.
AFA — Air Force Association — En. — militaire
AFA — Army Flight Activity — Activité aérienne de l'armée — En. — militaire
AFA — Association of Flight Attendants — Association des personnels navigants — En. — aéronautique
AFAL — Air Force Avionics Laboratory — Laboratoire avionique de l'Air Force — En. — militaire
AFB — Air Force Base — Base aérienne — En. — militaire
AFB — Air Force Bulletin — Bulletin de l'Air Force — En. — militaire
AFEMA — Antifriction Bearing Manufacturing Association — Association des fabricants de paliers anti-friction — En. — industrie
AFEMD — Air Force Ballistic Missile Division — Division des Engins balistiques de l'Air Force — En. — militaire
AFC — Automatic Frequency Control — réglage de fréquence automatique — En. — radio
AFCE — Allied Forces Central Europe — Forces alliées d'Europe Centrale — En. — militaire
AFCIQ — Association Française pour le Contrôle Industriel de la Qualité — Fr. — industrie
AFCMD — Air Force Contract Management Division — Division Gestion des Contrats de l'Air Force — En. — militaire
AFCRL — Air Force Cambridge Research Laboratory — Laboratoire de Recherche de Cambridge de l'Air Force — En. — militaire
AFCS — Air Force Communication System — Réseau de communication de l'Air Force — En. — militaire
AFCS — Automatic Flight Control System — Contrôleur de vol automatique, pilote automatique — En. — aéronautique
AFCS — Avionic Flight Control System — Système de contrôle du vol avionique (P.A., Horizon, compas, etc) — En. — aéronautique
AFDC — Aid to Families with Dependant Children — aide aux familles ayant des enfants à charge (aide sociale US) — En. US. — social
AFE — Administración de los Ferrocariles del Estado — chemins de fer uruguayens — El. — chemin de fer
AFEI — Association Française pour l'étiquetage informatique — Fr. — informatique
AFETR — Air Force Eastern Test Range — polygone d'essai oriental de l'Air Force — En. — militaire
AFF — Army Field Forces — forces de campagne de l'armée — En. US. — militaire
AFFTC — Air Force Flight Test Center — Centre d'essais en vol de l'Air Force — En. US. — militaire

AFICEP — Association Française des Ingénieurs du Caoutchouc et des Plastiques — Fr. — industrie
AFIPS — Association franco-italienne pour la promotion sociale — Fr. — social
AFITAE — Association française des ingénieurs et techniciens de l'aéronautique et de l'espace — Fr. — aéronautique
AFL — American Federation of Labor — Confédération du travail américaine — En. — social
AFL — Armée française de libération — Fr. — militaire histoire
AFLC — Air Force Logistic Command — poste central du commandement logistique de l'USAF — En. — militaire
AFLC/M — Air Force Logistic Command Manual — manuel d'instruction USAF — En. — militaire
AFLT — afloat — à flot — En. — commerce maritime
AFM — Air Forces Manual — Manual USAF — En. — militaire
AFMDC — Air Force Missile Development Center — centre d'expérimentation des engins de l'Air Force — En. — militaire
AFMED — Allied Forces Méditerranée — En. — militaire histoire
Afmo — afectísimo — très affectionné — El. — secrétariat
AFN — Afrique française du Nord — Fr. — politique
AFN — American Forces Network — Réseau des forces américaines — En. — militaire
AFNOR — Association française de normalisation — Fr. — normalisation
AFNORTH — Allied Forces Northern Europe (NATO) — En. — militaire
AFO — Ausschuss für Funkortung — Commission des repérages radio — De. — radio
AFP — Agence France-Presse — Fr. — presse
AFP — Alternate Flight Plan — plan de vol de rechange — En. — aéronautique
AFP — Arbeitsgemeinschaft für Flughafen Planung — Comité des aéroports — De. — aéronautique
AFP — Association familiale protestante — Fr. — social religion
AFPA — Association pour la Formation Professionnelle des Adultes — Fr. — enseignement
AFPAM — Automatic Flight Planning and Monitoring — Etablissement et Surveillance automatiques des plans de vol — En. — aéronautique contrôle aér.
AFPPT — Association pour la Formation et le Perfectionnement des Planteurs de Tabac — Fr. — tabac
AFQT — Armed Forces Qualification Test — Test de qualification des armées — En. — militaire
AFR — Air Forces Regulation — Règlement USAF — En. — militaire
AFRAMP — Association de Formation et de Recherche d'Amélioration des Méthodes de Perfectionnement — Fr. — enseignement
AFRAT — Association pour la Formation des Ruraux aux Activités du Tourisme — Fr. — tourisme
AFS — Aeronautical fixed service — service aéronautique fixe — En. — aéronautique
AFS — Air Force Specialty — En. — militaire
AFS — Air Force Supply — fourniture Air Force — En. US. — militaire
AFS — Airline Feeder System — correspondance des communications aériennes — En. US. — aéronautique
AFS — American Field service — En.
AFTN — Aeronautical fixed telecommunications network — réseau télécomm. au sol pour l'aéronautique — En. — aéronautique télécomm.
Afto — afecto — El. — secrétariat
AFTS — Adaptive Flight Training (simulateur de vol) system — En. — aéronautique
AFUTT — Association française d'utilisateurs du téléphone et des télécommunications — Fr. — télécomm.
AFV — Armoured fighting vehicle — véhicule de combat blindé — En. — militaire
AFVG — Anglo-French Variable Geometry — avion à GV franco-britannique — En. — aéronautique
AFY — « Fonte malléable à cœur blanc » (CAFL) — Fr. — métallurgie
AFZ — Allgemeine Flugfunksprechzeugnis — D. — aéronautique
AG — Adjutant General — En. — militaire
A/G — Air/Ground — air/sol — En. — fusée
AG — Aktiengesellschaft — société par actions (anonyme) — De. — commerce juridique
AG — American Gauge — Jauge américaine — En. — fils et câble
AG — Amtsgericht — tribunal cantonal — tribunal de première instance — De. — juridique
AG — antigas — anti-gaz — En. — militaire
AGA — Arbeitsverband Gross- und Aussenhandel — Union du commerce de

gros et du commerce extérieur — De. — commerce

AGARD — Advisory Group for Aeronautical Research and Development — Groupe consultatif pour la recherche et le développement (de l'OTAN) — En. — militaire

AGB — A good brand — une bonne marque une bonne année, etc — En. — gastronomie

AGB — Auxiliary Gear box, accessory gear box — relais d'accessoires — En. — aéronautique

AGC — Automatic Gain Control — antifading ; contrôle automatique de gain — En. — radio

AGGA — Automatic Ground-controlled Approach — approche automatique commandée du sol — En. — aéronautique

AGCR — Advanced Gas-cooled reactor — réacteur expérimental refroidi au gaz — En. — nucléaire

AGDS — American Gauge Design Standard — En. — normalisation

AGE — Aerospace Ground Equipment — matériel aérospatial au sol — En. — aéronautique

AGEFRA — Anlagegesellschaft für Französische Aktienwerte — Société de placement des valeurs françaises — De. — finance

AGER — Aerospace Ground Equipment Recommendations — Equipement aérospatial recommandé au sol — De. — aéronautique

AGI — Alliance Graphique Internationale — Fr.

AGIL — Airborne General Illumination light set — éclairage général avion — En. — aéronautique

AGIP — Azienda Generale Italiana Petroli — Générale des Pétroles italiens — It. — pétroles

AGIS — Automatisierte-Gefechts und Informations System für Schnellboote — système d'armes automatiques pour vedette — De. — militaire

agit. — « shake » — « agiter » — En. — médecine

AGIWARN — International Geophysical Year World Warning Agency — agence mondiale d'alerte pour l'année géophysique internationale — En. — sciences

AGL — Above ground level — au-dessus du niveau du sol — En. — aéronautique

AGL — Arbeitsgemeinschaft Luftfahrt-Ausrüstung — Association des Equipements aéronautiques — En. — aéronautique

AGL — Automated group learning — enseignement collectif automatique — En. — enseignement

AGM — Amplificateur galvanométrique de mesure — Fr. — électricité

AGM — Annual General Meeting — assemblée générale annuelle — En. — industrie

AGNES — Acides Gras Non-Estérifiés — Fr. — chimie

AGO — Assemblée générale ordinaire (des actionnaires) — Fr. — administration

AGOS — Air/Ground Operation Section — section opérationnelle air/sol — Fr.

AGP — Association générale de prévoyance — Fr. — social

AGP — Assurances du Groupe de Paris — Fr. — assurances

Agr — agricultura — agriculture — El. — agriculture

AGRA — Army Group, Royal Artillery — En. — militaire

AGRE — Army Group, Royal Engineers — En. — militaire

Agrim. — Agrimensura — arpentage — El. — arpentage

AGS — Airborne Gun Sight — radar de tir — En. — militaire

AGS — Aircraft General Standard — norme aéronautique générale — En. GB. — normalisation

AGS — Automatic Gain Stabilization — gain automatique — En. — aéronautique pilote auto

AGT — Agent — agent — De. — commerce

AGVG — Avion à géométrie variable — Fr. — aéronautique

AGW — Aircraft Gross Weight — masse brute de l'avion — En. — aéronautique

AH — Ab Hier — à partir d'ici — De. — général

AH — Aussenhandel — commerce extérieur — De. — commerce

AHB — Aussenhandelsbank — banque du commerce extérieur — De. — commerce

AHD — Automatic Headway control — conduite automatique — En. — automobile

AHK — Allierte Hohe Kommission — Haut Commissariat Interallié — De. — militaire

AHK — Aussenhandelskontor — comptoir commercial à l'étranger — De. — commerce

A.H.O. — Angle Horaire Origine — (Greenwich) — F. — mesure du temps

AHQ — Allied Headquarters — Q.G. Interallié — En. — militaire

AH-RDSCH — Aussenhandels Rundschreiben — Circulaire sur le comm. extérieur — De. — commerce

AHRU — Attitude Heading Reference Unit — Référence de cap et d'assiette — En. — aéronautique navigation

AH ST — Aussenhandelsstelle für Erzeugnisse der Ernährung und Landwirtschaft — Bureau du commerce extérieur pour les produits alimentaires et l'agriculture — De. — économie

AH V — Ausserordentliche Hauptversammlung — Assemblée générale extraordinaire — De.

AHV — Altos Hornos de Vizcaya — Hauts Fourneaux de Biscaye — El. — métallurgie

AI — Ad Interim — par intérim — La.

AI — Airborne interception — interception en vol — Eu. — militaire

AI — Airbus Industrie (GIE) — Fr. — aéronautique

AI — Anti-Icing — anti-givrage — En. — avion

AI — Assistant Instructor — instructeur adjoint — Eu.

AI — Assurance Invalidité fédérale (suisse) — Fr. — assurances

AI — Attente inévitable (attente dont l'exécutant n'a pas le contrôle) — Fr. — organisation du travail

Aia — Acier inox-barres Z20-C13 (indices économiques) — Fr. — statistiques

AIA — Académie internationale d'astrologie — Fr. — astrologie

AIA — Aircraft Industries Association — Association des Industries aéronautiques — En. — aéronautique

AIA — Aerospace Industries Association — Association des Industries aérospatiales — En. — aéronautique

AIAA — American Institute of Aeronautics and Astronautics — Institut américain de l'aéronautique et de l'astronautique — En. — aérospace

AIAA — Aerospace Industries Association of America — Association des Industries aérospatiales d'Amérique — En. — aérospace

AIB — Agency Investigation Board — Bureau des enquêtes de l'agence — En.

AIC — Aeronautical Information Circular — circulaire d'information aéronautique — En. — aéronautique

AIC — Ammunition Identification Code — Code d'Identification des munitions — En. — militaire

AIC — Aviation Instruction Center — centre d'instruction aéronautique — En. — aéronautique

AICBM — Anti-Intercontinental-Ballistic-Missile — fusée anti-fusée intercontinentale — En. — militaire

Aicf — Acier inox-tôles à froid Z6CN18.09 (indices économiques) — Fr. — économie

AICMA — Association internationale des constructeurs de matériel aérospatial (devenue AECMA) — Fr. — aérospatial

AID — Aeronautical Inspection Directorate — Direction du Contrôle aéronautique — En. GB. — aéronautique

AID — Aircraft Installation delay — retard dû au montage sur avion — En. — aéronautique

AID — Association internationale pour le développement — Fr. — économie

AIDA — Attention, Intérêt, Désir, Achat — Fr. — publicité

AIDA — Associazione Internationale di Aerotecnica — Association internationale de technique aéronautique — It. — aéronautique

AIDAS — Advanced Instrumentation and Data Analysis System — système d'instrumentation et d'analyse des données expérimentales — En. — informatique

Aidf — Acier inox-tôles à froid Z8CNDT 17.12 (indices économiques) — Fr. — statistiques

AIDS — Airborne Integrated Data System — système informatique intégré de bord — En. — informatique

AIEA — Agence Internationale de l'Energie atomique — Fr. — nucléaire

AIEE — American Institute of Electrical Engineers — Institut des Ingénieurs électriciens américains — En. — électricité normalisat.

AIG — Accident Investigation — Enquête d'accident — En. — aéronautique

aig — aiguilles — Fr. — chimie

AIIC — Association Internationale des Interprètes de Conférence — Fr. — langues

AIIC — Army Imagery Intelligence Corps — Reconnaissance photographique — En. — militaire

AIL — Airborne Instruments Laboratory — Laboratoire volant — En. — aéronautique

AIL — aileron — aileron — En. — aéronautique

AILS — Automatic Instrument Landing System — Système d'atterrissage automatique aux instruments — En. — aéronautique

AILS — Advanced Integrated Landing system — système d'atterrissage intégré expérimental — En. — aéronautique

AIM — Aerodynamic Interaction Model — maquette aérodynamique — En. — aéronautique aérodynamiq.

AIM — Airman's Information Manual — En. — aéronautique

AIM — Alarm Indication Monitor — Moniteur indicateur d'alarme — En. — aéronautique
AINS — Area Inertial Navigation System — Système de navigation inertielle régionale — En. — aéronautique navigation
AIP — Aeronautical Information Publication — Revue d'information aéronautique — En. — aéronautique
AIP — Allied Intelligence Publication — En. — militaire
AIQ — Automatic Import Quota system — Indice automatique de quota d'importation (Japon) — En. — commerce
AIR — Airborne Intercept Radar — Radar d'interception de bord — En. — militaire
AIR — American Institute of Refrigeration — Institut du froid américain — En. — industrie réfrigérat.
AIR — Application Industrielle de la Recherche — Fr. — industrie
AIRCO — Aircraft Manuf. Co. — (société Hunting-Dehavilland-Fairey) — En. — aéronautique
AIRD — voir IARD
AIRE — Anagrafe speciali degli italiani residenti all' estero — registre d'Etat-Civil spécial des italiens résidant à l'étranger — It. — social administrat.
AIRLO — Air Liaison Officer — Officier de Liaison aérienne — En. — militaire
AIRPAS — Airborne Interception Radar and Pilot Attack System — Radar aérien d'interception et d'attaque — En. — militaire
AIS — Aeronautical Information Service — Service de l'Information aéronautique — En. — aéronautique
AIS — Apparecchiature industriali Speciali — Equipements industriels spéciaux — It. — industrie
AIS — Attitude Indicating System — Indicateur d'assiette — En. — aéronautique instruments
AISC — Année Internationale du Soleil Calme (1965) — Fr. — science
AISS — Association Internationale de la Sécurité Sociale — Fr. — social
A.I.T. — Air Inlet Temperature — Température d'entrée d'air — En. — aéronautique moteurs
AIT — Association Internationale des Travailleurs — Fr. — social
AITA — Association Internationale des Transporteurs aériens — Fr. — aéronautique
AITEC — Associazone Italiana Tecnico Economica del Cemento — Association économique italienne du Ciment — It. — bâtiment
AITI — American International Traders' Index — Indice international du commerce américain — En. — commerce
AIW — American Institute of Whsng — Institut américain du commerce de gros — En. — commerce
AJ — Actualités juridiques (revue) — Fr. — juridique presse
AJ — Anti-jam — anti-vibration — En. — technique
AJF — Association internationale des Amies de la Jeune Fille — Fr. — social
AJPI — Actualités juridiques édition propriété immobilière (revue) — Fr. — juridique presse
AK — « 1 volle Arbeitskraft » (1 Mann/1 Frau/2 Jugendl./3 Rentner) — (unité servant à désigner la main-d'œuvre dans la communauté agricole européenne) — De. — agriculture
AKA — Aktiengesellschaft — De. — industrie
AKA — Ausfuhrkredit — De. — finances
Akaflieg — Akademische Fliegergruppe — académie aéronautique — De. — aéronautique
AKF — Allgemeine Kugellager-fabrik (Österreich) — fabrique de roulements à billes — De. — industrie
AKG — Allgemeine Kriegsfolgegesetz — Loi sur les dommages de guerre — De. — social
Al — alinéa — Fr. — général
AL — Allocation Logement — Fr. — social
Al — Aluminium (symbole normalisé) — Int. — chimie
Al — Aluminium en lingots (symbole normalisé des indices économiques) — Fr. — commerce
AL — Ausfuhrliste — Liste d'exportation — De. — commerce
ALA — Alabama — (Etat américain) — En. — politique
ALA — Allgemeines Luftwaffenamt — Service de l'armée de l'air — De. — militaire
ALAA — Aviation légère de l'armée de l'air — Fr. — militaire
ALAF — Asociación Latino-americana de Ferrocarriles — Union du rail latino-américain — El. — chemin de fer
ALALC — Asociación latino-americana de Libre Comercio — Association de Libre-Echange Latino-américaine — El. — commerce
ALAP — Agence Littéraire et Artistique Parisienne — Fr. — arts social
ALARM — Air-Launched advanced ramjet missile — engin largué expérimental à stato-réacteur — En. — militaire
ALARR — Air-Launched Air-recoverable Rocket — roquette larguée récupérable en l'air — En. — militaire

ALAT — Aviation légère de l'Armée de Terre — Fr. — militaire
Alb. — Albalinería — maçonnerie — El. — bâtiment
ALB — Automatic Light Block — bloc lumineux automatique — En. — rail
Albac. — Albacete — Albacete — El. — géographie
ALBM — Airborne Light Ballistic Missile — engin ballistique léger aéroporté — En. — militaire
ALC — Alclad — aluminium plaqué — En. — industrie métallurgie
ALC — Automatic Load Control — contrôle automatique d'impédance — En. — électronique radio
Alc — symbole normalisé des bases minérales — Fr. — chimie
ALCAC — Airline Communication Administrative Council — Conseil d'administration des communications aériennes (organisme supérieur ARINC) — En. — aéronautique communications
ALCC — Airborne Launch Control Center — Poste de largage volant — En. — militaire
ALCM — Air-launched Cruise Missile — engin largué (USAF) — En. — militaire
ALEM — Apollo Lunar Exploration Mission — mission d'exploration lunaire Apollo — En. — espace
ALERFA — Alert Phase — Alerte — En. — militaire
ALFCE — Allied Land Forces Central Europe — (NATO) — En. — militaire
A/LFG — Auf Lieferung — à la livraison — De. — commerce
Alg — Algèbre — Fr. — mathématique
Alg — Algebra — El. — mathématique
Alg — Algebra — It. — mathématique
ALGOL — Algorithmic Language — (langage informatique) — En. — informatique
Alic. — Alicante — Alicante — El. — géographie
ALJT — Association pour le Logement des Jeunes Travailleurs — Fr. — social
ALL — Airborne Laser Laboratory — Laboratoire laser volant (US) — En. — technique électronique
ALLDAC — Airborne Laser Locator Designator — Laser de localisation des cibles en vol — En. — militaire
ALLDEPHI — Allgemeine Deutsche Philips Industrie — Philips allemande — De. — industrie
ALL GEN — Allgemeine Genehmigung — autorisation générale — De. — administrat.
Alm — Almería — Almeria — El. — géographie
Alm — Aluminium — (symbole erroné) — En. — chimie v. Al.
ALMS — Aircraft Landing Measurement System — système de mesure des atterrissages d'avions — En. — aéronautique
ALO — Air Liaison Officer — Officier de liaison aérienne — En. — militaire
ALOTS — Airborne Optical Tracking System — système de poursuite optique de bord — En. — militaire
ALP — Allied Logistics Publication — publication militaire — En. — militaire
ALP — Armée de libération palestinienne — Fr. — politique
ALPA — Airline Pilots' Association — Association des Pilotes de Ligne — En. — aéronautique
ALPHA — symbole normalisé de l'angle d'incidence d'un avion — int. — aéronautique
ALS — Aerodynamic Lift System — système à portance aérodynamique — En. — aérodynamiq.
ALS — Anflug und -Landesystem — système de pilotage et atterrissage automatiques — De. — aéronautique
ALS — Approach Light System — feux d'approche — En. — aéronautique
ALS — Automatic Landing System — Système d'atterrissage automatique — En. — aéronautique
ALSEP — Apollo Lunar Surface Experiment Package — Equipement expérimental de recherche Apollo à la surface de la lune — En. — espace
ALSS — Apollo Logistic Support System — système de soutien logistique des missions Apollo — En. — espace
ALT — Altitude — altitude — En. — aéronautique
ALT — Arbeitsgemeinschaft Luftfahrttechnik — Association technique aéronautique — De. — aéronautique
ALTA — Association of Local Transport Airlines — Association des compagnies aériennes de second niveau — En. — aéronautique
ALTAIR — Advanced research Agency Long Range Tracking and Instrument radar — Radar d'instruments et de poursuite à longue portée de l'Advanced Research Agency — En. — radar
ALTP — Approach and Landing Test Programme (of space shuttle) — programme d'essais d'approche et d'atterrissage (de la navette spatiale) — En. — espace
ALU — Arithmetic and Logic Unit — unité logique et arithmétique — En. — microcircuits informatique
A/M — Above-mentioned — mentionné ci-dessus — En. — général

AM — Aeronautica Militare — aviation militaire — It. — militaire
AM — Air Marshall — maréchal de l'air — En. — militaire
AM — Air Ministry — Ministère de l'air (GB) — En. — aéronautique
Am — Américium (symbole normalisé) — int. — chimie
AM — ammoniaque — (développement aux vapeurs) — Fr. — reprographie
am — amorphe (syst. cristallin) — Fr. — chimie
A.M. — Amplitude modulation — modulation d'amplitude — En. — radio
a.m. — ante meridien (antes del mediodía) — avant midi-matin — El. — chrono
AMA — Air Material Area — zone du matériel aérien — En. — militaire
AMC — Acceptable Means of Compliance — Moyens de conformité acceptables — En. — aéronautique contrôle
AMC — Aircraft Manufacturers' Council — Conseil des Constructeurs d'Avion — En. — aéronautique
AMC — Air Material Command — Commandement du matériel aérien — En. — militaire
AMC — American Movers' Conference — Union des Déménageurs américains — En. — déménagement
AMC — Army Material Command — Commandement du Matériel de l'Armée — En. — militaire
AMC — Avionics Maintenance Conference — Conférence de maintenance de l'avionique (organisme exécutif de l'ARINC) — En. — aéronautique avionique
AMD — Aerospace Medical Division — Division médicale aérospatiale (de l'USAF) — En. US. — militaire médical
AMDI — Avion militaire d'entraînement — Fr. — militaire
AMDT — Amendment — amendement, modification — En. — général
AME — Accord militaire européen — Fr. — militaire politique
AME — Assistance-marché d'études (éléments normalisés des marchés publics-bâtiment) — Fr. — bâtiment
AMEDS — Army Medical Service — Service médical de l'armée — En. US. — militaire
AMF — Abteilung für Militärflugplätze — Section militaire aéronautique allemande — De. — militaire
AMG — Assistance médicale gratuite — Fr. — social
AMI — Agence maritime internationale — Fr. — transports maritimes
AMI — Assurance mobilière et immobilière — Fr. — assurances
AMICA — Attrezzature Macchine per Interventi Chimici in Agricoltura — machines agricoles d'épandage chimique — It. — agriculture
AMIS — Airport Management Information System — Système informatique pour la gestion des aéroports — En. — aéronautique aéroports informatique
AMM — Agence maritime méditerranéenne — Fr. — transports maritimes
AMM — Association médicale mondiale — Fr. — médecine
AMMI — Azienda Minerali Metallici Italiani — Entreprise des minéraux métalliques italiens — It. — industrie
AMMO — Ammunition — munitions — En. — militaire
AMN — Ammunition — munitions — En. — militaire
AMO — Appareil de mesures d'observation — Fr. — mesures
AMORC — Ancient Mystic Order Rosae Crucis — Ordre Ancien et Mystique des Rose-Croix — En. — religion
AMP — Advanced management program — programme de gestion avancée — En. — management informatique
AMPH — amphibian — amphibie (véhicule) — En. — militaire
AMPR — Aeronautical Manufacturers' Planning Report — Rapport des constructeurs aéronautiques — En. — aéronautique
AMPSS — Advanced Manned Precision Strike System — système piloté d'attaque de précision expérimental — En. — militaire
AMS — Amministrazione dei Monopoli di Stato — Administration des Monopoles d'Etat (Italie) — It. — administrat.
AMS — Advanced Memory System — Mémoire perfectionnée — En. — informatique
AMS — Aeronautical Material Specification — Spécification des matériels aéronautiques — En. — aéronautique normalisation
AMS — Air Mail Service — Poste aérienne — En. — postes aéronautique
AMS — Army Map Service — Service cartographique de l'armée — En. US. — militaire
AMS — Army Medical Service — Service médical de l'armée — En. US. — militaire
AMSA — Advanced manned strategic aircraft — avion stratégique perfectionné — En. — militaire
AMSL — Above Mean Sea Level — audessus du niveau moyen de la mer — En. — technique
AMSP — Allied Military Security Publica-

tion — publication militaire (NATO) — En. — militaire

AMST — Advanced-Medium Range STOL Transport — ADAC moyen-courrier perfectionné (programme Mc-Donnell-Douglas sous contrat USAF) — En. — militaire aéronautique

AMT — Agence maritime transocéanique — Fr. — transports maritimes

AMT — Air Mail Transfer — courrier « par avion » — En. — postes

AMT — amount — somme — En. — comptabilité

AMT — Assistance-marché de travaux (éléments normalisés des marchés publics - bâtiment et TP) — Fr. — bâtiment

AMTRAC — Amphibian Tractor — tracteur amphibie — En. — industrie

AMU — Afrikanische-Madegassische-Union — Union Africo-malgache — De. — politique

AMU — Astronaut Maneuvering Unit — Module de manœuvre individuel de l'astronaute — En. — espace

AMV — Association mondiale vétérinaire — Fr. — médical

An — Aceton — Acétone — En. — chimie

AN — Assemblée nationale — Fr. — politique

ANA — Arab News Agency — Agence de presse arabe — En. — presse

ANA — Air Force - Navy Aeronautical — Air Force - Aéronavale (américaines) — En. US. — militaire

ANA — Air Navigation Act — Loi sur la navigation aérienne (GB) — En. — aéronautique navigation

ANAF — Army-Navy-Airforce — Association des trois armes — En. US. — militaire

ANAH — Agence nationale pour l'amélioration de l'habitat — Fr. — social

ANAP — Associazione Nazionale Addestramento Professionale « Leone XIII » — Association nationale pour la Formation professionnelle « Léon XIII » — It. — social religion

ANAS — Azienda Nazionale Autonoma delle Strade Statali — Entreprise nationale autonome des routes nationales (Italie) — It. — automobile routes

ANASA — Army and Navy Air Service Association — Association des Services aériens de la marine et de l'armée (USA) — En. US. — militaire

ANC — Air Navigation Conference (or Commission) — Commission de la navigation aérienne — En. — aéronautique navigation

ANC — Air Navigation Computer — Calculateur de navigation — En. — aéronautique navigation

ANC — American National Coarse (thread) — filetage « grand pas national américain » — En. — visserie normalisat.

ANC — Army Nurse Corps — Corps des Infirmières de l'armée — En. — militaire

ANCE — Associazione Nazionale Costruttori Edili (Italia) — Association nationale des constructeurs d'immeubles — It. — bâtiment

AND — Air-Force - Navy Design — Etude commune Air Force-Navy — En. US. — militaire

AND — Army-Navy Design — Etude commune Armée-Navy — En. US. — militaire

ANDE — Administración nacional de electricidad (Paraguay) — Adminis. de l'électricité — El. — électricité administrat.

ANDEC — Acerias Nacionales del Ecuador — Aciéries nationales d'Equateur — El. — métallurgie administrat.

ANEJI — Association nationale des Educateurs de Jeunes inadaptés — Fr. — enseignement

ANF — American National Fine. — filetage « petit pas national américain » — En. — visserie normalisation

ANF — Association de la Noblesse française — Fr. — social

ANF — Atlantic Nuclear Force — Force nucléaire atlantique d'intervention — En. — militaire

ANFANORMA — Association nationale des Français d'Afrique du Nord — Fr. — politique

ANFCE — Allied Naval Forces Central Europe (NATO) — En. — militaire

ANFIA — Associazione Nazionale fra Industrie Automobilistiche — Association nationale des industries automobiles — It. — automobile

ANG — Air National Guard — Garde nationale aérienne (US) — En. — militaire

ANG — Anderweitig nicht genannt — « inconnu » — De. — généralités

ANIC — Azienda Nazionale Idrogenazione Combustibili — Entreprise nationale de raffinerie — It. — hydrocarbure

ANIDEL — Associazione Nazionale Imprese Produttrici e Distributrici di Energia Elettrica — Association nationale des entreprises de production et de distribution d'énergie électrique — It. — électricité

ANIE — Associazione Nazionale Industrie Elettrotecniche ed Elettroniche — Association nationale des industries électrotechniques et électroniques — It. — électricité

anil — aniline — Fr. — chimie plastiques

ANIMA — Associazione Nazionale Indus-

trie Meccaniche Varie ed Affini — Association nationale des industries mécaniques et d'affinage — It. — industrie

ANIP — Army-Navy Instrumentation Program — programme commun d'instrumentation armée-marine (US) — En. US. — militaire

ANIP — Army-Navy Integrated Presentation — Présentation intégrée armée-marine (US) — En. US. — militaire

ANL — Anlage — Pièce jointe, annexe — De. — secrétariat

ANL — Annealed — recuit — En. — métallurgie

Anm — Anmerkung — remarque, note, observation — De. — général

ANM — Associazione Nazionale Magistrati — Association nationale de la Magistrature — It. — juridique

Ann — Annales — (revue) — Fr. — presse

ann — annoté (document) — Fr. — secrétariat

ANO — Air Navigation Orders — Ordres de navigation aérienne — En. — aéronautique navigation

ANOCUT — Anode cutting — découpage anodique — En. — industrie

ANOPLAS — Applications Nouvelles des Plastiques — Fr. — plastiques

Anorg — anorganisch — minéral (inorganique) — De. — chimie

ANP — Administración nacional de Puertos — Administration portuaire nationale (Uruguay) — El. — administrat.

ANP — Aircraft Nuclear Propulsion — propulsion atomique des avions — En. — aéronautique nucléaire

ANP — Allied Navigation Publication — document sur la navigation — En. — militaire

ANPE — Agence Nationale pour l'Emploi — Fr. — social

ANRT — Association Nationale de la Recherche Technique — Fr. — technique

ANS — Astronomical Netherlands Satellite — Satellite astronomique hollandais — En. — satellites

ant — anticuado — (sens) vieilli — El. — dictionnaire

ant — antomologie — Fr. — dictionnaire

ANTAC — Air Navigation and Tactical Air Control — Contrôle tactique de la navigation aérienne — En. — militaire navigation

ANUDI — Agence nationale universitaire d'information — Fr. — enseignement

ANUGA — Allgemeine Nahrungs- und Genussmittel-Ausstellung — Salon de l'alimentation et des produits de consommation — De. — alimentation expositions

ANVAR — Agence nationale de valorisation de la recherche — Fr. — science

Anw — Anwendung — usage, utilisation — De. — général

ANZUS — Australia New Zealand United States Pact — Traité entre l'Australie, la Nouvelle Zélande et les USA — En. — politique

AO — Ausserordentlich — extraordinaire (réunion, etc.) — De. — général

AO — Anordnung — décret, arrêté, édit, ordonnance, etc. — De. — politique

AO — Account of — compte de, pour — En. — comptabilité etc.

AO — Army Order — Ordre de l'armée — En. US. — militaire

AO — Appel d'offre — Fr. — commerce

AOA — American Ordnance Association — association militaire — En. — militaire

AOA — Abort Once Around — procédure de détresse de la navette spatiale au décollage — En. — espace

AOA — Angle of Attack — angle d'incidence — En. — aéronautique

ADAT — Angle of Attack Transducer — Traducteur d'angle d'incidence — En. — aéronautique

AOC — Appellation d'origine contrôlée (vins français) — Fr. — gastronomie

AOC — Air Officer Commanding — Officier de l'air en activité — En. — militaire

AOCI — Airport Operators Council International — Conseil international des utilisateurs d'aéroports — En. — aéronautique

AOD — Advance Ordnance Depot — Dépôt de munitions avancé — En. US. — militaire

AOG — Aircraft-On-Ground service — Service dépannage rapide aéronautique — En. — aéronautique

AOK — Allgemeine Ortskrankenkasse — caisse maladie — De. — social médecine

AOL — achieved overhaul life — intervalle réel entre révisions — En. — aéronautique statistiques

AON — Aircraft Owner's Net — Prix net pour les possesseurs d'avion — En. — aéronautique commerce

AOP — Air Observation Post — Poste d'observation aérienne — En. — militaire

AOP — Allied ordnance publications — documents militaires — En. — militaire

AOPA — Aircraft Owners and Pilot Association — Association des possesseurs d'avions et des pilotes — En. — aéronautique

AOQ — Average Outgoing Quality — qualité moyenne des produits sortant de fabrication (après contrôle à 100% des lots rebutés) — En. — industrie statistiques

AORISTE — Antenne Orientable de réception d'informations sur les satellites par télémesures échantillonnées — Fr. — espace communication

AOT — Air Outlet Temperature — température de sortie d'air — En. — aéronautique moteurs

AP — Acétophénone — Fr. int. — chimie

A/P — Account Purchase — Achat comptable — En. — comptabilité

A/P — Additional Premium — prime additionnelle — En. — assurances

AP — Airport — Aéroport — En. — aéronautique

AP — Air Publication — Document « Air » — En. US. — aéronautique

AP — Alliance pastorale — Fr. — religion

AP — Alta pressione — haute pression — It. — technique

AP — Aluminage par Projection (normes NSA) — Fr. — métallurgie

AP — amerikanisches Patent — brevet américain — De. — brevets

AP — Ammonium Perchlorate (propellant fusées) — En. — carburant

AP — Anni Praeteriti

AP — « A Protester » : to be protested (bills) — à dénoncer (effets de commerce) — En. — commerce

AP — Armour piercing — perforant — En. — militaire

AP — Assistance publique — Fr. — médical

AP — Associated Press — (Agence de Presse) — En. — presse

AP — autopilot — pilote automatique — En. — aéronautique avionique

AP — tôles d'aluminium (indices économiques) — Fr. — économie statistiques

APACI — Agence pour l'agriculture, le commerce et l'industrie — Fr. — administrat.

APAT — Association pour la Promotion et l'Aide par le Travail (pour débiles profonds) — Fr. — social

APATS — Automatic Programmer and Test System — système de programmation et d'essai automatique — En. — informatique

APB — Association pharmaceutique belge — Fr. — pharmacie

APB — Association professionnelle des banques — Fr. — banques

APC — Armour-piercing, capped — perforant à chape — En. — militaire

APC — Armoured Personnel Carrier — Véhicule blindé — En. — militaire

APC — Approach Control — contrôle d'approche — En. — aéronautique

APC — Azote et produits chimiques — Fr. — chimie

APC — Automatic phase control — mise en phase automatique — En. — aéronautique hélices

APCM — Assemblée permanente des chambres des métiers — Fr. — industrie

APCS — Air Photographic and Charting Service — Service de la cartographie et de la reconnaissance photographique militaire — En. — aéronautique militaire

APD — Avant-projet détaillé (Eléments normalisés des marchés publics — bâtiment et TP) — Fr. — administrat. bâtiment TP

APE — Activité Principale Exercée (code SIREN) — Fr. — statistiques

APE — Assemblée parlementaire européenne — Fr. — politique

APEC — Actualité et prospective économique — Fr. — économie

APEM — Abbigliamento produzione Esportazione Milano — Habillement production-exportation Milan — It. — industrie textile

APER — Association pour le progrès de l'enseignement religieux — Fr. — religion

Apex — Advance-purchase excursion — excursion à forfait — En. — aéronautique tourisme

APFDS — Autopilot Flight Director System — pilote auto-directeur de vol — En. — aéronautique avionique

APFSDS — Armour-piercing, finstabilized discarcing sabot (round) — obus perforant stabilisé — En. — militaire

APGC — Air Proving ground center — centre de vérification au sol — En. — aéronautique

API — Absolute pressure indicator — Indicateur de pression absolue — En. — aéronautique instruments

API — Aerospace Parts Indentification — (nom donné à une encre de marquage HYSOL) — En. — industrie aérospatial

API — Air position indicator — indicateur de position en l'air — En. — aéronautique

API — American Petroleum Institute — Institut américain du pétrole — En. — hydrocarbure

API — Applications plastiques industrielles — Fr. — plastiques

API — Armour-piercing, incendiary — perforant incendiaire — En. — militaire

APIS — Army Photographic Interpretation Section — Section d'interprétation photographique de l'Armée — En. US. — militaire

APL — Agence de Presse libération — Fr. — presse

APM — Aluminium Powdered Metal — aluminium pulvérulent — En. — métallurgie
APN — Agence de Presse Novosti (agence soviétique) — Fr. — presse
APN — Armée populaire nationale (Brésilienne) — Fr. — politique
APNA — Association des Professionnels navigants de l'aviation — Fr. — aéronautique social
APO — Army Post-Office — la Poste aux armées — En. US. — militaire
APO — Air Force Post-Office — Poste aux armées aériennes — En. US. — militaire
Apo — Ausserparlamentarische Opposition — opposition extraparlementaire — De. — politique
APO — Australian Post Office — Postes australiennes — En. — postes
Apo — Abstimmungspolizei — police électorale — De. — politique
APOLO — Agence pour l'Organisation des Loisirs et des voyages d'affaires — Fr. — tourisme industrie
App — appendice (à un document) — Fr. — secrétariat
APP — Approach — Approche (mode de vol indiqué sur le directeur d'altitude) — En. — aéronautique instruments
APP — Auxiliary Power Plant — groupe moteur auxiliaire — En. — aéronautique moteurs
APPA — Association des Pilotes de la Police de l'Air — Fr. — aéronautique social
APPA — Association pour la prévention de la pollution atmosphérique — Fr. — environnement
APPO — Approved — approuvé, accepté, homologué — En. — général administrat.
Approx — Approximate — approché, environ — En. — général
APR — Absolute pressure recorder — enregistreur de pression absolue — En. — industrie mesures
APS — Aircraft prepared for service — « avion prêt » — En. — aéronautique
APS — Algérie Presse-Service (agence de presse) — Fr. — presse
APS — Avant-projet sommaire (éléments normalisés des marchés publics - bâtiment et TP) — Fr. — administrat.
APSI — Aircraft Propulsion Subsystem Integration — intégration des sous-systèmes de propulsion avion — En. — aéronautique
APT — Airman proficiency test — test de qualification aéronautique — En. — aéronautique enseignement
APT — All Picture Transfer — transfert de toute l'image — En. — télévision satellites
APT — Armour-piercing, tracer — perforant traceur — En. — militaire
APT — Automatic Picture Transmission — transmission automatique des images — En. — télévision satellites
APT — Automatically programmed tools — outils à programmation automatique (langage APR (informatique)) — En. — machines-outils
APU — Auxiliary Power Unit — Groupe auxiliaire — En. — aéronautique
APU — Air-Speed Pick-up — détecteur de vitesse — En. — aéronautique, instruments
AQE — Airman Qualifying Examination — Examen de qualification des aviateurs — En. — aéronautique, enseignement
AQL — Acceptable Quality Level — niveau de qualité acceptable (pourcentage de défauts) — En. — contrôle-qualité
AR — « Accusé de réception » — id — Fr. — postes
AR — Acid-resisting — résistant aux acides — En. — chimie plastiques
AR — Aerial Refuelling — ravitaillement en vol — En. — aéronautique
AR — All Risks — tous risques — En. — assurances
AR — Anchor Ring — couronne d'appui — En. — mécanique
Ar — Aragón — Aragon — El. — géographie
Ar — Argon (symbole normalisé) — int. — chimie
AR — Argon (soudage en atmosphère inerte à l') — Fr. — soudage
AR — Army Regulation — Règlement de l'Armée — En. US. — militaire
AR — Ascension Right — Ascension droite — En. — astronomie
AR — As Required — A la demande — En. — commerce
AR — As Rolled — brut de laminage — En. — métallurgie
AR — « Fonte pour mécanique avec garantie de pureté » (CAFL) — Fr. — métallurgie
Ar — « Remettre contre Reçu » — postes françaises — Fr. — postes
ARA — Air Refuelling Area — zone de ravitaillement en vol — En. — aéronautique
ARADCOM — Army Air Defense Command — Commande de la Défense aérienne de l'Armée — En. US. — militaire
ARAMCO — Arabian American Oil Company — Compagnie des Pétroles arabo-américaine — En. — pétroles
ARB — Air Registration Board — Bureau de l'Immatriculation aérienne (GB) — En. — aéronautique administrat.

ARB — Airworthiness Requirements Board — Bureau des conditions requises de navigabilité — En. GB. — aéronautique administrat.

ARB — Air Research Bureau — Bureau de Recherche aéronautique — En. — aéronautique

ARBS — Angle/Rate Bombing System — bombardement — En. — militaire

ARC — Advanced Re-entry Concept — Concept de rentrée avancé — En. — espace

ARC — Aeronautical Research Council — Conseil de la recherche aéronautique — En. — aéronautique

ARC — Airworthiness Requirement Committee — Commission de la navigabilité — En. — aéronautique

ARC — American Red Cross — Croix-Rouge américaine — En. — médical

ARC — « à réception de commande » — Fr. — commerce

ARC — Automatic Remote Control — télécommande automatique — En. — industrie

ARCAS — Automatic Radar Chain Acquisition System — radar à poursuite automatique — En. — radar

ARCH — Amphibious Research Craft Hydrokeel — Véhicule amphibie expérimental — En. — marine

ARCH — Articulated Computer Hierarchy — calculateurs « hiérarchisés » — En. — informatique

ARDA — Automated Rotary Dipping Apparatus — En.

A-RDSCHR — Ausfuhr-Rundschreiben — Circulaire Exportation — De. — commerce administrat.

ARE — Applicazioni Radio-Elettroniche (Italia) — applications radio-électroniques — It. — radio-électronique

AREA — American Railway Engineering Association — Association des Ingénieurs du rail américains — En. — rail

ARES — Advanced Rocket-Engine Storable — moteur-fusée d'avant-garde stockable — En. — espace fusées

ARFA — Equipment « As Removed from Operational Aircraft » — équipement « tel que déposé d'avion » — En. — aéronautique

A-RH — Am Rhein — au (bord du) Rhin sur le Rhin — De. — géographie

ARI — Agence Républicaine d'Information — Fr. — presse

ARI — Airborne Radio Instrument — Radio de bord — En. — aéronautique radio

ARIEL — Analyseur radio-isotopique d'éléments légers — Fr. — nucléaire

ARINC — Aeronautical Radio Inc. — Institut de normalisation radio-aéronautique — En. — radio aéronautique

ARIS — Advance Range Instrumentation Ship — En.

ARISTOTE — Appareillage Réalisant Intégralement et Systématiquement Toutes les Opérations de Téléphone Electronique — Fr. — téléphone

Arit. — Aritmética — arithmétique — El. — arithmétique

ARL — Aeronautical Research Laboratory — Laboratoire de Recherche de l'Aéronautique — En. — aéronautique

ARL — Acceptable Reliability Level — Niveau de fiabilité acceptable (pourcentage de pannes sur 1000 heures de fonctionnement) — En. — contrôle qualité fiabilité statistiques

ARM — Alliance réformée mondiale — Fr. — religion

ARM — Anti-radar missile — engin anti-radar — En. — militaire

ARM — Anti-radiation missile — engin anti-radiations — En. — militaire

ARMA — Aide à la Réservation manuelle — Fr. — aéronautique

ARN — Acide ribo-nucléique — Fr. — génétique biologie

ARNT — Acide ribo-nucléique de transfert — Fr. — génétique biologie

ARO — At Reception of Order — A réception de Commande — Fr. — commerce

AROD — Airborne Range and Orbit Determination — calcul de la distance et de l'orbite en l'air — En. — espace

ARODS — Airborne Radar Orbital Determination System — Système radar de calcul des orbites en l'air — En. — espace radar

ARP — Advanced Re-entry program — projet de rentrée avancé — En. — espace

ARPA — Advanced Research Project Agency — Agence pour les avants-projets — En. US. — science

ARP — Aeronautical (Aerospace) Recommanded Practice — méthode conseillée (de travail) — En. — aéronautique

ARP — Air Raid Protection — Protection contre les raids aériens — En. — militaire

ARPAC — Automatic Data Process and Control — Contrôle et traitement automatique de l'information — En. — informatique

Arq. — Arquitectura — Architecture — El. — architecture

ARR — Alaska Railroad — chemin de fer de l'Alaska — En. — rail

Arr. — Arrêté du — F. — administrat.

ARR — Arrival — Arrivée — En. — général

Arr. — Arrondissement — F. — administration

ARROW — Aircraft Routing Right of way — Système de contrôle aérien devant faciliter les mouvements d'avion — En. — aéronautique

ARS — Air Rescue Service — Sauvetage aérien militaire — En. — militaire

ARS — Automatic Recovery system — Ressource automatique — En. — aéronautique moteurs

ARS — Automatic Re-start switch — interrupteur de ré-allumage automatique — En. — aéronautique moteurs

ARS — protection against foreign induction — (système AEG de protection des circuits téléphoniques contre les inductions parasites) — En. — téléphone

ARSR — Air Route Surveillance Radar — radar de surveillance des routes aériennes — En. — aéronautique radars

ART — Ambient Room Temperature — température ambiante (en salle) — En. — technique température

Art. 10 — Article 10 de la Police d'Assurance d'Anvers — int. — assurances

art. — artículo — article — El. — grammaire

ART — Artikel — article — De. — général

ART — Assises régionales du tourisme — Fr. — tourisme

ARTC — Aircraft Research and Testing Committee — Commission d'essai et de recherches sur les avions — En. — aéronautique

ARTC — Air Route Traffic Control — Contrôle des routes aériennes — En. — aéronautique navigation

ARTCC — Air Route Traffic Control Center — Centre de contrôle des routes aériennes — En. — aéronautique navigation

ARTOC — Army Tactical Operations Center — Centre des Opérations tactiques de l'Armée — En. — militaire

ARTS — Automated radar Tracking system — système de poursuite automatisé radar — En. — radars aéroports

ARTS — Automated radar Terminal system — système de radar automatisé à terminaux — En. — radars aéroports

Art. y Of. — Artes y Oficios — Arts et métiers — El. — dictionnaire

ARV — Armoured Recovery Vehicle — véhicule de sauvetage blindé — En. — militaire

ARW — Association of Railroad Warehouses — Association des entrepôts du rail — En. US. — rail

Arz — Arzobispo — Archevêque — El. — religion

Arzbo — id

A/S — Account Sales — En. — commerce

AS — Acrylonitrile-Styrène — Fr. — chimie plastiques

AS — Aeronautical Standard — Norme aéronautique — En. — aéronautique normalisation

AS — After Sight — En.

AS — Air-Sol — Fr. — militaire engins

a/s — airspeed — vitesse (anémométrique) — En. — aéronautique navigation

AS — Air Superiority — supériorité aérienne — En. — militaire

AS — Altitude Sensor — Sonde d'altitude — En. — aéronautique instruments

AS — Altostratus — En. Fr. — météorologie

AS — Ampere-Stunde — ampère-heure — De. — électricité

AS — Anti-submarine — anti-sousmarins — En. — militaire

As — Arsenic (symbole normalisé) — int. — chimie

AS — Assurances sociales — Fr. — social

A/S — Asynchronous/Synchronous — Asynchrone/Synchrone — En. — circuits intégrés

AS — Automatic sprinkler — En.

ASA — Air Security Agency — Agence de la sécurité aérienne — En. — aéronautique

ASA — Anti-static additive — additif contre l'électricité statique — En. — carburants

ASA — Army Security Agency — Agence de sécurité militaire — En. US. — militaire

ASA — Assurance sociale des salariés agricoles — F. — social assurances

ASA — Atomic Security Agency — Agence de la sécurité atomique — En. — nucléaire

ASALM — Advanced Strategic Air-Launched Missile — missile stratégique largué perfectionné — En. — militaire

ASAT — Arbeitsgemeinschaft Satelliten trägersystem — Commission des porteurs de satellites — De. — satellites

ASB — Air Safety Board — Bureau de la Sécurité aérienne — En. — aéronautique

ASC — Automatic Selective Control — Contrôle automatique de sélectivité — En. — radio

ASC — Automatic Sensitivity Control — Contrôle automatique de sensibilité — En. — radio

ASC — Chlorure d'Acétylsulfanilyle Acetylsulfanilyle chloride — En. Fr. — chimie

ASCA — Automatic Subject Citation Alert — En.

ASCII — American system code for infor-

mation interchange — langage — En. — informatique
ASCOF — Association coopérative de fonderie — Fr. — métallurgie
ASCOFAM — Association mondiale de la lutte contre la faim — Fr. — social
ASD — Advanced Surveillance Drone — Sonde de surveillance avancée — En. — militaire
ASD — Aeronautical Systems Division — division des systèmes aéronautiques — En. — aéronautique
ASD — Airbus Support Division — division après-vente Airbus (Airbus-Industrie) — En. — aéronautique
ASDAC — Action sociale de l'aviation civile — Fr. — aéronautique social
ASDE — Airport Surface Dectection Equipment — matériel de détection sur les aéroports — En. — aéronautique aéroports
ASDIC — Anti-submarine detection Investigation Committee — mit au point l'instrument de détection portant son nom et appelé ensuite SONAR) — En. — militaire marine
ASEB — Aeronautic & Space Engineering Board — Bureau d'étude aéronautique et spatial — En. — aérospatial
ASECNA — Agence pour la sécurité de la navigation aérienne — En. — aéronautique navigation
a.s.f. — ampere-square-foot — ampère par pied carré — En. — électricité
ASF — Annuaire statistique de la France — Fr. — documentation
ASF — Automatic signal finding — recherche automatique du signal — En. — radio électronique
ASFIR — Active swept frequency interferometer radar — radar-interféromètre à balayage de fréquence active — En. — radar
ASG — Aeronautical Standard Group — Groupe de normalisation aéronautique — En. — aéronautique normalisation
ASH — Agents des Services Hospitaliers — Fr. — médecine
ASH — Army Scout Helicopter — hélicoptère de reconnaissance de l'armée — En. US. — militaire hélicoptère
ASH — Assault Support Helicopter — hélicoptère d'assaut — En. — militaire hélicoptères
ASI — Action sociale immobilière — Fr. — social immobilier
ASI — Advanced Scientific Instrument — En. — science
ASI — Air Speed Indicator — indicateur de vitesse (anémométrique) — En. — aéronautique instruments
ASIP — Aircraft Structural Integrity Program — Programme d'intégrité structurale avion — En. — aéronautique
ASIR — Airspeed Indicator Reading — Indication de vitesse — En. — aéronautique
ASKI — Ausländersonderkonto für Inlandszahlungen — comptes spéciaux étrangers pour paiements dans le pays — De. — commerce
ASM — Airfield Surface Movement — mouvements de surface des aéroports — En. — aéronautique aéroports
ASM — Air-to-surface missile — missile air-sol — En. — militaire
ASM — anti-submarine (warfare) — lutte «A.S.M.» (anti-sousmarine) — En. — militaire marine
ASM — Apollo Service Module — Module de Service Apollo — En. — satellites
ASM — Apollo systems manual — manuel Apollo — En. — satellites
ASME — American Society of Mechanical Engineers — Société des Ingénieurs de mécanique américains — En. — industrie normalisation
ASMI — Airfield Surface Movement Indicator — Indicateur de mouvement sur les aéroports — En. — aéronautique
ASMS — Advanced Surface Missile System — système d'armes de surface avancé — En. — militaire
ASN — Average sample number — nombre moyen d'échantillons (nombre d'unités échantillonnées et contrôlées par lot) — En. — contrôle qualité statistiques
ASO — Advertising shipping Order — Bordereau d'expédition détaillé — En. — commerce
ASO — Aviation Supply Office — Bureau des fournitures aériennes — En. — aéronautique
ASOFAF — Assistant Secretary of the Air Force — En. US. — militaire
ASP — American Selling Price — Indice des prix de vente américain — En. — commerce administrat.
ASP — Ammunition Supply Point — Point d'approvisionnements en munitions — En. — militaire
ASPEA — Association suisse pour l'énergie atomique — Fr. — nucléaire
ASPEC — Aviation Survival and Personal Equipment Consortium — consortium de matériel de survie — En. — aéronautique
ASPR — Armed Services Procurement regulations — Règlement sur l'approvisionnement des armées — En. US. — militaire
ASR — Airport Surveillance Radar — radar de surveillance d'aéroport — En. — aéronautique

ASR — Automatic send-receive teleprinter — télétype émission-réception automatique — En. — télé communicat.
ASROC — Anti-submarine rocket — roquette anti-sousmarine — En. — militaire
ASSEDIC — Association pour l'emploi dans l'industrie et le commerce — Fr. — social
ASSET — Association of Supervisory staffs, executives and Technicians — Association des cadres, de la maîtrise et des techniciens — En. — industrie
ASSETS — Aerothermodynamic elastic structural systems environmental tests — essais d'environnement des systèmes structuraux élastiques aérothermodynamiques — En. — aérodynamique
AS-Signal — Austast-Synchron-Signal — De. — électronique
ASSL — Abnormal Steady-State limits — limites d'anomalies permanentes (norme MIL-STD-704A) — En. — aéronautique électricité
ASSR — Autonomous Socialist Soviet Republic — République socialiste soviétique autonome — En. — politique
ASST — Advanced Supersonic Transport — Transport supersonique avancé — En. — aéronautique
ASST'D — Assorted — assorti, accompagné de — En. — général commerce
ASSU — Air Support Signal Unit — Unité radio de soutien aérien — En. US. — militaire
Assy — Assembly — ensemble, assemblage — En. — technique
Ast. — Asturias — les Asturies — El. — géographie
ASTEC — Advanced solar turboelectric concept — programme de production de l'électricité par énergie solaire — En. — électricité recherche
ASTI — Association suisse des Traducteurs et Interprètes — F. — langues
ASTM — American Society for Testing Materials — Société américaine pour l'Essai des matériaux — En. US. — recherche normalisat.
ASTP — Apollo-Soyuz Test Project — projet spatial russo-américain — En. — espace
ASTRA — Automated Straightline Tinning and Reflowing Apparatus — machine à étamer — En. — machine-outils
ASTRAM — Assainissement et Transports municipaux — Fr. — administrat. voirie
ASUAG — Allgemeine Schweizerische Uhrenindustrie AG — Horlogerie suisse générale SA — De. — horlogerie
ASV — Approche sans visibilité — Fr. — aéronautique
ASW — Anti-submarine warfare — guerre ASM — En. — militaire marine
ASWG — American standard wire Gauge (or) American steel wire gauge — jauge américaine standard des fils et câbles métalliques — En. — câbles normalisat.
AT — accident du travail (sécurité sociale) — Fr. — assurances
AT — Admission temporaire — Fr. — douanes
AT — Agent Technique (symbole normalisé) — Fr. — social
AT — Agriculture et tourisme — Fr. — administrat.
AT — Air temperature — température extérieure — En. — aéronautique
At — ampère-tour — unité rationalisée de force — F. int. — unités
AT — Anti-tank — anti-char — En. — militaire
AT — anti-torpedo — anti-torpille — En. — militaire
AT — Aria Tipo — atmosphère standard internationale — It. — aéronautique
AT — assay ton = 29,167 g (pondération de l'or, etc.) — En. — unités
AT — Assistance technique — Fr. — technique
At — Astatine — int. — chimie
at — atmosphère — Fr. — unités
AT — Atomic Time — heure atomique — En. — nucléaire chronologie
AT — Auto-Throttle — automanette — En. — aéronautique moteurs
AT — (filetage) Auto-taraudeur (de vis) (symbole normalisé) — Fr. — visserie
AT — Avec tacite reconduction — Fr. — juridique commercial
ATA — Actual time of arrival — heure d'arrivée réelle — En. — aéronautique
ATA — « Admission temporaire - temporary admission » — En. Fr. — douanes
ATA — Agence du Tourisme algérien — Fr. — tourisme
ATA — Air Transport Association of America — Association du Transport aérien en Amérique — En. — aéronautique
ATA — American Transit Association — Association des transitaires américains — En. — transports
ATA — Association pour le transport et l'affrètement — Fr. — transports
ATAC — Air Transport Advisory Council — Conseil consultatif du transport aérien — En. — aéronautique
ATAC — Automatisation tactique et assistance au commandement — Fr. — militaire
at. ad. — Attaché d'administration — Fr. — administrat.

ATAF — Allied Tactical Air Force NATO — force aérienne tactique alliée — En. — militaire

ATAI — Association du transport aérien international — Fr. — aéronautique

ATAR — Association des Transports Aériens Régionaux — Fr. — aéronautique

ATB — Air Transport Board — Bureau du Transport aérien — En. — aéronautique

ATC — Aircraft Technical Committee — Commission technique aéronautique — En. — aéronautique

ATC — Assistant technique du commerce — Fr. — commerce

ATC — Air Traffic Control — Contrôle du trafic aérien (ou de la circulation aérienne) — En. — aéronautique

ATC — Army Training Center — Centre de formation de l'Armée — En. US. — militaire

ATC — Air Training Command — Commandement des Ecoles de pilotage — En. US. — militaire

ATC — Approved Type Certificats — Certificat d'homologation officiel — En. — aéronautique

ATCC — Air Traffic Control Center — Centre de contrôle de la circulation aérienne — En. — aéronautique

ATCO — Air Traffic Control Officer — Officier de contrôle du trafic aérien — En. — aéronautique militaire

ATCRBS — Air Traffic control Radar Beacon System — Balises de contrôle de la circulation aérienne — En. — aéronautique

ATCS — Air Traffic Control Service — Service de contrôle de la circulation aérienne — En. — aéronautique

ATD — Analyse thermique différentielle — Fr. — technique

ATDS — Air Tactical Data System — système d'informations tactiques aériennes — En. — aéronautique militaire

ATE — Advanced Technology Engine — moteur expérimental — En. — moteurs

ATEC — Automatic Test Equipment Complex — testeur automatique — En. tests aéronautiques

ATEC — Agence Trans-équatoriale des communications (CONGO) — Fr. — communication

ATECMA — Agrupación Técnica Española de constructores de material areonáutica — Groupement technique espagnol des constructeurs de matériel aéronautique — El. — aéronautique

ATEI — Application des techniques de l'Electronique industrielle — Fr. — électronique

ATEGG — Advanced Turbine Engine Gas Generator — moteur générateur de gaz à turbine expérimental — En. — moteurs aéronautique

ATEN — Association technique pour l'Energie nucléaire — Fr. — nucléaire

ATF — Aircraft test flight — essai en vol d'un avion ou vol expérimental — En. — aéronautique tests

ATF — Association technique de fonderie — Fr. — métallurgie

ATG — Air-to-ground — air-sol — En. — aéronautique

ATGW — Anti-tank guided weapon — engin guidé anti-char — En. — militaire

ATI — Air Transport Indicator — norme dimensionnelle pour les indicateurs de bord — En. — aéronautique instruments normalisat.

ATI — Army Training Instruction — Ordre de formation de l'Armée — En. US. — militaire

ATI — Association technique de l'industrie — Fr. — industrie

ATIGS — Advanced Tactical Inertial Guidance System — guidage inertiel tactique expérimental (à gyro ou à Laser - Honeywell) — En. — militaire

ATIS — Automatic Terminal Information Service — Service d'informations automatiques par terminaux — En. — informatique

ATITRA — Association technique interministérielle des transports — Fr. — administrat.

Atk — Anti-tank — anti-char — En. — militaire

ATL — Analog Threshold Logic — Logique de seuil analogique — En. — microcircuit

ATLAS — Abbreviated Test Language for Avionics System — Langage informatique — En. — aéronautique informatique

ATLAS — groupe de Compagnies aériennes fondé par AIR-FRANCE, UTA, LUFTHANSA, ALITALIA, SABENA — Fr. — aéronautique

ATLB — Air Transport License Board — Commission des Licences du Transport aérien — En. — aéronautique

At/m — ampèretour par mètre — unité rationalisée de force — Fr. — unités

ATM — Apollo Telescope Mount — Montage de télescope sur Apollo — En. — espace

ATM — Assistant technique des métiers — Fr. — industrie

Atm — atmosphère — symbole de physique — Fr. — unités

ATMA — Assistance technique maritime et aéronautique — Fr. — aéronautique marine

ATMB — Anisotropic Methylbromide — Bromure de méthyle anisotropique — En. int. — chimie

ATO — Abort to Orbit — (procédure de détresse de la navette spatiale en orbite) — En. — espace

ATO — Actual time over — temps réel écoulé — En.

ATO — Aircraft Transfer Order — Ordre de transfert des avions — En. — militaire

ATO — Assisted take-off — décollage assisté — En. — aéronautique

ATO — Auxiliary take-off — décollage assisté — En. — aéronautique

ATOM — Apollo telescope orientation mount program — programme de travail pour l'orientation du télescope Apollo — En. — espace

ATONU — Assistance technique de l'ONU — Fr. — technique politique

ATP — Acceptance Test procedure — Procédure d'essais de recette — En. — tests, industrie

ATP — Adénosine triphosphate (substance capitale de la cellule génétique) — Fr. — génétique biologie

ATP — Allied Tactical Publication — publication tactique alliée OTAN — En. — militaire

ATP — Army Training Plan — Plan de formation de l'Armée — En. — militaire

ATP — Autorisation de Transferts préalables — Fr.

ATR — Aircraft Trouble Report — Rapport des pannes avion — En. — aéronautique

ATR — Airline Transport Rating — Qualification des pilotes de ligne — En. — aéronautique

ATR — Air Traffic Regulation — Règlementation de la circulation aérienne — En. — aéronautique

ATR — Air Transport Racking (voir Air Transport Radio) — (normes dimensionnelles des armoires radio sur avion) — En. — radio, aéronautique

ATR — Air Transport Radio — normes radio aéronautiques (1 ATR=25,72 cm (10, 125'') de largeur ; 19,37 cm (7,625'') de hauteur et 49,69 cm (19 5625'') de longueur) — En. — aéronautique, radio, normalisation

ATR — Anti-transmit-receive — anti-émission-réception — En. — radio

ATR — Association technique de la route — Fr. — automobile, routes

ATRA — Association des Transporteurs routiers d'Algérie — Fr. — transports

ATRAN — Automatic Terrain Recognition and Navigation — système de reconnaissance et de navigation automatique — En. — aéronautique, navigation

ATREM — Association technique de la Réfrigération et de l'Equipement ménager — Fr. — normalisation

A/TRIM — Auto-trim — auto-trim — En. — aéronautique

ATS — Advanced Time Sharing — partage du temps avancé — En. — informatique

ATS — Air Traffic Services — Services de la circulation aérienne — En. — aéronautique

ATS — Application Technology Satellite — satellite technologique — En. US — espace

ATS — Army Transport Service — Service Transport de l'Armée — En. US — militaire

ATS — Association technique de la sidérurgie — Fr. — sidérurgie, normalisation

ATS — Astronomical Time Switch — interrupteur astronomique — En. — astronomie

ats — « at the suit of » — « à la requête de » — En. — juridique

ATS — Atlantic Trade Study — Etude du commerce atlantique — En. — commerce

ATSV — Agent technique des services vétérinaires (Algérie) — Fr. — médecine

ATT — Avalanche Transit Time — Temps d'avalanche — En. — semiconducteur

ATT — American Telephon and Telegraph — service des télécommunications — En. US — télécommunication

ATTN — Attention — « A l'attention de » — En. — secrétariat

Atto — Atento — « votre honorée » — El. — secrétariat

ATV — All terrain vehicle — véhicule tout-terrain — En. — automobile

ATZ — Air Traffic Zone — Zone de circulation d'Aérodrome — En. — aéronautique

AU — Alliance universelle — Fr.

Au — Aurum — or — lat. int. — chimie

AU — Association Unit — élément d'association (ordinateurs) — Fr. — informatique

Au — Angström Unit — Angström — En. — unités

AU — Astronomical Unit — Unité astronomique (distance de la terre au soleil en années-lumière = 1 AU) — En. — unités

AUB — Ausfuhr-Unbedenklichkeitsbescheinigung — visa de censure (exportation) — De. — commerce

Aufl — Auflage — édition — De. — édition

AUI — Agence universitaire d'information — Fr. — enseignement

AUM — Air-to-Underwater Missile — engin air-eau — En. — militaire
aum — aumentativo — augmentatif — El. — grammaire
UMA — Ausstellung- und Messe Ausschuss der Wirtschaft — Comité des Expositions et Foires économiques — De. — économie
AUMB — Arbeitskreis für Auslandsmesbeteiligungen — Cercle de travail pour la participation étrangère aux foires — De. — économie
AUMC — Association pour l'unification du christianisme mondial (« secte Moon ») — Fr. — religion
AUPELF — Association des Universités entièrement ou partiellement de Langue française — Fr. — enseignement
AURA — Association of Universities for Research in Astronomy — Association d'Universités pour la recherche astronomique — Fr. — enseignement, astronomie
AUS — Army of the United States — Armée des Etats-Unis — En. US — militaire
AUS FORD — Ausfuhrförderungs-Gesetz — Loi sur la promotion de l'exportation — De. — économie
AUSG — Ausgabe — tâche, devoir, exercice édition (du...-) — De.
AUTEC — Atlantic Undersea Test and Evaluation Center — Centre d'expérimentation sous-marine de l'Atlantique — En. — océanographie
Autel — auto-hôtel (hôtel dans lequel on entre en voiture) — En. Fr. — automobile, hôtellerie
AUTH — Authorized — autorisé, agréé — En. — industrie
AUTO — Automatic — automatique — En. Fr. — industrie
AUTODIN — Automatic Digital Network — réseau digital automatique — En. — téléphone
AUTOVON — Automatic Voice Network — réseau phonique automatique — En. — téléphone
AUV — Armoured Utility Vehicle — Véhicule de Service blindé — En. — militaire
AUW — All-up weight — masse à vide — En. — technique
AV — Acid Value — taux d'acidité — En. — chimie
AV — Ad Valorem — suivant la valeur — Fr. lat. int. — douanes
AV — Analyse de la Valeur — (anglais VE). — En. — technique
AV — Änderungsvorschlag — proposition de modification — De. — aéronautique, technique
AV — Angular Velocity — vitesse angulaire — En. — technique
AV — ascension verse — ascension verse — En. — astronomie
AV — Average — moyenne — En. — général
A/V — A vista — à vue — El.
AVA — aerodynamische Versuchsanstalt — soufflerie aérodynamique — De. — aérodynamique
AVAL C — Avalanche contrôlée (diodes) — Fr. — semi-conducteurs
AVAM — Associations volontaires d'aide mutuelle — Fr. — social
AVASI — Abbreviated Visual Approach Slope Indicator — indicateur de pente d'approche visuel abrégé — En. — aéronautique, instruments
AVB — Allgemeine Versicherungsbedingungen — conditions générales d'assurance — De. — assurances
AVC — Automatic Volume Control — Contrôle de volume automatique — En. — radio
AVCS — Assistant Vice-Chief of Staff — En. — militaire
AVCS — Advanced Vidicon Camera system — caméra Vidicon perfectionnée — En. — télévision
AVD — Automobilclub von Deutschland — Automobile Club d'Allemagne — De. — automobile
AVEC — Audio-visuel et communication (salon international) — Fr. — acoustique, enseignement
AVEC — Salon international de normalisations audiovisuelles et électroniques — Fr. — acoustique, enseignement
AVF — Académie vétérinaire de France — Fr. — médecine
AVF — Allgemeine vorläufige Fluggenehmigung — autorisations générales de vol anticipées — De. — aéronautique
AVF — Automatic variable field control — contrôle automatique à champ variable (métro de Tokyo) — En. — rail
AVGAS — Aviation Gas — Essence d'aviation — En. US — aéronautique, carburants
AVHA — Association vétérinaire d'hygiène alimentaire — Fr. — médecine, diététique
AVL — Approved Vendors List — Listes des fournisseurs homologués — En. — industrie, administratif
AVM — Airborne Vibration Monitoring — Surveillance des vibrations en vol — En. — aéronautique, vibrations
AVOS — Acoustical Valve Operating System — fonctionnement par vanne acoustique — En. — acoustique

Av.p. — Aviation publication — document aéronautique — En. — aéronautique, documentation

AVR — Arbeitsgemeinschaft Versuchs-Reaktor — Groupement d'étude de Réacteur expérimental — De. — nucléaire

AVR — automatische Verstärkungeregelung — Contrôle de volume automatique (CVA) — De. — radio, électronique

AVS — Advanced Vertical Strike Fighter — chasseur à tir vertical expérimental — En. — militaire

AVS — Association for Voluntary Sterilization — association pour la stérilisation (humaine) volontaire — En. — social, médecine

AVS — Assurance Vieillesse et Survivants (Suisse) — Fr. — assurances

Avv — Avvocato — avocat — It. — juridique

AW — Actual Weight — masse vraie — En. — pesage

AW — Amperewindung — ampère-tours — De. — électricité

AW — Automatic Weapon — Arme automatique — En. — militaire

A.W — travail (grandeur exprimée en joules dans le système SI) — Fr. — unités

AWACS — Airborne Warning and Control System — Système d'alerte aérienne et de contrôle — En. — militaire

AWADS — Adverse Weather Aerial Delivery System — système de largage par mauvais temps — En. — aéronautique

AWCIS — Aircraft Weapon Control and Interceptor System — dispositif d'interception et de contrôle des engins sur avion — En. — militaire

AWCS — Air Weapon Control system — syst. de commande des armes aériennes — En. — militaire

AWG — American Wire Gauge — Jauge américaine des fils et câbles — En. — câbles, normalisation

AWG — Aussenwirtschaftsgesetz — Loi sur le commerce extérieur — De. — administration, commerce

AWLS — All Weather Landing System — Système d'atterrissage tout-temps — En. — aéronautique

WOP — All Weather Operation Panel (USA) — Commission de la navigation tout-temps — En. — aéronautique navigation

AWP — Allied Weather Publication — document météo de l'OTAN — En. — militaire

AWS — Air Warning System — Système d'alerte aérienne — En. — militaire

AWS — Air Weather Service — Service de météorologie aéronautique — En. — aéronautique météorologie

AWS — Air Weapon System — Système d'armes aériennes — En. — militaire

AWS — American War Standards — Normes de guerre américaines — En. — militaire

AWT — All Weather — tout-temps (pneus auto) — En. — automobile, pneus

AWV — Aussenwirtschaftverkehr — échanges extérieurs — De. — économie

AWX — All Weather Aircraft — avion tout-temps — En. — militaire

AWXF — All weather fighter — chasseur tout-temps — En. — militaire

AWXI — All weather intruder — « Intruder » tout-temps — En. — militaire

AWY — airway — route, voie aérienne — En. — aéronautique, navigation

AXEL — Axe européen de liaison — Fr. — transports

AXP — Allied Exercice Publication — document sur les manœuvres de l'OTAN — En. — militaire

AZ — Acetylzahl — indice d'acétyle — De. — chimie

AZ — Auf Zeit — à terme — De. — commerce, administration

AZAMIDE — Azote amidique et dérivés (société commerciale) — Fr. — chimie

AZ.JZ — Rondelles éventail (symboles normalisés) — Fr. — visserie, quincaillerie

AZH — Allgemeine Zoll-und Handelsabkommen — Convention douanière — De. — douanes

AZN — Azoisobutyronitrile — (Catalyseur de polymérisation des matières plastiques) — En. Fr. — chimie, plastiques

AZO — Allgemeine Zollordnung — Règlement douanier — De. — douanes

AZS — Automatic Zero Set — remise à zéro automatique — En. — technique

B

B — tableau « B » (où figurent les stupéfiants) — Fr. — pharmacologie
B — Bale — Balle (de marchandises) — En. Fr. — commerce
b — barn — (« unité spéciale employée en physique nucléaire pour exprimer les sections efficaces ») — Fr. — physique, nucléaire
B — Barone — Baron — It. Fr. — social
b — base — embase — En. — électronique
B — Beato — Beatus, Bienheureux — It. Fr. — religion
b. — bei — Chez, près de — De. — général
B — Belgique — int. — politique
b — bella — belle — It. — commerce
b — bêta — angle de calage — gr. fr. int. — aérodynamique
B — bezahlt — payé — De. — commerce, comptabilité
B — bezüglich — concernant — De. — secrétariat
B — biforcati — rivets à tige fraisée (angl. split rivets) — It. — rivets
B — big — géant (exemple : Olympus 593B) — En. — moteurs, etc. industrie
B — Bildung — formation — De. — enseignement
B — billet à ordre — Fr. — commerce
b — blanc — Fr. — chimie
B — blindé — Fr. — fils et câbles
B — « blindé » (symbole normalisé dans les câbles téléphoniques) — Fr. — téléphone
b — boîtier — symbole normalisé CCTU — Fr. — semi-conducteurs
B — Bomber — Bombardier — En. — militaire
B — bore — int. — chimie
B — Boreale — boréal — It. Fr. — géographie
B — born — né à — En. — administration
B — bout brut (de vis) — Fr. — visserie
B — Break State — programme rupture — En. — informatique
B — Breather — Reniflard — En. — carburant, hydraulique
B — Brief — papier, lettre, communication — De. — finances
B — Brightness — Brillance — En. — éclairage
B — Buffer — Tampon, Amortisseur — En. — électricité, électronique
B — Bundeseigentum — Fonds fédéral, propriété fédé. (avion Transall) — De. — militaire
B — « caoutchouc butyle » symbole normalisé des isolants — Fr. — isolants, câbles électriques
°B ou Bé — degré Baumé — Fr. — physique
Ba — Bachelor of Art — licencié ès-lettres (approximativement) — En. — enseignement
Ba — Bari — It. — géographie (plaques auto)
B/A — Barre et Accélérateur — Fr. — colles (3M)
Ba — Baryum — int. — chimie
B.-A. — Basses-Alpes — Fr. — géographie
B.A. — Beaux-Arts ; Bellas Artes — Fr. El.
B.A. — Belle Arti — Beaux-Arts — It. — général
Ba — Bloom acier — (indices économiques) — Fr. — économie
BA — Boîtier anti-déflagrant (mano BOURDON) — Fr. — instruments de mesure
BA — Bord d'Attaque — Fr. — aéronautique etc.
BA — Bouées activées — Fr. — militaire-naval
BA — British Association — Association britannique (de normalisation) — En. — normalisation visserie
BA — Buenos Aires — El. — géographie
BA — Bundesanzeiger — Moniteur Fédéral — De. — presse
BAA — Brevet d'apprentissage agricole — Fr. — ens. agricole
BAA — British Airports Authority — En. — aéronautique

B à B — Broche à Billes (aussi : nom d'une firme) — Fr. — mécanique
BABAS ou BABS — Blind Approach Beacon System — système de balises d'approche sans visibilité — En. — aéronautique navigation
BABw — Bauaufsicht der Bundeswehr (organisme officiel) — De. — militaire
BAC — Bacteriological — bactériologique — En. — militaire
BAC — Barometric Altitude Control — contrôleur d'altitude barométrique — En. — aéronautique, instruments
BAC — British Aircraft Constructors (éditeurs des normes A.G.S.) — En. — normalisation
BAC — British Aircraft Corporation — Société britannique — En. — aéronautique
BAC — Bureau agricole commun pour l'étude de la conjoncture économique — Fr. — agric. CEE, économie
BACI — Banque auxiliaire pour le commerce et l'industrie — Fr. — banques
BACOPA — Bureau central d'études pour l'aménagement de l'espace rural et la commercialisation des produits agricoles — Fr. — agriculture
Bad. — Badajoz — El. — géographie
BAD — Banque africaine de développement — Fr. — banque
BAD — Banque asiatique de développement — Fr. — banque
BADGE — Base Air Defence Ground Environment — En. — militaire
BAH — Brevet d'apprentissage horticole — Fr. — enseignement
BAII — Bénéfices avant impots et intérêts financiers — Fr. — commerce
BAL — Balance — solde — En. — commerce
BAL — Balancing — équilibrage — En. — pesage, physique
Bal. — Baléares — El. — géographie
BAL — Base aluminium — (métal) base aluminium — En. — chimie, plastiques
B.A.L. — Bloc automatique et lumineux (SNCF) — Fr. — rail
Ballizing — Ball sizing : « pressing of an oversize precision ball through a hole which has to be sized, finished and deburred » — dimensionnement par billage — En. — industrie
BALLUTE — Balloon-parachute — parachute-ballon — En. — aéronautique, parachutes
BALMI — Ballistic Missile — fusée ballistique — En. — militaire
BALO — Bulletin des Annonces légales obligatoires — Fr. — administration
BALPA — British Airlines Pilot's Association — Association des pilotes de ligne britanniques — En. — aéronautique
BALS — Blind Approach Landing system — système d'approche sans visibilité à l'atterrissage — En. — aéronautique
BAM — Bundesanstalt für mecanische und chemische Material Prüfung — Bureau fédéral pour l'essai mécanique et chimique des matériaux — De. — test
BAM — Bundesarbeitsministerium — Ministère fédéral du travail — De. — administration
BAMI — Beanstandungsmeldung der Industrie — Compte rendu critique de l'industrie (dans le programme Transall) — De. — industrie, aéronautique
BAMP — Basic Analysis and Mapping programme — programme informatique de HEWLETT-PACKARD — En. — informatique
BAMS — Bleed Air Management system — circuit de prélèvement d'air — En. — aéronautique, moteurs
BAN — British Approved Names — noms acceptés en Angleterre — En. — onomastique
BAN — British Association of Numismatists — Association des numismates britanniques — En. — numismatique
BANEXI — Banque pour l'Expansion Industrielle — Fr. — banques
Banz — Bundesanzeiger — indicateur fédéral — De.
BAO — Banque de l'Afrique Occidentale — Fr. — banques
BAO — Berliner Absatz Organisation — organisation commerciale de Berlin — De. — commerce
BAOR — British Army on the Rhine (Standing force) — Armée du Rhin britannique (forces d'occupation) — En. — militaire
BAPR — Bloc automatique à permissivité restreinte (SNCF) — Fr. — rail
Bapt. — Baptist — Baptiste — En. — religion
BAPU — Bureau d'Aide Psychologique Universitaire — Fr. — enseignement
Bar. — Barone — Baron — It. — social
BAR — Browning Automatic Rifle — fusil automatique Browning — En. — militaire
Barb. — barbarismo — barbarisme — El. — grammaire
BARB — British Air Registration Board — Service de l'immatriculation aérienne britannique — En. — aéronautique
Barc — Barcelona — Barcelone — El. — géographie
BARIG — Board of Airlines Representatives in Germany — Conseil des repré-

sentants des Compagnies aériennes en Allemagne — En. — aéronautique
baro — barometry — barométrie — En. — physique
baro — barométrie barométrique — Fr. — physique
Bart — Baronet — Baron — En. — social
BART — Brush automatic rail taxi — En.
BAS — Basic Air Speed — Vitesse anémométrique de base — En. — aéronautique
BAS — Blind Approach System — système d'approche sans visibilité — En. — aéronautique, navigation
BAS — Bristol Aircraft Standard (now British Aircraft Corp Standard) — Norme Aéronautique Bristol — En. — aéronautique normalisation
BAS — British Aircraft Standard — normes aériennes britanniques — En. — aéronautique, normalisation
Bas — Bureau of Analysed Samples (GB) — En. — normalisation, industrie
BASE — Brevet d'Aptitude à l'Animation socio-éducative — Fr. — enseignement
Bat — Bataillon — Fr. De. — militaire
Bât — bâtonnets — Fr. — chimie
BAT — Battery — batterie, pile — En. — électricité
BAT — Bois Africains Tropicaux (Cameroun) — Fr. — bois
BAT — Bureau de l'Assistance Technique (ONU) — Fr. — politique
BATA — Brevet d'Agent technique agricole — Fr. — enseignement, agriculture
BATRECON — Battle Reconnaissance — reconnaissance opérationnelle — En. — militaire
BAUA — Business Aircraft Users' Association — Association des Utilisateurs d'avions d'affaire — En. — aéronautique
BAV — Boîtier d'Affichage et de Visualisation — Fr. — aéronautique navigation
BAW — Bausparwesen (DDR) — De.
BAW — Bundesamt für Gewerbliche Wirtschaft — Ministère de l'Industrie (RFA) — De. — industrie administrat.
BB — Ball Bearing — roulement à billes — En. — mécanique
BB — Betriebsberater — Conseiller d'entreprise — De. — industrie
B.B.A. — Bachelor of Business Administration — Diplômé d'administration des affaires ou gestion — En. — enseignement
BBB — Bundesstelle für Besatzungsbedarf — Bureau de l'Intendance — De. — militaire
B.B.C. — British Broadcasting Corporation — Office de radiodiffusion britannique — En. — radio
BBDC — Before Bottom Dead Center — Avant point mort bas — En. — machines outils
BBL — Barrel — baril — En. — pétroles etc
bbl — = 31 à 42 gallons — « il existe différents barils dont les uns sont réglementés et les autres régis par l'usage : par exemple, l'impôt fédéral sur les boissons fermentées est fondé sur le baril de 31 gallons mais beaucoup d'Etats ont leur loi particulière régissant la valeur du « baril pour liquides ». « THE WORLD ALMANACH-1975 p. 306 (le baril de pétrole est coutumièrement fixé à 42 gallons »)
BBV — Besondere Bedingungen des Bundesministerium für Verteidigung — Conditions particulières aux contrats passés avec l'Etat pour la Défense nationale — De. — administrat. industrie aéronautique
BC — Balance manométrique (« BOURDON ») — Fr. — instruments de mesure
B.C. — Bare Copper — cuivre nu — En. — fils & câbles électricité
B.C. — Before Christ — avant J.C. — En. — chronologie datation
B/C — Bénéfices/Coûts — Fr. — commerce
BC — Brise-copeau (terminologie ISO) — Fr. — outillages
B.C. — British Columbia — Colombie britannique — En. — géographie
BCA — Banque Centrale d'Algérie — Fr. — banques
BCA — Bureau Commun Automobile — Fr. — automobile
BCAR — British Civil Airworthiness Requirements — Réglementation applicable à l'autorisation des avions civils britanniques — En. — aéronautique administrat.
BCD — Barrel per Calender day — barils ou fûts par jour — En. — pétroles
BCD — Binar-coded decimal — décimale en code binaire — En. — informatique
BCD — symbole de la « Fonte pure malléable » — Fr. — métallurgie
B.C.E. — « Before our common era » — « avant notre ère » — En. — chronologie datation
BCF — Benzyl-Chloroformiate — Chloroformiate de benzyle — En. int. — chimie
BCF — Bromochlorodifluoro-méthane — (remplace le CO_2 dans les extincteurs) — Fr. int. — chimie
BCG — Bacille Calmette-Guérin (vaccin) — Fr. — médecine

B/CH — Bristol Channel — Canal St. George — En. — géographie

BCI — Baguette conductrice d'images — Fr. — fibres optiques

BCK — Bas-Congo Katanga — Fr. — géographie

BCMN — Bureau Central des Mesures nucléaires (Belgique) — Fr. — nucléaire mesures

BCN — Beacon — balise — En. — aéronautique

Bcom — Burroughs Computer Output Microfilming — Ordinateur Burroughs à sortie de microfilms — En. — informatique

BCP — Banque commerciale de Paris — Fr. — banques

BCP — Basic Control Program — Programme directeur 1 — En. — informatique

BCP — Bataillon de Chasseurs Alpins — Fr. — militaire

BCPS — Beam Candle Power Seconds — « désigne l'intensité intégrée totale du faisceau lumineux d'un projecteur monté dans un réflecteur » - broch. AMGLOW) — En. — unités lumineuses

BCR — Bombardement, combat, reconnaissance — En. — militaire

BCR — Bureau communautaire de références — Fr. — politique

BCU — Beta Control Unit — Commande Bêta — En. — aéronautique, hélices

BCV — Boîtier de commande de visualisation (instruments) — Fr. — aéronautique, navigation

BCW — Bare Copper-covered Wire — câble acier nu recouvert de cuivre (normalisé) — En. — fils et câble, normalisation

BD — Bachelor of Divinity — Diplômé de théologie — En. — enseignement religieux

BD — Bahrein Dinar — Dinar de Bahrein — En. — unités monétaires

Bd — band — volume, tome (d'un ouvrage) — En. — édition

BD — Bandage démontable (roues) — Fr. — technique

BD — Bank Draft — traite bancaire — En. — commerce

B/D — Bar Draft — tirant d'eau sur la barre — En. — marine

B/D — Barrels per day — barils par jour — En. — pétroles

bd — board — bureau, comité, conseil d'administration — En. — administration, industrie

BD — Bordereau de Déplacement (de marchandises) — Fr. — commerce, transports

B/D — Brought down (balance) — « solde à nouveau » — En. — commerce

BDA — Brigade de Défense des Animaux — Fr. — social

BDA — Bundesveresinigung des deutschen Arbeitsgeberverband — Syndicat du Patronat allemand — De. — social

BDC — Bottom Dead Center — Point mort bas — En. — machines-outils

BDC — Bureau de Documentation des Chemins de Fer — Fr. — rail

Bde — Bände — tomes, volumes — De. — édition

BDF — Bundesministerium der Finanzen — Ministère fédéral des Finances — De. — administration, finances

BD FT — Board, Foot — pédale — En. — textiles, industrie

BDHI — Bearing Distance Heading Indicator — Indicateur de cap, distance et relèvement - gisement — En. — aéronautique, navigation

BDI — Bearing Deviation Indicator — Indicateur d'écart de relèvement — En. — aéronautique, navigation

BDI — Bureau de Développement industriel — Fr. — industrie

BDI — Both dates included — les deux dates comprises — En. — secrétariat

BDI — Bundesverband der deutschen Industrie — Union de l'industrie allemande — De. — industrie

BDL — Bank Deutscher Länder — Banque des « Länder » allemands — De. — banque

BDLI — Bundesverband der deutschen Luft und Raumfahrt Industrie — Union des industries aérospatiales allemandes — De. — aéronautique, espace

BDM — Bomber Defense Missile — fusée anti-bombardier — En. — militaire

B/DDE — Barrels per day of oil equivalent — barils par jour d'équivalent-pétrole — En. — pétroles

Bdr — Bombardier — Fr. — militaire

BDRS — Bearer Depository Receipts — Bons au porteur — En. — banque

BdS — Barrière de Surface — Fr. — semi-conducteurs

BDS — Bomb Disposal Squad — Brigade de déminage — En. — militaire

BDU — Bomb Disposal Unit — Unité de déminage — En. — militaire

BDU — Bund deutscher Unternehmersberater — Association des conseillers d'entreprise — De. — industrie

BDV — Bund deutscher Verkehrsverbände — Association des transporteurs allemands — De. — transports

BDZ — Bundesverband der Zigarrenindustrie — Fédération des industries cigarrières — De. — tabacs

°B ou Bé — degré Baumé (alcools, vins) — Fr. — physique, chimie

Be — Béryllium — int. — chimie
BE — Biens d'Equipement (police COFACE) — Fr. — assurances
B/E — Bill of Exchange — Lettre de change, effet — En. — commerce, finances
BE — Bonus Export (Indonésie) — exportation à prime — En. — commerce
BEA — Bill of Exchange Act — Loi sur le commerce — En. — commerce, administrat.
BEA — Bras élévateur articulé — (pour sauvetages, pompiers, etc.) — Fr. — sécurité
BEA — Brevet d'Enseignement Agricole — Fr. — enseignement
BEB — Both ends bevelled — chanfreiné aux deux bouts — En. US — dessin, indust.
BEBC — Big European Bubble Chamber — grande chambre à bulle européenne — En. — tests
BEC — Banco Español de Credito — El. — banque
BEC — British Employers' Confederation — Syndicat du patronat britannique — En. — industrie
BED — Bachelor of Education — diplômé de pédagogie — En. — enseignement
BEF — Banque européenne de financement — En. — banque, finances
BEF — Blunt-end first — En. — technique
BEF — British Expeditionary Force — Corps expéditionnaire britannique — En. — militaire
BEK — Barner Ersatz-Kasse — De. — finance
BEKOM — Beschränkt Konvertierbare DM — DM à convertibilité limitée — De. — finances
BEI — Banca Europea degli Investimenti — Banque Européenne d'Investissements — It. Fr. — banques
beif. — beifolgend — ci-inclus — De. — secrétariat
beil. — beiliegend — ci-inclus — De. — secrétariat
BELFOOD — Belgian Food Industry — Industrie alimentaire belge — En. — alimentation
BELF — Bundesministerium für Ernährung, Landwirtschaft und Forsten — Ministère fédéral pour l'alimentation, l'agriculture et les forêts — De. — économie, administ.
BEL — Bureau d'Etude et de Liaison (pour la diffusion du français dans le monde) — Fr. — langues
BEL — Bureau d'Exploitation de la Liasse (CONCORDE) — Fr. — aéronautique
Belg — Belga, Belgium — Belge, Belgique — En. — géographie
BEM — Bemerkung — remarque, observation — De. — général
BEM — Breveté d'Etat-Major — Fr. — militaire
BENELUX — Belgian-Nederlands-Luxembourg — int. — politique
Benj — Benjamin — Benjamin, cadet — En. — social
BENOR — (Institut) Belge de Normalisation — Fr. — normalisation
BEPA — Brevet d'Etudes Professionnelles Agricoles — Fr. — enseignement
ber. — berechnet — calculé — De. — technique
bes. — besonders — spécialement — De. — général
BEST — Business Electronic System Technique — (programme) — En. — informatique
BETA — Ballistisches Einstufen-Träger-Aggregat — Engin ballistique à un étage — De. — militaire
bet'n — between — entre — En. — général
Betr. — Betreff — référence — De. — général
betr. — betreffend, betreffs — concerne — De. — général
BeV — Billion Electron-volt — milliard d'électrons-volts — En. — physique, nucléaire
bez. — bezählt — payé — De. — comptabilité
Bez. — Bezeichnung — désignation — De. — général
Bez. — Bezirk — district — De. — adminis-trat.
bez. — bezüglich — concernant — De. — général
bezw — beziehungsweise — respectivement, à savoir — De. — général
Bf — Bahnhof — gare — De. — rail
BF — Banque de France — Fr. — banque
BF — Bassa frequenza — basse fréquence — It. Fr. — électronique
BF — Blind flange — bride pleine — En. — technique-dessin ind.
b.f. — boldface (type) — caractère gras — En. — imprimerie
BF — Boucle fermée — Fr. — électronique
Bf — Brief — lettre, pli — De. — secrétariat
B/f — brought forward — report, à reporter — En. — commerce, comptabilité
BFA — Bundesstelle für Aussenhandelsinformation — Office d'information du commerce extérieur — De. — commerce
BFC — Beta follow-up cam — came d'asservissement Bêta — En. — hélices, aéronautique
BFCE — Banque française du Commerce extérieur — Fr. — commerce, banque
BFE — Buyer-Furnished Equipment — Matériel fourni par l'Acheteur — En. — aéronautique, commerce

BFG — Bank für Gemeinwirtschaft — Banque de la communauté — De. — commerce, banque
BFH — Bundesfinanzhof — Office de financement fédéral — De. — administrat.
BFL — Beta Feedback Linkage — tringlerie de retour d'asservissement Bêta — En. — hélices, aéronautique
BFM — Bundesfinanzministerium — Ministère des Finances fédéral — De. — administrat.
BFN — British Forces Network — Réseau des forces britanniques — En. — militaire
BFN — Brutto für Netto — De. — commerce
BFO — Beat Frequency Oscillator — Oscillateur à fréquence de battement — En. — électronique, oscillateurs
BFS — Bundesanstalt für Flugsicherung — Bureau fédéral de la sécurité aérienne — De. — aéronautique, administrat.
BFW — Bundesstelle für Warenverkehr der gewerblichen Wirtschaft — Office du transport des marchandises industrielles — De. — transport administrat.
BG — Bergamo — Bergame — It. — automobile
BG — Birmingham Gauge — Jauge de Birmingham — En. — fils & câbles
BG — Bogen (Papier) — feuille (de papier) — De. — papeterie
BG — British Gliding Association — Association de vol-à-voile britannique — En. — aéronautique
BG — Bulgarie — int. — automobile
BGA — Bundesverband des Gross- und Aussenhandels — Association du commerce de gros et du commerce extérieur — De. — commerce
BGA — Bureau de Section Automatisée — Fr.
BGB — Bürgerliches Gesetzbuch — Code civil (allemand) — De. — juridique
BGBL — Bundesgesetzblatt — Journal Officiel (allemand) — De. — juridique
BGH — Bundesgerichtshof — Cour de justice fédérale — De. — juridique
BGS — Bundes Grentz Schutz — police fédérale des frontières — De. — police
bgt — bought — acheté — En. — commerce
BHD — Bulkhead — cloison étanche — En. — aéronautique, technique
BHE — Banque hypothécaire européenne — Fr. — banque
Bhf — Bahnhof — gare — De. — rail
BHG — Berliner Handels-Gesellschaft — Société commerciale berlinoise — De. — commerce
BHN — Brinnell Hardness Number — dureté Brinnell — De. — tests
bhn — Brinnell Hardness Number — dureté Brinnell — De. — tests
BHP — Brake Horse Power — puissance aux freins — En. — automobile, unités
BHS — Bayerische Berg Hutten und Salzwerke — De. — commerce
BHT — Hydroxytoluène de butylate — int. — chimie
BI — Banca d'Italia — Banque d'Italie — It. — banque
BI — Banque de l'Indochine — Fr. — banque
BI — Biens d'Equipement Industriel (police COFACE) — Fr. — assurances
Bi — Bismuth — int. — chimie
BIATA — British Independant Air Transport Association — Association du transport aérien indépendant britannique — En. — aéronautique
Bib. — Bible, Biblical — Bible, biblique — En. — religion
BIB — Bid Bond — demande de participation à une adjudication — En. — commerce
bibl — bibliografia — bibliographie — It. — général
biblio — bibliographie — Fr. — général
bibl — biblioteca — bibliothèque — It. Fr. — général
BIC — Bataillon d'Infanterie Coloniale — Fr. — militaire
BIC — Bénéfices industriels et commerciaux — Fr. — administrat.
BIC — Bureau international des conteneurs — Fr. — commerce, transports
BIC — Bureau d'Information collectif — Fr. — documentation
BIC — Business Information Center — Centre d'informations commerciales — En. — commerce
BICC — Bureau international des chambres de commerce — Fr. — commerce
BICE — Banque internationale de la coopération économique (URSS) — Fr. — banque
BICE — Bureau d'Information de la Communauté Européenne — Fr. — politique
BICETI — Bureau d'information sur le calcul électronique et le traitement de l'information — Fr. — informatique
BID — Banco Interamericano de Desarrollo — Banque de Développement interaméricaine — El. — banque
b.i.d. — « twice daily » — « deux fois par jour » — En. — médecine
BIE — Bureau International d'Education (Suisse) — Fr. — enseignement
BIEM — Bureau International d'Enregistrement mécanique — Fr. — industrie

BIFAP — Bourse Internationale de Fret Aérien de Paris — Fr. — aéronautique
Big4 — The Big Four — Les Quatre Grands — En. — politique
Big4 — The Big Four — Les Quatre Grands : chemins de fer de Cleveland, Cincinnati, Chicago et St.-Louis — En. US — rail
BIH — Bureau International de l'Heure — Fr. — chronologie
BILD — Bureau International de Liaison et de Documentation — Fr. — information
BIN — binary — binaire — En. Fr. — informatique
biol — biology — biologie — En. Fr. — biologie
bionics — biology + technics — bionique = biologie + technique — En. — bionique
BIOSAT — Biological Satellite — satellite biologique — En. — satellites
BIP — Brevet Idrac-Périneau — (sonde d'incidence sur l'avion Bréguet Atlantic 1150) — Fr. — aéronautique, militaire
BIPM — Bureau International des Poids et Mesures — Fr. — mesures
BIPP — Binomial Probability Paper — papier binomial pour statistiques — En. — statistiques, papeterie
BIR — Bureau International de la Récupération — Fr. — industrie
BIRD — Banque internationale pour la Reconstruction et le Développement — Fr. — banques
BIRPI — Bureaux internationaux réunis pour la Protection de la Propriété industrielle — Fr. — brevets
BIS — British Information Service — En. — information
BIS — Bank for international settlements — Banque des Règlements internationaux — En. — banque
BIS — Board of Inspection and Survey — Service du Contrôle (de la Navy) — En. US — militaire
BISFA — Bureau International pour la Standardisation des Fibres artificielles — Fr. — normalisat.
BIST — Bulletin d'Informations scientifiques et techniques — Fr. — information
BISU — Bureau d'Information scolaire universitaire — Fr. — enseignement
BIT — Bureau International du Travail — Fr. — social
BIT — binary digit — unité binaire — En. informatique
bit — binary digit — unité binaire — En. — informatique
BITE — Built-In Test Equipment — équipement à test incorporé — En. — aéronautique, industrie
BIV — bivouac — Fr. — militaire
BIZ — Bank für internationalen (Suisse) Zahlungsausgleich — De. — banque
BK — Bank — banque — En. — banque
Bk — Berkélium — int. — chimie
Bk — Book — livre — En. — biblio.
BKARTA — Bundeskartellamt — Bureau fédéral des cartels — De. — commerce, administrat.
BL — Battery Limit — Limites de la batterie — En. — électricité
BL — Belluno — (sur les plaques auto) — It. — géographie
B/L — Bill of Lading — Lettre de voiture connaissement — En. — transports, maritime
Bla. — Blason — héraldique — El. — héraldique
Bl — Blatt — feuille (de papier) — De. — général
bl — blau — bleu (symbole normalisé suivant DIN 47 002) — De. — couleurs
BL — Bomb line — En. — militaire
BLC — Boundary Layer Control — contrôle de la couche limite — En. — aérodynamique
BLAC — British Light Aviation Center — Centre brit. de l'av. légère — En. — aéronautique
BL — Buttock Line — section verticale (ou transversale) — En. — traçage, aéronautique
BLD — Bulletin Législatif Dalloz — Fr. — juridique
BLEU — Belgium-Luxembourg Economic Union — Union économique belgo-luxembourgeoise — En. — politique, économie
BLEU — Blind Landing Experimental Unit — Atterrisseur automatique expérimental — En. — aéronautique
BLG — Breech Loading Gun — fusil ou pièce se chargeant par la culasse — En. — militaire
blg — building — bâtiment — En. — bâtiment
BLI — Bande latérale indépendante — Fr. — électronique
BLL — Ballen — Balle — De. — commerce
BLL — Ballen (Zählmass für Papier : 10 Ries) — 10 rames (de papier) — De. — papeterie
B.L.M. — « besa la mano » — « je vous baise la main » — El. — secrétariat
BLR — Breech Loading Rifle — fusil se chargeant par la culasse — En. — militaire
BLS — Bern-Lotschberg-Simplon (Suisse) — De.
BLS — Boston Latin School — Ecole latine de Boston — En. — enseignement

BLS — « fonte spéciale pour lingotières » (CAFL) — Fr. — métallurgie
BLT — Battalion Landing Team — Commando de débarquement (Marines) — En. US — militaires
BLU — Bande Latérale Unique — (= angl. SSB) — Fr. — radio
Blvd — boulevard — boulevard, artère — En. — postes
BLWU — Belgisch-Luxemburgische Wirtschaftunion — Union économique belgo-luxembourgeoise — De. — politique, économie
bm — bagnomaria — bain-marie — It. — chimie, etc.
BM — Beam — poutre, poutrelle — En. — bâtiment
BM — Bill of Material — En.
BM — Boundary Marker — balise de limites — En. — aéronautique
B & M — Boston & Maine Railroad — chemin de fer Boston-Maine — En. — rail
BM — Brigade Major — Major — En. — militaire
BMD — Ballistic Missile Defense — défense anti-fusées ballistiques — En. — militaire
BMEP — Brake Mean Effective Pressure — pression moyenne efficace de freinage — En. — mécanique
BMH — Bottin Mondain de l'Habitat — Fr. — information, social
BML — Bundesministerium für Ernährung Landwirtschaft und Forsten — Ministère Fédéral pour l'alimentation, l'agriculture et les forêts — De. — administrat.
BMO — Bulletin Municipal Officiel — Fr. — administrat.
BMPV — Biochimie, Microbiologie et Physiologie végétale — Fr. — enseignement
BMS — Boeing Material Specification — Spécification de Matériau Boeing — En. — aéronautique, normalisat.
BMS — Bulletin Mensuel de Statistique — Fr. — statistiques
BMV — Bundesministerium für Verkehr — Ministère fédéral des Transports — De. — administrat.
BMVg — Bundesministerium für Verteidigung — Ministère fédéral de la Défense — De. — administrat.
BMWES — Ballistic Missile Early Warning System — alerte balistique avancée — De. — militaire
BMZ — Bundesministerium für wirtschaftlische Zusammenarbeit — Ministère fédéral de la coopération économique — De. — administrat.
bn — battalion — battaillon — En. US — militaire
BN — Bénéfice Net — Fr. — comptabilité
BN — Benevento — Bénévent (plaques auto) — It. — géographie
BN — Bibliothèque nationale — Fr. — information, biblio.
BN — Burlington Northern — En. US
BNA — Banque Nationale d'Algérie — Fr. — banques
BNA — Basle Nominal Anatomica — terminologie anatomique de Basle — En. — médecine, anatomie
BNA — Bureau de Normalisation automobile — Fr. — automobile, normalisat.
BNAE — Bureau de Normalisation de l'Aéronautique et de l'Espace — Fr. — aéronautique, normalisat.
BNC — Bénéfices non commerciaux — Fr. — administrat. fiscale
BNDD — Bureau of Narcotics and Dangerous Drugs — Bureau des Stupéfiants — En. — police
BNDE — Bureau National des Données économiques — Fr. — économie
BNEC — British National Export Council — Conseil National Britannique de l'Exportation — En. — commerce, politique
BNF — British Non-Ferrous — matériaux non-ferreux britanniques (normes) — En. — normalisation
BNIST — Bureau National de l'Information Scientifique et Technique — Fr. — information
BNM — Bureau National de Métrologie — Fr. — mesures
BNS — Banque Nationale Suisse — Fr. — banques
BNS — Bureau de Normalisation de la Sidérurgie — Fr. — normalisation
BNTA — Bureau de Normalisation des Tubes d'Acier — Fr. — normalisation
BNVN — Banque Nationale du Vietnam — Fr. — banques
B.O. — Body Odor — Odeur corporelle — En. US — médecine
B & O — Baltimore & Ohio RR — chemin de fer Baltimore-Ohio — En. — rail
B/O — Brought Over — Report, à reporter — En. — comptabilité
BO — Bologna — Bologne (plaques auto) — It. — géographie
B.O. — Bulletin Officiel — Fr. — administrat.
B.O. — Boletín Oficial — Bulletin Officiel — El. — administrat.
BOAC — Bulletin Officiel des Annonces Commerciales — Fr. — administrat., commerce
BOCS — Bonded, Oriented, Continuous Strand — Collé, orienté, à brins continus — En. — textiles
BOD — Base Ordnance Depot — Dépôt de munitions — En. — militaire

BOD — Biochemical, Oxygen Demand — En. — chimie, biochimie
BOE — Boletín Oficial del Estado — Bulletin Officiel — El. — administrat.
BOD — Bulletin Officiel des Douanes — Fr. — douanes, administrat.
BOEN — Bulletin Officiel de l'Education Nationale — Fr. — enseignement
BOM — Bill of Material — En. — programmation, informatique
BOP — Blowout Preventer — antidéflagrant — En. — technique
BOP — Bottom of Pipe — génératrice inférieure (de tuyauterie) — En. — dessin industriel
BORAM — Block-Oriented Random-Access Memory — mémoire d'ordinateur — En. — informatique
BOS — Battalion Orderly Sergent — En. — militaire
BOS — Barge Onboard System — transporteur de péniches — En. — transports fluviaux
BOS — Basis Operating System — En. — informatique
BOSP — Bulletin Officiel Prix et Salaires (ou) Bulletin Officiel des Services des Prix — Fr. — administrat.
BOT — Board of Trade — Ministère du Commerce — En. — politique
bot. — botany — botanique — En. — botanique
BOT — Bulletin des Opérations sur Titre — Fr. — bourse
BOTT — bottom — fond, partie inférieure — En. — technique
BOW — Base Ordnance Workshop — Armurerie — En. — militaire
BP — Beach Party — « partie de plage » — En. — loisirs
B/P — Bill of Parcels — Tarif de colisage — En. — postes
B/P — Bills payable — effets à payer — En. — comptabilité
BP — Binding post — borne de connexion — En. — électricité
BP — Boiling Point — point d'ébullition — En. — physique
BP — Boîte postale — Fr. — postes
BP — Boost Pressure — pression d'admission — En. — carburants
BP — By-pass — dérivation, bypass — En. — technique
BP — Brevet Professionnel — Fr. — enseignement
BPA — Bénéfice par action — Fr. — finances, bourse
BPA — Press- und informations amt der Bundesregierung — Service de Presse et d'Information du Gouvernement fédéral — De. — presse administrat.
BPC — Boost-Pressure Control — contrôleur de pression d'admission — En. — technique
BPCD (ou BCD) — Barrels per Calendar Day — barils ou fûts par jour — En. — pétroles
BPD — Barrels per Day — barils par jour — En. — pétroles
BPF — Bon pour Francs — Fr. — comptabilité, commerce
BPF — Bloc de pointage fin — Fr. — technique
BPG — Bloc de pointage grossier — Fr. — technique
BPI — Bits per inches — bits (ou logons) par pouce — En. — informatique
BPIC — Butyl-Peroxyl-Isopropyl-Carbonate (catalyseur de polymérisation) — int. — chimie des plastiques
BPO — British Post Office — Postes britanniques — En. — postes
BPOE — Benevolent and Protective Order of Elks — Ordre bénévole et protecteur des élans (Canada) — En. — social
BPPB — Banque de Paris et des Pays-Bas — Fr. — banques
BPSD (BSD) — Barrels per Stream Day — barils ou fûts par jour de travail effectif — En. — pétroles
Bq — Bacquerel (Unité SI d'activité nucléaire - JO du 23.12.75 p. 13 228) — Fr. — unités de mesure nucl.
B/R — Bills receivable — effets à recevoir — En. — finances
Br — branch — embranchement — En. US — rail
Br — Brass — laiton ou cuivre jaune — En. — industrie
BR — Brides rondes — Fr. — aéronautique, instruments de bord
BR — Brigate Rosse — Brigades rouges (Italie) — It. — politique, histoire
BR — British Railways — Chemins de fer britanniques — En. — rail
Br — Bromure — int. — chimie
Br — Bronze en lingots (symbole normalisé des indices économiques) — Fr. — économie
Br — Bruder — frère — De. — commerce, etc.
br — brun (symbole normalisé suivant DIN 47002) — De. — couleurs
BR — brutto — brut — De. — commerce
« 9 br » — « à 9 broches », supports, etc. — Fr. — électronique
BR — Buffer Register (instruction) — En. — informatique
Bras — Brasil — Brésil — El. — géographie
Braz — Brazil, Brazilian — Brésil, Brésilien — En. US — géographie
BRD — Bundesrepublik Deutschland — République fédérale d'Allemagne — De. — politique

Brev — Brevetto — Brevet — It. — brevets
BRG — Barème des Ressources Garanties — Fr. — administrat.
Brg — Bearing — palier, roulement — En. — technique
Brg — Bearing — relèvement, gisement — En. — navigation
Brg — Brigata — Brigade — It. — militaire
BRGM — Bureau des Recherches Géologiques et Minières — Fr. — sciences
BRI — Banque des Règlements internationaux — Fr. — banque
BRI — Bureau Régional d'Industrialisation — Fr. — industrie
BRIA — Bureau Régional d'Information de l'Aluminium — Fr. — métallurgie
Brl — barrel — baril, fût — En. — pétroles
Brls — Barrels — barils, fûts — En. — pétroles
Brit — British — britannique — En. — général
BRNG — Bearing — palier, roulement — En. — technique
BRNG — Bearing — relèvement, gisement — En. — aéronautique, navigation
Bros. — Brothers — Frères (dans une raison sociale) — En. — commerce
Brosch — broschiert — broché — De. — édition
BRP — Bureau de Recherches de Pétrole — Fr. — pétroles
BRT — Bruttoregiestertonne — tonneau de jauge brute — De. — maritime
BRUG — Bundesrückerstattungsgesetz — Loi sur les restitutions fédérales — De. — administrat.
brunch — breakfast + lunch — petit-déjeuner + déjeuner — En. — hôtellerie
Bry — British Railways — chemins de fer britanniques — En. — chemins de fer
B.S. — Bachelor of Science (USA) — Diplômé ès-science — En. — enseignement
BS — Bachelor of Surgery (GB) — Diplômé de chirurgie — En. — médecine
B/s — Bags — $ en sacs — En. US — commerce
B/S — Balance Sheet — Bilan — En. US — comptabilité
B/s — Bales — en balles — En. US — commerce
BS — Base section — section de base — En. — technique
B & S — Bell & Spigot — « à manchon » — En. — dessin industriel
B/S — Bill of Sale — contrat de vente — En. US — commerce
B.S. — Both Sides — des deux côtés — En. — dessin industriel
BS — Brescia — Brescia (plaques auto) — It. — géographie
B.S. — British Standard — norme britannique — En. — normalisation
BS — Broadcasting Station — Station de radiodiffusion — En. — radio
B & S — Brown & Sharp or AWG — jauge américaine pour les fils et câbles, etc. — En. — fils-câbles, normalisation
B.S.A. — Boy Scouts of America — En. — social
BSC — Beta Set Cam — came de réglage Bêta — En. — aéronautique, hélices
BSC — Binary Synchronous Communication — communication binaire synchrone — En. — informatique, comm.
BSC — British Standard Cycle (thread) — pas cyclique B.S. (filetage) — En. — visserie, normalisation
BSD — Ballistic Systems Division — Division des systèmes ballistiques — En. — militaire, industrie
BSD — Barrels per Stream Day — barils par jour de travail effectif — En. — pétroles
BSD — Base Supply Depot — Dépôt militaire — En. — militaire
BSD — Besonders — en outre — De. — général
BSEC — Brevet Supérieur d'Enseignement Commercial — Fr. — enseignement
BSF — British Standard Fine Thread — filetage fin BS — En. — visserie, normalisat.
BSI — British Standards Institution — Institut de normalisation britannique — En. — normalisat.
BSIE — Budget spécial d'investissement et d'équipement — Fr. — administrat.
BSO — Blue Stellar Object — objet stellaire bleu — En. — astronomie
Bt — Baronet — baronnet — En. — social
B.T. — Basse Tension — Basse Tension — Fr. — électricité
BT — Battery Target — cible — En. — militaire
BT — Berth terms — conditions de mouillage — En. — maritime
Bt — bought — acheté — En. — commerce
BT — Brevet de Technicien — Fr. — enseignement
BST — Boss and Tap — bossage taraudé — En. — dessin industriel
BTA — Brevet de Technicien agricole — Fr. — enseignement
BTB — Bus-Tis (circuit) breaker — coupe-circuit incorporé aux barres bus — En. — électricité aéronautique
BTDC — Before Top dead center — devant point mort haut — En. — dessin industriel moteur
BTdRS — Bundestags-Drucksache — De. — administrat.

BTE — Bureau des Temps Elémentaires — Fr.
BTE — Büro Transall Export — De. — aéronautique (av. Transall)
BTEA — Bureau Technique d'Equipement Aéroportuaire — En. — aéronautique
Btg — Battaglione — Battaillon — It. — militaire
BTI — Battery temperature Indicator — Indicateur de température de batterie — En. — électricité, aéronautique
BTK — Bank für Teilzahlungskredit — De. — banque
B't'm — Bottom — fond, partie inférieure — En. — général
B.Tn — Baccalauréat de Technicien — Fr. — enseignement
BTN — Bilan Total Nuisances — Fr. — environnement
BTO — Bombing Through Overcast — En. — militaire
BTN — Brussels Tariff Nomenclature — Tarification de Bruxelles — En. — politique, économie
BTO — Brutto — brut — De. — commerce
B't'n — Button — bouton — En. — général
BTP — Bâtiment et Travaux Publics — Fr.
BTP — Boîte de Transmission Principale — Fr. — aéronautique hélicoptères
BTPD — Body Temperature Pressure Dry — En. — aéronautique, oxygène
BTPS — Body Temperature, Pressure, Saturated — En. — médecine, espace
BTR — Behind the Tape Reader — lecteur derrière la bande (machines,-outils à CN) — En. — machines-outils, informatique
BTRR — Bush Terminal Rail Road — Terminus — En. — chemin de fer
BTRY — Battery — batterie pile — En.
BTS — Basse Teneur en Soufre — Fr. — industrie
BTS — Brevet de Technicien Supérieur — Fr. — enseignement
BTSA — Brevet de Technicien supérieur agricole — Fr. — enseignement
BTT — Biforcati a testa tonda — Rivets à tige bifurquée (Engl. Bifurcated rivets) — It. — rivets
BTT — Bourse du Travail Temporaire — Fr. — social
BTT — Brutto — brut — De. — commerce
BTU — British Thermal Unit — unité thermique (1 calorie = BTU × 0,252) (env. 3/10 000 kW/h) — En. — physique, unités
BUE — Banque de l'Union Européenne — Fr. — banques
B.U. — Bollettino Ufficiale — Bulletin Officiel (B. O.) It. — administration
BUA — British United Airways — Compagnie aérienne — En. — aeronautique
BUCHST — Buchstabe — lettre (de l'alphabet) — De.
BufTA — Buffalo Trucking Assn — Association des routiers de Buffalo — En. — transports
BU — Bulletin (USAF's specification) — En. — militaire
BU — Bushel — boisseau (= 35,24 l-US ; 36,36 l-GB) — unités
bu — bushel (poids) — boisseau (= 80 lbs) (US = 35,238 l exact.) — En. — unités
BufVOA — Buffalo Van Owner's Association — Association des livreurs de Buffalo — En. — transports
BUIC — Back-UP Interceptor Control — contrôle d'interception renforcé (pour le système SAGE) — En. — aéronautique, militaire
BUIC — Bureau universitaire d'information sur les carrières — Fr. — enseignement
Bulg. — Bulgaria — Bulgarie — En. — Géographie, politique
BUN — Blood Urea Nitrogen (voir aussi SUN) — En. — médecine
BuNo — Bureau Number — n° de code du Bureau of Naval Weapons de l'US Navy — En. US — militaire
BURASC — Bureau des Aciers Spéciaux au Carbone — Fr. — métallurgie
Burg. — Burgos — El. — géographie
BURGEAP — Bureau d'Etudes de Géologie appliquée et d'Hydrologie souterraine — Fr.
burl. — burlesco — ironique — El. — dictionnaires
BUS — Busbar — barre bus ; barre de distribution du courant — En. — électricité aéronautique
BUS — Bushel — boisseau (env. 36 l) — En. — unités de mesure
BUV — Betriebsunterbrechungsversicherung (DDR) — De.
BUWE — Bundeswehr — De. — militaire
B.V. — Bleed Valve — Clapet de purge — En. — mécanique, circuits, etc.
B.V. — Bleed Valve — Vanne de décharge — En. — moteurs, aéronautique
BV — Breakdown Voltage — Tension de rupture — En. — semi-conducteurs
BV — Bureau Véritas — Fr.
BVCU — Bleed-Valve Control Unit — vérin de commande de la vanne de décharge (du compresseur) — En. — moteurs, aéronautique
BVF — Bauvorschriften für Flugzeuge — normes aéronautiques — De. — aéronautique
BVG — Betriebsverfassungsgesetz — De. — juridique
BVP — Bureau de Vérification de la Publicité — Fr.

BVS — Bauvorschriften für Segelflugzeuge — normes de vol à voile — De. — aéronautique
BVS — Berggewerkschaftliche Versuchsstrecken — De.
bw — bandwith — bande passante — En. — oscilloscopes
B.W. — Biological Warfare — guerre bactériologique — En. — militaire, biologie
b.w. — bitte, wenden ! — tournez, S.V.P. — De. — général
B.W. — Bordet-Wassermann — Fr. — médecine, tests
BW — Bundeswehr — armée fédérale — De. — militaire
B.W. — Butt welded — soudé par rapprochement ; bout-à-bout — En. — soudage
BWA — Bewertungsusschuss — Commission Evaluation (AIRBUS) — De. — aéronautique
BWD — Bundesamt für Wehrtechnik und Beschaffung — De. — militaire
B.W.G. — Birmingham or Stubbs iron wire gauge — Jauge Stubbs ou de Birmingham — En. — normalisation (fils et vis en fer)
B.W.I. — British West Indies — Indes Occidentales britanniques — En. — géographie, histoire
Bw-Material — bundeswehrallgemeines Material — De. — militaire
BWR — Boiling Water Reactor — Réacteur à eau chaude — En. — nucléaire
BWT — Bonded Warehouse Transactions — Transactions dédouanées — En. — commerce
Bx — box — boîte — En. — commerce
Bxs — boxes — boîtes, etc. — En.
B.Y. — Beta Yoke — chape de position Bêta — En. — aéronautique hélices
Bz — Bezirk — district — De. — administration
Bz — Benzol — benzène — De. — chimie
BZ — Bolzano — It. — géographie (plaques auto)
Bz — Bronze — En. — industrie
BZH — Breizh — Bretagne — breton — politique
bzw — beziehungsweise — respectivement — De. — général

C

C — « **Tableau C** » : **les médicaments figurant sur ce tableau ne peuvent être délivrés que sur prescription médicale** — Fr. — médecine
C/ — **calle** — rue — El. — postes
C — « **caoutchouc vulcanisé** » **(norme isolant câbles)** — Fr. — norm. câbles élect.
C — **Capitaux** — Fr. — économie
C — **Captain** — En.
C — **Carat** = **200 mg** — En. Fr. — unités
C — **carbone** — élément chimique — int. — chimie
C — **Carbonitruré (traitement surface vis)** — Fr. — visserie
C — **Cargo** — En. US. — aéronautique
C — **Carrier** — En.
C/ — **Case** — Caisse — En. Fr. — banques
C — **casing** — carter, boîtier, logement — En. — industrie
C — **célérité** — vitesse de la lumière dans le vide : 299 793,1 km/s — Fr.
C — **célo** — (1 pied/seconde) — En. — unité d'accélération dans le système F.P.S.
C — **Celsius** — électrique température, degré — int. — température
C — **cent** — centime — En. US. — finances
C — **centesimo** — centime — It. — finances
C — **centimes** — Fr. — finances
C — **centigrade** — température, degré — int. — température
C% — **Centrage par rapport à la profondeur du profil de référence** — Fr. — aéronautique
C — **Central (standard time)** = **CST** — heure de l'Amérique centrale — En. — chronologie
C — **chaleur massique ou spécifique exprimée en Joule par kilogramme degré K (system SI)** — Fr. — unités
C — **cintrable** — Fr. — matériel électrique
C — **circa** — environ — De. — général
C — **Code (civil, pénal, administratif, etc.)** — Fr. — administration
C — « **Cold** » **(froid)** — (marque sur les compensateurs de tension de câble avion) — En. — aéronautique
C — **Colorless** — incolore — En. — éclairage avion
C — **compensée** — jauges compensées — Fr. — carburants
C — **compresseur (de vérif. des manomètres Bourdon)** — Fr.
C — **Facteur de concentration (rayonnements)** — Fr. — nucléaire
C — **Conte** — Conte — It. — social
C — **contrainte** — Fr. — automation
C/ — **contre** — Fr. — commerce comptabilité
C — **contrôler (faire appel aux cinq sens)** — Fr. — org. du travail
C. 7 — **Corde de chaque pale à 0,7 fois le rayon en bout de pale (hélices)** — Fr. — aéronautique
C — **Cost Category** — catégorie de prix — En. — commerce (pièces moteurs Rolls-Royce)
C — **Coulomb** — unité de quantité élect. — int. — électricité
C — **counter-adapter** — adaptateur — En. — électronique
C — **Coupleur** — (TECALEMIT) — Fr. — tuyauteries
C — **coupon** — Fr. — commerce
C — **courant** — Fr. — commerce (Jaugeage)
C — **cristallinity** — cristallinité — En. Fr. — plastiques
C — **cubique (système cristallin)** — Fr. — chimie
C — **(lat. cum)** « **with** » — « avec » — En. Fr. — médecine
C — **Cumulus** — En. Fr. — météo
C — **curie** — unité nucléaire — int. — nucléonique
C — **current** — intensité du courant — En. — électricité
C — **cyclique** — Fr. — industrie (articles périodiques)
C — **cylindrique** — (têtes de vis, etc.) — Fr. — visserie

C

C — cytosine — Fr. — génétique

C — désinfection en Cours (déclaration obligatoire) — Fr. — hygiène méd.

C — Grippe épidémique (déclaration facultative) — Fr. — médecine

C — Zentrum — centre (de la ville) — De. — général

C [2e signe] symbole moteur monophasé à démarrage par condensateur et coupleur (CEM) — Fr. — électricité

C — [4e signe] symbole moteur montage sur coussinets (CEM) — Fr. — électricité

CA — Anfangskapazität — capacité initiale — De. — électricité électronique condensateurs

CA — Cabin Air — air de la cabine atmosphère cabine — En. — aéronautique conditionnement d'air

CA — Cabin Attendant — stewart, hôtesse, P.N.C. — En. — aéronautique

CA — Cagliari — Cagliari — It. — géographie (plaques auto)

Ca — Calcium — int. — chimie

CA — Capital — Fr. — finance

C/A — Capital Account — compte de capital — En. — finances

Ca — Casa — maison — It.

ca — centiare — superficie — Fr. int. — unité de mesure

C.A. — Central America — En. — géographie

C.A. — Chartered Accountant — Expert-Comptable — En. — finances, comptabilité

CA — Chambre agricole — Fr. — agriculture

C & A — Chicago & Alton — En. US. — géographie

CA — Chiffre d'Affaires — commerce

ca — circa — environ — De. En. etc. — général

C.A. — Coast Artillery — artillerie côtière batteries côtières — En. — militaire

CA — Commandite par Actions (société en) — commerce

CA — Compañia anónima — société anonyme — El.

CA — compressed air — air venant du compresseur, air comprimé — En. — aéronautique

CA — symbole des condensateurs fixes au mica — Fr. — électronique

CA — Condensateurs fixes à diélectrique MICA (symbole) — Fr. — CCTU norme

CA — Cooling Air — air de refroidissement air réfrigérant — En. — aéronautique, conditionnement d'air

C.A. — corrente anno — de l'année en court, courant — It. — général

ca — corrente alternata — courant alternatif — It. Fr. — électricité

CA — Course d'Approche (détecteurs de position CROUZET) — Fr. — mécanique

CA — Crank Angle — En.

CA — Crédit Agricole — banque

CA — current address state — adresse en cours — En. — informatique programmation

CA — Zirka — environ — De.

CAA — Civil Aeronautics Administration — En. US. — aéronautique

CAA — Civil Aeronautics Authority — En. US. — aéronautique

CAAC — Civil Aviation Administration of China = AACC — En. — aéronautique

CAAF — Caisse d'Assurances et d'Allocations Familiales — Fr. — administration

CAARC — Commonwealth Advisory Aeronautical Research Council — En. — aéronautique

CAATC — Civil Aeronautics Authority Type Certificate — Certificat d'Homologation CAA — En. US. — aéronautique

CAB — Cabinet — placard, armoire, etc. — En. — général

CAB — Câbles allégés Blindés — Fr. — fils, câbles

CAB — Captive Air Bubble — bulle d'air captive — En. — chimie, etc.

CAB — Cellulose Acéto-butyrate — ou ABC — En. Fr. — chimie

CAB — Civil Aeronautics Board — En. US. — aéronautique

CAB — Comitato di Agitazione delle Borgate (contestataires) — It. — politique

CAB — Commonwealth Agricultural Bureau — En. — plastiques

Cabl — cablogramma — cablogramme — It. — postes

cad — cadauno — chaque — It. — général

Càd. — Càdiz — Cadix — El. — géographie

C.A.D. — Cash against documents — paiement contre documents — En. US. — commerce comptabilité

CAD — Coefficient d'adaptation départemental — Fr. — administration

c.à.d. — c'est-à-dire — Fr. — général

CAD — Comité d'aide au développement — Fr. — économie

CAD — Computer-aided design — dessin assisté (par ordinateur) — En. — dessin industriel

CAD — contanti a domicilio — comptant à la réception, à la livraison — It. — commerce

CAD — Corps d'Armée au Développement — Fr. — militaire

CADC — Central Air Data Computer — centrale aérodynamique ou anémométrique — En. — aéronautique navigation
CADF — Commutated Aerial Direction Finder — En. — aéronautique navigation
CADIC — Computer-Aided Design of Integrated Circuit — En. — dessin indus.
CADV — Commande automatique du vol — (A 300 B) — Fr. — aéronautique
CAE — Comité d'action et d'expansion économique — Fr.
CAE — Contre-assurance étendue — Fr. — assurances
CAECL — Caisse d'Aide à l'Equipement des collectivités locales
CAEI — Certificat d'Aptitude à l'Enseignement des inadaptés — Fr. — enseignement
CAEM — Conseil d'Aide Economique Mutuelle (Comécon) — Fr. — économie
CAF — Caisse d'Allocations Familiales — Fr. — social
CAF — Comptoir agricole français — Fr. — agriculture
CAF — Conseil de l'Agriculture française — Fr. — agriculture
c.a.f. — cost and freight — coût et frêt — En. — commerce
C.A.F. — Coût, Assurance, Frêt — modalité de vente à l'exportation dans laquelle l'expéditeur se charge du fret et de l'assurance — Fr. — commerce
CAF — Coût, Assurance, Fret — Fr. — commerce
CAF — mono-reposants polymérisant par l'action de l'humidité de l'air — Fr. — plastiques
CAFAC — Caoutchouc façonné — Fr. — caoutchouc
CAFDA — Commandant Air des Forces de Défense Aérienne — Fr. — militaire
CAG — Contrôle automatique de gain — Fr. — radio électronique
Cagel — Consolidated Aerospace Ground Equipments List — liste générale des matériels aérospatiaux au sol — En. US. — aéronautique
CAH — Corps d'Armée d'Hygiène — Fr. — militaire
CAHI — Central Aero Hydrodynamical Institute (URSS) — En.
C.A.I. — Club Alpino Italiano — Club Alpin d'Italie — It. — social
CAI — Computer-Assisted Instrution — En. — enseignement
CAINS — Carrier Aircraft Inertial Navigation System — système de navigation inertiel pour avions embarqués — En. — aéronautique navigation
CAJ — Christliche Arbeiterjugend — Jeunesse Ouvrière chrétienne (JOC) — De. — social
CAL — Calibrage — Fr. — instruments
Cal. — California — Californie — En. US. — géographie
Cal — grande caloria — grande calorie — It. — unité de mesure de chaleur
cal — calorie — calorie — int. — unité de mesure de chaleur
cal — calorie — calorie — int. — unité de mesure de chaleur
CAL — Comités d'Action Lycéens — Fr. — politique
CAL — Centre d'Amélioration du Logement — Fr. — social
Calcd — calculated — calculé — En. — comptabilité, etc.
CAM — Camouflage — En. Fr. — militaire
Cam — Cambridge — Cambridge — En. — géographie, enseignement
CAM — Civil Aeronautics Manual — En. — aéronautique
CAM — Commercial (Civil) Air Movement — En. — aéronautique
CAM — Computer-aided manufacturing — fabrication assistée (par ordinateur) — En. — industrie informatique
CAM — Cybernetic Anthropomorphous Machine — Machine cybernétique anthropomorphe — En. — cybernétique
CAMAC — Computer application for measurement and control — En. — informatique
Camb — Cambridge — Cambridge — En. — géographie enseignement
CAMEL — Compagnie Algérienne du Méthane Liquide — Fr. — industrie
CAMI — Civil Aviation Medical Institute — En. — aéronautique
CAMP — Computerized Aircraft Maintenance Program — En. — aéronautique
CAMPANULE — Chaîne adaptable par microprogrammation pour analyse numérique et logique (CROUSET) — Fr. — électronique informatique
CAMS — Coastal Anti-Missile System — dispositif côtier de défense anti-fusées — En. US. — militaires fusées
CAMUPLAST — Société de Caution Mutuelle des Transformateurs de Matières Plastiques
Can. — Canada, Canadian — Canada, Canadien — En. — géographie
Can. — Canarias — Canaries — El. — géographie
CAN — Committee on Aircraft Noise (of ICAO) — Commission (d'étude) sur le bruit des avions — En. — aéronautique
CAN — Convertisseur Analogique Numérique — Fr. — informatique

Cand. — Kandidat — candidat — De. — général
Cand. — Jur. Candidatus Juris — lat.
Cantab. — Cantabrigiensis (of Cambridge) — de Cambridge — En. — enseignement
Cantuar. — Cantuariensis (of Canterbury) — de Canterbury — En. — religion
CaO — symbole de la chaux vive — Fr. int. — chimie
CAO — Conception Assistée par Ordinateur — Fr. — dessin industriel
CAP — Canadian Association of Physicists — Association des Physiciens canadiens — En.
CAP — Caoutchouc-Amiante-Plastique — Fr. — matériaux composites
cap. — capacity — capacité — En. — transports
Cap. — capital — capital — En. — commerce finance
cap — capitalized — capitalisé — En. — commerce
Cap. — Capitolo — Chapitre — It. — livre
Cap. — capítulo — chapitre — El. — livre
Cap — Caput (Chapter) — chapitre — En. — religion
cap. — caporale — caporal — It. — militaire
Cap. — Capitano — Capitaine — It. — militaire
CAP — Capsule — cachets, comprimés — En. — médecine, pharmacie
CAP — Cellulose Acetate Proprionate — En. Fr. — chimie
CAP — Centre administratif paritaire — Fr. — administration
CAP — Centre d'Analyse et de Programmation — Fr. — informatique
CAP — Centre d'Aptitude pédagogique — Fr. — enseignement
C.A.P. — Certificat d'Aptitude Professionnelle — Fr. — enseignement
CAP — Chloracétophénone — Fr. int. — chimie
CAP — Civil Air Patrol — En. US. — aéronautique
CAP — Civil Air Publication — Documentation de l'Aéronautique civile — En. US. — aéronautique
CAP — Combat Air Patrol — patrouille aérienne — En. US. — militaire
CAP — Common Agricultural Policy — Politique agricole de la communauté — En. — politique
CAP — Compagnie d'Aviation privée — Fr. — aéronautique
CAP — Cosses pour câbles aluminium — Fr. — câbles électriques normalisation
CAP — Cryotron Associative Processor — Ordinateur associé à un cryotron — En. — informatique
Cap. — Kapitel — chapitre — De. — livre
CAPA — Certificat d'Aptitude à la Profession d'Avocat — Fr. — enseignement
CAPA — Calculateur d'Autoguidage-pilote automatique — Fr. — avion, engin
CAPASE — Certificat d'Aptitude à la Promotion des Activités Socio-éducatives — Fr. — enseignement
CAPC — Civil Aviation Planing Committee — Comité de Coordination de l'Aviation Civile — En. — aéronautique
CAPES — Certificat d'aptitude à l'Enseignement Secondaire — Fr. — enseignement.
CAPET — Certificat d'Aptitude à l'Enseignement Technique — Fr. — enseignement
CAPLA — Certificat d'Aptitude au Professorat dans les Lycées Agricoles — Fr. — enseignem.
CAPM — Certificat d'Aptitude Professionnelle Maritime — Fr. — enseignem.
CAPP — Certificat d'Aptitude Professionnelle Pédagogique — Fr. — enseignem.
CAPRI — Centre d'Application et de Promotion des Rayonnements (CEA) Ionisants — Fr. — nucléaire industrie
CAPRI — Club Assistance de Promotion et de Recherches Informatiques — Fr. — informatique
CAPRI — Coded Address Private Radio Intercom — Radio amateurs — En. — radio
caps. — capitals — capitales — Fr. — imprimerie
Capt. — Captain — Premier pilote, Commandant de bord — En. — aéronautique
CAPU — Centre d'Application du Personnel en Uniforme — Fr. — police
CAR — Canadian Association of Radiologists — Association des Radiologues canadiens — En. — radiologie médecine
CAR — Circonscription d'Action Régionale — Fr. — administr.
CAR — Comité pour l'Amélioration des Revenus — Fr. — social
CAR — Commission Administrative Régionale — Fr. — administ.
C.A.R. — Centro Addestramento Reclute — Centre d'Entraînement des Recrues — It. — militaire
C.A.R. — Circonscription Aéronautique Régionale — Fr. — aéronautique administration militaire
CAR — Civil Air Regulation — règlement aéronautique civil — US. — aéronautique administration
CAR — Conducteurs agrandisseurs ou

réducteurs (fibres optiques) — Fr. — optique (SO.V.I.S.)
CARA — Combat Air crew Rescue Aircraft — En. — aéronautique
CARA — Cargo and Rescue Aircraft — En. — aéronautique
Card. — Cardinal — Cardinal — En. It. — religion
CARE — Cooperative for American Remittances to Europe — En. US. — commerce finances
CARE — Comité d'action pour la révolution dans l'Eglise — Fr. — religion
CARIC — Centre d'application des rayonnements ionisants de Corbeville — Fr. — nucléonique
CARIFTA — Caribbean Free Trade Area — En. — commerce
CARRE — Calculateur analogique rapide de réseaux — Fr. — informatique
C.A.S. — Calibrated Air Speed — vitesse calibrée (VC), vitesse anémométrique étalonnée — En. — aéronautique instruments
CAS — Casualty — En. — militaire
CAS — Center of Administrative Studies — En. — administration
C.A.S. — Collision-Avoidance System — dispositif anti-collision — En. — aéronautique
C.A.S. — Contre-Assurance Spéciale automobile — nom donné parfois à la garantie « défense et recours » par laquelle la défense du client est prise en charge par la société d'assurance — Fr. — assurances automobile
CAS — Calibrated Airspeed — vitesse corrigée (Vc) — En. — aéronautique
CAS — Chemical Abstracts Service — résumés de doc. chimique — En. — documentation
CAS — Close Air Support — En. — militaire
CAS — Club Alpin Suisse — Fr. — sports
CAS — Commande Automatique de Sensibilité — En. — radio
CAS — Content Adressable Storage — En.
CAS — Corps d'Armée du Savoir — Fr.
CASA — Cámara Argentina de Sociedades Anónimas — El. — commerce
CASA — Construccciones Aeronauticas, S.A. (Sté espagnole) — El. — aéronautique
Case H'd'n — Case Harden — cémenté — En. — métallurgie
CASING — Crosslinking by Activated Species of Inert Gas — En. — aéronautique
CASS — Copper Acetic Salt Spray — En. — métallurgie
Cass — Corte di Cassazione — Cour de Cassation — It. Fr. — juridique
CASSIOPE — Contrôle d'Attitude par Senseur Stellaire et Inertiel pour l'Orientation et le Pointage d'Expériences sur les Etoiles — Fr. — espace, fusées-sondes
Cast — Castilla — Castille — El. — géographie linguistique
CAT — Capillary Agglutination Test — En. — médecine
Cat — Catalan — Fr.
Cat — Catalogue — Catalogue — En. Fr. — documentation
Cat — Cataluña — Catalogne — El. — géographie linguistique
CAT — Cataplasme — Fr. — médecine
CAT — Catapulte — Fr. — aéronautique
CAT — Catholic — catholique — En. — religion
CAT — Cattle — bétail — En. — élevage
CAT — Category — catégorie — En. — aéronautique, etc.
CAT — Catégorie climatique (semi-conducteurs) — Fr. — normalisation CCT
CAT — Centralized Automatic Testing — Essais automatiques centralisés — En. — tests
CAT — Child's Aperception Test — En. médecine
CAT — City Air Terminal — Terminal aérien urbain — En. — aéronautique
CAT — City Air Transport — Transport aérien civil — En. — aéronautique
CAT — Classical Analytic Technique — technique analytique classique — En.
CAT — Clean Air Turbulence — turbulence en air calme — En. — aérodynamique météorologie
CAT — College of Advanced Technology — En. — enseignement
CAT — Compagnie Air Transport — compagnie aérienne — Fr. — aéronautique
Cat — Component Acceptance Test — Essai de recette composants — En. — industrie
CAT — Compressed Air Tunnel — soufflerie à air comprimé — En. — aérodynamique
CAT — Computer-Aided Translation — Traduction assistée par ordinateur — En. — linguistique
CAT — Computer Analysis of Transistors — En. — semi-conducteurs
CAT — Computer of Average Transients — En. — informatique
CAT — Conduite A Tenir — Fr. — administration
CAT — Comité d'Assistance Technique (de l'ONU) — Fr. — social, etc.
CAT — « Concorde Air Transport » — Compagnie aérienne hypothétique — En. — aéronautique

CAT — Confédération Autonome du Travail — Fr. — social
CAT — « Contrôle Absolu Télévision » (Label) — Fr. — télévision
CAT — Controlled Attenuator Timer — En.
CAT — Cooled Anode Tube (or Transmitter) — Tube à anode froide — En. — électronique
CAT — Current Adjusting Type — En.
CATAC — Commandement Tactic Aérien — Fr. — militaire
Cath — Catholic — catholique — En. — religion
CATI — Cadres Techniques du Ministère de l'Intérieur — Fr. — administration
CATITB — Civil Air Transport Industry Training Board — En. — aéronautique
CATRA — Combined Aircraft Transfer and Release Assembly — En. — aéronautique
Catt. — coupon attaché — Fr. — commerce, finances
CATV — Community Antenna Television — antenne télé collective — En. — télévision
CAU — Cold Air Unit — élément réfrigérant, unité frigorifique, unité hermétique — En. — réfrigération — conditionnement d'air
CAUP — cosses pour câbles aluminium et cuivre (normes câbles élect.) — Fr.
CAUTRA — Coordinateur automatic de trafic — Fr. — aéronautique
Cav. — Cavaliere — Chevalier — It. — social
cav. — cavalleria — cavalerie — It. — militaire
CAV — Centre audio-visuel — Fr. — enseignement
CAV — Coopérative agricole de vente — Fr. — commerce
CAVMU — Caisse d'allocation vieillesse des professeurs de musique, des musiciens, des auteurs et des compositeurs — Fr. — social
CAVU — Ceiling and Visibility Unlimited — Plafond et visibilité illimités — En. — aéronautique météorologie
CB — Cam box — boîte à cames — En. — mécanique moteurs
CB — Campobasso — Campobasso — It. — géographie (plaques auto)
CB — Capitalisation boursière — Fr. — bourse
CBD — Cash before delivery — comptant avant livraison — En. — commerce
CB — Carbon bearing — palier en carbone — En. — mécanique moteurs
CB — Center of Buoyancy — centre de flottaison — En.
CB — Central Battery — batterie centrale — En. — téléphone
CB — circuit breaker — coupe-circuit — En. — électricité
CB — (sorties) Codées binaires décimales (chronomètre électronique) — Fr.
CB — Common Battery — batterie commune — En. — téléphone
C.B.E. — Commander of the Order of the British Empire — Commandeur de l'Ordre de l'Empire britannique — En. — social
C.B. — Companion of the Bath — En. — social
CB — Compte bancaire — Fr. — banque
CB — Counterbombardment — En. — militaire
CB — Cumulonimbus — En. Fr. — météo
CB — Cylindrique bombée (tête) — Fr. — Visserie
C.B.I. — China, Burma, India — Chine, Burma, Inde — En. — politique, géographie
cbm — Kubikmeter — mètre cube — De. — unité de mesure
CBO — Cycle Between Overhauls — cycle entre révisions — En. — maintenance
c'bore — counterbore — suraléser — En. — métallurgie mécanique
CBR — California Bearing Ratio — En.
CBR — Chemical, Biological, Radiological — En. — militaire
C.B.U. — Current Balance Unit — Equilibreur d'intensité — En. — électricité
CBS — Columbia Broadcasting System — station radio US — En. — radio
C/C — Cabin compressor — compresseur cabine — En. — aéronautique
CC — Cahier des charges — Fr. — dessin indust.
CC — Camp Commandment — En. — militaire
CC — Caribbean Commission — Commission des Caraïbes — En. — politique
C.C. — Carabinieri — carabiniers — It. — militaire
C.C. — Carta costituzionale — papier constitutionnel — It. — administration
c.c. — carbon copy — copie sous carbone — En. — secrétariat
C.C. — center-to-center — d'axe en axe ; entr'axes — En. — mécanique
C.C. — Central Committee — comité central — En. Fr. — politique, etc.
CC — Chanfrein de coupe (terminologie I.S.O.) — Fr. — outillage
CC — Cirrocumulus — En. Fr. — météo
CC — Combat Commandment — En. — militaire
c/c — compte courant — Fr. — finances
C.C. — Codice di Commercio — Code du commerce — It. — législatif
C.C. — Codice Civile — Code civil — It. — législatif

C.C. — cock cam — came du robinet — En. — carburants, etc. (circuits)
cc — cotton-covered — à guipage de coton — En. — fils et câbles
CC — Convention collective — Fr. — social
C/C — Clean Credit — En. — commerce
CC — Cours certificat — Fr.
c/c — cours de compensation — Fr. — finances
c.c. — conto corrente — compte courant — It. — finances
C.C. — Corte di cassazione — Cour de Cassation — It. — juridique
C.C. — Corte costituzionale — Cour constitutionnelle — It. — juridique législatif, commerce
C.C. — Corpo consolare — Corps consulaire — It. Fr. — diplomatique
C.C. — County Commissioners — En. — administration
CC — County Councillor — En. — politique
C.C. — County Court — En. — juridique
c.c. — copy to — copie à — En. — commerce secrétariat
c.c. — corrente continua — courant continu — It. — électricité
c.c. — courant continu — continuous current — Fr. En. — électricité
cc — cubic centimeter — centimètre cube — En. — unité de mesure
c/c — cuenta corriente — El. — finance
CCA — Carrier Control Approach — En.
CCAAF — Compagnie des Chefs d'Approvisionnement et Acheteurs de France — Fr. — industrie
CCAG — Cahier des Clauses Administratives générales — Fr. — administration
CCAT — Comité de Coordination de l'Assistance technique (de l'ONU) — Fr. — politique
CCB — Canadian Customs Bonded — Entrepôts sous douane canadiens — En. — douanes
CCB — Close-Control Bombing — Bombardement radioguidé — En. — aéronautique milit.
CCC — Central computer complex — Centrale d'ordinateurs — En. — informatique
CCC — Chlorure de Chlorocholine — Fr. — chimie
CCC — Civilian Conservation Corps — En. US. — social
CCC — Comodity Credit Corp. — Caisse de Crédit — En. US. — finances
CCC — Container Control Center — En. — industrie
CCCE — Caisse Centrale de Coopération économique — Fr. — économie
CCCHI — Caisse Centrale de Crédit Hôtelier et Industriel — Fr. — économie
CCD — Charge-coupled device — dispositif couplé-chargé (nouvelle technique de mémoire pour calculateur de bord) — En. — informatiq. aéronautiq.
CCD — Conference of the Committee on Disarmament — Conférence de la commission du Désarmement — En. US — politique
CCEE — Commission de Coopération Economique Européenne — Fr. — économie politique
CCF — Clear the Cursor Flag — drapeau d'effacement du curseur (sur les instruments de bord) — En. — informatiq. aéronautiq.
CCF — Crédit Commercial de France — Fr. — banques
CCFA — Chambre de Commerce Franco-Allemande — Fr. — commerce
CCFI — Chambre de Commerce France-Israël — Fr. — commerce
CCFS — Chambre de Commerce Franco-soviétique — Fr. — commerce
CCI — Camera di Comercio Internazionale — It. Fr. commerce
CCI — Centres culturels internationaux — Fr. — social
CCI — Chambre de Commerce et d'Industrie — Fr. — commerce
CCIA — Camera di Commercio, Industria e Agricoltura — Chambre de Commerce, d'Industrie et d'Agriculture — It. Fr. — commerce
CCIC — Comité consultatif international du coton — Fr. — textiles
CCIP — Chambre de commerce italienne de Paris — Fr. — commerce
CCIR — Comité consultatif international des Radiocommunications — Fr. — radio
CCITT — Comité Consultatif International Télégraphique et Téléphonique — Fr. — téléphone
CCL — Convention collective locale — Fr. — social
CCLIL — Comité central de la laine et de l'industrie lainière — Fr. — textiles
CCN — Convention collective nationale — Fr. — social
CCN — Cruzada Civica Nacional (Venezuela) — El. — politique
CCO — Compaign Change Order — modification de campagne ou campagne de modification — En. — moteurs (P & WA)
CCO — Centre de culture ouvrière — Fr. — social
CCP — Chinese Communist Party — En. — politique
CCP — Compte-Chèque Postal — Fr. — finances
CCP — Comité Central du Parti — Fr. — politique

CCP — conto corrente postale — Compte-chèques postal — It. — postes
C.C.P. — Court of Common Pleas — En. — juridique
CCP — Cosses pour câbles cuivre (normes câbles élect.) — Fr.
CCQ — Contrôle Centralisé de Qualité — Fr.
CCR — Centre de Contrôle Régional — Fr. — aéronautique trafic
CCr — Combat Crew — En. — militaire
CCR — Convention collective régionale — Fr. — social
CCR — Current-Controlled resistive (diode) — diode à résistance variable — En. — semi-conducteurs
CCS — Central Computer and Sequencer — centrale de calcul et de cyclage — En. — industrie informatique
CCT — circuit — voie — En. — téléphone
CCT — Comité de coordination des télécommunications — Fr. — télécomm.
CCTU — Comité de Coordination des Télécommunications unifié — Fr. — télécommunication
CCTVU — Commande Centralisée de Trafic en Voie Unique — Fr. — chemin de fer SNCF
CCUE — Comité consultatif de l'utilisation de l'énergie — Fr. — économie
Cd — Cadmiage électrolytique — (normes NSA) — Fr. — industrie
Cd — Cadmium — int. — chimie
cd — candela — bougie — It. — physique éclairement
C/d — carried down — à reporter — En. — comptabilité finances
CD — Certificat de dépôt — Certificate of Deposit — Fr. En. — commerce
CD — Chef de Département — Fr. — social
CD — Civil Defence — défense passive — En.
CD — Coast Defence — En. — militaire
CD — Code des Douanes — Fr. — administration
CD — Cold-drawn — étiré à froid — En. — métallurgie
C.D. — Consigliere Delegato — Administrateur délégué — It. — administration
CD — Commission du Danube — Fr.
CD — Convergent-Divergent — Fr.
Cd — cord (= 128 ft³) — corde (bois de chauffage) — En. — unités
Cd — cord — cordon — En. — électricité
C.D. — Corps Diplomatique — Fr. — social
C.D. — Corpo Diplomatico — corps diplomatique — It. — social politique
CD — Course Différentielle (détecteurs de position CROUZET) — Fr. — mécanique
c.d. — cosi detto — ainsi dit — It. — général

C.D. — Cuerpo Diplomatico — El. — politique
cd — cum dividendo
CDA — Command and Data Acquisition — En.
CDA — Assurance d'un capital différé avec contre-assurance — Fr. — assurance-vie
CDA — Couche de demi-atténuation — (D.G.R.) — Fr. — radio-activité nucléonique
C d'A — Corpo d'Armata — Corps d'Armée — It. — militaire
« CDB » — Cadmié Bichromaté (protection vis) — Fr. — visserie
CdC — Cahier des Charges — Fr. — industrie
CDC — Caisse des Dépôts et Consignations — Fr. — finance
CDC — Centre de Détection et de Contrôle — Fr.
CDC — Comité des Directeurs Concorde — Fr. — aéronautique
CDC — Computer-Display Channel — En.
CDC — Communidad Demócrata Cristiána (Chile) — El. — politique
CDC — Course and distance calculator — calculateur de distance et de route — En. — aéronautique navigation
CDF — Charbonnage de France — Fr.
CDG — Charles de Gaulle airport — En. — aéroports
c.d.d. — come dovevasi dimostrare — c.q.f.d. — It. — général
C.d.G. — Compagna di Gesù — Compagnie de Jésus — It. — religion
CDGP — Gold-Drawn, Ground and Polished — étiré à froid, meulé et poli — En. — métallurgie
CDI — Course Deviation Indicator — En. — aéronautique
CDI — Certificat de dépôts Internationaux — Fr. — commerce
CDI — Commission du Droit International — Fr. — juridique
CDI — Collector Diffusion Isolation — (technologie semi-conducteur FERRANTI) — En.
C.d.J. — Compagnie de Jésus — jésuites — Fr. — religion
CDI — Control Direction Indicator — En.
CDI — Course-Deviation Indicator — Indicateur d'Ecart de route ou synthétiseur de Direction — En. — aéronautique navigation
CdL — Club der Luftfahrt — De. — aéronautique
CDL — Comité de Libération — Fr. — politique
CDL — Condenser Discharge Lighting system (CROUSE-HINDS CO) — système de balisage de piste — En. — aéronautique

CDM — Convertisseur de Mesure (Chauvin-Arnoux) — Fr. — électricité
cdm — Kubikdezimeter — décimètre cube — De. — unité de mesure
CDMF — Centre d'étude et de développement des grandes marques en franchise — Fr. — « franchising » commerce
« **CDP** » — **Cadmié Passivé Blanc (protection vis)** — Fr. — visserie
CDP — Customer Dividend Programme — programme de super-remises (HERTZ) — En. — comm.
C.d.R. — Cassa di Risparmio — Caisse d'Epargne — It. — finances
C.d.R. — Code de la Route — Fr. — automobile
CDR — Comité de Défense de la République — Fr. — politique
CDR — Commander — En.
CDR — Crash Data Recorder — Enregistreur d'accident — En. — aéronautique
CDRS — Command and Data Retrieval System — télécommande d'appareils multiples (USAF) — En. — militaire
C.D.S. — Centre de Documentation Sidérurgique — Fr. — documentation
CDS — Certificats de Dépôts en Dollars — Fr. — commerce
C.d.S. — Codice della Strada — Code de la route — It. — automobile
CDS — Common-Diagram System — dispatching centralisé — En. — chemin de fer
C.d.S. — Conseil de Sécurité — Fr. — politique
C.d.S. — Consiglio di Sicurezza — Conseil de Sécurité — It. — politique
C.d.S. — Consiglio di Stato — Conseil d'Etat — It. — politique
CdS — Sulfure de cadmium — int. — chimie
C.D.S. — Assurance d'un capital différé sans contre-assurance, c.-à-d. sans remboursement des primes en cas de décès de l'assuré avant le terme du contrat — Fr. — assurance-vie
CDSM — Comité sur les Défis de la Science Moderne (fondé par le Conseil de l'Atlantique Nord) — Fr.
CdST — Cadmium Sulphide Transducer — traducteur au sulfure de cadmium — En. — électronique semi-conducteurs
CDT — Countdown Demonstration Test — compte à rebour à blanc — En. — espace (NASA)
CDU — Christlich-Demokratische Union — Union chrétienne-démocrate — De. — politique
CDU — Classificazione Decimale Universale — Classification décimale universelle — It. — normalisation
CDU — Classification Décimale Universelle — Fr. — normalisation
CE — Capot d'embase — Fr. — connecteur
CE — Caserta — Caserta — It. — géographie (plaque auto)
Ce — cérium — int. — chimie
CE — Church of England — Eglise d'Angleterre — En. — religion
C.E. — Civil Engineer — Ingénieur du bâtiment, Ingénieur civil — En. — bâtiment, social
C.E. — Comitato Esecutivo — comité exécutif — It. — général
CE — Comité d'Entreprise — Fr. — social
C.E. — Conseil de l'Europe — Fr. — politique
CE — Condensateur fixe à diélectrique céramique (symbole) — Fr. — norme CCTU
CE — Conseil d'Etat — Fr. — politique
C.E. — Consiglio Europeo — Conseil de l'Europe — It. — politique
CE — Corps of Engineers — En. — militaire
CE — Council of Europe — Conseil de l'Europe — En. — politique
CE — Council of Europe (Europarat — Conseil de l'Europe — De. — politique
CEA — Circular Error, Average — En. — automobile
CEA — Comité économique agricole — Fr. — agriculture
CEA — Commissariat à l'énergie atomique — Fr. — nucléaire
CEA — Commission Economique pour l'Afrique (ONU) — Fr. — politique
CEA — Commodity Exchange Authority — En. — commerce
CEA — Confédération européenne de l'agriculture — Fr. — agriculture
CEA — Contre-Assurance étendue — Fr. — assurances
CEAC — Commission européenne pour l'aviation civile — Fr. — aéronautique
CEADI — Coloured Electronic Attitude Director Indicator — En. — aéronautique
CEAF — Comité européen des associations de fonderie — Fr. — métallurgie
CEA-LCA — Commissariat à l'énergie atomique-Laboratoire Central de l'Armement — Fr.
CEAM — Centre d'Expériences Aériennes Militaires — Fr. — aéronautique militaire
CEAPPIC — Confédération Européenne des Associations Amicales et Professionnelles des Plastiques et Industries Connexes — Fr. — plastiques
CEAT — Centre d'Essais Aéronautiques de Toulouse — En. — aéronautique

CEB — Contact électrique par basculeur (BOURDON) — Fr. — électr.
CEC — Centre d'Etudes Cryogéniques — Fr.
CEC — Civil Engineers Corps — En. — militaire
C.E.C. — Comité Exécutif Concorde — Fr. — aéronautique
C.E.C. — Concorde Executive Committee — En. — aéronautique
CECA — Communità Europea Carbone e Acciaio — It. — politique
CECA — Communauté Européenne du Charbon et de l'Acier — Fr. — politique
CECC — Cenelec Electronic Components Commission — Comité d'harmonisation des normes nationales — En. — électronique
CECLES — Centre Européen pour la Construction et le Lancement d'Engins Spatiaux — Fr. — espace satellites
C.E.D. — Communità Europea di Difesa — It. — politique
C.E.D. — Communauté Européenne de Défense — Fr. — politique
CED — Culture et Développement — Fr. — social
CEDAL — Centre d'études d'alimentation — Fr. — alimentation
CEDEC — Centre de décompte des coupons — Fr.
CEDECE — Commission pour l'étude des communautés européennes — Fr. — politique
CEDEL — Center of deliveries (Luxembourg) — En.
CEDEX — Courrier d'Entreprise à Distribution exceptionnelle — Fr. — postes
CEDI — Centro Europeo de Documentacion e Información — El. — documentation
CEE — International commission on rules for the approval of Electrical Equipment — En. — norm.
C.E.E. — Communauté Economique Européenne — Fr. — politique
C.E.E. — Communità Economica Europea — It. — politique
CEE — Comunidad Económica Europea — El. — politique
CEE — Conferenza Episcopal española — El. — religion
C.E.E.A. — Communauté européenne pour l'énergie atomique — Fr. — nucléonique politique
C.E.E.A. — Communità Europea per l'Energia Atomica — It. — nucléonique politique
CEEP — Centre européen des entreprises publiques — Fr.
CEF — Corps expéditionnaire français — Fr. — histoire
CEF — Conseil étudiant de France — Fr. — enseignement
CEFOP — Centre national de la formation permanente — Fr. — enseignement
CEG — Collège d'enseignement général — Fr. — enseignement
C.E.I. — Commission Electronique Internationale — Fr. — électronique
CEI — Conferenza Episcopale Italiana — It. — religion
CEI — Council of Engineering Institutions — En.
C.E.I. — Cycle Engineers Institute thread — filetage C.E.I. — En. — visserie, normalisation
CEL — Centre d'Essais des Landes — Fr. — militaire
CEL — Contrôle de l'Ecoulement Laminaire — Fr. — aérodynamique
CELAM — Conférence épiscopale latino-américaine — Fr. — religion
CELAR — Centre électronique de l'Armement — Fr. — électronique
CELSA — Centre d'études littéraires et scientifiques appliquées — Fr. — enseignement
CEM — Committee of European Mail Order — Commission de coordination des postes — En. — postes
CEM — Conseil des communes d'Europe — Fr. — politique
CEMA — Centre d'Etudes marines avancées — Fr. — marine
CEMK — Collège d'études masso-kinésithérapiques — Fr. — enseignem.
CEMP — Centre d'étude des matières plastiques — Fr. — plastiques
CEMT — Conférence des Ministres des Transports — Fr. — politique
CEN — Comité européen de normalisation — Fr. — normalisa.
CENA — Centre européen pour la navigation aérienne — Fr. — aéronautiq.
CENA — Centre d'expérimentation de la navigation aérienne — Fr. — aéronautiq.
CENIM — Centro nacional de Investigaciones Metalurgicas — Centre de recherches métallurgiques — El. — métallurgie soudage
CENS — Centre d'Etudes Nucléaires de Saclay — Fr. — nucléaire
cent. — centesimo — centime — It. — monnaie
cent. — centigrado — centigrade — It. — température.
CENTI — Centre pour le traitement de l'information — Fr. — informatiq.
CENTO — Central Treaty Organization — Organisation du traité central — En. US. — politique
cents — centimos — El. — monnaie

CEOA — Central Europe Operating Agency — En. — politique
CEP — Centre d'essai du Pacifique — Fr. — nucléaire militaire
CEP — Centre d'essais de propulsion — Fr. — moteurs
CEP — Centre d'études de prévention — Fr. — sécurité
CEP — Cercle d'erreurs probables — circular error probability — Fr. En. — probabilité
CEP — Certificat d'études primaires (supprimé) — Fr. — enseignement
CEP — Certificat d'études professionnelles — Fr. — enseignement
CEP — Chambre économique de publicité — Fr. — publicité
CEP — Symbole des condensateurs de puissance céramique — Fr. — électroniq.
CEPA — Centre d'études pratiques d'aviation — Fr. — aéronautique
CEPA — Compania española de penicilina y antibioticos — Société de la pénicilline et des antibiotiques espagnole — El. — médecine
CEPAL — Comisión económica para América latina — El. — politique
CEPCO — Comité d'Etude des Producteurs de Charbon d'Europe Occidentale — Fr. — industrie
CEPEC — Centre de physique électronique et corpusculaire — Fr. — nucléaire
CEPIA — Centre d'études pratiques d'informatique et d'automatique — Fr. — enseignement
CEPL — Centre d'étude de la promotion de la lecture — Fr. — enseignement
CEPRO — Centre d'étude des problèmes humains du travail — Fr. — écologie
CEPT — Centre d'études et de promotion du tourisme — Fr. — tourisme
CEPT — Commission européenne des postes et télécommunications — Fr. — postes
CER — Centre d'études et de recherches — Fr. — enseignement
CER — Comité d'expansion régional — Fr. — politique
CERBH — Cycle d'études et de recherches en biologie humaine — Fr. — enseignement
CERC — Centre d'étude des revenus et des coûts — Fr. — économie statistique
CERE — Centre d'études et de réalisations électroniques — Fr. — électronique
CEREQ — Centre d'études et de recherches sur les enseignements et les qualifications — Fr. — enseignement
CERL — Centre d'études et de recherches linguistiques — Fr. — linguistiques
CERMA — Centre d'enseignement et de recherche médicale aéronautique — Fr. — médecine
CERN — Centre européen pour les recherches nucléaires — Fr. — nucléaire
CERN — Centro europeo per le ricerche nucleari — It. — nucléaire
CERS — Centre européen de recherches spatiales — Fr. — espace
CER-VII — Céramique vitrifiée — Fr.
CES — Centre d'études sociologiques — Fr. — enseignement
CES — Certificat d'études supérieures — Fr. — enseignement
CES — Collège d'enseignement secondaire — Fr. — enseignement
CES — Conseil économique et social — Fr. — économie
CES — Contacts électriques secs — Fr. — électricité
CESA — Canadian engineering standard association — organisme de normalisation canadien — En. — normalisat.
CESA — Contacts électriques secs à aimant — Fr. — électricité
CESAR — Contrôle efficace et sûr de l'activité réelle (syst. informatique de contrôle de la production) — Fr. — informatique
CESO — Canadian Executive Service Overseas — En.
CESO — Concorde Engine Support Organisation Ltd — Après-Vente des moteurs Concorde — En. — aéronautique moteurs
CESP — Centre d'Etude des Supports de Publicité — Fr. — publicité
CESR — Centre d'étude spatiale des rayonnements — Fr. — nucléaire
CET — Centre européen de traduction — Fr.
CET — Club européen du tourisme — Fr. — tourisme
CET — Collège d'enseignement technique — Fr. — enseignement
CET — Common External Tariff — En. — commerce
CETA — Centre d'Etudes Techniques Agricole — Fr. — agriculture
CETAMA — Commission d'Etablissement des Méthodes d'Analyse (pour la pureté nucléaire) — Fr. — nucléonique
CETEX — Committee on contamination by extra-terrestrial exploration — comité d'étude de la contamination par exploration extra-terrestre — Fr. — espace environnement
CETI — Centre d'Echanges techniques Internationaux — Fr.

Cetr. — Cetrería — fauconnerie — El. — sports
CEV — Centre d'Essais en Vol — Fr. — aéronautique
CEW — Conseil économique wallon — Fr. — économie
Cf — californium — int. — chimie
CF — Cam Follower — toucheau de came — En. — mécanique
CF — « Canada » (nationalité radio) — int. — aéronautique
CF — Capot de fiche — Fr. — connecteurs
CF — Carriage Forward — en port dû — En. — commerce
CF — Chloroformiate — Fr. — chimie
CF — Communauté Française — Fr. — politique
CF — Carrier Frequency — fréquence porteuse — En. — radioélectr.
CF — symbole des condensateurs au papier imprégné — Fr. — électronique
C/F — Carried forward — report à nouveau — En. — comptabilité
C.F. — Center-to-face — de l'axe à la face — En. — dessin indust.
CF — Cold-Finish — fini à froid — En. — métallurgie
Cf — (confer) comparer — (lat.) Fr. — général
Cf — (confer) compare — comparer — (lat.) En. — général
cf(r) — (confer) vergleichen — comparer — (lat.) De. — général
CF — Comité des Forêts — Fr.
cf — cost and freight — coût et frêt — En. De. — commerce
C & F — Costo y Flete — El. — commerce
C & F — Coût et Frêt ; Cost and Freight — En. Fr. — commerce
CF — Counterfire — En.
Cf — fil de cuivre — (indices économiques) — Fr. — économie
CF — Cystic Fibrosis — Cystite — En. — médecine
CFAE — Contractor-Furnished Aircraft Equipment — En. — aéronautique
CFC — Consolidated Freight Classification — En.
CFCE — Centre français du commerce extérieur — Fr. — commerce
CFD — Chemins de fer départementaux — Fr.
CFE — Comité français d'électrothermie — Fr.
CFE — Customer-Furnished Equipment — équipement fourni par le client — En. — commerce
CFEP — Cellular fluorinated ethylene-propylene — En. — chimie des plastiques
C.F.F. — Chemins de Fer Fédéraux — (de Suisse) — Fr. — chemins de fer
C.F.L. — Chemins de Fer Luxembourgeois — Fr. — chemins de fer
CFLN — comité français de libération nationale — Fr. — histoire
cfm — confirm — confirmez — En. int. — télex
Cf/m — cubic feet per minute — pieds cubiques/mn — En. — mesure
CFM — cubic feet per minute — pieds cubiques/mn — En. — mesure
CFMRPP — Confédération des Français Musulmans Rapatriés d'Algérie et leurs Amis — Fr.
CFP — Center of Filtering and Plotting — En.
CFP — Control Filter Post — En.
CFP — Côtes françaises du Pacifique — Fr. — géographie
CFR — Code of Federal Regulations — Code des Règlements fédéraux — En. us. — aéronautique règlements
C.F.R. — Cooperative Fuel Research Committee — Comité d'Etude et d'Essai des Carburants — En. — carburants
cfr — (confer) vergleichen — comparer- — (lat.) De. — général
Cfr — Confronta — conférer, comparer — It. — général
CFRP — Carbon Fiber-reinforced Plastics — PRFC — Fr. — plastiques
CFS — Circuit failure simulation — simulation de panne de circuit — En. — test
CFTV — Comité français de télévision et de vidéonique — Fr. — télévision
CFU — Chambre d'ionisation à fission — Fr. — nucl. semiconduc.
CFV — Constant-Flow Valve — clapet à débit constant — En. — mécanique, fluides, circuits
CFV — Chemin de Fer du Vivarais — Fr. — chemins de fer
CG — Cargo Glider — planeur de transport — En. — militaire
CG — Carry Generate — fonction porter-générer — En. — circuits intégrés
cg — centigramme — int. — unité de mesure
CG — Center of Gravity — Centre de Gravité — En. — aérodynamique
CG — Charges globales — Fr. — commerce, physique, etc.
C.G. — Coast Guard — Garde-Côte — En. — militaire
C.G. — Console Generale — Consul Général — It. — commerce social
C.G. — Consul Général — Consul Général — Fr. — commerce social
CG — Compas gyromagnétique — Fr. — aéronautique
CG — Consultative Group — Comité Consultatif — En.

CG — symbole des condensateurs boutons — Fr. — électronique
CGA — Compressed Gas Association — Association du gaz comprimé — En. — physique
C.G.A. — Conditions Générales d'Achat — Fr. — commerce aéronautique
CGATMV — Conditions générales d'application des tarifs pour le transport des marchandises par wagon ou par rame — Fr. — chemin de fer
CGATRD — Conditions générales d'application des tarifs de ramassage et de distribution — Fr.
CGB — Christlicher Gewerkschafts-bund — Union des Syndicats chétiens — De. — politique social
C.G.C. — Confédération Générale des Cadres — Fr. — politique social
CGD — Christliche Gewerkschaftbewegung Deutschlands — De. — politique religion
C.G.E. — Contrôle Général des Etudes (éléments normalisés des marchés publics - Bâtiment) — Fr. — administration
CGESCA — Commission Générale d'Etude du Soudage dans les Constructions Aéronautiques — Fr. — soudage, aéronautique
CGI — Code général des impôts — Fr. — administration
CGI — Computer-generated imagery — (pour simulateur) — En. — aéronautique
CGDL — Confederazione Generale Italiana del Lavoro — CGT italienne — It. — politique social
C.G.M. — Commission Générale des Modifications (avion AIRBUS) — Fr. — aéronautique
C.G.M. — Conspicuous Gallantry Medal — En. — social
CGMS — Consultation on Geostationary Meteorological Satellites — En. — espace
CGP — Commissariat général au plan — Fr. — politique
C.G.S. — Centimètre-gramme-seconde — Fr. int. — système d'unités
C.G.S. — Confédération Générale des Syndicats — Fr. — politique social
C.G.T. — Confédération Générale du travail (syndicat national français) — Fr. — social
C.G.T. — Contrôle Général des Travaux (éléments normalisés des marchés publics - Bâtiment et Travaux publics) — Fr. — administration
ch — chain — 66 pieds ou 20,1168 mètres (exactement) (arpenteurs) ; 100 pieds ou 30,48 mètres (exactement) (ingénieurs) — En. — unités
ch — chapitre ; chapter — Fr. En. — édition
ch — à chaud — Fr. — chimie
CH — chauffer — Fr. — technique
CH — Chieli — Chieli — It. — géographie (plaques auto)
« CH » — Chromé (protection vis) — Fr. — visserie
ch — church — église — En. — religion, tourisme
CH — Compagnon of Honour — En. — social
CH — Confoederatio Helvetica — Suisse — lat. int. — géographie, politique
ch — cosinus hyperbolique — Fr. int. — mathématiques
CHA — Centre d'heuristique appliquée — Fr.
CHAG — Chain Arrester Gear — dispositif d'arrêt à chaîne — En. — aéronautique
Chal or Chald. — Chaldee or Chaldaic — Chaldée ou Chaldéen — En. — archéologie, histoire
Chanc. — Chancellor — Chancellier — En. — politique, social
CHAR — Channel address register — (élément d'ordinateur) — En. — informatique
Ch'burg — Charlottenburg — Charlottenburg — De. — géographie
CHc — vis tête cylindrique à six pans creux — Fr. — norm. visserie
CHD — Chef de division — Fr. — industrie
ch dir. — chauffage direct (semiconducteurs) — Fr. — CCT normes
CHe — chercher — Fr. — orga. du travail
ChE — chemin Est — Fr. — nav. aéro
CHEA — Centre des Hautes Etudes Administratives — Fr. — administration
CHEC — Centre des Hautes Etudes de la construction — Fr.
chem. — chemisch — chimique — De. — chimie
Chem. — Chemistry, Chemical — chimie, chimique — En. — chimie
ch. f. — change fixe — Fr. — banques finance
CH FWD — Charges forward — Port dû — En. — commerce
CHICOM — China Committee — Comité pour la Chine — En.
Ch. ind. — Chauffage indirect (semiconducteurs) — Fr. — CCT normes
chir. — chirurgia ; chirurgie — chirurgie — It. Fr. — médecine
CHLOE — Chlorure d'Ethylène — Fr. — chimie
Ch.M. — Master of Surgery — professeur — En (GB) — médecine
CHM — Chemical machining — usinage chimique — En. — industrie
CHMN — Chairman — Président — En.
ChN — Chemin Nord — Fr. — aéro. nav.

Cho — choisir — Fr. — organisation du travail
CH.OP — Chain operated — commandé par chaîne — En. — machines-outils
chortle — chucklet + snort — En.
CH PPD — Charges Prepaid — charges payées, port payé — En. — commerce
CHQ — Chèque — Fr. — finance
CHR — Centres hospitaliers ruraux — Fr. — médecine
Chr. — Christ ; Christian — Christ, Chrétien — En. — religion
Chr. — Christus — Christ — De. — religion
Chr. — Chromium ; chrome — chrome — int. — chimie
Chron. — Chronicles ; Chronology — Chroniques ; chronologie — En. — histoire, religion, mesure du temps
CHS — Chef de service — Fr.
CHS — Comité d'hygiène et de sécurité — Fr. — sécurité
CHU — Centre hospitalier universitaire — Fr. — médecine, enseignement
ch.v — cheval-vapeur — En. — unité de mesure
CI — condensateur à carton isolant — Fr. — condensateurs
C.I. — Cast Iron — fonte — En. — métallurgie
C.I. — Centrale à Inertie — Fr. — aéronautique, navigation
CI — Certificate of Insurance — Attestation d'Assurance — En. — assurances
C.I. — Circuit Imprimé — Fr.
CI — Consular Invoice — Facture consulaire — En. — commerce
CI — Cost Insurance — Assurance Coût — En. — commerce
C.I. — Contributions indirectes (service local des) — Fr. — administration
CI — Cirrus — En. Fr. — météo
CI — Counterintelligence — contre-espionnage — En.
C.I. — Course Indicator — indicateur de route — En. — instruments, aéronautique
CIA — Central Intelligence Agency — 2ème Bureau U.S. — En. — administration
CIA — Comité International d'Ausschwitz — Fr. — histoire
CIA — Comité des Investissements Agricoles — Fr. — agriculture
C.ia — Compagnia — Compagnie (Cie) — It. — commerce
Cía — Compañía — Société, Compagnie — El. — commerce
CIAA — Civil International Airport Association — Ass. Internat. des Aéroports civils — En. — aéronautique
CIAME — Commission Interministérielle des Appareils de Mesure Electriques et Electroniques — Fr. — mesures
CIANE — Comité Interprofessionnel d'Action pour la Nature et l'Environnement — Fr. — environnement
CIAP — Climatic Impact Assessment Program — Vérification des incidences climatiques (Concorde) — En. Fr. — aéronautique, environnement
CIC — Capital Issues Committee (GB) — Commis. des Emissions de Capital — En. — finances
CIC — Centre d'Information Civique — Fr. — politique
CIC — Centre d'Information de la Couleur — Fr. — peintures
CIC — Combat Information Center — En. — militaire
CIC — Commission Internationale de Contrôle — Fr. — politique
CIC — Codex Iuris Canonici — droit Canon (Code Juridique de l'Eglise catholique) — lat. int. — religion
CICA — Confédération Internationale du Crédit Agricole — Fr. — finances
CICAS — Centre d'Information et Coordination de l'Action Sociale — Fr.
CID — Canadian Infantry Division — En. — militaire
CID — Criminal Information Department — Ministère de l'Information Judiciaire — En. — police
CIDEC — Conseil International pour le Développement du Cuivre — Fr. — métallurgie
CIDEX — Courrier Individuel à Distribution Exceptionnelle — Fr. — postes
CIDJ — Centre d'Information et de Documentation Jeunesse — Fr. — social
CIDUNATI — Comité Interprofessionnel de Défense de l'Union Nationale des Travailleurs Indépendants — Fr. — politique
CIE — Collège Industriel Européen — Fr. — enseignement
CIE — Comité pour l'Indépendance de l'Europe — Fr. — politique
Cie — Compagnie — Fr. — commerce
CIE — Companion of the Order of the Indian Empire — (GB) En. — social
CIEFOP — Centre Interentreprises d'Etudes, de Formation et de Perfectionnement — Fr. — enseignement
C.I.F. — Cost, Insurance, Freight — coût, assurance, fret — int. En. — commerce
CIF — Costo, Seguro y Flete — El. — commerce
CIFAS — Consortium Industriel Franco-Allemand pour Symphonie — Fr. — espace
CIF & C — cost, insurance, freight and commission — En. — commerce
CIFC & I — cost, insurance, freight, commission and interest — En. — commerce

CIFFA — Centre Intégré de formation de formateurs d'adultes — Fr. — enseignement
CIG — Centre d'informatique générale — Fr. — informatique
CIG — cigarette — cigarette — En. — espace (signal donné, à l'entraînement, aux astronautes NASA)
CIG — Comité international de géophysique — Fr. — géophysique
CIGB — Commission internationale des grands barrages — Fr. — TP
CIGS — Centre international de gérontologie sociale — Fr. — social
CIGS — Chief of the Imperial General Staff — En. — militaire
C.I.I. — Chief Inspector Instruction — directives du Chef du Contrôle — En. — contrôle industriel
CIJ — Cour internationale de Justice — Fr. — juridique
CIL — Comités Interprofessionnels du Logement — Fr.
C.I.M. — Commission Internationale de Modifications — Fr. — aéronautique
CIME — Comité Intergouvernemental pour les Mouvements Migratoires d'Europe — Fr.
CIMMYT — Centro Internacional de Mejoramiento de Maiz y Trigo (Mexico) — El. — agriculture
CINA — Commission internationale de navigation aérienne — Fr. — aéronautique
CINAT — Centre International et National d'Arrivée et de Transit — Fr. — postes télécomm.
C IN C — Commander in Chief — Commandant en Chef — En. — militaire
C.I.O. — Comitato Olimpico Internazionale — It. — sports
C.I.O. — Congress of Industrial Organization — Congrès de l'organisation industrielle — En. Fr. — industrie
cion — commission — Fr. — général, commerce
CIP — Carte d'identité professionnelle — Fr.
CIP — Centre d'Information du plomb — Fr.
CIP — Centre interprofessionnel de prévoyance — Fr. — social
CIP — Comitato Interministeriale Prezzi (Italie) — It. — administration
CIP — Comité interministériel des prix — Fr.
CIPE — Comité interministériel de politique économique — It. — politique
CIPE — Comité interministériel pour la programmation économique — Fr. — politique
CIPE — Comitato interministeriale programmazione economica — It. — politique
CIPS — Comité international permanent sur les souffleries (de l'AECMA) — Fr. — industrie
Cir. — Cirugía — Chirurgie — El. — médecine
CIR — Comitato Interministeriale per la Ricostruzione (Italie) — It.
CIR — Convention des Institutions Républicaines — Fr. — politique
CIRA — Centre Interministériel de Renseignements Administratifs — Fr. — administration
circum — circumference — circonférence — En. — géométrie
C.I.Red FE — Cast Iron Reducer with Flanged Ends — réducteur à brides en fonte — En. — métallurgie
CIS — Canadian Intelligence Service — En. — administration
CIS — Cost accounting information system — syst. d'information comptable — En. — commerce
CISAC — Confédération Internationale des Sociétés d'Auteurs et de Compositeurs — Fr.
C.I.S.C. — Confédération Internationale des Syndicats chrétiens — Fr. — politique, social
CI S.C. — Confederazione Internazionale Sindicati cristiani — It. — politique, social
CISF — Centro Internazionale di Studi sulla Famiglia — It. — social
CISIT — Centro Internazionale per lo Sviluppo delle Iniziative Turistiche — (Italie) — It.
CISL — Confédération Internationale des syndicats libres — Fr. — politique, social
CISL — Confederazione Internazionale sindicati liberi — It. — politique, social
CISNaL — Confederazione Italiana Sindicati Nazionali Liberi — It. — politique, social
CISS — Conseil international des sciences sociales — Fr. — social
CIT — Centre international textile
C.I.T. — Compagnia Italiana Turismo — Compagnie Italienne du Tourisme — It. — tourisme
Cit. — Citation — citation — En. — général
Cit. — Citizen — citoyen — En. — général
CIT — Comité international de télévision — Fr. — télévision
CIT — Comité international des transports par chemin de fer — Fr. — transports
CIT — Conférence international du travail — Fr. — social

C.I.T. (ee)FE — Cast Iron Tee with Flanged Ends — Té à brides en fonte — En. — métallurgie
CITI — Confédération Internationale des Travailleurs Intellectuels — Fr. — social
CITP — Classification internationale type des professions — Fr. — social
CIU — Chambre d'Ionisation UV — Fr. — semi-conducteurs
CIV — Convention international des voyageurs — Fr.
Civ. — civil — En. — général
C/J — Control joint — jonction de commande — En.
c/j — cours jours — Fr. — commerce
CJ — Chief Justice — Président du Tribunal, Juge de la Cour Suprême — En. us. — juridique
CJM — Congrès juif mondial — En. — politique
CKD — Completely knocked down — En. — chemin de fer
CKM — symbole des condensateurs fixes à film diélectrique métallisé — Fr. — électronique CCTU
CKV — Check Valve — clapet anti-retour — En. — hydraulique
CL — Caltanissetta — It. — plaques auto
CL — Car Load — charge complète — En.
CL — Center Line — axe — En. — dessin indust.
cl — centilitre — Fr. — mesures unité
c.l. — citato loco — à l'endroit cité — lat.
c.l. — am angegebenen Orte — à l'endroit cité — De
Cl — chlore — int. — chimie
cl — clair — Fr. — chimie
Cl — Clergyman — ecclésiastique, pasteur — En. — religion
CL — Lift coefficient — coefficient de portance — En. — aéronautique
CL — Colourless liquid — liquide incolore — En. — chimie
CL — Cock Lever — levier du robinet — En. — aéronautique
CL — Cours Libre — Fr. — enseignement
CL — Cylindrique Large (tête de vis) — Fr. — visserie
CL — Cunard Line — ligne transatlantique — En. — marine
CLA — Center Line Average — En.
CLA — Contrôle Local d'Aérodrome (Armée de l'Air) — Fr. — aéron. militaire
CLA — Council for Latin America — En. — politique
CLAM(P) — Chemical low altitude missile (Puny) — petit projectile chimique à basse altitude — En. — militaire
CLAP — Centre Laïque d'Aviation Populaire — Fr. — aéronautique
CLARA — Cornell Learning And Recognizing Automation — En.
CLC — Course-Line Computer — calculateur de route — En. — aéronautique
CLC — Commercial Letter of Credit — Lettre de crédit commercial — En. — commerce
CLCF — Conservatoire libre du Cinéma français — Fr. — cinéma
CLD — Cleared (customs) — dédouané — En. — douanes
CLE — Clé de serrage pour vis six pans creux — Fr. — norme quincaillère
CLEANSING — cleaning + rinsing — dégraissage — En. — métallurgie
CLERU — Comité de Liaison Etudiant pour la Rénovation Universitaire — Fr. — politique
cl ht — ceiling height — plafond — En. — météorologie
CLI — Centre lycéen d'information — En. — politique
CLIPS — Comité de liaison intersyndical des transformateurs de matières plastiques et similaires — Fr. — plastiques
clk — clerk — employé — En. — social
CLK — « Closekote » — grains serrés (papier abrasif) (Norton) — En. — technique
CLM — Commission locale de modification (avion Caravelle) — Fr. — aéronautique
CLN — Comité de Libération Nationale — Fr. — politique
CLN — Comitáto di Liberazione Nazionale — It. — politique
CLP — Cost Launch Program — coût du programme de lancement — En. — industrie, finance
CLR — City of London Real Property — Appartenant à la ville de Londres — En. — juridique
CLS — Conducteur de Lumière souple (fibres optiques) — Fr. — optique
CLU — Centre littéraire universitaire — Fr. — enseignement
cm — cap magnétique (ou Cm) — Fr. — aéronautique, navigation
C.M. — Certificated Master or Mistress — Instituteur titulaire — En. — enseignement
cm — centimètre — int. — unité de mesure
C.M. — (Chirurgiae Magister) Master in Surgery — Professeur — lat. (GB) — médecine
CM — Common Market — marché commun — En. — banque, politique
CM — Concorde Material spec. — specif. Concorde — En. — aéronautique
C.M. — Common Metre — système métrique — En. (GB) — unités de mesure
CM — Contrôle médical — Fr. — médecine

c.m. — corrente mese — mois en cours — It. — général
c/m. — cours moyen — Fr. — commerce
CM — Court-Martial — En. — militaire
Cm — Curium — int. — chimie
CMA — Centrale Marketing Gesellschaft der Deutschen Agrarwirtschaft — De. — commerce
CMA — Compania Mexicana de Aviación — compagnie aérienne — El. — aéronautique
C.M.B. — Caspar, Melchior, Balthasar — De. — religion
CMB — Conseil mondial baptiste — Fr. — religion
C.M.B. — Concorde Management Board (C.D.C.) — En. — aéronautique
CMBT — Combat — En. — militaire
CMC — Carboxyméthylcellulose — Fr. — plastiques
cmc — centimetro cubo — centimètre cube — It. — unité de mesure
C.M.C. — Coordinated Manual Controls — Commandes Manuelles coordonnées — En. Fr. — aéronautique
CMCC — Crédit de Mobilisation des Créances Commerciales — Fr. — finances
CMCI — Caisse Mobilière de Crédit industriel — Fr.
CMD — Contract Management District — En.
CMD — Centre Moteur de la décharge — Fr. — zoologie, etc. (poissons élec.)
CMDT — Carte Microfilm de Dessin Technique — Fr. — dessin indust. documentation
CME — Conférence mondiale de l'énergie — Fr. — économie
CMF — Commonwealth Military Force — En. — militaire
CMG — Control moment gyro (space)
C.M.G. — Companion of the Order of St. Michael and St. George — En. (GB) — social
cmh — cent-millième d'heure — (symbole erroné) — Fr. — chronologie
CMI — Comité maritime international — Fr. — marine
CMI — Capital Multiplans Investments (Canada) — En. — industrie
CMI — Computer-Monitored Instruction — Instruction assistée — En. — enseignement
CML — Chemical — chimique — En.
CML — Current-Mode Logic — En.
CMM — Computerised Modular Monitoring — (télé-commande) (Marconi) — En. — aéronautique
cmm — Kubikmillimeter — millimètre cube — De. — unité de mesure
CMOS — Complementary Metal-Oxide Semiconductor — En. — semi-conducteurs
CMP — Chemin de Fer métropolitain de Paris — Fr. — chemin de fer
CMP — Corps of Military Police — En. — militaire
CMP — Croquis de Mise au Point — Fr. — dessin indust., aéronautique
CMPR — Comparator — comparateur — En. Fr. — électronique
cmq — centimetro quadrato — centimètre carré — It. — unité de mesure
CMR — Common Mode Rejection — En. — électronique
CMRR — Common Mode Rejection Ratio — Rapport de déflexion (oscilloscope) — En. — électronique
C.M.T. — Concentration Maximum tolérable (mesure adoptée au Symposium International de Prague, 1959 « concentration moyenne ne provoquant, sauf cas d'hypersensibilité, chez aucun des ouvriers exposés de façon continue en raison de leur travail journalier, aucun signe ou symptôme de maladie ou de mauvaise condition physique pouvant être mis en évidence par les tests les plus sensibles acceptés internationalement » MAC.A) — Fr. — environnement
C.M.T. — Commission de Modification Transall (Aérospatiale VFW) — Fr. — aéronautique
Cmtn — Commutation (émission-réception) — Fr. — radio
Cmtr — Commutateur — Fr. — radio
C.M.V. — Crystallinity, Molecular Weight, Voids — cristallinité, masse moléculaire, vides (méthode de contrôle DIXON) — En. — plastiques
CN — Câble en nappe — Fr. — électr.
CN — Canadian National (RR) — chemins de fer canadiens — En. — chemin de fer
Cn — Carbone — Fr. int. — chimie
CN — Charge normale — Fr. — technique
CN — Commande numérique — Fr. — informatique
c/n — compte nouveau — Fr. — banque
c/n — cours nul — Fr. — banque
C/N — Credit Note — Note de Crédit — En. — commerce
CN — Cuneo — Cuneo — int. — plaques auto
CN — symbole des condensateurs fixes céramiques type II (à coeff. de temp. non défini) — Fr. — électronique norme CCTU
CNA — Centre national de l'alimentation — Fr. — alimentation
CNA — Centre national de l'automation — Fr. — industrie

CNA — Centre national des assurances — Fr. — assurances
CNA — Conseil national des assurances — Fr. — assurances
CNAH — Centre National pour l'Amélioration de l'Habitat — Fr. — social
CNAL — Comité national d'action laïque — Fr. — politique
CNAM — Caisse nationale d'assurance maladie — Fr. — social
CNAM — Conservatoire national des arts et métiers — Fr. — enseignement
CNAP — Centre National d'Animation et de Promotion — Fr. — social
CNAT — Commission nationale de l'aménagement du territoire — Fr. — administration
CNC — Comité National de la Consommation — Fr. — social
CNC — Commande Numérique en continu — Fr. — informatique
CNC — Computer numerical control — commande numérique par ordinateur — En. — informatique
CNC — Conseil national du commerce — Fr. — commerce
CNCA — Caisse National du Crédit Agricole — Fr. — banque
CNCE — Centre National du Commerce Extérieur — Fr. — commerce
CNCL — Council — conseil, etc. — En.
CNCLR — Councillor — Conseiller, etc. — En.
CNE — Caisse Nationale d'Epargne — Fr. — banque
CND — Christlicher Nachrichtendienst — Agence de presse chrétienne — De — presse, religion
CNEA — Comisión nacional de algodón — Commission nationale du coton — El.
CNEC — Centre national de l'emballage et du conditionnement — Fr. — commerce
CNEL — Consiglio Nazionale dell'Economia e del Lavoro — It. — social
CNEN — Comisión Nacional de Energia Atómica (Argentine) — El. — nucléaire
CNEN — Comitato Nazionale per l'Energia Nucleare — It. — nucléaire
CNERP — Conseil National des Economies Régionales et de la Productivité — Fr. — administration
CNES — Centre National d'Etudes Spatiales — Fr. — espace
CNESER — Conseil National de l'Enseignement Supérieur et de la Recherche — Fr. — enseignement
CNET — Centre National d'Etudes des Télécommunications — Fr. — télécom.
CNET — Centre National d'Etudes Techniques — Fr.
CNETT — Chambre nationale des entreprises du travail temporaire — Fr. — social
CNEXO — Centre national d'exploitation des océans — Fr. — océanographie
CNI — Communication-Navigation Identification system — syst. d'identification comm. nav. — En. — aéro.
CNI — Centre national des indépendants — Fr. — politique
CNIPE — Centre National d'Information pour la Productivité des entreprises — Fr. — économie
CNIT — Centre National des Industries et des Techniques — Fr. — économie
CNIT — Confédération Nationale Indépendante des Travailleurs — Fr. — politique
CNME — Caisse Nationale des Marchés de l'Etat — Fr. — administration
CNMIH — Comité National du Matériel d'Incendie Homologué — Fr. — normalisation
C.N.O. — Chief of Naval Operations — Chef des Opérations navales — En. US. — NAVY
CNP — Chief of Naval Personnel — En. — militaire
CNR — Canadian National Railways — En. — chemin de fer
CNR — Comité national de la recherche — Fr.
CNR — Comité national routier — Fr. — transports
CNR — Composite Noise Rating — En. — acoustique
CNR — Conseil national de la révolution (Congo) — Fr. — politique
C.N.R. — Consiglio Nazionale delle Richerche — It. — recherche
CNRS — Centre National de la Recherche Scientifique — Fr. — recherche
CNS — Chief of Naval Staff — Chef d'Etat-Major naval — En. — militaire
CNT — Commission nationale tripartite — Fr. — politique
CNT — Confédération nationale du travail — Fr. — social
CNT — Confederación Naciónal del Trabajo — El. — social
CNTE — Centre national de télé-enseignement — Fr. — enseignement
Cntr — Contrôle — Fr. — radio
CNUCED — Conférence des Nations Unies sur le Commerce et le Développement — Fr. — économie
c/o — care of — aux bons soins de — En. — commerce
CO — Carry Out — fonction porter-sortie — En. — circuits intégrés
CO — Cash Order — commande au comptant — En. — commerce

CO — Certificate of Origin — Garantie d'origine — En. — commerce
C.O. — Clean out — nettoyer, vidanger — En.
CO — Commanding Officer — Officier Commandant — En. — militaire
c/o — compte ouvert — Fr. — banque comptabilité
Co. — Company — compagnie — En. — commerce
CO — Como — Côme — It. — géographie (plaques auto)
Co — Cobalt — Fr. int. — chimie
Co. — County — comté — En. (GB) — administration
Co. — Kompanie — compagnie — De. — commerce
CO — symbole des condensateurs électrolytiques aluminium — Fr. — normes CCTU, électronique
CO — Cours officiel — Fr. — commerce
COA — Cash on arrival — comptant à réception — En. — commerce
COA — Côte occidentale d'Afrique — Fr. — géographie
COAT — Corrected Outside Temperature — En.
COB — Commission des opérations de bourse — Fr. — bourse
COBI — Central Office for the Boycott of Israel — En. — politique
COBI — Cumulative Octane Barrel Indicator — En. — hydrocarbures
CBL — Common Business Oriented language — langage de programmation — En. — informatique
COC — Comité d'organisation et de contrôle — Fr.
COCAIN — Comisión de Cambios Internacionales (Chili) — El. — économie
COCEMA — Comité des Constructeurs européens de matériel alimentaire — Fr. — alimentation
COCOES — Comité de coordination des enquêtes statistiques — Fr. — statistiques
COCOM — Coordination Committee — (NATO) Comité de Coordination — En. — militaire industrie
COD — Carrier On-board delivery — « livraison à bord du porte-avion » (avion embarqué) — En. US. — milit. NAVY
COD — Cash on delivery — contre-remboursement (CR) — En. — commerce
cod. — codice — Code — It. — juridique
cod. — Kodex — Codex, manuscript — De. Fr. — arch. histoire
CODA — Centre Opérationnel de Défense Aérienne — Fr. — militaire
CODAR — Correlation Display Analyzer Recorder — Enregistreur-analyseur indicateur de corrélation — En. — informatique
CODC — Contact with Oil or other cargo — En. — commerce
CODER — Commission de Développement Economique Régional — Fr. — économie
CODIS — Controlled Digital Simulator — En. — informatique
COE — Conseil Oecuménique des Eglises — Fr. — religion
coeff — coefficiente ; coefficient ; coefficient — It. En. Fr. — général
COF — Comité Olympique français — Fr. — sports
C of A — Certification of Aircraft (cie LTU) — En. — aéronautique
C of A — Certificate of Airworthiness — Certificat de navigabilité — En. — aéronautique
COFACE — Compagnie française d'Assurance pour le Commerce extérieur — Fr. — assurances
COFCAW — Combination of Forward Combustion and Waterfloating — En. — moteurs
CofG — Center of Gravity — Centre de Gravité — En. — aéronautique
COG — Centre d'Organisation et de Gestion — Fr. — org. du travail
COGO — Coordinate Geometry for Civil Engineering — En. — technique
COGS — Continuous Orbital Guidance System — Syst. de guidage continu sur orbite — En. — espace
COHO — Coherent oscillator — En. — électronique
COI — Comité olympique international — Fr. — sports
COI — Commission océanographique intergouvernementale — Fr.
COI — Conseil Oléico-International — Fr.
COIN — Counter Insurgency — programme d'intervention contre les insurrections — En. US. — militaire
COJO — Comité d'organisation des jeux olympiques — Fr. — sports
Col. — Colombia — Colombie — El. — géographie
Col. — colonel — colonel — En. Fr. — militaire
col. — Colonello — colonel — It. — militaire
Col. — Colonial — colonial — En. — général
Col. — Colossians — Colossiens — En. Fr. — religion
Col. — Column — colonne — En. Fr. — imprimerie
COLD — Colored — coloré — En. — chimie, etc
COLD — Chronic Obstructive Lung

Disease — maladie pulmonaire opaque chronique — En. — médecine
COLL. — Collectivité — Fr. — sécurité sociale
Coll. — College — En. — enseignement
COLIDAR — Coherent Light Detection and Ranging — Détection et mesure de la distance par la lumière cohérente — En. — opto-électronique
Colo. — Colorado — En. — géographie
colo — coloration — Fr. — chimie
COLT — Computerized Orbiting Laboratory Telemeter — télémètre de laboratoire orbital à calculateur — En. — espace, satellites
COLUMA — Comité français de lutte contre les mauvaises herbes — Fr.
Com. — Comercio — commerce — El. — dictionnaires
Com — Commandante — Commandant — It. — militaire
Com — Commander — En. — militaire
Com — Commerce — En. — commerce
Com — Commissionner — agent — En. — général
Com — Committee — comité — En. — général
Com — Commodore — commodore — En. — militaire
Com — common — commun — En. — général
Com. — Commutation — (semi-conducteurs) — Fr.
COM — Compensator — compensateur — En. — carburants (jaugeage)
COM — Computer Output Microfilm — Microf. sortant sur ordinateur — En. — (3 M)
COM — Computer Output Microfilming — En. — informatique
Com. — comun — commun — El. — dictionnaires
COMAR — Contour Mapping Radar System — En. — radar topo
COMECON — Council for Mutual Economic Aid — En. — politique
Comed — Combined map and electronic display — (NAVI militaire
COMET — Communication Europepean Satellite Team — En. — satellites
COMEXO — Comité scientifique pour l'exploitation des océans — Fr.
Comm — Commandatore — Commandeur — It. — social
Comm — Communications — communications — En. — communications
Commn — Commission — commission — En.
Comp — Comparativo — comparatif — It. — grammaire
Comp — compare — comparer — En. — général
Comp — comparative — comparatif — En. — grammaire
Comp — compound — composé, produit — En. — industrie commerce
compr. — compressor — compresseur — En. — moteurs
compt. — comptabilité — Fr. — comptabilité
COMSAT — Communication Satellite — satellite de communications — En. US. — satellites communications
Com.te — Comandante — Commandant — It. — militaire
COMZ — Communications zone — En.
CON — Console — meuble, console — En. — avion, etc
con. — (contra) against — contre (lat) — En. — général
CONAD — Continental Air Defense — défense aérienne continentale — En. — militaire
conc. — concentré — Fr. — chimie
conc. — concrete — béton — En. — bâtiment
Conch. — Conchology — Conchyliologie — En.
Con.Cr. — contra credit — En. — commerce
Cond. — Condensateur — Fr. — radio
Cond. — condensates — condensats — En. Fr. — pétrochimie
Cond. — condensation — Fr. — physique
cond. — condizionale — conditionnel — It. Fr. — grammaire
Con-di — conical-divergent — convergent-divergent — En. Fr. — aéronautique moteurs (tuyère)
conf. — conferatur — Fr. — général
conf. — (confer) vergleiche — comparez (lat) — De. — général
CONFAGRICOLTURA — Confederazione Generala Dell'Agricoltura Italiana — It. — social
CONFCOMMERCIO — Confederazione Generale del Commercio — It. — social
CONFINDUSTRIA — Confederazione Generale dell'Industria Italiana — It. — social
cong. — congiuntivo — subjonctif — It. — grammaire
cong. — congiuzione — conjonction — It. — grammaire
Cong. — Congress — le Congrès — En. — politique
CONI — Comitato Olimpico Nazionale Italiano — It. — sports
CONI — Contrôle du nid d'abeilles — Fr. — militaire aéronavale fr.
Conn — Connecticut — En. — géographie
cons. — conservative — En.
contr. — contracted, contraction —

contracté, contraction — En. — grammaire
Contra — solution contraire — Fr. — juridique
CONUS — Continental United States — En. — géographie
conv. — converti — Fr. — finance
COO — Chief Ordnance Officer — En. — militaire
COOC — Contact with oil or other cargo — En. — commerce
co-op — coopérative — En.
COP — Cash on presentation — comptant sur présentation — En. — commerce
COP — Comité d'organisation de la prospérité — Fr.
cop — copper — cuivre rouge — En. — métal
COPAG — Collision Prevention Advisory Group — En. — aéronautique
COPEP — Commission Permanente de l'Electronique du Plan — Fr. — électronique administration
COPERS — Commission Préparative Européenne de Recherches Spatiales — Fr. — espace
copo — copolene — copolène — En. Fr.
Copr. — Copyright — (official U.S. abbreviation by Law) — En. — jurisp.
COPRIN — Council on Productivity, Prices and Incomes (Uruguay) — En. — commerce
Cor. — corollario — corollaire — It. Fr. — mathématiques
CORA — Coherent Radar Array — Réseau — En. — radar
CORDS — Coherent on-receive Doppler system — En. — radio-radar
CORE — Congress of Racial Equality — En. — social
COREP — Centre d'Orientation et d'Examens Psychologiques — Fr. — social
CORIG — Conception et réalisation de l'informatique de gestion — Fr. — informatique
Cor.Mem — Corresponding Member — Membre Correspondant — En. — social
CORP — Corporation-Jurist-Person — juriste de société — En. — juridique
Cor.Sec — Corresponding Secretary — Secrétaire correspondancière — En. — social
COS — Cash on shipment — comptant à l'expédition — En. — commerce
COS — Centrale pour la production d'oxygène sidérurgique — Fr.
COS — Chief of Staff — En. — militaire
COS — Coefficient d'occupation du sol — Fr.
cos. — coseno — cosinus — It. Fr. — mathématiques
COSATI — Comittee on Scientific and Technical Information (USA) — En. — documentation
cosec. — cosecante — cosécante — It. Fr. — trigonométrie
COSINA — Comité de protection des sites naturels — Fr. — environnement
COSPAR — Committee for Space Research — Commission de la Recherche spatiale — En. int. — espace
cost. — costante — constante — It. — physique, mathématiques
COT — Carbone organique total — Fr.
cot. — cotangente — cotangente — It. Fr. — mathématiques, trigo.
COTA — Collège des techniques d'armement — Fr. — militaire
COTAT — Collège des techniques avancées et de l'aménagement du territoire — Fr.
Cotti — Commission du Traitement et de la Transformation de l'Information — Fr. — Informatique
coup. — coupling — manchon taraudé, raccord — En. — mécanique
coup. — coupon — coupon — Fr. — commerce, banque
COUT — Carry-Out signal — En. — circuits intégrés
COVOS — Comité sur les conséquences des vols supersoniques dans la stratosphère — Fr. — aéronautique, environnement
COZ — Credit Organization for Zambia — En. — commerce
CP — Câble plat — Fr. — électr.
CP — Caisse primaire de sécurité sociale — Fr. — social
CP — Camp — En. militaire
CP — Canadian Pacific — chemin de fer — En.
CP — Candlepower — En. — éclairage
CP — Carry propagate — fonction porter-propager — En. — arc intégré
c.p. — cartolina postale — carte postale — It. — général
C.P. — Casella Postale — boîte postale — It. — postes
C.P. — Carriage paid — port payé — En. — commerce
CP — Centre of Pressure — centre de poussée — En. — aérodynamique
cp — centipoise — Fr. int. — unités de mesure
CP — Christlicher Pfadfinderbund — Union des scouts chrétiens — De. — social
CP — Charter Party — Charte Partie — En. — marine marchande
CP — Clock pulse — impuls. temporisée — En. — circ. intég.
CP — Compte postal — Fr. — postes

CP — Command Post — En. — militaire
C.P. — Common Pleas — En. — juridique
CP — Control Panel — Tableau de commande — En. — électronique, etc.
C/P — Competitive Prototype phase (of aircraft construction) — En. — aéronautique
C.P. — Clerk of the Peace — En.
C.P. — Consiglio Provinciale — conseil provincial — It. — politique, administration
C.P. — Codice Penale — Code pénal — It. Fr. — juridique, judiciaire
CP — courants porteurs — Fr. — téléphone
CPA — Centre de perfectionnement dans l'administration des affaires — Fr.
C.P.A. — Centre de Préparation des Annuaires — Fr. — téléphone
CPA — Certified Public Accountant — expert-comptable — En. — comptabilité
CPA — Colis Postaux avion — Fr. — postes
CPAF — Cost-plus-award-fee — tarif coût + prime — En. — contrats
CPAM — Caisse primaire d'assurance maladie — Fr. — social
CPB — Corporation for Public Broadcasting — (société finançant la plus grande partie du réseau de télévision US)
CPC — Cahier des prescriptions communes — Fr.
CPC — Canadian Postal Code — Code Postal Canadien — En.
CPC — Canon de Perçage Cylindrique — Fr. — technique
CPC — Centre de perfectionnement des cadres — Fr.
C.P.C. — Clerk of the Privy Council — En. (GB) — social
C.P.C. — Codice di Procedura Civile — Code de Procédure civile — It. Fr. — juridique
CPD — Charters Pay Duties — droits de charter — En. — nautique
cpd — compound — composé, produit, etc. — En. — chimie
CPE — Cellular Polyethylene — Polyéthylène cellulaire — En. — plastiques
CPE — Comité de politique économique — Fr. — économie
CPE — Communauté politique européenne — Fr. — politique
CPE — Congrès du Peuple européen — Fr. — politique
Cpe Bde — (filtre) coupe-bande — Fr. — électronique
CPEM — Certificat préparatoire aux études médicales — Fr. — enseignement
CPE/N — Cellular Polyethylene with nylon-jacket — Polyéthylène cellulaire sous gaine nylon — En. — plastiques, câbles coaxiaux
CPG — Commande pendulaire géocentrique — Fr.
CPH — Consumption per Hour — consommation horaire — Fr. — tech.
CPI — Composite Price Index — indice des prix pondérés — En. — économie
CPI — Conception Photo Imprimerie — Fr. — édition
CPI — Control Position Indicator — Indicateur position de commande — En.
CPI — Consumer Price Index — indice des prix de consommation (US) — En. — économie
CPI — Corrugated Plate Interception or Interceptor — En.
CPI — Crash Position Indicator — Indicateur de position détresse — En. — aéronautique
CPIF — Cost-plus-incentive-fee — En. — contrats
CPILS — Correlation Protected ILS — En. — aéronautique
CPIT — Committee for the Promotion of International Trade — En. — commerce
CPJI — Cour permanente de justice internationale — Fr. — juridique
Cpl — coupler — coupleur — En. Fr. — électronique
CPL — Corporal — En. — militaire
CPL — couple — En. — mécanique, électronique
CPM — Carico Pagante Max. — charge utile max. — It. — transports
CPM — Centre de programmation de la marine — Fr. — militaire
CPM — Code-Pulse-Modulation — Modulation par impulsion codée — En. — électronique
CPM — Critical Path Method — méthode du chemin critique — En. — ordonnancement programme PERT
CPM — cycles per minute — cycles par minute — En.
CPM — symbole des condensateurs fixes à film diélectrique métallisé — Fr. — électronique
CPO — Central Programme Office — Bureau Central Programmes programme PERT pour Concorde — En. — aéronautique
CPO — Centre de protection oculaire — Fr. — médecine
CPO — Chief Petty Officer — (Sous-officier) — En. US. — militaire
CPP — Codice di Procedura Penale — Code de Procédure pénale — It. — judiciaire
Cpro — Capitaux propres — Fr. — économie

C. Prud — Conseil des Prud'hommes — Fr. — juridique
CPS — Cahier de prescriptions spéciales — Fr.
CPS — Cathode Potential Stabilizer — (tube) analyseur à potentiel stabilisé — En. — électronique
CPS — Cobol Programmierungssystem — Programmation Cobol — De. — informatique
CPS — Commission permanente de standardisation (instituée par décret du 10 juin 1918) — Fr. — normalisation
CPS — symbole des condensateurs fixes au polystyrène — Fr. — norme CCTU, électronique
CPS — Critical Path Scheduling — prévision du chemin critique — En. — ordonnancement, programme PERT
C.P.S. — (Custos Privati Sigilli) Keeper of the Privy Seal — Garde du Sceau privé — (lat.) En. — social (titre)
CPSU — Communist Party of the Soviet Union — PC de l'URSS — En. — politique
cpt — Captain — En. — milit.
cpt — comptant — Fr. — commerce
cpte — compte — Fr. — comptabilité, commerce
cpte ct — compte courant — Fr. — banque, commerce
CPU — Central Processing Unit — Poste central — En. — informatique
CPUOS — Committee for Peaceful Use of Outer Space — Commission pour l'utilisation pacifique de l'espace — En. — espace
cpv — capoverso — alinéa — It. — général
CPV — Chlorure de polyvinyle — = PVC — En. — plastiques
CQ — Commercial Quality — qualité commerciale — En. — industrie
CQCL — Ecrans à souder — Fr. — norm. boulonnerie
C.Q.F.D. — Ce qu'il fallait démontrer — Fr. — général, mathématiques
Cr — Chrome — Fr. int. — chimie
CR — Clad Rod — tige enduite ou à revêtement — En. — fibres optiques
CR — Cold rolled — laminé à froid — En. — métallurgie
Cr — Coefficient aérodynamique résultant des Cx et Cz — Fr. int. — aérodynamique
CR ou C/R — Company's Risk — aux risques de la société — En. — assurances
Cr. — Conducteur (CEAT) — Fr. — électricité
CR — Contador — compteur — El.
CR — Cost Ratio — rapport de prix — En. — commerce
CR. — Cross — croix — En. — industrie (raccords de tuyauterie)
cr. — credito — crédit — It. Fr. — commerce
cr. — creditor, credit — créditeur, crédit — En. Fr. — commerce
CR — Cremona — Crémone — It. — géographie (plaques auto)
C.R. — Costa Rica — El. — géographie
C.R. — (Custos Rotulorum) Keeper of the Rolls — En. GB.
CRA — Comité de recherche atmosphérique — Fr.
CRAC — Comité révolutionnaire d'agitation culturelle — Fr. — politique
CRAF — Civil Reserve Air Fleet — réserve aérienne — En. us. — militaire, aéronautique
CRAL — Circolo Ricreativo Assistanza Lavoratori — Cercle récréatif d'assistance aux travailleurs — It. — social
CRAM — Caisse régionale d'assurance maladie — Fr. — social
CRAM — Card Random Access Memory — Mémoire — En. — informatique
CRAM — Cartes magnétiques d'accès direct (mémoire à) — Fr. — informatique
CRAW — Combat Readiness Air Wing — Escadrille de combat — En. — militaire
CRB — Centre de Recherches de la Bonneterie — Fr. — normalisation
CRC — Control and Reporting Center — En.
CREAL — Centres Régionaux pour l'Enfance et l'Adolescence Inadaptée — Fr. — enseignement
CRECON — Counterreconnaissance — Contre-Reconnaissance — En. — militaire
CREDIF — Centre de Recherches et d'Etudes pour la diffusion du français — Fr. — linguistique
CREDOC — Centre de Recherches, d'Etudes et de Documentation sur la Consommation — Fr.
CRF — (adreno) corticotropic-realising factor — facteur de réalisation corticotropique — En. — endocrinologie
CRF — Croix-Rouge Française — Fr. — social
CRF — Cost-Revision Formula — formule de révision de prix — En. — commerce, finances
CRI — Caisse de Retraite Interentreprises — Fr. — social
CRI — Carrelages et revêtements industriels — Fr. — bâtiment
CRI — centre routier international du Bourget — Fr. — transports
CRI — Conseil régional interprofessionnel (pPME) — Fr.

CRI — Croce Rossa Italiana — Croix-Rouge Italienne — It. Fr. — social
Crim. Con. — Criminal Conversion or Adultery — En. — judiciaire
CRIS — Cargo reservation and information service — En. — commerce
CRISA — Caisse de Retraite Inter-Professionnelle Sud-Aviation — Fr. — social
crist — cristallin — Fr. — chimie
CRITER — Centre de Recherche des Ind. textiles — Fr. — normalisation
CRM — Centre de Réflexion sur le Monde non occidental — Fr. — social
CRO — Cathode-Ray Oscillograph — oscillographe cathodique — En. — électronique
CROS — Controlateral Routing of signals — système de prothèse auditive — En. — médecine
CRPL — Central Radio Propagation Laboratory — En. — radio
CRS — Catholic Relief Service — Secours catholique — En. — religion
Crs — Conducteurs (CEAT) — Fr. — câbles élect.
CRS — Cold-Rolled Steel — acier laminé à froid — En. — métallurgie
CRS — Compagnies Républicaines de Sécurité — Fr. — police
CRSIT — Centre de Recherches de la Soierie et des Industries Textiles — Fr. — normalisation
Cr S't'l — Carbon Steel — acier au carbone (acier Martin) — En. — métallurgie
CRT — Cathode-Ray Tube — tube à rayons cathodiques — En. — électronique
CRT — Cold-Reduced and Tempered — laminé à froid et revenu — En. — métallurgie
crt — courant — Fr. — général
CRTM — Centre de Recherches Textiles de Mulhouse — Fr. — normalisation
CRU — Collective Reserve Unit — En.
C/S — Cannot supply — impossible fournir — En. — commerce
C.S. — Carbon Seal — joint en carbone — En. — quincaillerie
CS — Cases — En.
C.S. — Cast Steel — acier moulé ou fondu — En. — métallurgie
Cs — Caesium —int. — chimie
C.S. — Cecoslovacchia — Tchécoslovaquie — It. int. — géographie, auto
cs — centistoke — En. — unités de mesure
CS — Chef de service — Fr. — social
CS — Chief of Staff — chef d'Etat-Major — En. — militaire
CS — Cirrostratus — En. Fr. — météo
C.S. — Civil Service — Service Civil — En. — social
C.S. — Civil Servant — En. — social
C.S. — Clerk to the Signet — En. GB.
C.S. — Cold Spring — tension à froid — En. — bâtiment (précontraint)
CS — Commandite simple (société en) — Fr. — commerce
CS — Commercial Standards — En. — commerce
C.S. — Comando Supremo — Commandement suprême — It. — militaire
c.s. — come sopra — comme ci-dessus — It. — général
C.S. — Controlled Spill — régulation commandée — En.
C.S. — Conditioned Stimulus — réflexe conditionné — En. — médecine
C.S. — Consommation spécifique — Fr. — carburants
c/s — container/shelter — conteneur-abri : conteneur transporté par hélicoptère et servant d'atelier mobile (fabriqué par la sté américaine BRUNSWICK) — En. — militaire
C.S. — Corte Suprema — Cour Suprême — It. — judiciaire
cs — cours — Fr. — commerce, banque
Cs — Schaltkapazität — Capacité — De.
C.S. — Court of Session — Tribunal — En. — judiciaire
C.S. — (Custos Sigilli) Keeper of the Seal — Garde des Sceaux — En. — social
C.S. — Cosenza — Cosenza — It. — plaques auto
CS — Course de Sécurité (détecteurs de position CROUZET) — Fr. — mécanique
CS — Portugal (identité radio) — int. — aéronautique
C.S.A. — Canadian Standard Association — En. — normalisation
CSAR — Comité secret d'action révolutionnaire — Fr. — politique
CSAS — Command Stability and Augmentation System — En. — aéronautique
CSC — Collège du second cycle — Fr. — enseignement
CSC — Commonwealth Scientific Committee — En.
C.S.C. — Consolidated Systems of California — En. Us.
CSC — Course and Speed Computer — calculateur route et vitesse — En. — aéronautique
CSCC — Collège du second cycle commercial — Fr. — enseignement
CSCC — Commission supérieure des conventions collectives — Fr. — social
CSCE — Conférence sur la Sécurité et la

Coopération en Europe — Fr. — politique
CSD — Chaîne de Saisie de Données (CROUZET) — Fr. — électronique
C.S.D. — Charge statique au décollage — Fr. — aéronautique
C.S.D. — Concorde Support Division — Après-Vente Concorde — En. — aéronautique
C.S.D. — Constant Speed Drive — entraînement à vitesse constante — En. — mécanique, moteurs
CSE — Certificate of Secondary Education — Certificat d'enseignement secondaire — En. — enseignement
CS EXC. red FE — Cast Steel Excentered reducer with flanged ends — réduction excentrée à brides en acier moulé — En. — dessin indust.
C.S.G. — Centre spatial guyanais — Fr. — espace
CSI — Colossal scale integration — gigantisme — En. — instruments
C.S.I. — Companion of the star of India — En. GB. — social
CSI — Contacts électriques en sécurité intrinsèque — Fr. — électricité
CSIC — Consejo superior de investigaciones scientificas — Conseil supérieur de la Recherche scientifique — El. — enseignement
csn — centisthène — Fr. int. — unités
CSNCRA — Chambre nationale du commerce, de la réparation, du garage, de l'entretien et du ravitaillement de l'auto — Fr. — automobile
Cso — corso — cours — It. — général
Csp — consumo specifico — consommation spécifique — It. — carburants
CSP — Concorde Standard Parts (B.A.C.) — Pièces normalisées Concorde — En. — aéronautique
CS red FE — Cast-steel reducer with flanged ends — réduction à bride en acier moulé — En. — métallurgie
CSR — Ceskoslovenka Republika — Tchécoslovaquie — int. — auto
CSS — Control Stick-steering — barre de commande — En. — aéronautique, autopilote
Css — Commodity stabilization service (USA) — En.
Cssa — Contessa — Contesse — It. — social
CST — Central Standard Time — Heure de l'Amérique centrale — En. — chronologie
CST — Classification statistique et tarifaire pour le commerce international — Fr.
CST — Viscosity in Centistokes — viscosité en centistokes — En. — fluidique
CSTB — Centre Scientifique et Technique du Bâtiment — Fr. — bâtiment
CSteeFE — Cast Steel tee with flanged ends — Té à brides en acier moulé — En. — métallurgie
CSU — Centre scientifique universitaire — Fr. — enseignement
CSU — Christlich Soziale Union — De. — politique rel.
C'sunk H'd — Countersunk Head — tête fraisée — En. — dessin indust., visserie
CT — Cable Transfer — En. — postes
CT — Catania — Catane — It. — géographie (plaques auto)
ct. — cent(s) — cent(s) — En. Us. — banques
CT — Central tap — prise médiane — En. — circuits
CT — Central time — Heure de l'Amérique centrale — En. — mesure du temps
CT — Centre de transit — Fr. — téléphone
C.T. — Certificated Teacher — Instituteur titulaire — En. GB. — enseignement
CT — Characteristic time — temps caractéristique — En. — informatique
CT — Civil (mean solar) time — Heure légale — En. — mesure du temps
CT — Coefficient de traction — En. Fr. — mécanique
CT — symbole des condensateurs fixes au tantale (non solide) électrolyte — Fr. — norme CCTU, électronique
CT — Conference Terms — « aux conditions des conférences maritimes, mois courant » — En. commerce
CT — Control transformer — transformateur de commande — En. — électricité
ct — courant — Fr. — banque, commerce
CT — Course totale (détecteurs de position CROUZET) — Fr. — mécanique
CT — Current Transformer — Transformateur de courant — En. — électricité
c.t. — (cum tempore) eine Viertelstunde nach Voll — avec une marge d'un quart d'heure — (lat.) De. — général
Ct — true Course — route vraie Rv — Fr. — programmation nav. aéro.
CTA — câble toron sortie axiale — Fr. — électricité
CTA — Control Area — Région de contrôle — En. — aéronautique nav.
CTAR — câble toron double sortie (axiale et radiale) — Fr. — électr.
CTC — Cable Terminating Console — boîtier d'extrémité de câble — En. — câbles téléph.
CTCD — Centre technique pour le contrôle de la descendance — Fr. — génétique
CTCI — Classification type pour le commerce international — Fr. — commerce

Ct Ct — courant continu — Fr. — électricité
CTD — Comptes techniques départements — Fr.
Cte — Comte — Fr. — social
CTEP — collège technique européen — Fr. — enseignement
Ctesse — Comtesse — Fr. — social
CTFA — Comité de Télécommunications franco-africaines — Fr. — télécomm.
CTFE — Chloro-Tetra-Fluor-Ethylene — Fr. int. — chimie
CTG — Clauses techniques générales — Fr. — industrie
ctg. — courtage — Fr. — finance, bourse
CTI — Centre de traitement de l'informatique — Fr. — informatique
CTICM — Centre Technique Industriel de la Construction Métallique — Fr. — industrie
CTL — Complementary Transistor Logic — En. — semiconducteurs
CTL — Computer Technology — technologie des ordinateurs — En. — informatique
ctl — constructive total loss — perte censée totale — En.
CTL — Continental Lines — Lignes continentales — En. — transports
CTLI — Combat Training Launch Instrumentation — Instrumentation de campagne à l'entraînement — En. US. — militaire
CTN — Coefficient de Température Négatif (résistances à) — Fr. — élect.
CTO — Combined Transports Operation — En.
c. to — conto — compte — It. — comptabilité commerce
CTOL — Conventional Take-Off and Landing — décollage et atterrissage classiques — En. — aéronautique
CTP — Coefficient de Température Positif (thermistances à) — Fr. — électronique température
CTP — Commission Technique Préparatoire (SNIAS) — Fr. — aéronautique
CTPN — Centre de Tir de la Police Nationale — Fr. — police
CTR — Câble toron sortie radiale — Fr. — électr.
CTR — Clauses Techniques de Réception (SNIAS, Bourges) — Fr. — aéronautique
CTR — Course de Travail (détecteurs de position CROUZET) — Fr. — mécanique
CTR — Control (zone) — commande — En. — technique
CTR — Zentner — De. — unités
CTS — Communications Technology Satellite — En. — satellites comm.
CTS — symbole des condensateurs au tantale (solide) — Fr. — électronique
CTS — Contigency transfer system — En.
cts — crates — caisses, cageots — En. — commerce
Cts — Centimas — centimes — El. — monnaie
CT. SK — nibbed bold countersunk — boulon tête fraisée avec ergot — En. — visserie
CTTEE — Committee — comité — En.
CTV — Control test vehicles (USAF) — En. — militaire
CTZ — Centre technique du zinc — Fr. — métallurgie
CTZ — Control Zone — zone de contrôle — En. — aéronautique
CU — Charge utile (camions) — Fr.
cu. — cubic — cubique — En. — général
Cu — cuivre — Fr. int. — chimie
Cu — cuivre électro en wirebars (indices économiques) — Fr. — économie
CUE — Computer updated Equipment — matériel d'informatique sophistiqué — En. — informatique
CUFT — Cubic foot — pied cubique — En. — unités
CUIN — Cubic inch — pouce cubique — En. — unités
CULL — Corning Uniformity Limit Level — niveau limite d'uniformité Corning — En.
CULOV — Centre universitaire des langues orientales vivantes — Fr. — linguistique
CUMA — Coopérative d'Utilisation du Matériel Agricole — Fr. — agriculture
CUM — cubic meters — mètres cubes — En. — unités de mesure
cum. div. — Cum Dividend — Dividende attaché. Coupon attaché — En. Us. — finances
cum. — cumulative — cumulatif — En. Fr. — comptabilité banques
cum — « with » — « avec » — (lat.) En. — médecine
Cur. — Current, of this month — en cours, de ce mois — En. — général
CURP — Commandement unifié de la résistance palestinienne — Fr. — militaire
Curr. — Current — courant, actuel — En. — général
CURV — Cable Controlled Underwater Research Vehicle — Véhicule sous-marin expérimental téléguidé — En. — océanographie
Curt. — current — en cours, de ce mois — En. — général
CUYD — Cubic yard — En. — unités
C.V. — Capacité Vitale — Fr. — médecine pulmonaire

Cv — Cap vrai — T. Hdg (angl.) — Fr. — aéronautique, navigation
CV — Cartellverband der deutschen katolischen Studentverbindungen — Fédération des associations d'étudiants catholiques allemands — De. — politique, enseignement, religion
C.V. — caballo de vapor — cheval-vapeur — El. — unités
CV — Cavalli vapore — chevaux-vapeur — It. Fr. — général
C.V. — cavallo vapore — cheval-vapeur (ch. v.) — It. — unité de mesure
CV — Combat Vehicle — véhicule de combat — En. — militaire
CV — Command Vehicule — En. — militaire
C.V. — Commercial Vehicles — véhicules commerciaux — En. — transports
CV — Condensateur variable — Fr. — radioélectro.
C.V. — Control Valve — soupape de commande — En. — industrie
CVB — Constant Value Bond for Social Security (Columbia) — Bon permanent sécurité sociale — En. — social
cvo — cap demandé — Fr. — aéronautique, navigation
CVD — Chemical Vapor Deposition — (procédé de fabrication) — Fr. — semiconducteur
CVM — Chlorure de Vinyle Monomère — Fr. — chimie plastique
CVJM — Christlicher Verein Männer — section allemande de l'YMCA — De. — politique, religion
c.v.d. — come volevasi dimostrare — C.Q.F.D. — It. — général math.
CVF — Control visual flight Vol à vue de contrôle — En. — aéronautique
C.V.O. — Commander of the Royal Victorian Order — En. GB. — social
CVS — Classement continu, visible, suspendu — Fr.
CVR — Cockpit Voice Recorder — enregistreur de conversation (des navigants) — En. — aéronautique
CVS — Corrigés des variations saisonnières — Fr. — statistiques
CW — Carrier Wave — onde porteuse — Fr. — radio
CW — Chemical Warfare — guerre chimique — En. — militaire
CW — Clockwise — sens horaire — En. — général
CW — Commercial weight — poids commercial — En. — commerce
CW — complete width — largeur hors tout — En. — dessin indust.
CW — Continuous Wave — onde (porteuse) continue — En. — électronique
CWC — Commonwealth of World Citizens — Communauté des Citoyens du Monde — En. — social
C.W.O. — Cash with order — comptant à la commande, payable à la commande — En. — commerce
CWO — Chief Warrant Officer — En. — militaire
CWP — Cold working pressure — pression froide — En. — industrie
CWS — Church World Service — service mondial des églises — En. — religion
CWS — Control Wheel Steering — pilotage au volant de commande — En. — aéronautique
CWS — Silver-Coated Copperweld — (connecteurs AMPHENOL), argenture, soudage cuivre — En. — électronique
cwt. — Hundredweight — 112 livres = 0,508 quintal — En. — unité de mesure
CX — Cargo experimental — En. us. — aéronautique
CX — Condensateur fixe pour antiparasitage (symbole) — Fr. — normes CCTU
Cx — symbole du coefficient unitaire de portance — (angl. C_L) — Fr. — aérodynamique
CY — symbole des condensateurs à diélect. verre — Fr. — (CCTU), électronique
CY — Cipro — Chypre — It. int. — géographie, (plaques auto)
CYBORG — CYBernétique et ORGanisme — Infirmière-robot pour les astronautes — Fr. En. — espace
Cyc. — Cyclopaedia — encyclopédie — En. — littéraire
CYDAC — Cytology Data Conversion — convertisseur d'informations cytologiques — En. — médecine, biologie, recherches
CZ — Catanzaro — Catanzaro — It. — géographie, (plaques auto)
C.Z. — Canal Zone — Zone du Canal (Panama) — En. — géographie, politique
CZ — symbole du coefficient — (angl. C_D) — Fr. — aérodynamique
CZ — Combat zone — zone de combat —

D

En. — militaire

D — black (opaque) — noir opaque — En. — éclairage, aviation

D — Dalloz — (répertoire) — Fr. — presse jur.

D — Dampfer — bateau à vapeur — De. — nautique

D — Debet, Soll — doit, dû — De. — commerce

D — Déclinaison (magnétique) — Fr. — aéro. nav.

D — defer state — différé — En. — informatique

D — déformable — Fr. — électricité

D. — Degree — degré — En.

d. — demande — Fr. — commerce

D. — (denarius, denarii) a penny or pence — (lat.) En. — finance

d — densité — Fr. — chimie

D — départ — Fr. — chemin de fer

D. — Deputy — délégué, adjoint — En. — général

D — dérivation (câbles élect.) — Fr. — norm. EDF

D — derivation — dérivé (ajouté au n° de réf. des moteurs Bristol) — En. — moteurs, aéronautique

D — derivative — dérivée — En Fr. — mathématiques, informatique

D — Dettes — Fr. — économie

D — dérive — En. — gyroscopie, aérodynamique

D — Deutérium — int. Fr. — chimie, physique

D — Deutschland — Allemagne — De. int. — politique

D — diameter — diamètre — En. Fr. — géométrie, dessin indust.

D — Dichte — densité — De. Fr. — physique

D — differential (pressure) — En. — physique

D — Diffusing — diffuseur (symb. norm.) — En. — éclairage avion

D. — died — décédé — En. — généralités

d — (dies) jour — (lat.) Fr. — commerce

D — directivity — directivité — En. — sonar

D — dissipation factor — coeff. de dissipation — En. Fr. — électricité

D° — Dito — Lat. — général

D — Don — Don, Monsieur — El. It. — social

D — door — porte — En. — aéronautique, etc.

D. — Doktor der evangelischen Theologie — docteur en théologie protestante — De. — religion

d — douille — (TECALEMIT) — Fr. — tuyauteries

D — drift — dérive — En. — tuyauteries

D — drive — (en) prise — En. — automobile.

D — droit (côté) — Fr.

D — Dur (joint de colle plast. CIBA) — Fr. — deg. viscosité

d — Durchmesser — diamètre — De. Fr. — dessin indust.

D. — Dutch — Hollandais — En. — politique

D — D-Zug — (train) rapide — De. — chemins de fer

D — « urgent » — Fr. — postes

3D — 3 dimensions — 3 dimensions — En.

D — (Pneumonie et broncho-pneumonie) — déclaration facultative — Fr. — médecine

D — symbole de diagramme vectoriel électromécanique = triangle HT — Fr. — électromécanique

d — symbole de diagramme vectoriel électromécanique = triangle BT — Fr. — électromécanique

D — [2e signe] symbole moteur diphasé (CEM) — Fr. — électricité

DA — Dalloz, recueil Analytique de jurisprudence et de législation — Fr. — juridique

D/a — Days after acceptance — jours après l'acceptation — En. — commerce

D.A. — Défaut d'aspect — Fr. — pneumatiques

Da — « Dégraisser à l'acétone » — Fr. — technique

DA — Demande d'Achat — Fr. — commerce
DA — Department of the Army — En. — militaire
D/A — Deposit Account — Compte de dépôt — En. — banques
DA — Dépôts d'avitaillement pour bateaux de pêche — Fr. — maritime
DA — Désassembler (mouvement inverse de Assembler) — Fr. — org. du travail
dA — Der Altere — l'Ancien, l'Aîné, le Vieux — De. — histoire
DA — Deutsch Airbus (Sté) — De. — aéronautique
D/A — Digital-to-Analog — Digital à Analogique — En. Fr. — informatique
DA — Diode à Avalanche — Fr. — électronique
DA — Direction des Assurances (Ministère des Finances) — Fr. — administration
D.A. — District Attorney — Juge de district — En. us. — judiciaire
D/A — Documents against Acceptance — Documents contre — En. Fr. — commerce
D/A — Documents attached — documents joints — En. — secrétariat
D/A — double aging — vieillissement double — En. — métallurgie
Dª — Doña — Doña, Madame — El. — social
D/A — Drift Angle — angle de dérive — En. — aérodynamique, gyroscopie
DAAD — Deutscher Akademischer Austauschdienst — office allemand d'échanges universitaires — De. — enseignement social
DAB — Deutscher Arzneibuch — codex allemand — De. — pharmacie
DABS — Discrete Address Beacon system — syst. de balisage anticollision — En. — aéronautique
DAC — Design augmented by computer (GM) — dessin assisté ordinateur — En. — automobile
DAC — Direction de l'Aide Commercialisée — Fr. — commerce
DAC — Direct to Alternating Converter Convertisseur CC/CA — En. — élect.
DAC — Dispositif automatique de contrôle — Fr. — industrie
D.A.D. — Demande d'Autorisations de Dépenses — Fr. — industrie
DAD — Documents against discretion of collecting bank — En. — commerce
D.A.D.S. — Digital Acquisition and Decommutation System — En. — informatique
DADS — Digital Air Data System — Centrale anémo digitale — En. — aéronautique
DAeC — Deutscher AeroClub — De. — aéronautique
DAF — Daffodil — (NL) (Marque) — En. — automobile
DAF — Department of the Air-Force — En. — militaire
DAF — Deutsche Arbeitsfront — front allemand du trav. — De. — politique, histoire
daffynition — daffy + definition
dag — décagramme — Fr. int. — unité de mesure
DAG — Design augmented by computer (GM) — dessin assisté par ordinateur — En. — automobile
DAG — Deutsche Angestellten Gewerkschaft — syndicat des employés allemands — De. — politique social
DAG — Development assistance group — groupe d'aide au développement — En. — politique
DAG — Dynamit Aktien Gesellschaft — (DDR) (Société) — De.
DAGMAR — Defining Advertising Goals for Measured Advertising Results — (principe de base) — En. — publicité
DAI — Déclaration-Autorisation d'Importation — Fr. — douanes
DAIS — Digital Avionics Information System — ensemble d'avionique — En. — aéronautique
DAK — Deutsche Angestellten Kasse — caisse des employés allemands — De. — social
dal — décalitre — Fr. int. — unité de mesure
DAL — Deutsche-Afrika Linien — Lignes Allemagne-Afrique — De. — aéronautique
DAM — Direction des applications militaires — Fr. — militaire
dam — décamètre — Fr. int. — unité de mesure
DAMP — Downrange Anti-Missile Measurement Program — (programme militaire) — En. — militaire
DAMS — Defense Against Missiles System — (programme militaire) — En. militaire
DAN — Dual Area Nozzle — Tuyère à double surface — En. — aéronautique
D.an — désalignement ou déplacement angulaire — Fr. — mécanique
DAPS — Direct Access Programming System — Programmateur direct — En. — informatique
D.A.R. — Daughters of the American Revolution — Filles de la Révolution américaine — En. Us. — social
DAR — Disc Address Register — (Elément software) sur disque — En. — inf.
DART — Digital Auto-Ranging Tester —

Contrôleur digital — En. — essais électroniques
DAS — Déclaration-autorisation de sortie — Fr. — douanes
das. — daselbst — là-même, en ce lieu — De. — général
DASA — Défense Atomic Support Agency — Adm. de la Défense atomique — En. — militaire
DASH — Drone Anti-Submarine Helicopter — Hélicoptère ASM — En. — militaire
dat. — dative- dativo- datif — En. It. Fr. — grammaire
dat. — (dato) Datum — date — (lat.) De. — général
DAT — Défense aérienne du territoire — Fr. — militaire
DATAC — Doppler Tacan — En. — nav. avion
DATAR — Délégation à l'Aménagement du Territoire et à l'Action Régionale — Fr. — administration
DATE — Demande d'allocation temporaire — Fr. — social
DATICO — Digital Automatic Tape Intelligence Checkout — (espionnage militaire) — En. — militaire
DAU — Daughter — fille — En. — juridique
DAUS — Daughters — filles — En. — juridique
D.A.V. — Deutschen Autoren-Verband — Sté des Gens de lettre all. — De. — littéraire
DAV — Disabled American Veterans — mutilés de guerre am. — En. Us. — militaire
D.ax — désalignement ou déplacement axial — Fr. — mécanique
dB — décibel — Fr. int. — physique, acoustique
DB — der Betrieb (Wochenschrift für Betriebswirtschaft) — (revue économique) — De. — presse, économie
D.B. — Deutsche Bundesbahn — chemins de fer fédéraux allemands — De. — chemins de fer
DB — Deutsche Reischbahn — chemins de fer allemands (DDR) — De. — chemins de fer
D.B. — division blindée — Fr. — militaire
DB — Documentary Bill — Effet documentaire — En. — commerce
DBA — Doctor of Business Administration — En. — enseignement
DBA — Doppelbesteuerungs abkommen — accord contre la double imposition — De. — commerce international
DBB — Deutsche Bundesbahn — chemins de fer fédéraux all. — De. — chemin de fer
DBBd — Deutscher Beamtenbund — Fédération des Fonctionnaires allemands — De. — politique, social
D.B.E. — Dame Commander of the Order of the British Empire — En. GB. — social, décoration
DBF — Devisenbetriebsfonds — Fonds de roulement devises — De. — finances
DBG — Deutscher Buchgemeinschaft — Guilde du livre allemand — De. — littéraire
dbk — drawback — remboursement en douane — En. — douanes
dbl. — double — double — En. — général
dbm — decibel refferred to one milliwatt — décibel rapporté à 1 milliwatt — En. — électronique
DBO — Demande biochimique en oxygène — Fr. — biochimie, biologie
D.B.O. — oxydation biochimique de la matière organique — Fr. — biologie, biochimie
DBP — Deutsche Bundespost — Postes fédérales all. — De. — postes
DBP — Deutsches Bundespatent — brevet fédéral allemand — De. — brevets
DBR — Deutsche Bundesrepublik — R.F.A. — De. — politique
DBST — Double British Standard Time — Deux fois l'heure Britannique — En. — chronologie
DBV — Deutscher Bauernverband — Fédération agricole all. — De. — politique, social
d.c. — da capo — bis — It. int. — musique
D.C. — da capo — à la ligne — It. — général
DC — Dalloz, recueil Critique de jurisprudence et de législation — Fr. — juridique
DC — Damage Control — Contrôle des dommages — En. — juridique
DC — filetage Décrasseur (vis) — Fr. — visserie
Dc — Dégraisser au chlorothène — Fr. — technique
D.C. — Democrazia Cristiana — Démocratie chrétienne — It. — politique
D.C. — direct current — courant continu — En. — électricité
D.C. — District of Columbia — En. — géographie, politique
D.C. — discharge coefficient — coefficient de décharge — En. — technique
D.C. — Division cuirassée — Fr. — militaire
d.C. — dopo Cristo — apr. J.-C. — It. — chronologie
DC — Droit commun — Fr. — juridique
DC — Durée de la Compagnie — (contrat souscrit pour la) — Fr. — juridique, asso.

D.C.A. — Défense contre-avions — defensa contra aviones — Fr. El. — militaire

D.C.A. — Department of Civil Aviation — Ministère de l'Av. civile — En. US. — aéronautique

DCA — Direction de circonscriptions administratives — Fr. — administration

DCA — Directorate of commercial AID — En. — commerce

D.C.C. — Dossier de consultation des Concepteurs (éléments normalisés des marchés publics - Bâtiment) — Fr. — administration

DCD — Direction départementale des contributions directes — Fr. — administration

D.C.D. — Double-channel Duplex — Duplex à deux canaux — En. — navigation, communications aéronautiques

DCE — Direct Costing Evolué — = coût direct mixte — En. Fr. — gestion, finance

DCE — Domestic Credit Expansion — Accroissement du Crédit intérieur — En. — finances

DCE — Dossier de consultation des entrepreneurs (éléments normalisés des marchés publics - Bâtiment et TP) — Fr. — administration

D'chg — discharge — refoulement, sortie, évacuation — En. — pompes

DCL — Direct-Coupled Logic — élément DCL — En. — semiconducteur

DCL — Doctor of Civil Law — Docteur en Droit — En. — enseignement

DCM — Defense Common Market — Marché Commun Défense — En. — militaire

DCM — Distinguished Conduct Medal — Médaille du Mérite — En. — social, décoration

DCO — Demande chimique en oxygène — Fr. — moteur RR

D.C.O. — Design Change Order — avenant d'étude — En. — politique

DCO — Distractions collectives obligatoires — Fr. — social

DCO — Dominion, Colonial and Overseas — En. — aéronautique

DCOM — Doctor of commerce — diplôme commercial — En. — enseignement

DOCML — Doctor of commerce law — docteur en droit commercial — En. — juridique

D.C.P. — Déclaration de conception et de performances — Fr. — aéronautique CONCORDE

DCP — Département commercial de la région parisienne (SNCF) — Fr. — commerce

DCP — Development Concept Paper — Avant-Projet (USAF) — En. — militaire

DCP — Dicumyl peroxyde — Fr. — chimie

DCPR — Defense Contractors' Planning Report — Doc. de Réf. des Fournisseurs de la défense — En. US. — militaire

DCPS — Dynamics crew Procedure Simulator — En. — test

DCRP — Direct Current, Reverse polarity — électrode — En. — soudage

D.C.S. — Digital command system — module de commande — En. — espace

DCS — Direct Costing Simple — = coût direct variable — Fr. — gestion

DCS — Disposition complémentaire spéciale — Fr. — administration

DCS — Doctor of Commercial Sciences — Ingénieur commercial — En. — commerce

D.C.S. — double-channel simplex — simplex deux canaux — En. — aéronautique, nav.

DCSC — Defense Construction Supply Center — Centre de Fournitures militaires — En. — militaire

DCSP — Direct Current, straight polarity — Fr. — électrode de soudage

DCTL — Directly coupled transistor logic — élément DCTL — En. — semiconducteur

DCU — Disposition complémentaire uniforme — Fr. — administration

DCVTVM — Direct current Vacuum, Tube Volt-Meter — voltmètre à lampes, courant continu — En. — électricité

DD — Dangerous deck — pont dangereux — En. — marine

D/D — Days after Date — jours après la date — En. — commerce

D/D — Day's Date — date du jour — En. — chronologie

Dd — Dean drive — En.

DD — Decommutator-Distributor — distributeur-décommutateur — En. — électronique

d.d. — (de dato) vom Tage der Ausstellung an — à partir de la date d'émission — (lat.) De. — général

DD — Delivered — livré — En. — commerce

DD — Demand deposit — dépôt à la demande — En.

DD — Demand Draft — traite à la demande — En. — commerce

DD — Department of Defense — Ministère de la Défense — En. US. — militaire

DD — dérivation double (câbles électr.) — Fr. — norm. EDF

DD — diode rapide — int. (CEI) — électronique

Dd. — Doctorand — candidat au doctorat — De. — enseignement

D.D. — Doctor of Divinity (Divinitatis Doctor) — docteur en théologie — En. US. — religion

D/D — Documentary Draft — traite documentée — En. — commerce

Dd — Droits de douane — Fr. — douanes

DDA — Digital Differential Analyser — calculateur numérique différentiel — En. — informatique

DDC — Defense Documentation Center — Centre d'Informations Défense — En. — militaire

DDC — Direct digital control — contrôle digital direct — En.

DDD — Discagem Direta a Distancia — portugais

DDDP — Désinfection, dédétisation, dératisation propreté (Madagascar) — Fr. — social

DDF — Doppler-Direction Finder — radiogoniomètre Doppler — En. — navigation aéronautique

DDJSL — Direction Départementale à la Jeunesse, aux Sports et aux Loisirs — Fr. — administration

DDM — dimension de la douille métallique (catalogue d'accessoires pour machines-outils ELESA) — Fr. — technique

D'dorf — Düsseldorf — De. — géographie

DDP — Declaration of Design and Performance — déclaration de conception et de performances — En. — aéronautique CONCORDE

d.d.p. — différence de potentiel — Fr. — électricité

DDR — Deutsche Demokratische Republik — République démocratique allemande (RDA) — De — politique géographie

DDRR — Direction and Discontinuity Ring Radiator — (antenne DDRR) — En. — antennes

DDS — Deployable Defense System — Système defensif DDS — En. — militaire

DDS — Doctor of Dental Surgery — docteur en chirurgie dentaire — En. — médecine

DDSA — Dodecenyl-Succinic-Anhydride — int. — chimie

DDT — dichlorodiphényl-trichloroéthane — int. — chimie agriculture

DDT — Dynamic Debugging Tape — Programme DDT — En. — informatique

DE — diffuseurs encastrés (CLAUDE) — Fr. — éclairage

DEA — Department of Economic Affairs — Minist. des Aff. économiques — En. (GB) — économie

DEA — Diplôme d'Etudes Approfondies — Fr. — enseignement

Deb — Debenture — obligation — En. — finances

déb — débit — Fr. — comptabilité

deb — debito — débit — it. — comptabilité

Debeka — Deutsche Beamten Krankenversicherung — sécurité sociale des fonctionnaires allemands — De. — social

Debit. — Debitore — Débiteur — It. — commerce

Debut. — Debutanizer — débutaniseur — En. — pétroles

déc. — symbole signifiant que le corps se décompose à la fusion — Fr. — chimie

Dec. — December — Décembre — En. — chronologie

DECAL — Decalcomania — décalcomanie — En. Us. — dessin

DECEP — Diplôme d'Etat de Conseiller d'Education Populaire — Fr. — enseignement

DECF — Chloroformiate de diéthylène glycol — Fr. int. — chimie

DECO — Direct Energy Conservation Operation — En.

DECOR — Digital Electronic Continuous Ranging — En.

Décr. — décret du... — Fr. — administration

Décr. L — décret-loi — Fr. — administration

Décr. Org — décret organique — Fr. — administration

DECUS — Digital Equipment Corporation Users' Society — En. us. — informatique

decz. — decrease — baisse, diminution — En. — commerce, finance

DEES — Dynamic Electromagnetic environment simulator (for ECM) (USAF) — En. — militaire

Deeth. — Deethanizer — Dé-éthanisateur — En. — pétroles

def. — defectivo — défectif — El. — grammaire

def. — deferred — différé — En. — commerce, finances

DEFA — Deutschefilm-Aktiengesellschaft — De. — cinéma

DEFRA — Deutsche Vereinigung zur Förderung der Wirtschaftsbeziehungen mit Frankreich — Union allemande pour la promotion des liens économiques avec la France — De. — économie

DEFRACO — Deutsche-Französische Kompagnie — De. — commerce

Deft. — Defendant — défendeur — En. — judiciaire

DEFT — Dynamic Error-Free Transmission — En. — comm. radio
DEG — Deutsche Entwicklungsgesellschaft — De. — économie
DEG — Deutsche Eisenbahner-Gewerkschaft — syndicat des cheminots allemands — De. — social
Deg. — Degree(s) — degré(s) — En. — général
DEGS — Derechos Especiales de Giro del Fondo Monetario — El. — finances
DEGT — Deutscher Eisenbahn Gütertarif — tarif marchandises des chemins de fer allemands — De. — chemin de fer, commerce
Degussa — Deutsche Gold- und Silberscheideanstalt — Etablissement allemand pour l'affinage de l'or et de l'argent — De. — économie
DEHOGA — Deutscherhotel- und Gaststättenverband — Union des Hôteliers d'Allemagne — De. — hôtellerie
DEKA — Deutsche Kapitalanlagegesellschaft — De.
DEL — Delaware — En. — géographie
del. — (deleatur) austreichen — à effacer — (lat) De.
del. — (delineavit) hat es gezeichnet — dessiné par — (lat) De.
Del. — (delineavit) He or she drew it — dessiné par — (lat.) En.
DEL — Diffractomètre à électronique lente — Fr.
DELRAC — Decca Logg Range Area Coverage — En. — radar, nav.
dem — démonstratif ; demonstrativo — Fr. El. — grammaire
DEM — Division du Gros matériel électrique et mécanique — Fr.
DEMA — Délégation ministérielle à l'armement — Fr. — administration
dem.réd. — demandes réduites — Fr. — commerce finances
DENA — Deutsche Allgemeine Nachrichtenagentur — Agence de presse DENA — De. — presse
DEO — Duplicateur d'Etat Ordinateur — Fr. — informatique
dep. — département — Fr. — commerce
DEP — Departure — départ — En. — avion
Dep. — Deputy — Délégué ; adjoint — En. — général
DEP — Diffuseurs Extra-Plats (CLAUDE) — Fr. — éclairage
Deprop. — Depropanizer — Dépropanisateur — En. — pétroles
DEPS — dernier-entré-premier-sorti (méthode du) — Fr. — gestion stock
DEPSO — Department Standardization Office — Organisme normalisateur — En. — normalisation
Dept. — Department — département, service — En. — commerce industrie
der — derivado — dérivé — El. — grammaire
DER — Deutsches Reisebüro — Office du Tourisme — De. — tourisme
DERD — Norme anglaise carburants — En. — normalisation
DERETHYL — dérivés éthyliques — Fr. — chimie
dergl. — dergleichen — et d'autres choses du même genre — De. — général
DERTS — Département d'études et de recherches en technique spatiale — Fr. — espace
DES — Dans Effet de Sol — Fr. — aéronautique hélicoptères
DES — diéthylstilbestrol — Fr. int. — chimie médecine
DESA — Diplomé de l'Ecole Spéciale d'Architecture — Fr. — enseignement
DESAL — Desarollo Económico y Social de America Latina — Développement économique et social de l'Amérique latine — El. — économie
DESC — Defense Electronics Supply Center — Centre de fournitures militaires — En. — militaire
DESEP — diplôme d'Etudes supérieures d'éducation populaire — Fr. — enseignement
desgl. — desgleichen — de même — De. — général
desp. — despectivo — péjoratif — El. — dictionnaires
DESS — Diplôme d'Etat de Service Social — Fr. — social
DEST — Diplôme d'Etudes Supérieures Techniques — Fr. — enseignement
dét. — détaché — Fr. — commerce
Det. — Detector — Détecteur — En. fr. — radioélectronique
DETG — Deutsche Erdgas Transport Gesellschaft — Sté Allemde de Transport de gaz naturel — De. — transports
DEU — Deutsche-Europa Union — Union européenne allemande — De. — politique
Deubau — Deutsche Bauausstellung — expobâtiment allemande — De. — commerce
DEUG — Diplôme d'Etudes Universitaires Générales (France) — Fr. — enseignement
D.E.V. — Distractions en vol — Fr. — aéronautique
DEV K ERL — Devisen-Kontrollerklärung — Contrôle des changes — De. — finances
dev.mo — devotissimo — votre dévoué — It. — secrétariat

DEW — Delivery Empty Weight — Masse à vide de livraison — En. — avion
DEW — Deutsche Edelstahlwerke — Aciéries allemandes — De. — métallurgie
DEW — Distant Early Warning — Alerte Avancée — En. — militaire
DEWBAG — Deutsche Effekten und Wechsel-Beteiligungs AG — (s[té] de financement alle.) — De. — finances
dew'g — dewaring — déparaffinage — En. — pétroles
DEWIZ — Distant Early Warning Identification Zone — Zone d'identification alerte avancée — En. — militaire
DEWOG — Deutsche Wohnungsgesellschaft — Société de l'habitat allemand — De. — social
DEXAN — Digital Experiment Airborne Navigator — système Dexan — En. — nav., avion
D/F — Deadfreight — faux frêt — En. — commerce
D.F. — Dean of the Faculty — Doyen de Faculté — En. GB — enseignement
D.F. — Defender of Faith — Défenseur de la foi — En. GB — religion
DF — Deflection Factor — facteur de déviation — En. — électronique
df — diamètre interne — Fr. — visserie filet
DF — Diffuseurs fermés (CLAUDE) — Fr. — éclairage
D.F. — Direction Finding — goniométrie — En. — radio
DF — Documentation française — Fr. — documentation
DF — Flap or jet flap deflection angle — angle de débattement des volets ou volets fluides — En. — avion
DFB — Deutsche Fussballbund — Fédération de Football allemande — De. — sports
DFB — Devisenfreibetrag — Devises libres — De. — finances
DFC — Distinguished Flying Cross — décoration aéronautique — En. — social
DFCI — Défense des forêts contre l'incendie — Fr. — sécurité
DF/CS — Direction Finding Control Station — station de contrôle goniométrique — En. — radio
DFDR — Digital Flight Data Recorder — enregistreur de vol digital — En. — aéronautique
DFF — Distance foyer-film — Fr. — radiographie des matériaux
DFH — Deutsche Forschungsanstalt Hubschrauber und Vertikalflugtechnik — office allemand de la recherche en hélicoptères et techniques du vol vertical — De.
DFG — Deutsche Forschungsgemeinschaft — communauté allemande de recherche — De. — recherche
DFP — Direction, freins, pneumatiques et phares — Fr. — automobile
D.F.P. — disopropylfluorophosphate — gaz de combat — int. — militaire
Dft. — draft — tirage — En. — dessin, repro.
Dft. — draft — traite — En. — commerce
D.F.T. — difficultés sur filière terminée — Fr. — aéronautique (AÉROSPATIALE)
DFTSMN — Draftsman — dessinateur — En. — industrie
DFW — Dallas/Fort-Worth airport — En. — aéroports
Dg — décagramme — Fr. int. — unité de mesure
dg — décigramme — Fr. int. — unité de mesure
D.G. — (Dei Gratia) von Gottes gnaden — par la grâce de Dieu — (lat.) De. — général
D.G. — By the Grace of God — En. — général
D.G. — Directional Gyro — gyroscope directionnel — En. — navigation, aéronautique
D.G. — Draft Gauge — Indicateur de tirage — En. — pétroles, métallurgie, etc.
d.G. — durch Güte — aux bons soins — De. — secrétariat
DGA — Direction générale de l'agriculture — Fr. — administration
DGB — Deutscher Gewerkschaftsbund — Fédération des syndicats allemands — De. — social, politique
DGC — Direction générale du commerce — Fr. — administration
DGEA — Dirección General de Económica Agropecuaria — El. — économie
DGER — Direction Générale des Enquêtes et Recherches — Fr. — administration
DGI — Direction générale des impôts — Fr. — administration
dgl — dergleichen — et d'autres choses du même genre ; pareil — De. — général
DGLM — Deutsche Gesellschaft für Luft- und Raumfahrtmedizin — Société allemande de médecine aéronautique et spatiale — De. — aéronautique
DGO — Deutsche Geimeindeordnung — Loi sur les communes allemandes — De. — politique
DGM — Deutsche Gesellschaft für Metallkunde — Société allemande de Métallurgie — De. — métallurgie
d.Gr. — der Grosse — le Grand — De. — histoire

dgr — décigrade — Fr. int. — unité de mesure

DGRR — Deutsche Gesellschaft für Raketentechnik und Raumfahrt — Société allemande des fusées et voyages spatiaux — De. — espace

D.G.R.S.T. — Délégation générale à la recherche scientifique et technique — Fr. — administ.

DGZ — Deutsche Girozentrale — De.

d.h. — das heisst — c'est-à-dire — De. — général

DH — Dalloz, recueil Hebdomadaire de jurisprudence — Fr. — juridique

DH — Decision Height — hauteur de décision (à l'atterrissage sans visibilité) — En. — navigation, aéronautique

DHA — Deutsches Handels-Archiv — Archives du Commerce allemand — De. — commerce

DHFL — Deutsche Hochschule für Leibesübungen — Institut supérieur allemand d'Education physique — De. — social, enseignement

DHS — Diffusion hebdomadaire systématique — Fr. — administration

DHS — Double hors série — Fr. — édition

DHZ — Deutsche Handelzentrale — office allemand du commerce (DDR) — De. — commerce, politique

d.i. — das ist — c'est — De. — général

D.I. — De-Icing — dégivrage — En. — aéronautique

D.I. — Demande d'Intervention — Fr. — industrie (SNIAS)

DI — Deutsches Industrieinstitut — Institut de l'industrie allemande — De. — industrie

DI — Direction Indicator — En. — aéronautique

D.I. — Division d'Infanterie — Fr. — militaire

DIA — diameter — diamètre — En.

Dia — Diapositiv — diapositive, diapositif sur verre — De. — optique, photo

D.I.A. — Deutscher Innen- und Ausserhandel — organisme import-export allemand (DDR) — De. — commerce, politique

D.I.A. — Division d'Infanterie Alpine — Fr. — militaire

DIAC — Defense Industry Advisory Council — Conseil consultatif de l'industrie militaire — En. — militaire

DIAL — Diamant pour l'Allemagne — Fr.

DIAN — Decca Integrated Airborne Navigation system — système de navigation Decca — En. — nav., avion

DIANE — Digital Integrated Attack Navigation system — système de navigation opérationnelle militaire — En. — nav., avion

DIC — Direction des Industries Chimiques — Fr. — administration

DICA — Direction des Carburants — Fr. — administration

DICBM — Defense Intercontinental Ballistic Missile — fusée balistique intercontinentale de défense — En. — militaire

DICON — Digital Communication through Orbiting Needles — Communication digitale par aiguilles orbitales — En. — communications

DICORAP — Directional Controlled Rocket Assisted Projectile — Bombe volante à fusées auxiliaires — En. — militaire

DID — Ductility Improvement Recovery — En. — métallurgie

DIDHEM — Défense des Intérêts des Divorcés Hommes et de leurs Enfants Mineurs — Fr. — social

DIDS — Digital Information Display System — Système de visualisation digitale de l'information — En. — informatique

dif — différé — Fr.

DIF — Division d'Infanterie et de Forteresses — Fr. — militaire

DIHT — Deutscher Industrie und Handelstag — Journée du commerce et de l'industrie allemande — De. — commerce

DIL — Deutsches Institut für Luftverkehrstatistik — Institut allemand des statistiques du transport aérien — De. — statistiques

dil — dilué — Fr. — chimie

DILS — Doppler-Inertial-Loran System — En. — nav., avion

Dim — Diminutive — diminutif — En. — grammaire

Dim — Diminutivo — diminutif — De. — grammaire

DIM — Division d'Infanterie Motorisée — Fr. — militaire

DIMITAG — Dienst Mittlere Tageszeitungen — De.

DIN — Deutsche Industrie Normen — institut des normes DIN — De. — normalisation

DIP — Defect investigation procedure — méthode d'expertise — En. — commerce

DIP — Développement intégré du produit — Fr. — commerce

DIP — Dual in-line package — montage en ligne — En. — informatique

DIPA — Deutsche Jugend-Presse-Agentur — Agence de Presse allemande — De. — presse

DIPEC — Defense Industrial Plant Equipment Center — Centre industriel militaire — En. — militaire

Dipl. Chem. — Diplomchemiker — chimiste diplômé — De. — enseignement, social
Dipl. Hdl. — Diplomhandelslehrer — professeur diplômé d'une école commerciale — De. — enseignement, social
Dipl. Ing. — Diplomingenieur — ingénieur diplômé — De. — social
Dipl. Kfm. — Diplomkaufmann — Diplômé d'une école supérieure de sciences économiques — De. — enseignement, social
Dipl.-Ldw. — Diplomlandwirt — diplômé d'une école supérieure d'agriculture — De. — enseignement, agriculture
Dipl.-Psych. — Diplompsychologe — diplômé de psychologie appliquée — De. — enseignement psychologie
Dipl.-rer. pol. — Diplomvolkswirt — diplômé d'une école supérieure de sciences politiques — De. — enseignement, social
Dir. — Direktor — Directeur — De. — social
DIRSTAT — Direttivi dello Stato — (fédération des fonctionnaires) — It. — social
DIS — Développement Industriel et Scientifique (ministère du) — Fr. — administration
discap — Disc-capacitance — condensateur-disque — En. — électricité, etc.
Dis. — Discount — remise, ristourne — En. — commerce
dis. — disegno — dessin — It. — dessin indust.
DISC — Domestic International Sales Corporation — En. — commerce
D.I.S. — Drawing Instruction Sheet — Fiche Etude — En. — moteurs RR
Disk. — Diskont — escompte (bancaire) — De. — commerce, finance
Diss. — Dissertation — diplôme ; thèse de doctorat — De. — enseignement
distill. — distillate — distillat — En. — pétroles, etc.
Distr — distributor — distributeur — En. Fr. — radioélectro
DITU — Digital Test Interface Unit — Interface d'essai digitale — En. — informatique
DIU — Dispositifs intra-utérins — Fr. — médecine
Div. — division — division — En. De. Fr. — industrie
Div. — dividend — dividende — En. De. — finances
DIV — Directe, incendie, vol — Fr. — assurances
DIVBER — Dividendenberechtigt — De. — finances
d.J. — der Jüngere — le Jeune — De. — histoire
d.J. — dieses Jahres — de l'année courante — De. — général
DJ — Dow-Jones — indice Dow-Jones — En. — économie
DJD — Deutsche Jungdemokraten — Jeunesse démocrate allemande — De. — politique
DJH — Deutscher Jugendherbergsverband — Association des Auberges de Jeunesse Allemande — De. — social
DJR — Deutscher Jugendring — Union de la jeunesse allemande — De. — social
DK — Danemark — Fr. int. — automobiles
DK — Dezimalklassifikation — classification décimale — De. — documentation
DKA — Deutsche Kreditabkommen vom 1952 — De. — finances
DKBL — Deutsche Kohlen-Bergbau-Leitung — Direction des charbonnages allemands — De. — économie, administration
DKE — Devisen-Kontrollerklärung — contrôle des changes — De. — finances
DKFW — Deutsche Komission für Weltraumforschung — Commission allemande pour la recherche spatiale — De. — espace
dkh — Dekagramm — décagramme — De. — unité de mesure
dkl — Dekaliter — décalitre — De. — unité de mesure
dkm — Dekameter — décamètre — De. — unité de mesure
dkr — dänische Krone — couronne danoise — De. — unité monétaire
DKV — Deutsche Kohle-Verkaufsorganisation — office de vente du charbon allemand — De. — économie, commerce
DKV — Deutsche Kranken-Versicherung — Assurances-Maladie allemandes — De. — social
dl — décilitre — Fr. int. — unité de mesure
D.L. — Decretto Legge — Décret-Loi — It. Fr. — politique, législatif
Dl — Dekaliter — décalitre — De. — unité de mesure
D.L. — Démultiplication linéaire — Fr.
D.L. — Delay Line — Ligne à retard — En. — électronique
D.L. — Directional Listening — écoute directionnelle — En. — sonar
DLA — Deutscher Luftfahrtzeug-Ausschuss — Comité allemand des véhicules à coussin d'air — De. — aéronautique
DLB — Deutscher Luftfahrt-Beratungsdienst — Conseil aéronautique allemand — De. — aéronautique

DLC — Direct Lift Control — Contrôle de portance direct — En. — aéronautique

D.L.C. — Division légère de Cavalerie — Fr. — militaire

Dld — Deutschland — Allemagne — De.

DLF — Development Loan Funds — Fonds de prêts au développement — En. — politique, finances

DLG — Destroyer Leader Guided Missiles — programme militaire — En. — militaire

DLG — Deutsche Landwirtschafts-Gesellschaft — Association de l'agriculture allemande — De. — agric.

DLH — Deutsche Lufthansa — Compagnie aérienne allemande — De. — aéronautique

DLI — Division légère d'intervention — Fr. — militaire

D.L.I. — Differential Level Indicator — Indic. de niveau diff. — En. — mesures

D.L.I.C. — Differential Level Indicating Controller — Contrôleur-indicateur de niveau différentiel — En. — mesures

D.Lit. — Doctor of Literature — En. GB — enseignement

D.Litt. — Doctor of Letters — En. GB — enseignement

D.L.M. — Division légère mécanique — Fr. — militaire

D.L.O. — Dead Letter Office — bureau des rebuts — En. GB — postes

DLO — Dispatch Loading Only — En.

D.L.R. — Differential Level Recorder — Enregistreur de niveau différentiel — En. — industrie

D.L.R.C. — Differential Level Recording Controller — contrôleur-enregistreur de niveau différentiel — En. — industrie

D.L.R.G. — Deutsche Lebensrettungs-Gesellschaft — Association allemande de sauvetage — En. — social

DLU — Défense des Libertés Universitaires — Fr. — politique

DLV — Deutscher Leichtathletic Verband — Association sportive allemande — De. — sports

dlyd — delayed — retardé — En. — électronique

DMA — Délégation ministérielle pour l'armement — Fr. — administration

D.M.A. — Direct Memory Acess — Mémoire directe — En. — informatique

DMAE — Direction des méthodes affaires extérieures — Fr. — administration

DMBG DM — Bilanzgesetz — Règles comptables — De. — comptabilité

D.M.C. — Dose Max. Consentita — dose maximale tolérée — It. — nucléonique (rayonnement)

D.M.E. — Distance-Measuring Equipment — D.M.E. — En. — navigation, aéronautique

DMEB DM — Eröffnungsbilanz — Règles comptables — De. — comptabilité

dm — décimètre — Fr. int. — unité de mesure

D.M. — Decreto Ministeriale — Décret ministériel — It. — politique, droit

Dm — Dekameter — décamètre — De. — unité de mesure

DM — Deutsche Mark — Mark allemand — De. — unité monétaire

dm — diamètre externe — Fr. — visserie (filetages)

d.M. — dieses Monat — de ce mois courant — De. — général

D.m. — Dios mediante — si Dieu le veut — El.

DM — Diphénylamino-Chlorésine — Fr. — chimie

D.M. — Demande de Modification — Fr. — aéronautique (SNIAS)

DM — Displacement Meter — débitmètre (compteur) — En.

D.M. — Doctor of Medicine (voir M.D.) — Docteur en Médecine — En. — médecine

DMET — Distance-Measuring Equipment TACAN — En. — nav. avion

DMIR — Designated Manufacturing Inspection Representative — Contrôleur de fabrication désigné — En. — industrie

DMJ — Demande de Mise à jour — Fr. — aéronautique

DML — Développement des marchés locaux — Fr. — commerce

DMM — Digital Multimeter — multimètre digital — En. — instruments

DMM — Dose Minima Mortelle — Fr. — médecine

DMSO — Diméthylsulfoxyde (solvant sélectif) — Fr. — chimie

DMT — Diméthyltéréphtalate — Fr. — chimie

D. Mus — Doctor of Music — En. GB. — enseignement musique

D/N — Debit Note — note de débit — En. — comptabilité finances

dN — décinéper — decineper — Fr. En. — unité radioélec

DN — Department of the Navy — En. — militaire

D.n — Dimension nominale (d'un tube ou d'un tuyau) (TECALEMIT) — Fr. — tuyauteries

Dn — Down — vers le bas — En. — général

Dn — Down — piqué — En. — aéronautique avions

DNA — De-Oxyribo Nucleic Acid — Acide désoxyribonucléique (ADN) — En. — génétique

DNA — Deutscher Normen Ausschuss — Commission de normalisation allemande — De. — normalisation

DNA — Direction de la Navigation Aérienne (service officiel français) — Fr. — aéronautique

d.n.a. — does not apply — ne s'applique pas, sans objet ; néant — En. — général

DNB — Dépenses nationales brutes — Fr. — administration

DNB (dnb) — Deutsches Nachrichtenbüro — Agence de presse allemande — De. — presse

DNC — Direct Numerical Control — Commande numérique directe — En. — informatique

DND — Deutscher Nachrichtendienst — Service d'Information allemand — De. — presse

DNG — Détecteur nucléaire à gaz — Fr. — semiconducteurs

DNI — Documento Nacional de Identidad — Carte Nationale d'Identité — El. — administration

DNL — Démultiplicateur non-linéaire — Fr. — mécanique

DNP — désoxyribonucléoprotéides — Fr. — génétique

DNP — Dossier au nom du passager (réservation électronique Collins) — aéronautique

DNVP — Deutschnationale Volkspartei — Parti populaire allemand — De. — politique

DO — Deputy Officer — En. — militaire

d.O. — der Obige — le susdit — De. — général

DO — Delivery order — ordre de livraison — En. — commerce

do — dito (ditto) — dito, idem — Fr. De. (lat) — général

Do. — dito (the same) — dito, idem — En. — général

DO — Document Order (RTCA) — ordre documentaire — En. — réglementation

DO — Douilles ouvertes de jonction et de dérivation à souder (câbles élect.) norme EDF — Fr.

DOA — Désoxyanisoine — Fr. — chimie

DOA — Direction of arrival — sens arrivée — Fr. En. — antennes

DOB — Damenoberkleidung — vêtements féminins — De. — commerce

DOC — Direct Operating Cost — coût direct d'exploitation — En. — aéronautique, économie.

doc — document, documentation — Fr. — documentation

DOCIS — Documentation des Institutions Sociales — Fr. — documentation

DOD — Department of Defense — Ministère de la Défense US — En. — militaire

DODDAC — Department of Defense Damage Assessment Center — Service d'expertise des dommages — En. — administration

DODGE — Department of Defense Gravity Experiments — Progr. expérimental — En. — militaire

DODISS — Department of Defense Index of Specifications and Standards — Répertoire des spécifications et Standards du DOD — En. — documentation, militaire

DOE — Dossier des Ouvrages consultés (éléments normalisés des marchés publics - bâtiment et travaux publics) — Fr. — administration

DOFA — voir DOPA — It. El. Ru. — chimie

DOG — Deutsche Olympische Gesellschaft — De. — sports

doll. — dollar — En. — monnaie

DoLN — Dornier Luftfahrt-Normen — Normes aéro. Dornier — De. — normalisation, aéronautique

DOM — Deo Optimo Maximo — lat. — religion

DOM — Département d'Outre-Mer — Fr. — administration

DOPA — DiOxyPhénylAlanine — (DOFA en It. et El.) (AOQA en Ru.) — En. Fr. — chimie

DOPLOC — Doppler and Loc — Doppler et Localizer — En. — navigation, aéronautique

DORA — Defense Realm Act — Législation de Défense — En. — administration

DORA — Dynamic Operator Response Apparatus — simulateur du F. 111 — En. — aéronautique

DORIS — Dornier Recoverable Instrument Sonde — sonde spatiale récupérable Dornier — En. — espace

DOS Disc — Operating System — ordinateur à disques — En. — informatique

DOT — Deep Ocean Technology — Technologie des profondeurs — En. — océanologie

DOT — Défense Opérationnelle du Territoire — Fr. — militaire

DOT — Department of Transportation — Ministère des Transports — En. US — administration

dott. — dottore — docteur — It. — social, médecine, enseignement

DOVAP — Doppler Velocity and Position — Position et vitesse Doppler — En. — navigation, aéronautique

DOWB — Deep Ocean Work Boat — bateau de recherche en profondeur — En. — océanographie

Doz. — Dozen — douzaine — En.

Doz. — Dozent — Maître de Conférences Chargé de Cours — De. — enseignement

DP — Dalloz, recueil Périodique et critique mensuel — Fr. — juridique

DP — data processing — traitement des informations : informatique — En. — informatique

DP — decrease pitch — diminution de pas — En. — aéronautique, hélices

D.P. — Decreto Presidenziale — Décret présidentiel — It. — politique

DP — Demande de Prix — Fr. — commerce

D.P. — Dépassement permanent — médecin autorisé au D.P. de tarif) — Fr. — sécurité sociale

DP — Deutsche Partei — Parti allemand — De. — politique

DP — diametral pitch — cercle de roulement — En. — mécanique, engrenages

d/P — differential pressure — pression différentielle — En. — pression

DP — Diffuseurs plats (CLAUDE) — Fr. — éclairage

DP — diphosphate — Fr. int. — chimie

DP — disjoncteur de protection (CEM) — Fr. — électricité

D.P. — Displaced Persons — personnes déplacées — En. — politique

D.P. — Displaced Persons — personnes déplacées — De — politique

d/p — documents contre paiement au comptant — documents against paiement — Fr. En. — commerce

D/P — Documents paid — documents contre paiement — En. — commerce

D.P. — documents contre paiement au comptant — Fr. — commerce

DP — Domum Procerum — Chambre des Lords — En. GB — législatif

DP — Dual Purpose — à deux fonctions — En. — général

DPA (dpa) — Deutsche Presse-Agentur — Agence de Presse allemande — De. — presse

DPA — Développement à pression atmosphérique — Fr.

DPA — Dipropylacétique (acide) — Fr. — chimie

DPAM — Dipropylacétamide — Fr. int. — chimie

DPAS — dipropylacétate de sodium — Fr., int. — chimie

DPC — Data Processing Control — commande par ordinateur — En. — informatique

DPCT — Diplôme Premier Cycle Technique (CNAM) — Fr. — enseignement

DPD — Deutscher Pressedienst — Service de presse allemand — De. — presse

DPDT — double-pole double throw — relais à deux inverseurs bipolaire-bidirectionnel — En. — électricité

DPE — Diplômé par l'Etat — Fr. — enseignement

DPf — Deutscher Pfennig — Pfennig allemand — De. — unité monétaire

DPH — Diploma in public health (GB) — diplôme médical — En. — médecine

DPI — Differential Pressure Indicator — Indicateur de Pression différentiel — En. — instruments

dpie — différence de pression d'incidence à l'empennage — Fr. — aéronautique

DPLG — Diplômé par le gouvernement — Fr. — enseignement

D.P.M. — désintégration par minute — Fr. — nucléonique

DPM — Développement par modules — Fr.

DPM — Dispositif principal de manutention — Fr.

DPMA — dipropylmalonique (acide) — Fr. int. — chimie

D.P.N. — Diamond Pyramidal Number — Dureté Vickers— En. — r-d-m

D.P.O. — Digital Processing Oscilloscope — Oscilloscope digital — En. — électronique

D.P.P. — Director of Public Prosecution. — Procureur ; Parquet — En. — judiciaire

DPR — Differential Pressure Recorder — Enregistrement de pression différentielle — En. — mesure

DPR — Disabled Pilot Restraint — Appareil à inertie retenant le pilote en cas de malaises — En. — aéronautique

DPRC — Differential Pressure Recording Controller — Contrôleur d'enregistrement de pression différentielle — En. — mesure

DPRG — Deutsche Public Relations-Gesellschaft — Société de Relations publiques allemandes — De.

DPS — Disc Programming system — syst. de programmation sur disques — En. — informatique, programmation

DPSS — Diplôme professionnel de service social — Fr. — social

dptr. — Dioptrie — Dioptrie — De. — unité optique

D. Q. — Drawing Quality — qualité emboutissage — En. — métallurgie, industrie

DR — Dead-Reckoning navigation — navigation à l'estime — En. — aéronavigation

dr. — débiteur — Fr. — commerce

Dr. — **Debtor** — débiteur — En. — commerce
d.R. — **der Reserve** — de réserve — De. — militaire
d.R. — **des Ruhestands** — en retraite — De. — militaire, etc.
DR — **Deutsches Reich** — Empire Allemand — De. — politique, histoire
DR — **Deutsche Reichsbahn** — chemins de fer all. — De. — chemins de fer
DR — **diffuseurs réflecteurs (CLAUDE)** — Fr. — éclairage
Dr. — **Docteur** — Fr.
Dr. — **Doctor** — docteur — En. — général
DR — **documents de référence** — Fr. — documentation
Dr. — **Doktor** — docteur — De. — général
Dr. — **Dram** — drame — En. — théâtre
DR — **Dram or drachm** — =1/16 oz=1,772 g — En. — unités
DR — **Draft Release** — projet — En. — documentation
Dr. — **Drain** — vidange, égoût — En. Fr.
Dr. — **droit** — Fr. — juridique
D.R. — **Dunlop Repair** — Réparation Dunlop — En. — pneumatique
Dra — **désalignement ou déplacement radial** — Fr. — mécanique
DRAC — **Droits du Religieux Ancien Combattant (ligue des)** — Fr. — religion
Dr. agr. — **(doctor agronomiae) Doktor der Landwirtschaft** — docteur ès-sciences agronomiques — De. — agriculture, enseignement
DRC — **déformation rémanente par compression** — Fr. — plastiques
dr.c. — **dernier cours** — Fr. — finances, commerce
DRDTO — **Detection Radar Data Take-Off (aéronautique)** — En.
DRE — **Direction des Relations Extérieures** — Fr. — administration
Dr.e.h. — **Doktor ehrenhalber** — docteur honoris causa — De. — enseignement
DRG — **Détection de ruptures de Gaines** — Fr. — sécurité
D.R.G. — **Deutsche Raketen Gesellschaft** — Sté allemande des fusées — De. — fusées
DRGM — **Deutsches Reichsgebrauchsmuster** — modèle déposé en Allemagne — De. — brevets
Dr. habil. — **Doctor habilitatus** — Docteur enseignant dans une faculté — De. — enseignement
Dr.-h.c. — **Doctor honoris causa** — (lat.) De. — enseignement
DRI — **Descent Rate Indicator** — Indicateur de vitesse de descente — En. — nav., avion
DRIFT — **Diversity receiving instrumentation for telemetry** — réception télémesure — En. — informatique
Dr.-Ing. — **Doktor der Ingenieurwissenschaft** — Ingénieur-Docteur Docteur ès-sciences techniques — De. — industrie
DRIR — **Direct Readout Infrared** — IR à lecture directe — En. — militaire
Dr.j.u. — **doctor juris utriusque (Doktor beider Rechte)** — Docteur en droit civil et en droit canon — De. — enseignement, droit, religion
Dr.-Jur. — **Doktor des Rechts** — docteur en droit — De. — juridique
DRK — **Deutsches Rotes Kreuz** — Croix-Rouge Allemande — De. — social
DRL — **differential rate of Low Response** — (programme scientifique) — En. — informatique
DRME — **Direction des Recherches et Moyens d'Essai** — Fr. — administration
Dr. med. — **Doktor der Medizin** — Docteur en médecine — De. — médecine
Dr. med. dent. — **doctor medicinae dentariae (Doktor der Zahnheilkunde)** — Docteur en médecine dentaire — De. — médecine
Dr. med. vet. — **doctor medicinae veterinariae (Doktor der Tierheilkunde)** — Docteur en médecine vétérinaire — De. — médecine
DRMI — **Distance Radio-Magnetic Indicator** — indicateur relèvement et distance — En. — aéronautique, instruments
D.R.M. — **Débit Respiratoire Maximum Seconde (ou V.E.M.S.)** — Fr. — médecine
DRN — **Drain** — drain, égout, vidange — En. Fr. — technique
D.R.P. — **Deutsches Reichpatent** — brevet allemand — De. — brevets
DRP — **Deutsches Reichpost** — postes allemandes — De — postes
DRPa — **Deutsches Reichpatent angemeldet** — brevet allemand demandé — De. — brevets
Dr. pharm. — **Doktor der Arzneikunde** — Docteur en pharmacie — De. — pharmacie
Dr. phil. — **Doktor der Philosophie** — Docteur ès-lettres — De. — enseignement
Dr.rer.nat. — **doctor rerum naturalium (Doktor der Naturwissenschaften)** — Docteur ès-sciences naturelles — De. — enseignement
Dr.rer.oec. — **doctor rerum oeconomicarum (Doktor des Wirtschaftswissenschaften)** — Docteur ès-sciences économiques — De. — enseignement
Dr.rer.pol. — **doctor rerum politicarum**

(Doktor der Staatswissenschaften) — Docteur ès-sciences politiques — De. — enseignement

Dr.rer.techn. — doctor rerum technicarum (Doktor der technischen Wissenschaften) — docteur ès-sciences techniques — De. — enseignement

Dr.sc.nat. — doctor scientiarum naturalium (Doktor der Naturwissenschaften) — docteur ès-sciences naturelles — De. — enseignement

Dr.sc.techn. — doctor scientiarum technicarum (Doktor der technischen Wissenschaften) — Docteur ès-sciences techniques — De. — enseignement

DRSS — Direction Régionale de la Sécurité Sociale — Fr. — social

Dr. theol. — doctor theologiae· (Doktor der Theologie) — docteur en théologie — De. — enseignement, religion

DRUPA — (Messe) « Druck und Papier » — Foire annuelle de l'imprimerie et de la papéterie — De. — commerce

D.R.V. — Deep Research Vehicle — sous-marin expérimental — En. — recherche, marine

DRW — Defensive Radio Warfare — Guerre radio défensive — En. — militaire

D.S. — (dal segno) from the sign — du signe, etc. — (It.) En.

ds — dans — Fr. — général

D/S — Day's Sight — jours de vue — En. — commerce

D/S — Days after sight — jours après vue — En. — commerce

DS — département Seychelles — Fr. — administration

D.S. — Device Selector — Sélecteur — En. — informatique

ds. — dieses (Monats) — de ce mois — De. — général

DS — Diode au silicium — Fr. — électronique

DS — Diode Standard — Fr. — électronique

DS — Douille de Jonction à souder (câbles élec.) — Fr. — norme EDF

DSA — Defense Supply Agency — Administration des Fournitures militaires — En. — militaire

DSA — Deutscher Sprachatlas — Atlas linguistique allemand — De. — linguistique

DSA — Dinkirk Shipping Agency — Agence de Dunkerque — En. — commerce

DSARC — Defense Systems Acquisition Review Council (USA) — Conseil de surveillance des achats de matériel militaire — En. — militaire

DSB — Defense Science Board (USA) — Bureau scientifique militaire — En. — adm. militaire

DSB — Deutscher Sängerbund — Ligue des chorales allemandes — De. — musique

DSB — Deutsche Soziale Bewegung — Mouvement social allemand — De. — politique

DSB — Deutscher Sport-Bund — union sportive allemande — De — sports

DSC — Digital Signal Converter — Convertisseur digital — En. — électronique

D.S.C. — Distinguished Service Cross — mérite militaire — En. — décorations

D.sc. — Doctor of Science — Docteur ès-sciences — GB En. — enseignement

DSB — double side band — communication sur les deux bandes latérales — En. — radio, communications

DSDP — Deep See Drilling Project — projet de forage en eau profonde — En. — pétrole

D.S.E. — Deep sea elevator — sous-marin — En. — recherche, marine

DSE — Deutsche Stiftung für Entwicklungsländer — De. — politique

DSG — Deutsche Schlafwagengesellschaft — Compagnie des Wagons-lits Allemands — De. — chemins de fer

DSH — Deutsche Studiengesellschaft Hubschrauber — Société d'étude Allemande pour les Hélicoptères — De. — aéronautique

DSI — Déclaration simplifiée d'importation — Fr. — douanes

DSIF — Deep space Instrumentation Facility — Installation pour la recherche spatiale — En. — espace

DSJS — Dieses Jahres — de cette année — De. — général

DSM — Distinguished Service Medal — Médaille du Mérite — En. — militaire, décorations

DSM — Dynamic Scattering Mode — Mode diffusion dynamique — En. — cristaux liquides

D.S.M. — Defense Suppression Missile — Missile suppression — En. — militaire, fusées

DSMTS — Dieses Monats — du mois en cours — De. — généralités

dsn — décisthène — Fr. — unité de mesure

D.S.O. — Distinguished Service Order — Ordre du Mérite — En. — militaire, décorations

D.S.P. — demisit sine prole — mort sans enfants — lat. En. Fr. — juridique

DSPS — Département de sécurité et de protection du secret — Fr.

DSP — double spéciale — Fr.

DSRV — Deep Submergence Rescue Vehicle — sous-marin de sauvetage — En. — marine
D.ssa — Duchessa — Duchesse — It. — social
DSSP — Deep Submergence System Project — Syst. sous-marin expérimental — En. — marine
DSSV — Deep Submergence Search Vehicle — Sous-marin de recherche — En. — marine
DST — Daylight Saving Time — Temps économisé de jour — En.
DST — Direction de la Surveillance du Territoire — Fr. — police
DTC — Design To Cost — Etude-Coût
DTV — Deutsche Transportversicherung — Ass. Transport all[de] — De. — assurances
DSU — Deutsche Soziale Union — Union sociale allemande — De. — politique
DSV — Deep Submergence Vehicle — Véhicule sous-marin — En. — océanographie
DSV — Deutscher Schriftsteller-Verband — Union des écrivains all. — De.
dt — anode cathode — En. Fr. — semiconducteurs
Dt — « Dégraisser au trichloréthylène » — Fr. — technique
D.T. — Delirium Tremens — lat. Fr. — médecine
dt — deutsch — allemand — De
DT — Deutsche Turnerschaft — Ligue des Gymnastes all. — De. — social, sports
D.T. — (indicating) dial thermometer. — thermomètre à cadran — En. — température
D & T — Drill and Tap — percer et tarauder — En. — dessin indust.
Dt — Schnelltriebwagen — autorail — De. — chemins de fer
DTA — Differential thermal analysis — analyse thermique différentielle — En. — physique
DTAS — Digital Transmission and Switching system — système digital de transmission et de communication — En. — informatique
DTAT — Direction Technique des Armements Terrestres — Fr. — militaire
DTB — Deutscher Turnerbund — Union des Gymnastes allemands — De — social, sports
DTC — Deutscher Touring-Club — Touring-Club allemand — De — social
D.T.D. — Directorate of Technical Development — Bureau du Développement technique — En. — normalisation, industrie, administration
D.T.D.P. — Ditridecyle phtalate — phtalate de ditride cycle — En. Fr. — chimie
DTI — Differential Temperature Indicator — Indicateur de température différentielle — En. — température
DTI — Documentation technique internationale — Fr. — documentation
Dtl — « Dégraisser au toluène » — Fr. — technique
DTL — Diode-Transistor Logic — Logique DTL — En. — semiconducteurs, électronique
DTM — Diploma in tropical medecine — En. — médecine
dto — dito — De. — général
DTOM — Départements et Territoires d'Outre-Mer — Fr. — administration
DTRC — Differential Temperature Recorder — Enregistreur de température différentielle — En. — température
DTS — Déclaration de Transit Simplifiée — Fr. — douanes
DTSD — Déclaration de transit simplifiée domiciliée — Fr. — douanes
DTS — Diodes Tunnel Supraconductrices — Fr. — semiconducteur
DTS — Droits de Tirage Spéciaux — Fr. — administration
DTU — Documents techniques unifiés (édités par le CSTB) — Fr. — documentation
DTU — Documents techniques unifiés (bâtiment) — Fr. — normalisation, bâtiment
DUEL — Diplôme universitaire d'Etudes littéraires — Fr. — enseignement
DUEM — Diplôme universitaire d'Etudes du Milieu — Fr.—
DUES — Diplôme universitaire d'Etudes scientifiques — Fr. — enseignement
DUESSA — Diplôme universitaire d'Etudes des Sciences Sociales appliquées — Fr. — enseignement
DUP — Déclaration d'Utilité publique — Fr. — social, administ.
DUT —Diplôme universitaire de technologie — Fr. — enseignement
dtvc — data-transmission-and-verification converter — En. — informatique
Dtzd. — Dutzend — douzaine — De. — général
d.U. — der Unterzeichnete — le soussigné — De. — secrétariat
d.u. — dienstuntauglich — inapte au service — De. — militaire
Du — tôles en alliage AU4G (duralumin) — (indices économiques) — Fr. — économie
DUC — Dynamic of Unit Loads and Containers — Dynamique des Unités de Charge — En. Fr. — Transports

DUEL — Diplôme Universitaire d'Etudes Littéraires — Fr. — enseignement
DUKW — Dutch Wagon — Wagon hollandais — En. — chemins de fer
DUP — Déclaration d'Utilité Publique — Fr. — administration
DUP — Manomètre Duplex (BOURDON) — Fr. — industrie
DUP/BIP — Manomètre Duplex Série « Pétrole » (BOURDON) — Fr. — industrie
dupdo — duplicado — duplicata, double — El. — secrétariat
Dupl. — Duplikat — double — De. — secrétariat
DUP/MTB — Manomètre duplex tableau (BOURDON) — Fr. — industrie
DV — Direct Vision — à Vision directe — En. — technique
D.V. — Deo Volente God willing — si Dieu le veut — lat. En. — jurisprudence
DVB — Déclaration de la Valeur de Bruxelles — Fr. — économie politique
DVM — Digital Voltmeter — voltmètre digital — En. — électricité
DVO — Durchführungsverordnung — décret d'application — De. — législation, politique
DVP — Demokratische Volkspartei — parti démocrate populaire — De. — politique
DVWG — Deutsche Verkehrswissentschaftliche Gesellschaft — Société scientifique allemande — De. — science
DW — Deadweight — poids en lourd — En. — commerce maritime
DW — Deutschewerft — accostage allemand — De. — maritime
D/W — Dock Warrant — Warrant — En. Fr. — commerce maritime
DWD — Deutscher Wetterdienst — météo allemande — De. — météo
Dw — Direction de la masse d'air où se meut un parachutiste — Fr. int. — parachutisme
DWG — Deutsche Wagen Gesellschaft — Société des Voitures allemandes — De. — automobile
DWG — drawing — dessin — En. — dessin industriel
DWK — Deutsche Wirtschaftskomission — commission économique allemande — De. — politique
DWT — Deadweight — ton — En. — unités
DWT — Deadweight — tonnage — En. — unités
DWT — Pennyweight — En. — unités
Dx — Duplex — Fr. — électronique
DX — « à grande distance » — (transmissions hertziennes) — Fr. — télécommunications
D/y — Delivery — livraison — En. — commerce
Dy — Dysprosium — Fr. int. — chimie
DYCON — Dynamic Control — commande dynamique — En.
dyn — symbole SI de la dyne, unité de Force (Jo. du 23.12.75 p 13223) — Fr. — unités
DZ — Algérie — algérien-int. — automobiles
dz. — derzeit — actuellement, à présent — De. — général
dz — Doppelzentner — quintal (métrique) — De. — unité de mesure
DZ — Dropping Zone — zone de lancer — En. — aéronautique mil.
D-Zug — Durchgangszug — train rapide — De. — chemins de fer

E

E. — **East, Este** — Est — En. Fr. El. — géographie, météo

E — **Eastern (standard time) ou EST** — heure de l'Europe orientale — En. — chronologie

E — **eau** — Fr. — chimie

E. — **Eastern (postal district of London)** — Est (arrondissement postal de Londres) — En. — postes

E — **écrou** — (TECALEMIT) — Fr. — visserie

E (to) E — **end to end** — de bout en bout — En. — dessin indust. mécanique

E — **Eilzug** — train rapide, train express — De. — chemin de fer

E — **Einsteinium** — Fr. int. — chimie

E — **Electronics** — Electronique — En.

E — **Electrode = soudage à l'arc classique, électrique** — En. Fr. — soudage

E — **Embout** — (TECALEMIT) — Fr. — tuyauteries

E — **Emission** — Fr. — radio

E — **Enregistrement (Bureau d')** — Fr. — administration

E — **end** — bout, extrémité — En. — dessin industriel

« **E** » — **Station « End »** — Station « Extrémité » — En. Fr. — radioélectricité

E — **Entwurf** — De.

E — **Erstarrungspunkt** — point de solidification — De. — physique, chimique

E — **Erysipèle (déclaration facultative)** — Fr. — médecine, adminis.

E — « **Etanche** » **(symbole normes câbles tél.)** — Fr. — normalisation, téléphone

E — **Espagne** — Fr. int. — automobiles

E. — **Etanche** — Fr. — électricité

E. — **Execute state** — exécution — En. — informatique

E — **Symbole SI du multiple « exa » (10^{18} soit 10 000 000 000 000 000 000) à mettre devant le nom de l'unité (Jo. du 23.12.75 décret du 4.12.75)** — Fr. — unités de mesure

E — **symbole de Traitement de surface: Argentage** — Fr. — métallurgie

E — **[2ème signe] symbole moteur à capacité permanente (CEM)** — Fr. — électricité

E — **module d'élasticité (ex. E = 60 000 tungstène)** — Fr. — r.d.m.

E — **Excellent** — excellent — En. — plastiques

e — **nombre aux propriétés très remarquables, valant approximativement 2,718** — Fr. — mathématiques

E — **symbole normalisé désignant l'argentage (traitement de surface)** — Fr. — normalisation, métal

E — **Red (aviation)** — rouge aviation — En. — éclairage, avion

ea — **each** — pièce, chaque unité — En. — commerce, etc.

EA — **éclat adamantin** — (espèces minérales) — Fr. — chimie

e.a. — **ejusdem anni** — de la même année — (lat.) De. — général

EA — **Enemy Aircraft** — avion ennemi — En. — militaire, aéro.

EA — **Energy absorbing** — qui absorbe de l'énergie — En. — technique

E.A. — **Ente Autonomo** — Office Autonome — It. — industrie, administration

EAB — **Ecole Active Bilingue (à Paris)** — Fr. — enseignement

EADI — **Electronic attitude director indicator** — indicateur-directeur d'assiette électronique — En. — aérospace

EAEC — **European Airlines Engineering Committe** — Commission d'étude des Lignes Aériennes européennes — En. — aéronautique

EAEC — **European atomic energy community** — Communauté de l'énergie atomique européenne — En. — politique nucléaire

EAES — **European atomic energy society** — Société de l'énergie atomique européenne — En. — politique nucléaire

EAG — **Europäische Atomgemeinschaft** — Communauté atomique européenne — De. — politique nucléaire

EAGLE — **Elevation Angle Guidance Landing Equipment** — Matériel de guidage à l'atterrissage par élévation — En. — nav. avion

EAM — Electrical accounting machine — machine comptable électronique — En. — secrétariat

EAP — Etude-Analyse-Programmation — Fr. — informatique

eàp — effet à payer — Fr. — commerce

eàr — effet à recevoir — Fr. — commerce

EAR — Energy-Absorbing Resin — Résine absorbante — En. — matières plast.

EARB — European Airlines Research Bureau — En. — aéronautique

EAS — Equivalent Air Speed — vitesse équivalente — En. — avion

EASY — Evasive Aircraft System — En. — aéronautique

EAT — Expected Approach Time — heure d'approche probable — En. — aéronautique

Eb — Ebullition — Fr. — physique

EB — Einfuhrbewilligung — De.

EB — electronic bombardment — soudage par bombardement électrique — En. — soudage

EB — Epstein-Barr (virus d') — Fr. — médecine

EBCS — European Barge Carrier System — système européen de transport sur péniches — En. — transports

ebd — ebenda — au même endroit, à cet endroit — De. — général

EBL — Erprobungsstelle der Bundeswehr für Luftfahrtgerät — Centre d'essai aéronautique militaire — De. — aéronautique

EBP — Enregistreur à bande perforée (Chauvin-Arnoux) — Fr. — élect.

EBR — Efficacité biologique relative — angl. RBE — Fr. — biologie

EBR — Electron beam recording — enregistrement par faisceau électronique — En. — électronique

EBR — Engin blindé de reconnaissance — Fr. — militaire

EBR — Experimental breeder reactor — réacteur breeder expérimental — En. — nucléaire

EBS — Enamel Bond System — (technique dentaire 3M) — En. — médical

EBS — Electron Beam semiconductor — semiconducteur à faisceau électronique — En. — semiconducteur

E.C. — Eastern Central (postal district, London) — arrondissement postal de Londres — En. — postes

EC — Ebauche coulée (SNIAS) — Fr. — technique métallurg.

EC — Engagement de Change — Fr. — finances

EC — Essential consumer goods (Philippines) — Biens de consommation principaux — En. — administration

E.C. — Established Church — En. — religion

EC — Eurochèque — Fr. — finances

e.c. — exempli causa (beispielhalber) — par exemple — lat. De. — juridique

EC — soudage sous flux Electro-Conducteur — Fr. — soudage

Ec — voltage-compensated — à compensation de tension — En. — électricité

ECA — Economical Cooperation Administration (Plan Marshall) — En. — économie pol.

ECA — Etudes et Constructions aéronautiques — Fr. — aéronautique

E.C.A. — Ente Communale di Assistanza — Organisme communal d'assistance — It. — social

ECAC — European Civil Aviation Committee — Commission de l'Aviation Civile Européenne — En. — aéronautique

ECAFE — Commission écon. des Nations Unies pour l'Asie et l'Extrême-Orient — Fr. — pol. écon.

ECAP — Electronic Circuit Analysis Program — En. — électronique

ECOSOC — Conseil Economique et Social — Fr. — administ.

ECAT — Ecole et appui tactique (programme aéronautique de l'OTAN) — Fr. — aéronautique mil.

ecc — excentered — excentré — En. Fr. — dessin indust., mécanique

ecc — excentric — excentrique — En. Fr. — dessin indust., mécanique

Ecc. — Eccellenza — Excellence — It. — social

Eccl. — Ecclesiastes ; Ecclésiastes — En. Fr. — religion

ECCM — Electronic Counter-Countermeasures — En. — militaires

ECE — Ecole Centrale d'Electronique — Fr. — enseignement

ECF — Chloroformiate d'éthyle — Fr. — chimie

ECG — Electrocardiogramme — En. It. Fr. — médecine

ECG — Electrochemical grinding — rectification électrochimique — En. — industrie

ECL — Emitter-coupled logic — circuit logique couplé à l'émettrice, logique ECL — En. — semiconducteur

ECL — Ecole centrale de Lyon — Fr. — enseignement

ECLA — Economic commission for Latin America (ONU) — Commission économique pour l'Amérique du Sud — En. — politique, économie

ECM — Electronic countermeasures — brouillage électronique — En. — radio

ECM — Electrochemical machining —

usinage électrochimique — En. — industrie
ECMA — European Computer Manufacturers' Association — En. — informatique
ECN — Engineering change notice — note de modification technique (P&WA) — En. — moteurs, avion
ECN — Engineering change number — n° de modification technique (P&WA) — En. — moteurs, avions
ECO — European Coal Organisation — Organisation Européenne du Charbon — En. — politique, économie
ecotage — ecology + sabotage — écotage — En. Fr. — environnement
ECP — Ecole Centrale de Paris — Fr. — enseignement
ECP — Effective candle power — luminosité effective (en candela) — En. — éclairage
ECP — engineering change proposal — proposition de modification technique — En. — aéronautique
ECS — Echantillons commerciaux/commercial samples — Fr. En. — commerce
ECS — Electrode au calomel saturé — Fr.
ECS — Environment control system — contrôle de l'environnement — En. — environnement
ECSC — European coal and Steel community — CECA — En. — politique
ECT — Electroshock Treatment — Traitement par électro-chocs — En. — médecine
ECTL — Emitter-coupled transistor logic — logique ECTL — En. — semiconducteur
ECU — Engine change unit — matériel de rechange — Fr. — moteurs
ECU — Environmental Control Unit — conditionneur-réchauffeur d'air — En. — environnement
ECU — European Clearing Union — Union douanière européenne — En. — commerce
ECU — European Currency Unit — Unité monétaire européenne — En. — monnaie
ed. — edidit (hat herausgegeben) — édité par — lat. — biblio
éd — édition — Fr. — biblio
Ed. — Edition (Ausgabe) — Edition — lat. De. — biblio
Ed — Edition — édition — En. — biblio
Ed — Editor — Rédacteur en chef — En. — biblio
Ed. — Edizione — édition — It. — biblio
EDE — Electronic Defense Evaluator (simulator for ECM-USAF) — En. — militaire
EDF — Electricité de France — Fr. — électricité
EDF — End of file — fin de dossier — En. — documentation
EDF — Environmental Defense Funds — Fonds de Défense de l'environnement — En. — environnement
EDGE — Electronic Data Gathering Equipment — Ordinateur EDGE — En. — informatique
EDIC — Engin de débarquement pour infanterie et chars — Fr. — militaire
EDIP — Edition, Diffusion, Publicité — Fr. — biblio
EDITAR — Electronic Digital Tracking and Ranging — Radar digital — En. — radar milit.
EDITH — Etude de la distillation thermique — Fr. — physique
EDM — Electric discharge machining — usinage par électro-érosion — En. — industrie
EDMC — Engineering drawing microfilm cards = C.M.D.T. — En. — informatique
EDP — Educational Development Program — Programme de Formation — En. — enseignement
EDP — Electronic Data Processing — informatique — En. — informatique
EDPS — Electronic Data Processing System — système informatique — En. — informatique
EDR — European depositary receipts — reçus de dépôts européens — En. — banques
EDSAC — Electronic delay-storage automatic calculator — calculateur automatique à mémoire — En. — informatique.
EDV — Elektronische-Daten Verarbeitung — Informatique — De. — informatique
EDVAC — Electronic descrete Variable Automatic Calculator — Calculateur variable EDVAC — En. — informatique
EE — Einfuhrerklärung — Déclaration d'importation — De. — douanes
EE — Ensemble Electronique — Fr. — informatique
EE — Epoxy Equivalent — the quantity in grams of resins containing an epoxy cycle — équivalent epoxy — En. Fr. — plastiques
EE — Errors excepted — sauf erreur — En. — secrétariat
EE — Escursionisti Esteri — touristes étrangers — It. — tourisme
EEA — Electronic Engineering Association — (GB) — En.

EEC — Europen Economic Community — CEE — En. — politique
EEG — Electro-encéphalogramme — Fr. — médecine
EEM — Earth Entry Module — module de rentrée — En. — satellites
EEMI — Ecole d'Electricité et de Mécanique Industrielle (Ecole Violet) — Fr. — enseignement
EEPSG — European Equipment Product Support Group (within the AECMA) — (après-vente des équipements) groupe AECMA — En. — aéronautique
EER — Explosive Echo Ranging — mesure de distance d'un écho d'explosion — En. — milit.
EETI — Ensemble Electronique de Traitement de l'Information — Fr. — informatique
EEUU — Estados Unidos — Etats-Unis — El. — géographie
E&OE — Errors and Omissions Excepted — sauf erreurs et omissions — En. — secrétariat
EF — Ebauche forgée (SNIAS) — Fr. — tech. métal
EF — Extra-fine — filets extra-fins (American standard screw threads) — En. — visserie
EFA — Empresa de Ferrocariles Argentinos — chemins de fer Argentins — El. — chemin de fer
EFAC — Exportation-Frais Accessoires — Fr. — douanes
EFAS — Electronic Flash Approach System — En. — aéronautique
EFATCA — European Federation of Air Traffic Controllers' Associations — Fédération Européenne des Contrôleurs du Trafic aérien — En. — aéronautique
EFB — Earth field balance — (scintillomètre) — En. — magnétisme
EFCIS — Etude et Fabrication de Circuits Intégrés spéciaux (CEA) — Fr. — circuits intégrés
EFD — Early failure detection — prédétection des pannes — En. — aéronautique
EFDARS — Expanded Flight Data Acquisition and Recording System — système informatique aéronautique — En. — aéronautique
EFDAS — Epsylon Flight Data Acquisition System — système informatique aéronautique — En. — aéronautique
EFFE — European Federation of Flight Engineers — Fédération européenne des Ingénieurs navigants — En. — aéronautique
EFO — Entrepôt fictif ordinaire — Fr. — douanes
EFP — Entrepôt fictif particulier — Fr. — douanes
EFS — Entrepôt fictif spécial — Fr. — douanes
EFTA — European Free-Trade Association — AELE — En. — politique
EG — éclat gras — (espèces minérales) — Fr. — chimie
Eg — égaliseur — Fr. — électronique
EG — Ehrengericht — tribunal d'honneur — De. — judiciaire
e.G. — eingetragene Genossenschaft — coopérative enregistrée — En. — social
EG — Einfuhrgenehmigung — autorisation d'importation — De. — commerce
EG — Europäische Gemeinschaft — Communauté européenne — De. — politique
EG — Excellent to good — excellente à bonne résistance à la corrosion — En. — traitement de surface.
EG — Exempli Gratia = for example — par exemple — lat. En. — général
Eg — Voltage generated — tension engendrée — En. — électricité
EG — Essais généraux climatiques et mécaniques — Fr. — CCTU
EGA — End-Group Analysis — Analyse finale — En.
EGIG — Expédition glaciologique internationale au Groenland — Fr. — sciences
EGKS — Europäische Gemeinschaft Für Kohl und Stahl — CECA — De. — politique
eGmbH — eingetragene Genossenschaft mbH — coopérative enregistrée à r.l. — De. — social, économie
EgmuH — eingetragene Genossenschaft mit unbeschränkter Haftung — coopérative enregistrée à responsabilité illimitée — De. — social, économie
EGO — Eccentric geophysical observatory — observatoire géophysique excentrique — En. — satellites
EGT — Exhaust Gas Temperature — température des gaz éjectés — En. — aéronautique moteurs
EGU — Eisenwahren-Grosshändler-Union — Union des grossistes de produits ferreux — De. — commerce
EH — Economie et Humanisme — Fr. — social
e.h. — ehrenhalber — honoris causa — De. — enseignement, etc
e.h. — eigenhändig — de sa propre main, en mains propres — De. — général
eh — équivalent-habitant — (pollution des eaux) Unité d'effluent utilisée le plus souvent pour mesurer la pollution des eaux apportée en moyenne par un habitant en 24 heures (UN n° 9 du 2 mars 1967) — Fr. — environnement

EHD — Electrohydrodynamic power generation — génération électrique hydrodynamique — En.
EHD — Elektrohydrodynamik — De.
EHEC — Ethylhydroxyéthylcellulose — Fr. — plastiques
ehem. (ehm.) — ehemalig (er) — ancien, d'autrefois — De. — général
EHF — Extremely High Frequency — ondes millimétriques — En. — radio
EHM — Ehemals — autrefois — De. — général
EHP — Effective Horsepower — Puissance réelle HP — En. — unité de mesure
EHP — Electrical horsepower — Puissance équivalente HP — En. — mécanique
EHP — Equivalent Horsepower — Puissance équivalence HP — En. — mécanique
EHT — Extremely High Tension — ultrahaute tension — En. — électricité
EHV — Extremely High Voltage — ultrahaute tension — En. — électricité
E.I. — East India, East Indies — Inde Orientale; Indes Orientales — En. — géographie
E.I. — Esercito Italiano — Armée italienne — It. — militaire
E.I. — Enciclopedia Italiana — Encyclopédie italienne — It. Fr. — général
E.I.A. — Electronic Industries Association — (organisme normalisateur) Association des Industries électroniques — En. — électronique
EIA — End-Item Aid — aide en matériel militaire (de l'Otan) — En. — milit.
E.I.C.S. — East India's Company's Service — Service de la Compagnie des Indes Orientales — En. — histoire
EIDLT — Emergency identification light — feux d'identification secours — En. — avion
eigtl. eigentlich — à proprement parler — De. — général
Einb. — Einband — reliure — De. — édition
Einf. — Einführung — introduction — De. — général
einschl. — einschliesslich — inclusivement, y compris — De. — général
Einw. — Einwohner — habitants — De. — géographie
Einz. — Einzahl — singulier — De. — grammaire
EIR — Eire, Irlande — int
EIR — Eidgenossenschaft Institut für Reaktorforschung (Schweiz) — Institut nucléaire — De. — plaques auto nucléaire
EIRA — Ente Italiano Rilievi Aerofotogrammatici — Société Italienne des Relevés Aérophotogrammes — It. — aérophoto
eisd. vis — « mêmes mots que ceux qui viennent d'être cités » — Fr. — juridique
EIS — Environmental Impact Statement (doc. FAA) — Effet des supersoniques sur l'environnement — En. — aéronautique
EISE — Ente Italiano Sviluppo Esportazione — Agence italienne de développement des Exportations — It. — commerce
EJMA — Expansion Joint Manufacturers Association — Association des constructeurs de Joint expansé — En. — normalisation
EK — Eisernes Kreuz — Croix de Fer — De. — décorations militaires
EKD — Evangelische Kirche Deutschlands — Eglise Evangélique d'Allemagne — De. — religion
EKG — Eisen und Kunstoffhandelsgesellschaft — Société Commerciale Fer et Plastique — De.
EKG Elektrokardiogramm — Electrocardiogramme — De. — médecine
EKO — Eisenhütten-Kombinat-Ost (DDR) — Combinat de fonderies Ost — De.
EL — Elastic limit — limite élastique — En. — test rdm
EL — Electro-luminescence — Fr.
el. — elektrisch — électrique — De.
ELDO — European Launchers Development Organisation — Organisation pour le Développement de Lanceurs Européens — En. — espace
elec — electrical — électrique — En.
elev — elevation — élévation — En. Fr. — dessin indust.
ELF — Erytrea Liberation Front — Front de Libération de l'Erytrée — En. — politique
ELI — Extra-Law Intersticials — à grains très serrés — En. — métal
Elint — Electronic intelligence missions — = espionnage électronique — En. — aér. militaire
Ell ou L — elbow — coude — En. — dessin indust.
Elok — elektrische Lokomotive — locomotive électrique — De. — chemin de fer
Eloka — Elektronische Kampfführung — guerre électronique — De. — militaire
E. Lon — East Longitude — Longitude Est — En. — géographie
ELSS — Environmental Life Support System — Equipement de survie — En. — espace
ELT — Emergency locator transmitter — émetteur de localisation de détresse — En. — radio aérautique

EM — Ebauche matricée (SNAS) — Fr. — tech. métall.

EM — éclat métallique — (espèces minérales) — Fr. — chimie

em — ejusdem mensis — du même mois — En. lat. — chronologie

em — emeritus — (professeur) émérite — De. lat. — enseignement

Em — Eminence; Eminenza — (titre) — Fr. It. — social

EM — Engineering mockup — maquette arme moteur (P&WA) — En. — moteurs avion

EM — Erwerbminderung — invalidité partielle — De. — assurances

EM — Estado Mayor — Etat-Major — El. — militaire

EM — Etendue de Mesure — = (angl.) Full Scale R (FSR) — Fr. — tech. électron.

EMAD — European Marketing and Advertising Agencies — Agences européennes Marketing et Publicité — En. — commerce

EMA — European Monetary Agreement — Accord monétaire européen — En. — politique

EMA — Extra-Mural Absorption glass — verre absorbant extra-mural pour fibres optiques — En. — fibres optiques

EMB — Electronic Material Bulletin (publié par la US. NAVY) — Bulletin technique électronique — En. — électronique

EMBC — European Molecular Biology Conference — Conférence de Biologie moléculaire européenne — En. — biologie

EMBRAER — Empresa Brasileira de Aeronautica — Société Aéronautique brésilienne — portugais — aéronautique

EMD — Edelmetall-Motor-Drehwähler — De.

EMDO — Engineering and Manufacturing District Office — Bureau de District Etudes et Fabrication — En.

EME — Environmental Measurement Experiment package — Module de Mesures expérimentales environnement — En. — satellites

emf — electro-motive force — fem — En. — électronique

EMG — Electromagnetic gyro — gyroscope électromagnétique — En. — gyroscopes nav. aéronautique

EMI — Electromagnetic Interference — parasite électromagnétique — En. — électricité magnétisme physique

EMI — Elektrotechnische Mechanische Industrie (Niederlande) — Industrie électro-mécanique — De.

EMIR — Elément Médical d'Intervention rapide — Fr. — protection civile militaire

Emis. — Emission — (Semiconducteurs) — Fr. En. — CCT

EMK — elektromotorische Kraft — force électromotrice — De. — électricité

EMMA — Engineering Mockup and Manufacturing Aid — En.

Emnid. — Institut für Meinungsforschung — Institut d'Opinion publique — De. — politique

EMO — Exposition mondiale de la machine-outils — Fr. — mach. out.

e.m.p. — « as directed » — « sur indications » — En. — médecine

Emp. — Emperor or Empress — Empereur ou Impératrice — En. — histoire social

empf. — Empfänger — destinataire — De. — commercial

EMPB — Equivalent matière première bois — Fr. — bois, unité

EMP — Electromagnetic Pulse — impulsion électromagnétique — En. — nucléonique

EMPIRE — Early Manned Planetary Interruptionless Roundtrip Expedition — Premier satellite piloté — satellites

EMR — Electromechanical Research — Recherche électromécanique — En. — électroméc.

E/N — Echo-to-Noise ratio — rapport Echo/Bruit — En. — sonar

EN — éclat nacré — (espèces minérales) — Fr. — chimie

EN — Enna — Enna — It. — plaques, auto

En — « en service » — Fr. — radioélectricité

EN — extrait de norme — Fr. — normalisation

ENA — Ecole Nationale d'Administration — Fr. — enseignement

ENA — English Newspaper Association — Association des journaux anglais — En. — presse

ENAC — Ecole nationale de l'aviation civile — Fr. — aéronautique

ENAL — Ente Nazionale Assistanza Lavoratori — Organisme national d'aide aux travailleurs — It. — social

ENAM — Ecole nationale d'administration municipale — Fr. — enseignement

ENEA — European Nuclear Energy Agency — Agence de l'Energie nucléaire européenne — En. — nucléaire

ENE, E-NE — Est-Nord-Est — E.-N.-E — It. Fr. — géographie

ENEIDE — Ensemble normalisé sur les entreprises industrielles pour le développement économique — Fr. — (INSEE)

ENEL — Ente Nazionale per l'Energia

Elettrica — Agence Nationale de l'Energie électrique — It. — électricité

ENEMA — Ecole Nationale d'Enseignement Ménager Agricole — Fr. — enseignement

Engl. — English — anglais — En.

E.N.I. — Ente Nazionale Idrocarburi — Société Nationale des Hydrocarbures — It. — pétroles

ENIAC — Electronic Numerical integrator and computer — Intégrateur-calculateur électronique numérique — En. — informatique

E.N.I.T. — Ente Nazionale Industrie Turistiche — Office National des Industries touristiques — It. — tourisme

ENLOV — Ecole nationale des langues orientales vivantes — Fr. linguistique

ENM — Ecole nationale de la magistrature — Fr. — enseignement

ENNA — Ecole nationale normale d'apprentissage — Fr. — enseignement

ENO — Ecoles normales ouvrières — Fr. — enseignement

E.N.P.A.S. — Ente Nazionale Previdenza e Assistenza per i Dipendenti Statali — Organisme national de prévoyance et d'assistance pour les employés de l'Etat — It. — social

ENPC — Ecole nationale des Ponts et Chaussées — Fr. — enseignement

E.N.P.I. — Ente Nazionale Prevenzione Infortuni — Organisme National pour la Prévention des accidents — It. — social

ENR — norme enregistrée — Fr. — normalisation

E.N.S. — Ecole Normale Supérieure — Fr. — enseignement

Ens — Ensemble — Fr. — radioélectr.

ENSA — Ecole nationale supérieure de l'Aéronautique — Fr. — enseignement

ENSET — Ecole nationale supérieure de l'Enseignement Technique — Fr. — enseignement

entr. vap. — entraînable à la vapeur d'eau — Fr. — chimie

entspr. — entsprechend — correspondant (à) — De. — général

entw. — entweder — ou bien — De. — général

Entw. — Entwurf — projet — De. — général

env. — environ — Fr. — général

eo — ex officio

EOC — Entidates Oficiales de Crédito (España) — organisme de crédit officiel — El. — finances

eod. v° — « Même mot que celui qui vient d'être cité » — Fr. — juridique

EOGB — Electro-Optical-Glide Bomb — bombe volante électro-optique — En. — militaire

E.O.M. — End of month following date of sale — paiement à X jours fin de mois — En. — commerce

EOMB — European organization for molecular biology — Organisation européenne de biologie moléculaire — En. — biologie

EOQ — Economical Order Quantities — commande par quantités économiques — En. — commerce

EOQC — European Organisation for Quality Control — Organisation européenne de contrôle qualité — En. — industrie

E.O.R. — Earth Orbital Rendez-vous — Rendez-vous sur orbite terrestre — En. — espace

EOR — Elève Officier de Réserve — Fr. — militaire

EOS — Extended Operating System — Système étendu — En. — informatique

EP — Electricité publié (indice) — Fr. — économie

EP — embolie pulmonaire — Fr. — médecine

EP — englisches Patent — brevet anglais — De. — brevets

EP — Enseignement programmé — Fr. — enseignement

EP — qualité « Electronique Professionnelle » — Fr. — fils et câbles

EP — Epoxydes — groupe de plastiques — Fr. — plastiques

EP — Essential Producer goods (Philippines) — Biens de consommation vitaux — En. — commerce, économie

EP — Europäisches Parlament — Parlement européen — De. — politique

EP — Excellent to Poor — bon à faible (résistance à la corrosion) — En. — métallurgie

EP — experiment package — charge expérimentale — En. — satellites, espace

EPA — Economic Planning Agency — (Japon) Agence du Planning économique — En. — économie

EPA — Enseignement programmé pour Animateur — Fr. — enseignement

EPA — Environmental Protection Agency — Office de protection de l'environnement — En. — environnement

EPAD — Etablissement Public d'Aménagement de la défense — Fr. — milit.

EPB — Economic Planning Board (Corée) — Conseil Economique — En. — économie

EPC — Economic Policy Committee — Commission politique économique — En. — économie

EPC — Export Price Control (Pakistan) — Contrôle des prix à l'exportation — En. — économie

EPCF — European Plastic Coaters Fede-

ration — Fédération européenne des fabricants de complexes EPCF — En. — plastiques

EPCOT — Experimental Prototype Community of Tomorrow — Communauté prototype expérimentale de demain — En. — social

EPD — Electronic Proximity Detector — Détecteur de proximité électronique — En. — électronique

EPD (epd) — Evangelischer Pressedienst — Service de Presse portestant — De. — religion

EPDI — Ecole Professionnelle de Dessin Industriel — Fr. — enseignement

EPDR — Ethylène-Propylène-Diène-Rubber (aussi EPT) — int. — plastiques

EPF — Ecole Polytechnique Féminine — Fr. — enseignement

EPIC — Earth Pointing Instrument Carrier — Satellite d'observation de la terre — En. — satellites

EPIPH — Epiphany — Epiphanie — En. — religion

EPM — Eau pulvérisée mouillante — (extincteurs) — Fr. — sécurité

EPN — Effective-Perceived Noise — bruit effectivement perçu — En. — environnement

EPR — Engine Power Ratio — Indicateur de Poussée (PWa) — En. — moteurs

EPR — Engine Pressure Ratio — Rapport des Pressions Moteur — En. — moteurs

EPR — « Ethylène-Propylène » Rubber — int. — plastique

EPS — Ecole Primaire Supérieure (Côte d'Ivoire) — Fr. — enseignement

EPS — Electro-Protection Service — En. — sécurité

EPT — Ente Provinziale per il Turismo — Organisation Provinciale du Tourisme — It. — tourisme

EPT — Ethylène-Propylène-Terpolymère (aussi EPDR) — int. — plastique

EPU — Emergency Power Unit — groupe électrogène de secours — En. — électricité av.

EPU — European Payments Union — Union européenne des paiements — En. — finances

EPZ — Europäische Produktivitätszentrale — De.

Eq — Equilibreur — Fr. — radioélectricité

ER — Extrémité résine (câbles électr.) — Fr. — norm. EDF

ER — manomètre enregistreur (Bourdon) — Fr. — outillage

ER — éclat résineux — (espèces minérales) — Fr. — chimie

ER — Einheitliche Richtlinien — Directives communes — De. — politique

E/R — Echo-to-Reverberation ratio — rapport Echo/Réverbération — En. — sonar

Er — Erbium — Fr. int. — chimie

ER — Europa-Rat — Conseil de l'Europe — De. — politique

ERA — Electron Ring Accelerator — Accélérateur d'Anneau d'Electrons — En. — nucléaire

ERA — Equal Rights Amendments USA — sur les droits égaux entre les sexes

ERB — Emetteur-Récepteur de bord — Fr. — radio aéronautique

ERCC — Engine Requirements Coordinating Committee (U.K.) — Comité de coordination des Besoins Moteurs — En. — Administration

ERDA — Energy Research and Development Administration (USA) — projet d'administration — En. — administration

Erdg. — Erdgeschoss — rez-de-chaussée — De. — général

ERDR — Earth Rate directional Reference — gyro-compas — En. — nav. aéronautique

E rég. — eau régale — Fr. — chimie

ERF — Entrepôt réel forfaitaire — Fr. — commerce

erg. — ergänze! — complétez — De. — général

erl. — erledigt — expédié, fait — De. — général

EROS — Earth Resources Observation Satellite — Satellite d'Observation terrestre — En. — espace

EROS — Eliminate Range Zero System anti-collision — (McDonnell) — En. — aéronautique

EROS — Experimental Reflector Orbital Shot — Réflecteur Orbital — En. — espace, satellites

ERP — Effective Radiated Power — Puissance Rayonnée Effective — En. — antennes

ERP — European Recovery Programm — Programme de redressement Européen — En. — politique

ERPM — Engine Revolution-per-Minute — tr/mn moteur — En. — moteurs avions

ERS — Entrepôt réel spécial — Fr. — commerce

ERTS — Earth Resources Technology Satellite — satellite de prospection terrestre — En. us. — satellites

ERU — Earth's Rate Unit — gyroscope — En. — gyr

ES — Echelle supérieure — Dessin Industriel — Fr.

ES — éclat soyeux — (espèces minérales) — Fr. — chimie

ES — einsteinium — int. — chimie

ES — Electronic Scanner — Balayage électronique — En. — électronique
E/S — entrée/sortie — Fr. — informatique
ES — Electrochemical Society — Société Electrochimique — En. — social
ES — Essential Services (Zambie) — Services Vitaux — En. — économie
es. — esempio — exemple — It. — général
ESA — Ecole supérieure d'Approvisionnement — Fr. — enseignement
ESA — Elektrostatische Aufladung — Charge électrostatique — De. — Electricité
ESA — European Space Agency — Agence spatiale européenne — En. — espace
ESAM — Equipes Spéciales d'Aide aux Mineurs — Fr. — social
esc. escte — escompte — Fr. — finances
ESC — English Sewing Cotton — Coton à coudre anglais — En. — textiles
ESC — Environmental Systems Center (USA) — Centre d'essai environnement — En. — environnement
ESC — Escudo — El. — monnaie
esc. — escultura — sculpture — El. — arts
ESC — Essential Systems Characteristics — En. — espace
ESCA — Electron Spectroscopy for Chemical Analysis — Spectroscopie Analytique — En. — spectroscopie
ESCAE — Ecole Supérieure de Commerce et d'Administration des Entreprises — Fr. — enseignement
ESCP — Ecole Supérieure de Commerce de Paris — Fr. — enseignement
ESDAC — European Space Data Center — Centre Spatial Européen — En. — espace
ESDU — Event-storage and distribution unit — Unité de Stockage et Distribution — En.
ESG — Electrically-suspended gyro — gyro à suspension électrique — En. — gyro
ESG — Electro-static gyro — gyro Electrostatique — En. — gyro
esgr. — esgrima — escrime — El. — sports
ESHP — Equivalent Shaft Horse Power — Puissance sur l'arbre équivalent — En. — mécanique
ESIT — Ecole supérieure d'interprétation et de traduction (Paris) — Fr. — enseignement
ESLAB — European Space Laboratory — Laboratoire Spatial Européen — En. — espace
ESM — Elastomeric Solid Material — Elastomères solides — En. — plastiques
ESM — Enseignement sur mesure — Fr. — enseignement
ESOC — European Space Operations Center — Centre Spatial Européen opérationnel — En. — espace
ESOMAR — European society of opinion surveys and market research — Société Européenne des sondages d'opinion et recherche de marchés — En. — commerce
ESONE — European standard of nuclear electronics — Electronique nucléaire à l'Européenne — En. — nucléaire
esp. — especially — spécialement — En. — général
ESP — Extravehicular Support Pack — bloc de survie à l'extérieur — En. — espace
Esq. — Esquire — « honoré » (formule politesse) — En. — social
ESR — Electro Slag Remelt — procédé de fonderie soviétique « refusion sous laitier électroconducteur » = ESU (De) — En. — métallurgie
ESRANGE — European Space Range — base de lancement spatiale européenne — En. — espace
ESRIN — European Space Research Institute — Institut spatial européen — En. — espace
ESRO — European Space Research Organisation — Organisation Spatiale Européenne — En. — espace
ESS — Elektronenstrahleschweissen — soudage électronique — De. — soudage
ESSA — Environmental Survey Satellite — Satellite d'étude de l'environnement — En. — espace
ESSA — Environmental Science Service Administration — En. — environnement
ESSEC — Ecole Supérieure des Sciences Economiques et Commerciales — Fr. — enseignement
ESSO — Standard Oil co of New Jersey = S.O. — En. — pétroles
ESSL — Emergency Steady-state limits — (MIL-STD-704) — En. — électricité
EST — Earliest Start Time — Première heure de lancement — En. — satellite
EST — Eastern Standard Time — heure orientale standard — En. — chronologie
EST — Eastern Summer Time — heure d'été orientale — En. — chronologie
EST — Einkommensteuer — Impôt sur le revenu — De. — administration
EST — Eisenbahnstation — gare de chemin de fer — De. — chemin de fer
EST — Elastic Surface Transformation — Transformation élastique des surfaces — En. — rdm
EST — Electrolytic Sewage Treatment — traitement électrolytique des eaux usées — En. — assainissement

EST — Electroshock Treatment — traitement par électro-chocs — En. — médecine
EST — Electrosismothérapie — Fr. — médecine
EST — Electrostatic Storage Tube — tube de stockage électrostatique — En. — électronique
EST — Entschuldungsstelle — Office des levées d'hypothèques — De. — administration
EST — Established — établi-ferme — En. — général
EST — Establishment — En.
EST — estampillé — Fr. — monétaire
EST — estimated — Estimation — En. — statistiques
EST — Estonien
EST — European Satellite Team — groupe européen satellite — En. — satellites
ESTA — Ecole Spéciale des Travaux Aéronautiques — Fr. — enseignement
ESTEC — European Space Technology Center — Centre de Technologie Spatiale Européenne — En. — espace
ESTRAC — European Space Tracking — Station radar spatiale européenne — En. — espace
ESU — Elektro-Schlacke-Umschmelzung — = ESR sous laitier électroconducteur — De. — métal
Et 4 f — entrée 4 fils — Fr. — radioélectricité
ét — alcool éthylique — Fr. — chimie
Et — entrée — Fr. — radioélectricité
ET — En Titre — Fr. — social
ET — Egypte — int. — plaques auto
ETA — Estimated Time of Arrival — heure d'arrivée prévue — En. — avion, télex
Et al. — (et alibi) and elsewhere — et ailleurs — (lat.) En.
Et al. — (et alii, aliae, aliae) and others — et les autres — (lat.) En.
ETAM — Employés, techniciens et agents de maîtrise — Fr. — social
ETC — Engine Test Cell — Chambre d'essais moteurs — En. — moteur avion
ETC — Estimated Time of Completion — Temps d'exécution prévu — En. — industrie
ETC — European Traffic Committee — Commission européenne du trafic — En. — aéronautique
ETD — Estimated Time of Departure — heure de départ prévue — En. — avion, télex
ETDAM — employés, techniciens, dessinateurs, agents de maîtrise — Fr. — social
EtEm — entrée émission — Fr. — radioélectricité
ETFE — Ethylène-Tétrafluoréthylène — Fr. — plastiques
ETG — En gros Textilgemeinschaft — Sté de Textiles en gros — De. — textiles
ETG — Einzel-Transithandelsgenehmigung — Autorisation de Transit — De. — commerce
ETH — Eidgenössische Technische Hochschüle — Ecole polytechnique de Zurich — De. — enseign.
éth — éther ordinaire — Fr. — chimie
Et HF — entrée haute fréquence — Fr. — radioélectricité
ETI — Employeurs et travailleurs indépendants — Fr. — social
ETM — Electronic Test and Measurement — En. — tests
Et Pil — entrée pilote — Fr. — radioélectricité
ETR — Engineering and testing reactor — réacteur expérimental — En. — nucléaire
ETR — Estimated Time of Return — heure de retour prévue — En. — avion, télex
Et'Rec — entrée réception — Fr. — radioélectricité
Et seq. (et sequentes, tia) — And the following — et la suite — En. — général
EU — Europa-Union — Union Européenne — De. — politique
Eu — europium — int. — chimie
EUB — Einfuhr-Unbedenklichkeitsbescheinigung — Certificat d'Importation — De. — douanes
EUMOS — European mail order service — service postal en Europe — En. — postes
E.U.R. — Esposizione Universale Roma — Exposition universelle de Rome — It. Fr. — social
Euratom Europäische Atomgemeinschaft — De. Fr. — nucléonique
EUST — Einfuhrumsatsteuer — Droit d'entrée — De. — douanes
E.V. — Eccellenza Vostra — votre Excellence — It. — social
EV — éclat vitreux — (espèces minérales) — Fr. — chimie
EV — Efficient vulcanization — En. — technique
e.V. — eingetragener Verein — association enregistrée — De. — général, social
e.V. ou e.v. — Electron-volt — Fr. — unité de mesure
e/v — en ville — Fr. — postes
EV — Equivalent (de) vitesse — (angl. EAS) — Fr. — avion
ev. — evangelisch — protestant — De. — religion
Ev. — Evangelium — Evangile — De. — religion

ev. — eventuell — éventuellement — De. — général

EVA — Einheitvertrag für Architekten — De. — social

EVA — Eisenbahn-Verkehrs-Amt — Direction des chemins de fer — De. — chemins de fer

EVA — Electric Vehicle Association — Syndicat des Voitures électriques — En. — automobile

EVA — Electronic Velocity Analyzer — Analyse électrique de vitesse — En.

EVA — Engineer Vice-Admiral — Vice-amiral du génie maritime — En. — militaire

EVA — Epiphysite Vertébrale des Adolescents — Fr. médecine

EVA — Ethylène-Vinyle-Acétate — En. Fr. int. — chimie, plast.

E.V.A. — Extra-Vehicular Activity — travail à l'extérieur du satellite — En. — espace

EVC — groupe d'élastomères exigeant pour leur transformation le matériel classique utilisé dans les manufactures de caoutchouc — int. — papier, plastiques

EVDA — Engagé Volontaire par Devancement d'Appel — Fr. — militaire

EVG — Europäische Verteidigungsgemeinschaft — Communauté européenne de Défense (CED) — De. — politique, milit.

EVM — Earth Viewing Module — Module d'observation terrestre (sur satellite ATS) — En. — satellites

EVM — Engine Vibration Monitoring — contrôle des vibrations du moteur — En. — moteurs

EVO — Eisenbahnverkers-Ordnung — Organisation des Chemins de fer — De. — rail

EVR — Eclairage des véhicules sur rail — Fr. — SNCF

EVR — Electronic Video-Recording and Reproducing — enregistrement et reproduction vidéo-électroniques (magnétoscope à cassette) — En. — électronique, télévision

EVS — Electro-optical Viewing System — Viseur électroptique — En. — aéronautique

EVS — Electronic Voice Switching (programme FAA - annulé en août 74 (trav. comm.) — En. — aéronautique

EVSMA — Electronic valve and semiconductor manufacturers Association (GB) — En. — industrie

EVST — Einfuhr und Vorratsstelle für Getreide und Futtermittel — De. — administration

EVST-F — Einfuhr und Vorratsstelle für Fette — De. — administration

EVT — Energieverfassungstechnik — De. — technique

E, W — Energie ou travail (A. W) ou quantité de chaleur (Q, W) exprimée en Joule — Fr. — unités

EW — Early Warning — radar d'alerte — En. — aéronautique, milit.

EW — Einwohner — habitants — De. — géographie

EW — Electronic Warfare — guerre électronique — En. — militaire

EW — Erection weld — soudure de montage — En. — dessin ind.

EW — Euer (Gnaden) — Votre (Grâce) — De. — social

EWA — Europäische Wärungsabkommen — accord monétaire européen — De. — politique économique.

EWA — Europäische Werkzeugsmaschinen Ausstellung — Exposition des Machines-outils Européennes — De. — machine-outil

EWAG — Energie und Wasserversorgung — Alimentation en eau et énergie — De.

EWG — Europäische Wirtschaftsgemeinschaft (Gemeinsamer Markt) — CEE (Marché commun) — De. — politique

EWR — Europäischer Wirtschaftsrat — Organisation économique du Conseil de l'Europe (OECE) — De. — politique

EWTR — Electronic warfare Test Range — polygone d'essai de guerre électronique — En. — militaire

Ex. — exemple — exemple — En. Fr. — général

Ex. — exception — exception — En. — général

Ex. — exercice — Fr. — général

ex — exercise — exercice (comptable, etc.) — En. — finances, comptabilité

Ex — from, out of — en provenance de, sortir de — En. — commerce

ex. att. — exercice attaché — Fr. — commerce

Exc. — Excellency — Excellence — En. Fr. — social

Exc. — Exceptionnel — Fr.

exc. — except — sauf — En. — général

Exch. — Exchange — bourse — En. — finances

Exch. — Exchanger — échangeur — En. — technique

Excheq. — Exchequer — trésor, fisc — En. — finances

Excl — Exclusive — à l'exclusion de — De. — général

Ex.-c. — ex-coupon — Fr. — commerce

EXIC — Exportation-importation concomitante (procédure) (MALI) — Fr. — douanes

Ex-Im — Export-Import — En. — commerce

EXCO — Essai d'exfoliation des matériaux — En. int. — métal
Ex. d — ex-dividende — Fr. — finances
ex. div — without the next dividend — hors dividende suivant - En. — finances
ex. dr. — ex-droits — Fr. — finances
Exec — executive — responsable — En. — industrie, polit.
Exec. Executor — Exécuteur (testamentaire) — En. — juridique
Execx. — Executrix — exécutrice (testamentaire) — En. — juridique
Exh — exhaust — échappement — En. — moteurs
Exh. Hd. — exhaust head — côté échappement — En. — dessin ind., moteurs
Exkl. — exklusive — exclusivement — De. — général
Exod. — Exodus — Exode — En. — religion
EXP — norme EXPérimentale — Fr. — normalisation
Exp 2 f — exploitation 2 fils — Fr. — radioélectricité
Expl. — Exemplar — exemplaire — De. — général
expl. — symbole signifiant que le corps explose à la fusion — Fr. — chimie
Exp. n. — expansion — dilatation — En. — r-d-m
EXPO — Exposition (Weltausstellung) — Exposition universelle — De. — général
Ext. — extension — poste téléphonique (d'un standard privé) — En. — téléphone
Ext — Exterior — Extérieur — En. Fr. — radioélectricité
EXT — EXTrait de norme — Fr. — normalisation
Ext « O » — Extrémité « O » — Fr. — radioélectricité
Ext — extension — extension — En. — mécanique
Extr — Extremadura — El. — géographie
Exz. — Exzellenz — Excellence — De. — social
EZ — Esterzahl — indice d'ester — De. — chimie des plastiques
EZ — Electrical Zero — neutre — En. — électricité
EZF — Extérieur zone franc — Fr. — commerce
EZU — Europaïsche Zahlungsunion — Union européenne des paiements — De. — politique, économie
E-Zug — Eilzug — (train) express — De. — chemin de fer

F

F — **(as) fabricated** — brut de fabrication — En. — industrie
F to F — **Face to Face** — entre les faces — En. — dessin industriel
F — **déclaration facultative** — Fr. — médecine
F — **Facing** — prise de prélèvement d'air ; etc. — En. — technique
F — **Fahrenheit** — int. — physique
F — **Fair (performance)** — bonne (tenue) — En. — plastiques
F — **farad** — int. — unité élect.
F — **fascicolo** — fascicule — It. — édition
F — **Fast** — rapide, en avance, vitesse — En.
F — **Feather** — en drapeau (hélice) — En. — aéronautique
f — **fein** — fin — De. — général
F — **Fellow** — Membre, etc. — En. — social
f — **femenino** — féminin — El. — grammaire
f — **feminum (weiblich)** — féminin — Fr. lat. [De.] — grammaire juridique
f — **femminile** — féminin — It. — grammaire
f — **femto** — symbole international de 10^{-15} — int. — unités
F ou f — **fetch** — placeur ; mis en place — En. — informatique, programmation
F — **Feuille** — Fr. — fils et câbles
F — **Feuillard ou Fil d'acier (revêt. protecteur, câbles)** — Fr. — norm. câbles électrique
F — **Fidélité d'un appareil (CROUZET)** — Fr. — automatismes
F — **finesse** — En. Fr. — lasers
F — **Fighter** — chasseur — En. — aéronautique
F — **Flip-flop** — bascule (circuit) — En. — informatique, etc.
F — **à fourreau (isolement intérieur élect.)** — Fr. — électricité
F — **flow** — écoulement massique de l'air dans le moteur à réaction — En. — moteur avion
F — **fluor** — int. — chimie
F — **Flusspunkt** — point de fusion — De. — physique
F — **distanza focale** — distance focale — It. — optique
F — **folio** — En. — édition
F — **folgende Seite** — page suivante — De. — général
F — **Force (grandeur exprimée en Newtons dans le système SI)** — Fr. — unités
f — **franc (symbole erroné : F)** — Fr. — finance
F — **France** — Fr. int. — automobiles
F — **Frequency** — Fréquence — En. — électronique
f — **fréquence (grandeur exprimée en Hz dans le système SI)** — Fr. — unités
F — **fusion** — Fr. — physique
F — [3e signe] **symbole moteur fermé pour protection (CEM)** — Fr. — électricité
F — **« état brut de fabrication » (symbole Aluminium - NF A 02-006)** — Fr. — norm. métal.
F — **« Passer à la flamme »** — Fr. — technique
Fa — **Fernsprechamt** — Bureau du téléphone — De. — téléphone
FA — **Field Artillery** — Artillerie de campagne — En. — militaire
FA — **Finanzamt** — Bureau des Finances — De. — administ.
Fa — **Firma** — firme, maison — De. — commerce
FA — **Noyaux magnétiques en C (symbole aCTU)** — Fr. — norm. electro.
FAA — **Federal Aviation Agency or Administration** — En. US. — aéronautique
FAA — **Fleet Air Arm** — En. US. — militaire
F.A.A. — **Foreign Assistance Act** — En. US. — politique
FAA ou f.a.a. — **Free of all average** — franc de toute avarie — En. — assurances
FAAP — **Federal-Aid Airport Program** — En. — aéronautique
FAAR — **Forward Area Alerting Radar** — En. — radar
FAB — **Fabricate** — à fabriquer — En. — dessin indust.

FAB — Fabrikationsbüro — bureau de fabrication — De. — industrie
FAB — Fachausstellung für Anstaltsbedarf — De. — exposition
f.à.b. — franco à bord — Fr. — commerce
f.a.B — frei am Bord — franco à bord — De. — commerce
FABMIDS — Field Army Ballistic Missile Defense System — En. US. — militaire
FAC — Facteurs d'achat du client — Fr. — commerce, publ.
FAC — Fonds d'action conjoncturelle — Fr. — commerce, publ.
FAC — Fonds d'aide et coopération — Fr. — économie
FAC — Forward Air Control — Contrôle aérien avancé — En. — avion milit.
f.a.c. — franc d'avarie commune — Fr. — assurances
FACLIP — Faculté libre internationale pluridisciplinaire — Fr. — enseignement
FACOB — traité Facultatif Obligatoire (mot imposé par JO du 3.1.74) — Fr. — assurances
FAD — Fonds d'Aide au Développement — Fr. — économie
FADAC — Field Artillery Digital Automatic Computer — Calculateur d'artillerie automatique — En. — militaire
F.A.E. — Fuel Air Explosive — (genre de Napalm amélioré pénétrant dans les moindres crevasses) — En. — militaire
FAF — Final Approach Fix — Point final approche — En. — aéro-nav.
FAGS — Federation of Astronomical and Geophysical Services — En.
f.a.h. — frei ab hier — franco — De. — commerce
FAI — Fédération Aéronautique Internationale — Fr. — aéronautique
FAI — Fédération Anarchiste Ibérique — Fr. — politique
FAI — Fédération Abolitionniste internationale — Fr. — politique
FAIR — Functional Appraisal Internal Review — En.
fak FAK — Familien-Ausgleichkasse — caisse familiale de compensation — De. — social
faks — faksimile — facsimile — De. — reprographie
FAM — Fachausschuss Mineralöl und Brenstoffnormung (BFD) — commission de normalisation des huiles minérales et carburants — De. — pétroles, norm.
FAM — Frequency Amplitude Modulation — Modulation fréquence amplitude — En. — électronique
FAMOUS — French American Mid-Ocean Undersea Study (1974) — En. — océanographie
FANY — First Aid Nursing Yeomanry — En. — milit.
FANZINE — (masculin) de FANatic et magaZINE : revue éditée avec des moyens de fortune et destinée à des groupes de jeunes — En. Fr. — presse
F.a.o. — Finish all over — entièrement usiné — En. — dessin indust.
F.A.O. — Food Agricultural Organization — (UNESCO) — En. — politique
F.a.o. — For the attention of — à l'attention de — En. — commerce
f.a.p. — franc d'avarie particulière — Fr. — assurances
FAPGP — Filtre et Amplificateur de Porteur de Groupe primaire — Fr. — radioélectronique
FAPGS — Filtre et Amplificateur de Porteur de Groupe secondaire — Fr. — radioélectronique
FAPV — Filtre et Amplificateur de Porteur de Voie — Fr. — radioélectronique
FAQ — Fair Average Quality — Bonne qualité courante — En. — commerce
FAR — Forces Armées Royales (Maroc) — Fr. — militaire
FAR — Federal Aviation Regulation — Réglement aérien fédéral — En. — aéronautique
F.A.R. — Frankfurter Allgemeine-Zeitung — Journal général de francfort — De. — presse
FARADA — Failure Rate Data program — Programme FARADA — En. — informatique
Farm. — Farmacia — Pharmacie — El. — pharm.
F.A.S. — Fellow of the Antiquarian Society — En. GB — social
F.A.S. — Fellow of the Society of Arts — En. GB — social
F.A.S. — Fondo Assistenza Sanitaria — Fonds d'Assistance Sanitaire — It. — social
F.A.S. — Franco Alongside Ship — Franco à quai ; franco long, bord (terme obligatoire) : FLB — En. — commerce
FASASA — Fonds d'Action Sociale pour l'Aménagement des Structures Agricoles
FAST — Facility for Automatic Sorting and Testing — Trieur automatique — En. — industrie, Postes
FAST — Fast Automatic Shuttle Transfer — Navette automatique rapide — En. — transports
FAST — Federazione delle Associazioni Scientifichi e Tecniche — It. — social
FAST — Fernsprechanmeldungstelle — De. — téléphone
FAST — Field Data Application Systems and Techniques — Programme — En. — informatique

FAST — Flexible Algebraic Scientific Translator — Langage FAST — En. — informatique
FAST — Fluor Analytical Scheduling technique — En. — informatique
FAST — Formula and Statement Translator — Langage FAST — En. — informatique
FAST — Friction Assessment Screening Test — En. — informatique
FAST — Friedenvertrag Abrechnungs-Stelle — De. — informatique
FAST — Fully Automatic Sorting and Testing — Triage automatique — En. — informatique
FATAC — Force aérienne tactique — Fr. — militaire
Fath — Fathon — En. — unités
fatt. — fattura — facture — It. — comptabilité, commerce
FAUSST — French, American and United Kingdom SuperSonic Transport — En. — aéronautique, av. supersonique
FAWS — Flight Advisory Weather Service — Service météo de l'aéronautique — En. — météo
FAZ — Frankfurter Allgemeine Zeitung — journal — De. — presse
F.B. — Fenian Brotherhood of Brethren — En. GB — social
FB — Flight Bomber — Bombardier en vol — En. — militaire
FB — Franc belge — Fr. — monétaire
FB — Fréquences Basses — Fr. — électronique
FB — FUßboden — plancher — De. — avion
FBCF — Formation brute de capital fixe — Fr. — commerce
FBEI — Fonds de Bien-Etre Indigène — Fr. — social
FBM — Foot-Board Measure — En. — unités
F.B.M. — Fleet Ballistic Missile — fusées balistiques de la flotte — En. — fusées milit.
FBO — Fixed-Base Operator — Opérateur base fixe — En. — milit.
FBRL — Final Bomb Release Line — Ligne de bombardement — En. — militaire
FBS — Forward Based System — (fusées américaines en Europe) — En. — militaire
FBW — Fly by wire — commandes de vol par fils électriques — En. — aéronautique
FC — Fast cycle — cycle rapide — En. — électronique
F.C. — Fiche caractéristique — Fr. — contrôle indust.
F.C. — Flareless Chemical — produit chimique anti-détonant — En. — chimie, milit.
FC — Force de Commande (détecteurs de position CROUZET) — Fr. — mécanique
FC — Franc congolais — Fr. — monétaire
FC — Free Church (of-Scotland) — Eglise libre (d'Ecosse) — En. — religion
F.C. — Fuel Consumption — consommation de carburant — En. — carburant
FC — Fussballclub — club de Football — De. — sports
FCA — Fellow of the Institute of Chartered Accountants — Membre de l'Institut des experts comptables — En. — social, comptabilité
FCC — Federal Communication-Commission rules — Règles de la Commission des Communications Fédérale — En. — normalisation, communications
FCC — Flight Control Computer — calculateur de commande de vol — En. — aéronautique
FCC — Flight Control Center — Centre de Contrôle aérien — En. — aéronautique
FCE — Femmes Chefs d'Entreprise (Association mondiale des) — Fr. — social
FCFA — Franc des Comptoirs français d'Afrique — Fr. — monnaie
FCFP — Franc des Comptoirs français du Pacifique — Fr. — monnaie
FCLP — Field Carrier Landing Practice — En. — aéronautique
F.C.P. — Fellow of the College of Preceptors — En. GB. — enseignement
FCP — Flota Cubana Pesca — Flotte de pêche cubaine — El. — commerce pêche
fcp — foolscap — papier ministre — En. — papeterie
f.co — franco — It. Fr. En. — commerce
FCR — Fire control radar — radar de tir — En. — militaire
FCR — Forwarding Agents Certificate of Receipt — Reçu des Transitaires — En. — commerce
FCRL SYS — Flight Control Ready Light System — En. — aéronautique
FCS — Fire Control System — Commande de tir — En. — milit.
FC & S — Free of Capture-and-Seisure clause — clause de non-arraisonnement — En. — commerce
f.c.s.r. & c.c. — Free of capture, seizure, riots, and civil commotions — Franc de capture, saisie, émeutes et troubles civils — Fr. — commerce
F.C.U. — Fuel Control Unit — régulateur de carburant — En. — aéronautique
FCT — Federal Capital Territory — Terr.

de la Capitale Fédérale — En. — politique
f.ct — fin courant — Fr. — commerce
FCT — Force de course totale (détecteurs CROUZET) — Fr. — mécanique
F.C.W. — Full Continuous Weld — cordon de soudure continu — En. — soudure
F & D — faced and drilled — dressé et percé — En. — dessin indust.
FD — fascicule de documentation — Fr. — normalisation
FD — Federdraht — fil de fer — De. — général
FD — Fer-D (Zug) — (train) rapide — De. — chemins de fer
FD — Ferrodynamique (Chauvin-Arnoux) — Fr. — élect.
FD — (Fidei Defensor) Defender of the Faith — Défenseur de la Foi — (lat.) En. — religion
F.D. — Flaps down — volets sortis — En. — aéronautique
FD — Flight Director — Directeur de vol — En. — aéronautique
F.D. — Flight duration — durée du vol (NASA) — En. — espace
FD — Focal Distance — distance focale — En. — lasers
FD — Food — s'alimenter (NASA training) — En. — espace
F.D. — Free Delivery — livraison franco (sans frais) — En. — commerce
FDA — Food and Drug Administration (USA) — En. — alimentation
FDAI — Flight Director Attitude Indicator — Indicateur d'Assiette du Directeur de Vol (NASA) — En. — espace
FDAU — Flight Data Acquisition Unit — boîtier d'acquisition des données pour enregistrement — En. — aéronautique, informatique
FDC — Flight Director Computer — calculateur de dir. de vol — En. — aérospatial
FDD — Franco-Destination Dédouané — Fr. — douanes
FDEP — Flight Data Entry Panel — boîtier d'affichage pour enregistrement — En. — aéronautique, informatique
FDF — Front de Défense des Francophones — Fr.
FDI — Flight Director Indicator — Indicateur du Directeur de vol — En. — avion
FDIC — Federal Deposit Insurance Corporation (USA) — Société d'assurance des banques américaine : supplée en cas de faillite — En. — banques
FDL — Fast Deployment Logistic — déploiement logistique rapide — En. — marine
FDLS — Fast Deployment logistic ship — En. — marine
FDGB — Freier Deutscher Gewerkschaftsbund — Fédération syndicale de l'Allemagne de l'Est — De. — politique
FDJ — Frei Deutsche Jugend — Jeunesse libre d'Allemagne (DDR) — De. — politique
FDJI — Franc de Djibouti — Fr. — monnaie
FDP — Freie Demokratische Partei — Parti libéral-démocrate — De. — politique
FDPLP — Front démocratique Populaire pour la Libération de la Palestine — Fr. — politique
f.d.R. — für die Richtigkeit — pour copie conforme — De. — administration
FDR — Flight Data Recorder — enregistreur de vol (boîte noire) — En. — aéronautique
FDS — Flight Director System — Directeur de vol — En. — aéronautique
FDt — Fernschnelltriebwagen — autorail — De. — chemins de fer
FDT — Fiche de Définition Technique — Fr.
FE — Fair to Excellent (résistance à la corrosion) — bon-très bon — En. — métallurgie
FE — liste des fabricants étrangers agréés — Fr. — CCTU
Fe — fer — Fr. int. — chimie
FE — Ferrara — Ferrare — It. — mécanique, plaques autom.
F.E. — Flange Ends — extrémités à bride — En. — dessin indust.
FEA — Federal Energy Administration (USA) — Administration Fédérale de l'Energie
FEATA — Far East Air Transport Association — ATA d'Extrême Orient — En. — aéronautique
feb. — febbraio — février — It. — chronologie
FEBA — Forward Edge of Battle Area — Front avancé — En. — militaire
Fec. — (fecit) he did it — fecit (auteur de) — lat. En. Fr. — général
fec. — (fecit) (hat es geschaffen) — lat. De. — général
FEC — Fonds européen de la culture — Fr.
FED — Federal (specification) — En. — normalisation
FED — Fonds européen de développement — Fr.
FEDOM — Fonds européen de développement de l'outre-mer — Fr.
FEF — Fédération évangélique de France — Fr. — religion
F.E.H. — Fire Emergency Handle — manette de secours incendie — En. — aéronautique
F.E.I.S. — Fellow of the Educational Insti-

tute of Scotland — En. GB — enseignement

f.e.m. — force électromotrice — (angl. emf) — Fr. — électricité

FEN — Fédération de l'Education Nationale — Fr. — enseignement

FEOGA — Fonds Européen d'Orientation et de Garantie Agricole — Fr. — agriculture

FEP — Festival Estival de Paris — Fr. — musique

F.E.P. — Fluorinated-Ethylene-Propylene — (E.P.F.) — En. — chimie des plastiques

F.E.P. — Fluoréthylène propylène — Fr. — chimie des plastiques

F.E.T. — Field-Effect Transistor — Transistor à effet de champ — En. — semiconducteurs

FETAP — Fédération européenne des Transports Aériens Privés — Fr. — aéronautique

FF — Fabricants français (composants électroniques) — Fr. — CCTU

FF — Flip-Flop — bascule — En. — électronique

ff — folgende (Seiten) — (pages)-suivantes — De. — général

ff — fortissimo — It. int. — musique

FF — franc français — Fr. — monétaire

F.F. — Fuel-Flow — débit de carburant — En. — moteurs

F.F. — full face — face pleine — En. — dessin indust., mécanique

F.F. — full face or flat face — bride à face plate — En. — dessin indust., mécanique

ff — sehr fein — exquis, extrafin, excellent — De. — général

F.F.A. — Fellow of the Faculty of Actuaries — En. GB — social

FFA — Flug- und Fahrzeugwerke (Suisse) — Usines aéronautiques et automobiles — De. — aéronautique, automobile

FFA — Forces Françaises en Allemagne — Fr. — militaire

FFA — Free From Alongside — Franc quai — En. — commerce

FF.AA. — Forze Armate — Forces Armées — It. — militaire

FFAA — Forces Françaises en Allemagne et en Autriche — Fr. — militaire

FFAR — Folding Fin Aircraft Rocket — En. — militaire

FFC — Fédération française de cuniculture — Fr.

FFC — Force de fin de course (détecteurs de position CROUZET) — Fr. — mécanique

F.F.C. — Furnace Fuel Conditioner — activateur de combustion — En. — métallurgie

FED (-Zug) — Fernschnellzug — (grand) rapide — De. — chemins de fer

FFG — Forans Function Generator — (Boeing) Générateur de fonctionnement-force — En. — aéronautique-tests

FF.H. — liste des fabricants français agréés produisant des composants homologués, ne bénéficiant pas de l'assurance de qualité — Fr. — industrie

FFHC — Freedom from Hunger campaing

FFITP — Fédération Française des Industries Transformatrices des Plastiques — Fr. — Plast.

Ffm — Frankfurt-am-Mein — Francfort sur le Main — De. — géographie

FFM — Flugwissenschaftliche Forschungsanstalt München — De. — aéronautique

FFO — Flugfunk-Forschungsinstitut Oberpfaffenhofen — De. — aéro., nav.

F.F.P.S. — Flight Fine Pitch Stop — butée de petit pas vol — En. — aéronautique, hélices

ffr. — Französischer Franc — Franc français — De. — monétaire

FFSOME — Fédération française pour le secours aux orphelins du monde entier — Fr. — social

FF.SS — Ferrovie dello Stato — Chemins de Fer d'Etat — It. — chemins de fer

FFTF — Fast Fuel Test Facility — Poste d'essai carburant — En. — test

FFTN — Fédération française de peinture et de nettoyage — Fr. — industrie, vernis et peint.

FFTS — Fast Fourier Transform Subroutine (programme) — Programme à transformée de Fourier — En. — informatique

FFW — Failure-free warranty contract — contrat de garantie sans pannes — En. — commerce, industrie

FG — Fair to Good — Excellent-Bon (résistance à la corrosion) — En. — métallurgie

FG — Foggia — Foggia — It. — plaques autom.

FG — Franc Guinéen — Fr. int. — monnaies

fg — Frigorie (autorisée Si jusqu'en 1963) — = 10^{-3} thermie = 1 kcal — Fr. int. — unité de mesure

F.G. — Fuel Governor — limiteur de carburant — En. — aéronautique

FG — Fully Good — parfait — En.

FGA — Foreign General Average — En. — commerce, ass. maritim.

FGF — Fully Good, Fair — parfait et équitable — En. — commerce

FGP — Filtre de Groupe Primaire — Fr. — radioélectricité

FGR — Fortgeschrittenen Gasgekühlten Reaktoren (Kernkraftwerke mit) — (centrale nucléaire à) réacteur avancé refroidi au gaz — De. — nucléaire
F.G.S. — Fellow of the Geological Society — Membre de la Société géologique — En. GB — social
FH — Faisceau hertzien — Fr. — radiocommunication
FHAR — Front Homosexuel d'Action Révolutionnaire — Fr. — social
F.H.P. — Friction Horsepower — puissance dissipée (par frottement) — En. — mécanique
FHYM — Forces hydrauliques de Meuse — Fr.
FHZ — Freihandelszone — zone franche — De. — douanes
FI — Firenze — Florence — It. — plaques autom.
F.I. — Flow Indicator — Indicateur d'écoulement — En.
FI — Foire internationale — Fr. — commerce
F.I. — Flight Idling — ralenti vol — En. — aéronautique
FI — Fonds d'investissements — Fr.
f.i. — for instance — par exemple — En. — général
f.i. — free in (frei eingeladen) — franco de port — En. De. — commerce
F.I.A. — Fédération Internationale de l'Automobile — Fr. int. — automobile
F.I.A. — Flight Instrument Amplifier — Ampli d'instrument de vol — En. — aéronautique instruments
FIA — Full interest admitted — à intérêt plein — En. — finances
Fiant. — « make » — « faire » — En. — médecine
F.I.A.T. — Fabbrica Italiana Automobili Torino — It. — automobile
F.I.A.T. — Fonds d'intervention pour l'Aménagement du Territoire — Fr. — administration
FIAV — Fédération internationale des Agences de Voyage — Fr. — tourisme
FIB — Free into Bunker — Franco soute — En. — commerce
FIC — Flight Information Center — Centre d'Information aéronautique — En. — aéronautique
F.I.C. — Fellow of the Institute of Chemistry — En. GB — enseignement
Fid — Fluginformationsdienst — Service d'information aéronautique — De. — documentation aéro.
FIDEL — Frente Izquierdo de Liberación (Uruguay) — FL de gauche — El. — politique
FIDO — Fog Investigation and Dispersal Operation — Dispersion des brouillards — En. — météo
FIEN — Foro Italiano dell'Energia Nucleare — Forum italien de l'Energie Nucléaire — It. — nucléaire
FIFA — Fédération Internationale de Football — int. — sports
FIFI — Film-Finanzierungs-Gesellschaft — Société de financement cinématographique — De. — cinéma
FIFO — First in-Firstout — Premier entré, premier sorti (article) — En. — évaluation des stocks-Comptabilité
Fig. — figuratively — au figuré — En. — général
Fig. — figure — chiffre, nombre — En. — comptabilité
Fig. — figure-Figur-figura — figure — En. De. It. Fr. — dessin indus.
FIH — Fédération Internationale des Hôpitaux — Fr. — médecine
FIMTM — Fédération des Industries Mécaniques et Transformations des Métaux — Fr. — industrie métal.
FIN — Foreign Investor — Investisseur étranger — En. — finances
FINEX — Finances extérieures — Fr. — finances
FIJM — Fédération Internationale des Jeunesses Musicales — Fr. — musique
Fil. — Filiale — succursale — De. — commerce
Fil. — Fillister — feuilleret — En. — bois
Fil. — Filosofia — philosophie — El. — dictionnaires
FINEXTEL — Financière pour l'expansion des télécommunications (Sté) — Fr. — postes, finances
FINMARE — Società Finanziaria Marittima — Société Financière maritime — It. — finances
FINMECCANICA — Società Finanziaria Meccanica — Société Financière mécanique — It. — finances
FINSIDER — Società Finanziaria Siderurgica — Société Financière sidérurgique — It. — finances
FIO — Free In an Out — de bord à bord — En. — commerce
FIOM — Federazione Impiegati e Operai Metallurgici — Fédération des Employés et Ouvriers de la Métallurgie — It. — social
FIOS — Free In and Out Free Stowed — de bord à bord arrimé — En. — commerce
FIOS/T — Free In and Out Free Stowed/Trimmed — de bord à bord arrimé/garni — En. — commerce
FIOT — Free In an Out Free Trimmed — de bord à bord garni — En. — commerce
FIPA — Fédération Internationale des

Producteurs Agricoles — Fr. int. — social, agriculture
F.I.R. — Flight Information Region — (au-dessous de 6 000 m) Zone d'information aérienne — En. — navigation aérienne
FIS — Facilities information system — Système d'information sur les Installations — En. — commerce
F.I.S. — Fédération Internationale de Ski — Fr. int. — sports
Fis. — Fisica — physique — El. — dictionnaire
FIS — Flight Information Service — Service d'Information en Vol — En. — documentation
FISE — Fédération internationale syndicale de l'enseignement — Fr. — enseignement
FISE — Fonds international de secours à l'enfance (ONU) — Fr. — social
FIT — Fabrication in Transit — Matériel en Transit — En. — douane
FIT — Fédération Internationale des Traducteurs — Fr. — linguistique
FIT — Federazione italiana di Tennis — Fédération Italienne de tennis — It. — sports
Fit. — Fitting — Raccord — En. — mécanique
Fit — Free From Income Tax — non-imposé — En. — administration
FIT — Free In Truck — franco camion — En. — commerce
FITAP — Fédération internationale des transports aériens privés — Fr. — aéronautique
FITE — Full Information Test and Estimation (Japon) — Système d'Expérimentation global — En. — tests
FK — Flugkörper — Engins — De. — milit.
FK — Fussballklub — club de Football — De. — sports
FK — Feldkanone — canon de campagne — De. — militaire
F.K.A. — Flüssigkristallanzeigen — à l'état de cristal liquide (propriété nématique n'apparaissant qu'à certaines températures) — De. — cristaux liquides, physique
FL — Feathering lever — levier de mise en drapeau — En. — hélice avion
FL — FeldLazarett — hôpital de campagne — De. — militaire
FL — Flashing Light — Feu à Eclats — En. — éclairage
FL — Flight Level — Niveau vol — En. — aéronautique
FL — Florin — Florin — int. — monnaie
fl. — Florin (Gulden) — De. — monétaire
Fl — flourished — fleuri — En.
FL — Flow — écoulement, débit — En. — liquides
fL — foot Lambert — pied lambert — En. — unités
FL — Franc Luxembourgeois — int. — monnaie
FL — Freiliste — Liste libre — De.
FL — Liechtenstein — (F pour Fürstentum = Principauté) — int. — plaques auto
FLA — Florida — Floride — En. — géographie
FLAK — Fliegerabwehrkanone — canons anti-aériens — De. — militaire
FLAR — Forward Looking Airborne Radar — Radar de bord — En. — radar aéronautique
FLB — Front de Libération de la Bretagne — Fr. — politique
FLB — Franco Long du Bord (terme obligatoire par JO du 3.1.74) — (= angl. F.A.S.) — Fr. — commerce
FLDR — Fluid Drachm — Drachme liquide — En. — unité
FLEE — Front de libération de l'Europe de l'Est — Fr. — politique
fleep — flying geep — geep volante — En. — automobile aviation
FLEM — Fly-by excursion mode — mode d'excursion orbitale — En. — espace
FLG'D — flanged — à bride — En. — dessin indust.
FLIP — Floating instrument platform — plateforme flottante expérimentale — En. — océanographie
FLIR — Forward-looking infrared system — (BOEING) viseur infra-rouge — En. — aéronautique
F.lli — Fratelli — frères — It. — commerce
FLM — Fédération luthérienne mondiale — Fr. — religion
FLOZ — Fluid ounce — once liquide — En. — unités
FLPT — Fruits-légumes et pommes de terre — Fr. — alimentation
FLS — Fellow of the Linnaean Society — GB Membre de la Société de Linné — En. — social
FLT — Flight — vol — En. — aéronautique
fluor — fluorescent — Fr. — chimie
FLUX — Manomètre à contact électrique par rupture de flux lumineux (BOURDON) — Fr. — outill.
Flw — « Fliegwerkstoff » — matériau aéronautique — De. — aéronautique normalisation
FM — Factory Mutual laboratories — organisme — En. — normalisation
FM — «fonte pour aciéries avec garantie de pureté» — Fr. — métal
FM — Franc-Maçon — Fr. — religion
FM — Franchise Militaire — Fr. — postes milit.
FM — Fachnormenausschuss Maschinenbau — Commission de Normalisa-

tion Machines-Outils — De. — normalisation

fm — fathom — brasse = 2 yd (1,8 mm) — En. — unités

Fm — Fermium — int. — chimie

Fm — Festmeter — stère — De. — unité de mesure bois

F.M. — Field-Marshall — En. — militaire

f.m. — fine mese — fin (du mois) courant — It. — commerce

FM — Flow meter — débitmètre — En. — carburants, etc.

FM — Franc Malien — Fr. — unité monétaire

F.M. — Frequency Modulation — Modulation de fréquence — En. — radio

FM — Frequency Multiplex — Multiplex de Fréquence — En. — électronique

FM — Fusil-Mitrailleur — Fr. — militaire

FMA — Féminin-Masculin Avenir — Fr.

FMF — Fédération des Médecins de France — Fr. — médecine

FMF — Fleet Marine Force — « Marines » — En. us. — militaire

FM-FM — double frequency modulation — double modulation de fréquence — En. — radio

FMG — Franc malgache — Fr. — unité monnaie

FMI — Fonds Monétaire International — Fr. int. — banques

FMI — Fondo Monetario Internacional — El. — finances

fmk — finnische Mark — Mark finnois — De. — unité monétaire

FMN — Fonds Mondial pour la nature = WWF — Fr. — social

FMS — File Management Supervisor — Superviseur de base de données — En. — informatique

Fn — Familienname — nom de famille — De. — social

FNA — Fachnormen Ausschuss — commission de Normalisation — De. — normalisation

FNAC — Fédération Nationale d'Achat des Cadres — Fr. — commerce

FNAC — Fédération Nationale des Agents Commerciaux — Fr. — commerce

FNAL — Fermi National Accelerator Laboratory — (plus puissant accélérateur du monde) — En. — nucléaire

FNE — Fachnormenausschuss Elektrotechnik — Communication de Normalisation Electronique — De. — normalisation

FNE — Fonds National de l'Emploi — Fr. — social

FNEF — Fédération Nationale des Etudiants de France — Fr. — politique

F/new — Factory-new — équipement-d'origine (avec garantie d'usine) — En. — industrie

FNIE — Fédération Nationale des Industries électroniques — Fr. — électronique

FNK — Flügelnaseklappen — volets de becs de voilure — De. — avion, commerce

FNL — Fachnormenausschuss Lichttechnik — Commission de Normalisation Technique d'Eclairage — De. — normalisation

FNL — Fleet Noise Level — Niveau de bruit avion — En. — aéronautique

FNQC — French National Quality Comitee — Comité National Français de la Qualité — Fr. — industrie

FNR — Front National des Rapatriés — Fr. — politique

FNS — Force nucléaire stratégique — Fr. — militaire

FNS — Fonds National de Solidarité (allocation chômage) — Fr. — social

FNSA — Fédération Nationale des Syndicats Agricoles — Fr. — politique, social

FNSEA — Fédération Nationale des Syndicats d'Exploitants Agricoles — Fr. — politique, social

FNTR — Fédération Nationale des Transports Routiers — Fr. — politique, social

F.O. — Field Officer — Officier de Liaison — En. — militaire

F&O — Field and Organization — Organisation sur place (sur le terrain-Lockheed) — En. — aéronautique

FO — firm offer — offre ferme — En. — commerce

F/O — First Officer — co-pilote — En. — aéronautique

Fo. — folio — folio, feuillet — En. Fr. — papeterie

FO — Force ouvrière (syndicat) — Fr. — politique social

F.O. — Foreign Office — Ministère des Affaires étrangères — En. — politique

FO — Forli — Forli — It. — plaques autom.

f.o. — for orders — pour ordres — En. — commerce

F.O. — Fuel-Oil — fuel — En. Fr. — combustible

FOA — Free of Average — En.

FOB — Franco a Bordo — franco à bord — It. — commerce

FOB — Free on board — franco à bord — En. — commerce

FOBS — Fractional Orbital Bombardment System — bombardement orbital fractionné — En. — espace milit.

FOC — Free of charge — gratuit, sans frais — En. — commerce

FOCAL — Formula Calculator — (programme) — En. us. — informatique
FOD — Foreign Object Damage — dommages dus à des corps étrangers — En. — technique, aéronautique
FOI — Formation œucuménique interconfessionnelle — Fr. — religion
FOL — Folio, Blatt, Seite — folio, feuille, page — De. — papeterie
FOMAFRAN — Fontes malléables (Label) — Fr. — métallurgie
fonet. — fonetica — phonétique — It. — linguistique
FONJEP — Fonds de coopération de la jeunesse et de l'éducation populaire — Fr. — enseignement
FOP — Focus on Product — Feu sur le produit — En. — commerce
FOPS — First Orbit Penetration System — Pénétration au 1er orbite — En. — espace
foq — free on quai — franco à quai — En. Fr. — commerce
FOR — Free on Rail — franco gare de départ — En. — commerce
FOR — Free on Rail — franco sur wagon — En. Us. — commerce
FORATOM — Forum atomique européen — Fr. int. — nucléaire
FORI — Facultatif-Obligatoire-Recommandé-Inutile (légende) — Fr. — dessin indust.
FORMA — Fonds d'Orientation et de Régularisation des Marchés Agricoles — Fr. — agriculture
Forts. — Fortsetzung — suite — De. — général
FORTRAN — Formula Translator — Traducteur de formules (langage de programmation) — En. — informatique
FOS — Free on Ship — franco (à) bord — En. — commerce
FOS — Free on Steamer — franco (à) bord — En. — commerce
FOSDIC — Film optical sensing device (for input to computers) — entrée optique — En. — optique informat.
FOT — Free on Truck — franco route — En. — commerce
Foultitude — = foule + multitude — Fr. — général
fow — first open water — dès l'ouverture de la navigation — En. — commerce
FOW — Free on Waggon — franco wagon — En. — commerce
FP — Fair to Poor — assez bon à faible (résistance à la corrosion) — En. — métallurgie
F.P. — Feldpost — poste aux armées — De. — militaire
F.P. — Fermo Posta — poste restante — It. — postes
FP — Symbole des pots en ferrite (CCTU) — Fr. — norme électronique
f.p. — fin prochain — Fr. — commerce
F.P. — Fire-Plug — Prise d'incendie — En. — tech.
F.P. — Fine Pitch — petit pas — En. — aéronautique, hélices, engrenages
FP — Freezing Point — Point de congélation — En. — physique
F.P. — Fireproofing, skint — ignifugeage (enrobage des fers en béton) — En. — bâtiment
F.P. — Foamed polyethylene — mousse polyéthylène — En. — plastiques
FP — Französisches Patent — brevet français — De. — brevets
FPA — Formation professionnelle des Adultes — Fr. — social
FPA — Free of particular average — franc d'avaries particulières — En. — commerce
FPB — Filtre Passe Bas — Fr. — radioélectricité
FPBde — Filtre passe-bande — Fr. — radioélectricité
FPDI — Flight Path Deviation Indicator — Indicateur d'écart de la trajectoire de vol — En. — aéronautique, instruments
FPI — Fixed Price Incentive — incitatif stimulant forfaitaire — En. — commerce
FPIS — Fixed Price Incentive Successive Targets — stimulants forfaitaires objectifs suivants — En. — commerce
FPLP — Front populaire de la libération de la Palestine — Fr. — politique
FPM — Feet per minute — pieds/minute — En. — unités
FPR — Feeder Protection Relay — relais de protection feeder — En. — technique, relais
FPH — Filtre Passe Haut — Fr. — radioélectricité
FPS — Forschungsinstitut für Physik der Strahlantriebe — De. — recherche physique
FPS — Foot-pound-second — pied-livre-seconde — En. — unités de mesure
FPS — Feet-per-second — pieds par seconde — En. — unité accél.
F.P.S. — Fellow of the Philological Society — En. GB. — social
FP/T — Circuits mag. en pots en ferrite pour transformateur (Symbole CCTU) — Fr. — norm. électronique
FPT — Female Pipe Thread — filetage — En. — mécanique
FQ — Flooring Quality — qualité plancher (nida CIBA) — Fr. — plastiques
Fq — Fréquence — Frequency — En. Fr. — électronique
F.Q.I. — Fuel Quantity Indicator — indica-

teur ou Jaugeur de carb. volumétrique — En. — carburants, aéronautique
FR — Fatigue Resistant — résiste à la fatigue — En. — rdm
FR — Filière refaite — (SNIAS) — Fr. — métallurgie
FR — Firm Requests — Demandes fermes — En. — commerce
FR — Fixed Ratio — Rapport fixe (programme scientifique) — De. — informatique
FR — Flight Refuelling — ravitaillement en vol — En. — aéronautique
FR — Flow recorder — enregistreur d'écoulement — En. — hydraulique
FR — Force de Relâchement (détecteurs de position CROUZET) — Fr. — mécanique
FR — Format Register — Registre Format — En. — informatique
Fr. — Franc ; Franken — Franc — De. — monétaire
Fr — Francium — Fr. int. — chimie
Fr — franco — franc — It. Fr. — commerce
fr — Französisch — français — De.
Fr. — Frau — Madame — De. — social
fr. — frate, fratello — frère — It. — religion
Fr. — Fray (Fraíle) — El. — religion
fr. — frei — franco de port — De. — commerce
fr — à froid — Fr. — chimie
FR — Frosinone — Frosinone — It. — plaques auto
FRA — Faculté de Résiliation Annuelle (contrat avec) — Fr. — juridique
Fra — Frater — frère — lat. De. — religion
Fragm — Fragment — fragment — De. Fr. — archéologie
franglais — français + anglais — Fr. — linguistique
franz — französisch — français — De.
FRAP — Front d'action politique — Fr. — politique
FRAP — Front d'action populaire (Chili) — Fr. — politique
F.R.A.S. — Fellow of the Royal Astronomical Society — En. GB. — social
FRB — Federal Reserve Bank — Banque fédérale — En. us. — banques
Fr.b — franco belga — franc belge — It. Fr. — monétaire
FRC — Flow recorder controller — contrôleur enregistreur d'écoulement — En. — hydraulique
FRC — Future Requirements Committee — En. — prospective
F.R.C.P. — Fellow of the Royal College of Physicians — Membre de l'Ordre des Médecins — En. — social
F.R.C.P.E. — Fellow of the Royal College of Physicians, Edimburgh — En. — social
F.R.C.S.E. — Fellow of the Royal College of Surgeons, Edimburgh — En. — social
F.R.C.S.I. — Fellow of the Royal College of Surgeons, Ireland — En. — social
F.R.C.S. (L.) — Fellow of the Royal College of Surgeons (London) — En. — social
FRD — Free run down — arrêt libre (sans freinage) — En. — mécanique, moteurs
frdl. — freundlich — aimable — De. — général
Fre — Facture — Fr. — commerce
FREXA — France Export Association — En. Fr. — commerce
Fr.f — franco francese — franc français — It. — monétaire
FRF — FSH-Releasing factor — En. — endocrinologie
FRG — Federal Republic of Germany — Rep. Féd. d'Allemagne — En. — géographie, politique
F.R.G.S. — Fellow of the Royal Geographical Society — Membre de la Société Royale de Géographie — En. — social
Frhr. — Freiherr — Baron — De. — social
FRI — Fédération routière internationale — Fr. — automobile
F.R.I.B.A. — Fellow of the Royal Institute of British Architects — Membre de l'Institut Royal des Architectes Britanniques — En. — social
FRITALUX — France, Italie, Bénélux (Union économique) — Fr. — politique
Frl. — Fräulein — Mademoiselle — De. — social
frMR — Französische Militärregierung — Gouvernement militaire français — De. — militaire
FRN — Fond de roulement net — Fr. — économie
FROLINAT — Front de libération nationale du Tchad — Fr. — politique
FRP — Fiberglas-Reinforced Plastics — Plastique renforcé, fibre de verre — En. — plastiques
FRP — Fond de Roulement Propre — Fr. — économie
FRS — « faible résistance série » (résistance et condensateurs Crouzet) — Fr. — électrique
F.R.S. — Fellow of the Royal Society — Membre de la Société Royale — En. — social
Fr.s — franco svizzero — franc suisse — It. — monétaire
F.R.S.E. — Fellow of the Royal Society of Edinburgh — En. — social
F.R.S.L. — Fellow of the Royal Society, London — En. — social
F.R.S.L. — Fellow of the Royal Society of Literature — En. — social
Frt — Freight — frêt — En. — commerce
FRUSA — Flexible Rolled-Up Solar Array

— batterie de cellules photoélectriques solaires d'un satellite (USAF Agena) — En. — satellites
FRZ — Französisch — français — De.
FS — Fail Safe — Sécurité à rupture — En. — r-d-m
FS — far side — côté opposé — En. — dessin industriel, soudure
FS — Faire suivre — postes — Fr. — commerce, comptabilité
FS — Ferrostaal Gesellschaft (BRD) — Société Ferrostaal — De. — métallurgie
F.S. — Ferrovie dello Stato — chemins de fer de l'Etat (italien) — It. — chemins de fer
FS — Fiberscope — Fibrescope (« stéréoscope » visuel à fibres optiques) — En. — opto-électronique
FS — fiche suiveuse — contrôle équipements — En. — aéronautique
FS — Field survey — étude sur place — En. — technique
FS — Field Security — Sécurité militaire — En.
FS — Fire Station — Poste de tir — En. — militaire
FS — Floor setting — calage du plancher (MPA) — En. — aéronautique
fs — florins — Fr. — monétaire
FS — Flugsicherung — contrôle ATC — De. — aéronautique
FS — forged steel — acier de forge — En. — métallurgie
FS — Franc suisse — Fr. — monétaire
F.S. — full scale — EM étendue de mesure pleine échelle (se dit de l'erreur d'un appareil galvanométrique exprimée en % de la pleine échelle) — En. — instruments
FS — Fuselage station — poste fuselage — En. — dessin industriel, traçage, aéronautique
FS — symbole des diodes de signal — Fr. — électronique
FSAA — Flight Simulator for Advanced Aircraft — simulateur de vol pour avions avancés — En. — avion militaire
FSC — Federal Supply Classification — Classification fédérale — En. — normalisation
FSC — Flight Steering Computer — calculateur d'orientation de vol — En. — aéronautique
FSD — Full scale deviation or deflection — déviation maximale (de l'aiguille d'un indicateur) — En. — aéronautique, instruments
FSF — Flight Safety Foundation — Institut de la Sécurité aérienne — En. us. — aéronautique
F.S.H. — Follicle-Stimulating Hormone — hormone folliculo-stimulante — En. — médecine
F.S.I.I. — Fuel System Icing Inhibitor — anti-gel — En. — carburants
F.S.K. — Freiwillige Selbstkontrolle — organisme de contrôle autonome de l'industrie cinématographique — De. — cinéma
F.S.K. — Frequency-shift keing — manipulation par variation de fréquence — En. — télégraphie
F.S.M. — Fédération syndicale mondiale — Fr. int. — social
F.S.N. — Federal Stock Number — numéro fédéral de code de stockage (réserves d'Etat) — En. us. — administration
Fspr. — Fernsprecher — téléphone — De. — téléphone
FSR — Free Spectral Range — Plage spectrale — En. — lasers
FSR — Full Scale Reading — EM étendue de mesure — En. — technique électronique
FSS — Flight Service Station — Station service aéronautique — En. — aéronautique
FSS — Flight Standards Service — Service des normes aéronautiques — En. — aéronautique
FT — Firing Table — table de tir — En. — militaire
Ft — (lat. fiant) « make » — « faire » — En. — médecine
FT — filière terminée — Fr. — métallurgie
FT — Financial Times — times financier — En. — presse
FT — Fonction de transfert — Fr. — informatique
ft. — foot, feet — pied, pieds — En. — unité de mesure
FT — fort trafic — Fr. — téléphone
FT — Fort — fort — En. — militaire
FT — Full terms — Conditions littérales — En. — commerce
FTA — Frêt et Transit aérien — Fr. — aéronautique
FTC — Fair Trade Commission — Commission de libre concurrence — En. — commerce
FTC — Federal Trade Commission — Commission Féd[le] du commerce — En. — commerce
FTD — Foreign Technology Division — Div. Tech[e] étrangère — En. — industrie
FTf — Filtre de Transfert — Fr. — radioélectricité
F't'h'd — flat head — tête plate (de vis) — En. — dessin indust. visserie
FTL — Fast Transit Link — liaison rapide — En. — transports
FTL — Fuel trim lever — levier du correcteur de carburant — En. — carburant aéronautique

FTM — Filière terminée à modifier — Fr. — métallurgie

FTM — Flexible Tester Missile — En. — militaire

f.to — firmato — signé — It. — secrétariat

FT — Functional Teamwork Organization — organisation FT — En. — organisation

ftr — Fanteria — Infanterie — It. — militaire

ftr — fighter — En. — av. militaire

FTR — filière terminée à régler — Fr. — métallurgie

FTRG — Flight Test Report Guide — Guide des compte rendus d'essais en vol — En. — aéronautique

FTZ — Fernmeldetechnisches Zentralamt der Deutschen Bundespost — Direction Central de Télécommunications des postes allemandes — De. — postes

FU — freie Universität — Université libre (de Berlin-Ouest) — De. — enseignement

FUACE — Fédération Universelle des Associations Chrétiennes d'Etudiants — Fr. — politique

FUAJ — Fédération Unie des Auberges de Jeunesse — Fr. social

FUCI — Federazione Universitaria Cattolica italiana — It. — enseignement

fud. — fudit (hat es gegossen) — fondu par — lat. (De.) — métallurgie

FULRO — Front Unifié pour la Libération de la Race Opprimée — Fr. — politique

FUND — International monetary Fund — FMI — En. — finances

FUNU — Force d'Urgence des Nations Unies — Fr. — politique

G

G — gain — En. Fr. — sonar
G — gauche — Fr. — général
G — gauss — int. — unité de mesure
G — gauge (pressure) — (pression) relative — En. physique
G — Geld, Anfrage (Effekten) — argent, espèces, demande (en bourse) — De. — monnaie
G — geophysical — géophysique — En. Fr. — NASA espace
G — giga — ru.
g — giorno — jour — It. — chronologie
G — glass-braid — à isolant verre — En. — câbles coaxiaux
G — gleich — identique — De. — général
G — glider — planeur d'assaut — En. — militaire
G — Good (performance) — bonnes (performances) — En. — plastiques
g — Grad — degré — De. — unités
g — gramme — int. — unités de mesure
g — grano — grain — It. Fr. — unité de mesure de pharmacie
G — Grippe épidémique — déclaration facultative) — Fr. — médecine
g ou G — gravité — accélération de la pesanteur — Fr. int. — unité
G — groschen — (Autriche) groschen — De. — général
G — guanine — guanine — En. Fr. — génétique
G — Guinea — Guinée — En. — monnaie
G' — vitesse de variation de longitude — Fr.
G — Longitude du but — Fr.
G — Longitude de l'avion — Fr. — aéronautique géographie
G [4e signe] symbole moteur montage sur coussinets avec graissage additionnel (CEM) — Fr. — électricité
G — conductance — En. — électricité
G — symbole SI du Poids, grandeur exprimée en N (Newton), qui a pour multiple le kgf — Fr. — unités
GA — Gage — relative (pression, etc.) — En. — mesures
GA — Gaine type A — semiconducteurs-câbles — Fr. CCT.
GA — Gallium — int. — chimie
G.A. — Gas Analysis — Analyse des Gaz — En. — physique
G & A General and Administrative (expenses) — (dépenses) Générales et Administratives — En. — comptabilité
GA — General Assembly — plan d'ensemble — En. — dessin indust.
G.A. — General Assembly — assemblée générale — En. — sociétés
GA — General Assistance — aide totale (US) — En. — administration, social
G/a — General average — Avaries communes — En. — maritime assurances
GA — Génératrice Asynchrone (CEM) — Fr. — électricité
G/A — Glass braid with Armor — isolant verre et blindage — En. — câbles coaxiaux
GA — Glide Angle — pente — En. — aéronautique
GA — Go Around ! — remise des gaz (ordre donné par la tour de contrôle, par ex. pour atterrissage manqué) — En. — aéronautique
GA — Ground Attack — attaque au sol — En. — militaire
G.A. — Guide d'Adaptation — Fr. — automatismes
GAAA — Groupement atomique Alsacienne Atlantique — Fr. — nucléaire
G — symbole SI du poids volumique, grandeur exprimée en N/m³ — Fr. int. — unités
GaAs — Gallium Arsenide — Arséniure de Gallium — En. — chimie
GAB — General Arrangement to Borrow — Accord Général d'Emprunt — En. — finances
GAD — Groupe d'Aide au Développement — Fr.
GAEC — Groupement Agricole d'exploitation en commun — Fr. — agriculture

GAF — Groupement agricole foncier — Fr. — agriculture

GAIAL GIE — pour l'aménagement et l'exploitation des infrastructures aéroportuaires locales — Fr. — aéronautique

Gal — Galette (dans un commutateur) — Fr. — électronique

Gal. — gallon — En. — unité de mesure capacité

Gal — symbole SI du gal, unité d'accélération employée en géodésie et en géophysique pour exprimer l'accélération due à la pesanteur — Fr. int. — unités de mesure

GALDIV — Groupement Aérien léger de la Division — Fr. — militaire

Gall. — Gallons — En. — unité de mesure de capacité

Galvannealing = **Galvanizing + annealing** — f-galvannealing — En. Fr. — métallurgie

GAM — Ground to Air Missile — fusée sol-air — En. — militaire

GAM — Groupe d'Action municipale — Fr. — politique

GAM — Guerre, Air, Marine — Fr. — militaire

G.A.M. — Guided Aircraft Missile — Engin aéroporté téléguidé — En. — fusée milit.

GAMA — General Aviation Manufacturers' Association — En. — aéronautique

GAN — Groupe des Assurances Nationalisées — Fr. — assurances

G.A.N.I.S. — Groupement des Applications nucléaires et de l'instrumentation scientifique (THOMSON-CSF) — Fr.

G.A.O. — General Accounting Office — Cour des Comptes — En. us. — comptabilité administration

GAP — Groupes d'Action Ponctuelle — (polices parallèles) — Fr. — police

GAP Générateur automatique de programme — Fr. — informatique

GAPA — Ground-to-Air Pilotless Aircraft — Avion sans pilote sol-air — En. — militaire

GAPAVE — Groupement des Associations de Propriétaires d'appareils à vapeur et électriques — Fr.

GAR — Grand Army of the Republic — En. — militaire

GAR — Ground-avoidance Radar — radar anti-collision — En. — radar de bord

GAREX — Ground Aviation Radio Exchange System — Standard radio au sol pour l'aviation — En. — communications

GARIOA — Government Appropriations and Relief for Import in Occupied Areas — En. — militaire

GARMI — General Aviation Radio Magnetic Indicator — Indicateur Radiomagnétique pour l'av. Générale (USA) — En. us. — radio aéro.

GARP — Global Atmosphere Research Program — En. — espace météo

GATE — Global Atmospheric Research Program's Atlantic Tropical Experiment — En. — météorologie océanographie

GATT — General Agreement on Tariffs and Trade (signé à Genève en octobre 1947) — Accord international douanier et commercial (ONU) — En. int. — douanes commerce

GATV — Gemini Agena Target Vehicle — En. — espace

Gaz. Pal. — Gazette du Palais — Fr. — presse jur.

Gaz. Trib. — Gazette des Tribunaux — Fr. — presse jur.

GB — Gaine type B — (composants électro.) — Fr. CCT

GB — Gear Box — Boîte-relais — En. — aéronautique accessoires

GB — Genehmigungsbescheid — Autorisation — De.

GB — Gesetzbuch — Code (de lois) — De. — législatif

Gb — Gilbert — force magnétomotrice — Fr. int. — unités

GB — Glide bomb — bombe volante — En. — militaire

GB — Great Britain — Grande-Bretagne — En. int. — automobiles

GB — Longitude base B (de l'avion) — Fr. — aéro nav.

Gbh — Güterbahnhof — gare de marchandises — De. — chemins de fer

Gbl — Gesetzblatt — Journal Officiel — De. — administration

G.B.O. — Goods in bad order — marchandises en mauvais état — En. — commerce

GBY — Malte — En. int. — plaques auto.

GBZ — Gibraltar — En. int. — plaques auto

GC — Gesù Cristo — Jésus-Christ — It. — histoire

GC — Gran Croce — Grand Croix — It. — social

GC — Grand Croix (de la Légion d'Honneur) — F. De. — social

GC — Great Circle — Grand Cercle — En. — géométrie

Gc — Longitude base C (de l'avion) — Fr. — aéro nav.

GC — manomètre pour très faibles pressions ou dépressions effectives (BOURDON) — Fr. — outillages

GCA — Ground-Controlled Approach —

approche commandée du sol — En. — nav. avion
GC/AB — manomètre pour très faibles pressions absolues (BOURDON) — Fr. — outillages
GCB — Grand cross of the Bath — En. — social décoration
GCC — Group Control Center — Centre de commande de groupe — En. — milit
GCDE — Grille de commande — semiconducteurs — Fr. — CCT
GC/DI — manomètre pour très faibles pressions différentielles (BOURDON) — Fr. — outillages
GCE — General Certificate of Education (approx. Bac) — En. — enseignement
GCI — Ground Controlled Interception — Interception commandée du sol — En. — militaire aéro
GCIE — Grand Commander of the Order of the Indian Empire — En. — social décoration
GCLH — Grand Cross of the Legion of Honour — Grand croix de la Légion d'honneur — En. Fr. — social
GCM — app. de mesure type Grand Carré Marine (Chauvin Arnoux) — Fr. — outillages
GCP — Globale, Commerciale et Politique (police COFACE) — Fr. — assurances
GCPR — General Ceiling Price Regulation — indice de prix — En. — commerce
GCSI — Grand Commander of the Order of the Star of India — En. — social décoration
GCU — Generator Control Unit — Commande génératrice — En. — électricité
GCU — Ground Control Unit — station au sol — En. — aérospatiale télécommande
GCVO — Grand Cross of the Victorian Order — En. — social décoration
Gd — Gadolinium int. — chimie
GD — Ganduca — Grand-Duc, Altesse sérénissime — It. — social
GD — Granduca — Grand-Duc, Altesse sérénissime — It. — social
GdF — Gaz de France — Fr. — administration
GdF — Guardia di Finanza — inspecteur des finances — It. — administration
GDO — Gun Direction Officier — Officier de tir — En. — militaire
GDP — Gross Domestic Product — PNB — En. — administration
GDR — German Democratic Republic — RDA — En. — politique
GDTA — Générateur de données trois-axes (angl. TADG) — En. — nav. avion
GE — Georgia — Géorgie (USA) — En. — géographie
GE — Genova — Gênes — It. — plaques auto
Ge — Germanium — int. — chimie
GE — Getreide-Einheit — Unité céréalière — De. — agriculture
Ge — Gelb — jaune (abréviation suivant DIN 4700Z) — De. int. — couleurs
GE — Good to Excellent — (résistance à la corrosion) bon excellent — En. — métallurgie
GEANS — Gimball & Electrostatic Aircraft Navigation System — Système GEANS — En. — nav. avion
GEB — Geboren — né — De. — social
GEB — Gebrüder — frères (raison sociale) — De. — commerce
GEB — gebunden — relié — De. — biblio
GEBECOMA — Groupement belge des Constructeurs de Matériel Aérospatial — Fr. — aéronautique
Gebr — Gebrüder — Frères — De. — commerce
GEC — Groupement européen de la cellulose — Fr. — commerce
GECOR — General Electric Communication Routine — programme Gen. Elect. de Communication, — En. — informatique
GEDAP — Gesellschaft für Datenverarbeitung und Programmierung — Sté d'informatique — De. — informatique
GEE — General Electrica Española — société — El. — industrie
GEERS — Groupe des Experts Européens des Recherches Spatiales — Fr. — espace
GEF — Gefallen — morts — De. — militaire
GEF — Gefälligst — s'il vous plait — De. — social
GEFI — Gesellschaft zur Finanzierung von Industrieanlagen (DDR) — Sté de Financement industriel — De. — industrie
GEFL — Gefälligst — S.V.P. — De. — social
GEGR — Gegründet — fondée (maison) — De. — commerce
GEH — Geheftet — broché — De. — biblio.
GEKUF — Gesellschaft für Kunst und Faserstoffe — Sté de plastiques et Fibres — De. — plastiques
GEM — Générateurs à émulsions métalliques (magnéto-hydro-dynamique) — Fr. — plasma
GEM — Ground Effect Machine — machine à effet de sol — En. — transport
GEN — Genannt — nommé — De — général
GEN — General ; général ; generale — De. Fr. It. — militaire
Gen — Generator — Générateur — En. Fr. — radioélec.

GEN — Genossenschaft — coopérative — De. — commercial
gen — genitivo ; genitive, génitif — It. En. Fr. — grammaire
gen — gennaio — janvier — It. — chronologie
Gent. — Gentlemen — Messieurs — En. USA. — secrétariat
GEORG — Gemeinschaft Organisation Ruhrkohle — Communauté charbon-acier de la Ruhr — De. — politique
GEOS — Geodetic Earth Orbiting Satellite — Satellite terrestre géodétique — En. — espace
GEOS — Groupe d'Etude des Objets Spatiaux — Fr. — espace
GEP — Gestion-Epargne-Participation — Fr. — politique
GEP — Groupement européen pharmaceutique — Fr. — pharmacie
GERC — Groupement d'Etudes et de Recherches Catholique — Fr. — religion
GERDAT — Groupement d'Etudes et de Recherches pour le développement de l'Agronomie tropicale — Fr. — agriculture
GERS — Groupe d'Etudes et de Recherches Sous-marines — Fr. — océanographie
GES — Gesellschaft — société — De. — commerce, etc.
Ges — Gesetz — loi — De. — droit
GESAL — General Electric Symbolic Assembly Language — Langage informatique Général Electrique — En. — informatique
gesch. — geschieden — divorcé — De. — juridique
ges.gesch. — gesetzlichgeschützt — protégé, breveté — De. — juridique, brev.
gest. — gestorben — décédé — De. — juridique
ge.sta.Po. — geheime staatliche Polizei — police politique secrète — De. — politique
get. — getauft — baptisé — De. — religion
GET — Ground-elapsed time — temps sol — En. — espace
GETM — Groupe d'Etude du Tunnel sous la Manche — Fr. — TP
GETOL — Ground-effect take-off and landing — = atterrissage et décollage par effet de sol — En. — aéronautique
GEV — Giga Electron-Volt — Fr. int. — unités
GEW — Gewerkschaft für Erziehung und Wirtschaft — De. — social
gez. — gezeichnet — signé — De. — secrétariat
G.F. — Glass Fiber — fibre de verre — En. — composites
GF — Good to Fair — (résistance à la corrosion) — En. — métallurgie
GFAE — Government-furnished aircraft equipment — matériel aéronautique d'état — En. — aéronautique
G.F.E. — Government-furnished equipment — matériel d'état — En. — contrats
GFK — Glasfabrik — tissu de verre — De. — composites
GFK — Glasfaserverstärkter Kunstoff — plastiques renforcés fibre de verre — De. — plastiques
GFL — Gemeinschaft zur Förderung der Luftfahrt in Bayern — Sté bavaroise pour l'aéronautique — De. — espace, aéro.
GFM — Government-furnished material — matériel d'état — En. — contrats
GFP — Government-furnished property — propriété d'état — En. — contrats
GFR — General Flight Rules — règles de pilotage — En. — aéronautique
GFR — German Federal Republic — RFA — En. — politique
GFS — Gesellschaft zur Förderung der Segelflugforschung — Sté pour la recherche en vol à voile — De. — aéronautique
GFS — Ground flat stock — acier GFS (indéformable) — En. — métallurgie
GfW — Gesellschaft für Weltraumforschung — Sté pour la Recherche Spatiale — De. — espace
GG — Gamma-globunin — gammaglobuline — En. Fr. — médecine
GG — Grundgesetz — loi-cadre — De. — politique
G.gr. — Great gross — = 144 dz = 12 grosses — En. — unités
Ggw — Gegenwart — présence — De. — général
GH — Génération hydraulique — Fr. — aéronautique
GH — Growth Hormone — Hormone de croissance — En. — médecine
GHA — Greenwich hour angle — angle horaire de Greenwich — En. — chronologie
GHF — Générateur haute fréquence — Fr. — électronique
GHQ — General Headquarters — Quartier Général — En. — militaire
GHTR — Groupement industriel français pour les réacteurs à haute température — Fr. — nucléaire
GI — Générateur d'impulsions — Fr. — électronique
GI — Government Issue — Emission d'Etat — En. — finances
GI — Ground Idling — ralenti sol — En. — aéronautique
GIACE — Groupement Interprofessionnel

d'Action en faveur du Centre d'Etude des Matières Plastiques — Fr. —
GICEL — Groupement des Industries de la Construction Electrique — Fr. — électricité
GICEX — Groupement Interbancaire pour les opérations de Crédit à l'Exportation — Fr. — banques comm.
GIE — Groupement d'Intérêts Economiques — Fr. — commerce
GIFIAP — Groupement Interprofessionnel Financier Antipollution — Fr. — environnement
GIG — Grands Invalides de Guerre — Fr. — militaire
GIG — Aéroport de Rio de Janeiro — En. El. — aéroports
GIM — Groupe des Industries Métallurgiques — Fr. — industrie
GIPA — Groupement Interprofessionnel du Plastique Armé — Fr. — plastiques
GL — Grande Loge de France (8 rue de Puteaux, Paris) — Fr. — franc-maçonnerie
GLADS — Gun low-altitude air defense system — Canons anti-aériens basse altitude — En. — militaire
GLAM — Groupe de Liaisons Aériennes Ministérielles — Fr. — aéronautique
GLARE — Ground Level Attack, Reconnaissance and Electronic Countermeasures — En. — militaire
GLNF — Grande Loge Nationale de France (65 boulevard Bineau, Neuilly) — Fr. — francs-maçons
GLOW — Gross Lift-off weight — Masse brute de départ — En. — espace
GLP — Gaz liquéfié de pétrole — Fr. — pétroles
GLR — Gun Laying Radar — radar de tir — En. — militaire
GLT — Gun-laying turret — radar pointeur — En. — militaire
GM — Génie Maritime — Fr. — militaire
GM — Génie Militaire — Fr. — militaire
G.M. — General Manager — Directeur général — En. — social, industrie
GM — Geiger-Müller, compteur — En. Fr. int. — nucléonique
GM — Gill et Monel (oscillations de) — Fr. — vibrations
GM — Gouverneur Militaire — Fr. — militaire
Gm — « gram » — « gramme » — En. — médecine
G.M. — Grand Master — Grand Maître — En. Fr. — social, franc-maçons
G.M. — Guided Missile — engin guidé — En. — militaire
gm — transconductance — En. — electronique
gmb — good merchantable brand — bon mélange commercial — En. — commerce
GmbH — Gesellschaft mit beschränkter Haftung — Société à responsabilité limitée — De. — commerce industrie
G.M.I.E — Grand Master of the Order of the Indian Empire — En. GB. — social
G.M.K.P. — Grand Master of the Knights of St. Patrick — En. GB. — social
G.M.M.G. — Grand Master of the Order of St. Michael & St. George — En. GB. — social
gmq — good merchantable quality — Bonne qualité commerciale — En. — commerce
GMR — Grues à montage rapide — Fr. — bâtiment
G.M.S.I. — Grand Master of the Order of the Star of India — En. GB. — social
G.M.T. — Greenwich mean time — temps moyen de Greenwich — En. — chronologie
G.M.T. — Greenwich meridian time — heure de Greenwich — En. — chronologie
gn. — grün — vert (abréviation suivant DIN 47002) — De. int. — couleur
GNA — Groupements Nationaux d'Achat — Fr. — commerce
GNB — Gasto Nacional Bruto — Dette Nationale Brute — El. — administration
gnd — ground — masse — En. — électrotechnique
GNL — Gaz naturel liquéfié — Fr. — gaz
GNP — Gross National Product — Produit national brut (PNB) — En. — économie
GNS — Global Navigation System — Système global de navigation — En. — aéro-navigation
GO — Garantie d'origine — Fr. — commerce
G.O. — Grand-Orient de France 16 rue Cadet, Paris — Fr. — Franc-Maçonnerie
GO — Grandes Ondes — Fr. — radio
Go — Grand Officier (de la légion d'honneur) — Fr. De. — social
Go — Longitude origine (de l'avion) — Fr. — aéro navigation
G.O. — Gorizia — Gorizia — It. — plaques auto
g.o.b. — good ordinary brand — bon mélange ordinaire — En. — commerce
GOES — Geostationary Operational Environmental Satellite (US) — En. — satellite
GOLD — General On Line Data System — En. — informatique
Gon — autre nom du grade (unité d'angle plan) — Fr. — géométrie
GOP — Grand Old Party — Parti Républicain (USA) — En. us. — politique
GOS — General Operating Specification

— Spécification d'utilisation générale — En.
Gov.Gen. — Governer-General — gouverneur général — En. — social administration
govt — Government — Gouvernement — En. — administration
GP — Groupe Primaire — Fr. — électronique
GP — Galactic Probe — sonde de la galaxie — En. — espace
GP — General purpose — universel, tous usages — En. — général
GP — Glide path — trajectoire de descente — En. — aéronautique
GP — Good to Poor — (résistance à la corrosion) — En. — métallurgie
GP — Grand pas — Fr. — aéro.hélices
GP — Grand Public — Fr. — commerce
G.P.A. — Giunta Provinciale Amministrativa — Commission administrative provinciale — It. — administration
G.P.C. — Groupe de Production Concorde — Fr. — aéronautique
GPDC — General Purpose Digital Computer — Calculateur digital universel — En. — inf.avionique
GPH — Gallons per hour — gallons à l'heure — En. — unités de mesure
GPEM — Groupes Permanents d'Etudes des Marchés (officiels) — Fr.
GPI — Ground position indicator — indicateur de position sol — En. — radar aéroporté
GPL — Gaz de pétrole en phase liquide — Fr. — pétroles
GPL — Glide path landing — atterrissage radioguidé — En. — aéronautique
GPM — Gallons per Minute — En. — aéronautique
GPMG — General Purpose Machine Gun — Fusil mitrailleur — En. — militaire
G.P.O. — General Post Office — Bureau Central des Postes — En. — postes
GPO — Gestion Participative par objectifs — Fr. — économie
GPO — Government Printing Office — Imprimerie officielle — En. — imprimerie
GPR — General purpose radar — radar tous usages — En. — radar
GPRA — Gouvernement Provisoire de la République algérienne — Fr. — politique
GPS — Gallons per second — En. — aéronautique
GPU — Ground Power Unit — Station d'alimentation au sol — En. — aéronautique
G.Q.G. — Grand quartier Général — Fr. — militaire
GR — Génie rural — Fr.
Gr — grain — En. — commerce
gr — grammo — gramme — It. — unités de mesure
Gr — Great — Grand — En. — histoire, etc.
GR — Grèce — Fr. int. — plaques auto
Gr — Greek — Grec — En. — histoire, etc.
gr — « grain » — « grain » — En. — médecine
gr — grau — gris (abréviation suivant DIN 47002) — De. int. — couleurs
gr. — gross — brut(e) — En. — commerce
GR — Grosseto — Grosseto — It. — plaques auto.
Gr.-8° — Grossoktav — grand in-octavo — De. — papeterie
GRA — Government Reports Announcements (semimensuel USA) — Bulletin des Annonces Officielles — En. — documentation
grat — graticule — En. — électronique
GREP — Groupe de Recherche pour l'Education et la Promotion — Fr. — social
GRI — Government Reports Index — Répertoire de documentation technique officielle (USA) — En. — documentation
GRIND — Gradient Index fibers — fibres à gradient indexé (à faibles pertes optiques) — En. — fibres optiques
GRP — Glasfiber-reinforced plastics — plastiques renforcés fibre de verre — En. — composites plastiques
GRT — Gross Registered Tonnage — tonnage brut — En. — marine
gr.wt. — gross weight — masse brute — En. — commerce
G.S. — Gauche socialisée — Fr. — politique
Gs — Gauss — induction magnétique — Fr. int. — unité de mesure
GS — General Search — recherches au radar — En. — aéronautique militaire
GS — General Service — En.
GS — Glide slope — pente — En. — aéronautique
GS — Grand Standing — Fr.
GS — Grande série — Fr.
GS — Graphite sphéroïdal — Fr. — métallurgie
GS — Grand Sport — Fr. — automobile
GS — Groupes Scolaires (terminologie du Palais de la Découverte) — Fr. — enseignement
GS — Groupe secondaire — Fr. — électronique
GS — Ground Station — station au sol — En. — espace
GS — Ground speed — vitesse sol Vs — En. — aéronautique
GS — Ground stard — démarrage au sol — En. — aéronautique

GS — Groupe de secours — Fr. — militaire
GS — Fonte affinée genre Suède (CAFL) — Fr. — automobile, métal, etc
GSC — General Staff Corps — En. — militaire
GSD — fonte pour graphite sphéroïdal — Fr. — métal
GSE — Ground support equipment — équipements de servitude au sol — En. — aéronautique
GSV — ground-to surface-vessel — recherches au radar côtier — En. — radar militaire
G.T. — Générateur de tourbillons — (angl. : vortex generator) — Fr. — vibrations
Gt — Gisement du but — Fr. — aéro nav.
GT — Grand Tourisme — Fr. — tourisme
GTC — Gain Time Control — Contrôle de Temporisation — En.
GTC — Gas Turbine Compressor — compresseur à turbine — En. — aéro
GTC — Générateur de Tableaux Croisés — Fr. informatique
GTC — Groupements de Travail Communistes — Fr. — politique
G.T.I.C. — Groupe de travail inspection Concorde — Fr. — aéronautique
G.T.M. — Grisoumètre transportable multifonctions — Fr. — mines
GTO — Gate turn-off — fermeture de porte — En. — semi conducteurs
GTP — Groupes Turbo Propulseurs — Fr. — avion
GTR — Groupes Turboréacteurs — Fr. — moteur avion
GTR — Groupe Turboréfrigérateur — Fr. — technique du froid
GTS — Générateur de Tableaux Statistiques — Fr. — informatique
Gtt — (Guttae) drops — gouttes — (lat)-En. — pharmacie
GTTM — Groupement technique des transporteurs mixtes rail-route — Fr. — transports
G.U. — Gazetta Ufficiale — Journal officiel — It. — administration
Guadal. — Guadalajara — El. — géographie
GUF — Gesellschaft für ungelenkte Flugkörper — Société Engins non guidés — De. — militaire
GUS — Great Universal Stores — Grands Magasins (GB) — En. — commerce
GVD — Gasversorgung Deutschlands — Société de distribution de gaz allemande — De. — gaz
G.V. — Géométrie variable — Fr. — aéronautique
GVS — Gerichtsverfassungsgesetz — droit constitutionnel — De.— juridique
GV — Gewinn und Verlustrechnung — compte pertes et profits — De. — commerce, comptabilité
G.V. — Grande Velocità — It.
G.V. — Grande vitesse — Fr. — chemins de fer
G.V. — Grande visite = révision générale — Fr. — aéronautique
GV — Gravité et vibrations — Fr. — physique
G.W. — Guided weapon — engin guidé — En. — militaire
GWB — Gesetz gegen Wettbewerbsbeschränkungen — loi sur la réglementation de la concurrence — De. — industrie
GWF — Gesellschaft für Weltraumforschung — Société pour la recherche spatiale — De — espace
GWh — Gigawatt/heure — Fr. — unités
GW-SAAR — Gesellschaft für Wirtschaftförderung Saar — Société saaroise d'économie — De. — économie
Gy — gray — Unité SI de dose absorbée nucléaire du 23.12.75 p 13228 — Fr. int. — nucléaire
GZF — Griechische Zentrale für Fremdenverkehr — De. — social

H

H0 — « Locaux secs » (symbole de la norme C15.100) — Fr. — câbles électriques
H1 — Locaux temporairement humides (C15.100) — Fr. — câbles électriques
H2 — Locaux humides (C15.100) — Fr. câbles électriques
H3 — Locaux mouillés (C15.100) — Fr. — câbles électriques
H4 — Locaux exposés (C15.100) — Fr. — câbles électriques
Ha — Haben — avoir, crédit — De. — commercial
H — Half-adder register — En. — demi-registre additionneur — informatique
h — hand = **4 inches** — En. — unités
H — Hard (Temper) — état écroui (NF A 02006) trempe dure (état de surface) — En. — métallurgie
H — Henry — Fr. int. — unités électriques
h — heure — Fr. int. — chronologie
H — hexagonale (tête de vis) — Fr. — visserie
H — Helicopter — En. — militaire
H — hexagonal (système cristallin) — Fr. — chimie
h — hier — ici — En. — général
H — Hongrie — Fr. int. — plaques auto
H — « Hot » (chaud) — (sur régulateurs de câbles de commande de vol) — En. — aéronautique
H — Hydrogène — Fr. int. — chimie
H — hydrogène, bombe à — Fr. — militaire
H — Rubéole (déclaration facultative) — Fr. — médecine
H — moteur horizontal à brides (symbole CEM) — Fr. — électricité
H — symbole de l'altitude pression = **f. Z** — En. — aérodynamique
Ha — Hafnium — int. — chimie
HA — Handelsabkommen — Accord commercial — De. — commerce
ha — hectare — Fr. int. — unités agricoles
HA — High Authority — Haute autorité — En. — politique
HA — High altitude — Haute altitude — En. — aéronautique
HA — homatropine (alcaloïdes) — Fr. int. — chimie
HA — symbole des fusibles à cartouche (CCTU) — Fr. — électronique
HAA — Heavy antiaircraft — En. — militaire
HAA — Helicopter Association of America — En. — hélicoptère
HAA — High Above Airport — En. — aéronautique
HAOSS — High Altitude Orbital Space Station — Station orbitale à haute altitude — En. — espace
HAPN — Hauteur d'aspiration positive nette — Fr. — pompes
HARCO — Hyperbolic Aerea Coverage — système européen de navigation — En. — navigation avion
HARM — High Speed Anti-Radiation Missile — (NAVY Project) (USA) — En. — militaire
har(p) — high altitude research (program) — programme de recherche à haulte altitude — En. — espace, fusées
HARP — Histoire de la Région Parisienne — Fr. — histoire
HARP — Halpern's Anti-radar Point — En.
HARPE — Hôtesses d'accueil et de relations publiques européennes — Fr. — social
HASA — Hispano de Aviación SA — société — El. — aéronautique
HAST — High Altitude Supersonic Target — Cible supersonique à haute altitude — En. — militaire
HAT — Hatmaker — chapelier — En. — commerce
HAT — High Above Touchdown — Bien au-dessus de l'impact — En. — aéronautique
HATS — Helicopter Attack System — Système d'attaque par hélicoptères — En. — militaire
HAWK —Homing all the way killer — missile HAWK — En. — militaire
HB — symbole des ensembles porteurs pour fusibles à cartouche — Fr. — électronique
HB — Hardness, Brinell — dureté Brinell — En. — rdm

HB — Hard-Book — Livre « Hard » — En. — Biblio.
HBF — Hauptbahnhof — gare principale — De. — chemin de fer
HBM — Habitation à bon marché — Fr. — social
HBM — Her Britannic Majesty — Sa majesté britannique — En. — social
HC — High Carbon — teneur en carbone — En. — métal
HC — Honeycomb — nid d'abeille — En. — technique
HC — Honoris causa — lat. — enseignement
HCE — Hydraulic Compression Engine — Moteur à compression hydraulique — En. — moteurs
HCH — Hexachlorocyclohexane — int. — chimie alim.
HCM — Histogram current meter — histogramme de mesure des courants — En. — océanographie
HCPS — Horizontal Candle Power Second : « Unité d'intensité lumineuse totale d'une lampe flash regardée perpendiculairement à son axe de symétrie. » — En. int. — électronique
HCR — Haut-Commissaire des Nations-Unies pour les Réfugiés — Fr. — politique
HCS — High Carbon Steel — Acier à haute teneur en carbone — En. — métallurgie
HCSHT — High Carbon Steel, Heat-treated — Acier à haute teneur en carbone, traité thermiquement — En. — métallurgie
HD — Heavy Duty — à grand rendement — En. — industrie
HD — Hors dimensions — Fr. — technique
HD — Hydrogène et Deutérium — int. — chimie
HDBK — Handbook — manuel, etc. — En. — général
HDF — High Frequency Direction Finding Station — station radiogoniométrique HF — En. — électronique
HDG — Heading — cap — En. — nav. avion
HDI — Hexaméthylène diisocyanate — Fr. — plastiques
HDI — Horizon and Director Indicator — Indicateur d'horizon-directeur (ou) synthétiseur d'horizon — En. — nav. avion
HDI — Human development institute — Institut de développement humain — En.
HDLG — Handlung — De.
HDO — Hydrogène, Deutérium, Oxygène = eau lourde — Fr. int. — chimie
HDPE — High density polyethylene — Polyéthylène haute densité — En. — plastiques
HDT — Heat distortion temperature — température de distorsion thermique — En. — composites
HE — symbole des connecteurs multicontacts — Fr. — électronique
He — hélium — int. — chimie
H.E. — High Explosive — à haut pouvoir détonant — En.
H.E. — High Efficiency — à grand rendement — En.
H.E. — hoc est ; hic est ; that is or this is — c.-à-d. ou voici — lat. En. — général
HE — His Eminence — Son Eminence — En. — social
H.E. — His Excellency — Son Excellence — En. — social
HEA — Heure estimée d'arrivée — Fr. — transports
HEALS — Honeywell Error Analysis and Logging System — En. — informatique
HEAO — High Energy Astronomy Observatory (project) — observatoire astronomique à haute énergie — En. — espace, astronomie
Heb — Hebrew — hébreu — En. — histoire linguistique
H.E.C. — Hautes Etudes Commerciales (Ecole des) — Fr. — enseignement
HECJF — Haut Enseignement commercial pour les Jeunes Filles — Fr. — enseignement
HEI — High Explosive, Incendiary — Incendiaire, à haut pouvoir détonant — En. — militaire
H.E.I.C.S. — Honourable East India Company's Service — (GB) — En. — social
HELIP — Hawk European Limited Improvement Program — En. — militaire
HELS — High Efficiency Low Reflection — En.
HEOLUS — HEOS-Luneberglinsen-Satellit — De. — satellites
HEOS — Highly Excentric Orbit Satellite — satellite HEOS — En. — satellites
HEPAR — High Efficiency Particulate Air Filter — filtre à air particulé à haute efficience — En. — filtration
HEQ — Ether dihydroxyéthylique de l'hydroquinone — Fr. int. — chimie
HES — Hors effet de sol (angl. DGE) — (hélicoptères) — Fr. — aéronautique
HET — Heavy Equipment Transport — En. — transport
HET — Hochenegertische Treibstoff — carburant à haut indice d'octane — De. — carburants
HETAM — Hochenergetisches Antriebsmodul — De.
HETP — High equivalent to a theoretical plate — Haut équivalent à une plaque théorique — En. — nucléaire
HETS — High équivalent to a theoretical

stage — Haut équivalent à un étage théorique — En. — nucléaire

HEW — department of Health, Education and Welfare — Ministère de l'Education et de la santé (USA) — En. — administration

Hf — Hafnium — int. — chimie

HF — Haut-Fourneau — Fr. — sidérurgie

HF — High frequency — haute fréquence — En. Fr. — électronique

HFB — Hamburger Flugzeugbau — (société) — De. — aéronautique

Hf.-bd. — half-bound — En.

HFDF — High frequency direction finder — radiogoniomètre HF — En. — électronique

Hf, Hg — = hrsg, — Hrsg — De.

Hg — mercure (gr. Hydrargyrum) — int. — chimie

HG — Herausgegeben — De.

HG — Horse-Guards — Gardes à Cheval — En. Fr. — militaire

HGB — Handelgesetzbuch — code du commerce — De. — commerce, droit

HH — Hélicoptère de sauvetage — (USNA) — En. — militaire

HH — His or Her Highness — Sa Grandeur ou Hauteur — En. — social

HH — His Holiness (the Pope) — Sa Sainteté (le Pape) — En. — religion

HH — Symbole normalisé (AFNOR E48-600) des huiles minérales non inhibées — Fr. — lubrif.

Hhd — Hogshead — tonneau (52 1/2 imperial gallons or 63 gallons of the old wine measure-ROYAL) — En. — unité de mesure

HHP — Hyperbarie, Hypothermie et Perfusion — Fr. — médecine

HHSMU — Hand Held Space Maneuvering Unit — Module de manœuvre à la main dans l'espace — En. — espace

HI — hic Jacet = here lies — ci-gît — lat. En. Fr. — religion

HI — Holidays Inn's (of America Food Sales Division) — En.

HI — Hospital Insurance — assurance hospitalisation (US) — En. — social

HIAD — Handbook of Instructions to Aircraft Designers — (manuel OTAN à l'usage des constructeurs d'avions) — En. — militaire

HIAGSED — Handbook of Instructions for Aircraft Ground Support Equipment Designers — (manuel OTAN à l'usage des constructeurs de matériel de servitude au sol) — En. — militaire

HIBEX — High Acceleration missile booster — fusée HIBEX — En. — fusées militaires

HICA — Hôtesses de l'industrie, du commerce et de l'administration (Ecole des Cadres jeunes filles) — Fr. — Enseignement

HICAT — High-altitude Clear Air Turbulence — Turbulence en air calme à haute altitude — En. — météo, aérodynamique

HIFRENSA — Hispano-Francesa de Energia Nuclear SA — (société) — El. — nucléaire

HIG — Hermetic Integrating Gyroscope — gyroscope intégrateur hermétique — En. — gyroscopes

Hig — higiene — Hygiène — El. — dictionnaire

HIGED — Handbook of Instructions for Ground Equipment Designers — Manuel d'instructions à l'usage des Concepteurs de matériel au sol — En. — aéronautique

HIH — His or Her Imperial Highness — Sa Grandeur Impériale — En. — social

HI-HICAT — very high altitude clear air turbulence — Turbulence en air calme à très haute altitude — En. — météorologie

HiMAT — Highly maneuverable Aircraft Technology (NASA program) — programme HIMAT — En. — aéronautique

HIP — Hawk Improvement Program — Programme de perfectionnement Hawk — En. — fusées militaires

HIPAR — High Power Acquisition Radar — Radar de poursuite à grande puissance — En. — radar

HIPERNAS — High Performance Navigation System — Système navigation à hautes performances — En. — navigation

Hi-R — High Resistance — Haute résistance électrique — En. — fils et câbles

HIR — Helicopter Instrument Rules — Règles de vol aux instruments pour les hélicoptères — En. — hélicoptères

HIRL — High-Intensity Runway Lights — Feux de piste haute intensité — En. — aéronautique

HIS — Hochschul-Informations System — Système d'informations des Ecoles Supérieures — De. — enseignement

HISPAFRAN — Hippano-Francesa de Cooperación Técnica y Financiaria SA — El. — finances

HIT — Homing Intercept Technology (US ARMY) — Interception Homing — En. — fusées militaires

HIVOS — High vacuum orbital simulator — simulateur orbital à vide poussé — En. — espace

HK — Handelskammer — Chambre de commerce — De. — commerce

HK — Hexagonale crénelée (tête de vis) — Fr. — visserie

HK — symbole des commutateurs rotatifs — Fr. — électronique
hl — hectolitre — Fr. int. — unités de mesure
hl. — heilig — saint — De. religion
HL — symbole normalisé (AFNOR E48-600) des huiles minérales antioxydantes et anti-corrosives — Fr. — lubrif.
HLH — Heavy lift helicopter — hélicoptère lourd (Boeing) — En. — hélicoptère
HLL — High Level Logic — (circuits intégrés) circuit HLL — En. — semiconducteurs
HLM — Habitation à loyer modéré — Fr. — construction
H.L.S. — Heavy Logistic Support — soutien logistique massif — En. — militaire
hm — hectomètre — Fr. int. — unités de mesure
H.M. — His or Her Majesty — Sa Majesté — En. — social
HLW — Höhenleitwerk — gouverne de profondeur — De. — avion
HLW — Höhenleitwerk — empennage horizontal — De. — avion
HM — Hypermarchés — Fr. — commerce
HM — Symbole normalisé (AFN² 48-600) des huiles minérales anti-usure — Fr. — lubrif.
H-Material — Wehrmaterial für die Landkriegsführung — matériel militaire terrestre — De. — militaire
HMG — Heavy Machine-Gun — mitrailleuse lourde — En. — militaire
H.M.G. — Hydro-Mechanical Governor — Régulateur (ou limiteur) hydromécanique — En. — aéronautique, hélices
HMI — Hans-Maitner Institut für Kernforschung — Institut nucléaire Hans-Maitner — De. — nucléaire
HMO — Health-Maintenance organization — (nouveau) service de santé (US) — En. — médecine
HMP — (hoc monumentum posuit) He or she erected this monument — monument élevé par... — En. — social
HMPL — Hydro-Mechanical Pitch Lock — Verrouillage hydro-mécanique de pas — En. — aéronautique, hélices
HMS — His of Her Majesty's Service — Service de Sa Majesté — GB En. — social administration
HMS — His or Her Majesty's ship or steamer — Navire de Sa Majesté — GB En. — nautique
HMS — hour, minute, seconde — heure, minute, seconde — En. Fr. — chronologie
HMSO — Her Majesty's Stationary Office — Bureau permanent de Sa Majesté — GB En. — administration
HMU — Hand-held maneuvering unit — module de manœuvre manuel — En. — espace
HNDT — contrôle holographique — En. us. — contrôle industriel
HO — Handelsorganisation — organisation commerciale — De. — commerce
HO — Hélicoptère d'observation — En. Fr. — militaire
Ho — Holmium — int. — chimie
Ho — House — Maison — En. — commerce
HOB — Height of Burst — Hauteur de l'explosion — En. — militaire
Hobos — Homing bomb system — bombe Homing — En. — militaire
HOCUS — Hand or Computer Universal Simulation — programme Hocus — En. — informatique
HOFL — Höflichst — De.
HOGE — Hover out of ground effect — Vol stationnaire hors effet de sol — En. — aéronautique
HOM — norme Homologuée — Fr. — normalisation
HON — Honorary or Honourable — honoraire ou honorable — En. — social
Hond. — Honduras — Honduras — El. — politique
Hors — Hors service — Fr. — électronique
HOT — haut subsonique optiquement guidé, tiré de tube — Fr. — missile
HOW — Hercules on Water — En. — militaire
HOWEG — Hotel und Wirtgewerbe (Suisse) — Hôtellerie — De.
HP — half-pay — demi-solde — En. — militaire, etc.
HP — High Pressure — Haute Pression — En. Fr.
HP — Horse Power — En. — unités
HP — House physician — médecin de famille — En. — médecine
HP — Hydroxyacétophénone — Fr. int. — chimie
H_p — Pressure altitude — altitude-pression (Z) — En. — aéronautique
HPA — Handelspolitischer Ausschuss des Bundesressorts — Commission fédérale sur la politique commerciale — De. — commerce
HPL — Hydraulic pitchlock — verrouillage de pas hydraulique — En. — aéronautique, hélices
HQ — Headquarters — Q.G. — En. — militaire
hr 1 et 2 — Boulons précontraints pour charpente métallique — Fr. — normalisation quincaillerie
HR — Handelsrechnung — facture commerciale — De. — commerce
HR — Hélicoptère de transport — En. us. — militaire

Hr(n) — Herr(n) — Monsieur — De. — social

HRC — High Rupturing Capacity — Haute capacité de rupture — En. — relais

HR — Hot-rolled — laminé à chaud — En. — métallurgie

H.R. — House of Representatives — chambre des Représentants — En. us. — politique

HRE — Holy Roman Empire or Emperor — St. Empire ou Empereur romain germanique — En. — politique, histoire

HRH — His or Her Royal Highness — Sa Royale Grandeur — En. — social

HRIP — (hic requiescit in pace) — ci-gît en paix — lat. En. Fr. — social, religion

HRIR — High Resolution Infrared Radiometer — radiomètre infrarouge à haute résolution — En. — électronique

hrsg. — herausgegeben — édité — De. — édition

Hrsg. — Herausgeber — Editeur — De. — édition

HRZG — Herzog — duc — De. — social

h.s. — « at bedtime » — « au coucher » — En. — médecine

Hs. — Handschrift — manuscrit — De. — archéologie, histoire

HS — Helical Shaft — arbre hélicoïdal — En. — mécanique

H.S. — Hexagonal Socket (recess) — (empreinte) six-pans creux — En. — visserie-boulonnerie

HS — Hors série — Fr. — commerce

HS — Hors service — Fr. — général

hs — nominal depth of threads — profondeur nominale des filets — En. — visserie

HSD — Horizontal Situation Display — En. — aéronautique

Hsg. — Housing — carter, logement — En. — mécanique

HSI — Horizontal Situation Indicator — (Airbus) — En. — aéronautique, instruments

HSM — Hard Structures Munitions weapon — armes destinées à la destruction des bunkers, etc. — En. — militaire

HSN — Haute Société Nomade — Fr. — social

HSP — Haute Société Protestante — Fr. — social, religion

HSP — High Speed Printer — rotative à grande vitesse — En. — imprimerie

HSR — High Speed Reader — lecteur à grande vitesse — En. — électronique

HSRO — High Speed Repetitive Operation — dispositif de répétition à grande vitesse — En. — informatique, ordinateurs

HSS — Hors Série Spéciale — Fr. — industrie commerce

HT — Haute Tension — Fr. — électricité

HT — Heat-treated — traitement thermique — En. — soudage, métallurgie

HT — Helicopter, Training — Hélicoptère d'entraînement — En. us. — hélicoptère

HT — High temperature — haute température — En. Fr. — température

HT — High Tensile — à haute résistance — En. — métaux

HT — Hors Taxe — Fr. — commerce

HT — « fonte affinée à bas carbone » (CAFL) — Fr. — métal

HTA — Hypertension Artérielle — Fr. — médecine

H.T.A. — Heavier than air — plus lourd que l'air — En. — aéronautique

HTA — Haupttelegraphenamt — bureau central du télégraphe — De. — postes

HTL — Höhere technische Lehranstalt — Ecole professionnelle supérieure — De. — enseignement

HTME — Horizontal tube Multiple effect — tube horizontal à effets multiples — En. — environnement (dessalement de l'eau de mer)

HTO(L) — Horizontal take-off (and landing) — décollage (et atterrissage) à l'horizontale — En. — aéronautique

HTPB — Hydroxyl-terminated polybutadiène — (carburant pour moteur-fusée) propergol solide — En. — carburants fusées

HTR — Hochtemperaturreaktor — réacteur haute température — De. — nucléaire

HTR — High temperature reactor — réacteur à haute température — En. — nucléaire

HTSLW — Höhere Technische Schule der Luftwaffe — De. — aéronautique

HSR — High Temperature Short Time — haute température temps bref — En. — métal

HU — Helicopter, utility — Hélicoptère utilitaire — En. US. — hélicoptère

HUD(s) — Head-Up Display(s) — présentation haute, viseur tête haute — En. — instruments, aéronautique

HUFF-DUFF — High-Frequency Direction Finder — Radiogonio. HF — En. — aéro-navigation

HUK — Haftpflicht-Unfall und Kraftverkehrs-Versicherung — Assurance automobile au tiers — De. — assurances

HUP — Haarkosmetik und Parfumerien — coiffeur-parfumeur — De. — commerce

HUSS — Helicopter Underslung spray system — Epandage par système suspendu sous l'hélicoptère — En. — hélicoptère agricole

HV — symb. norm. (RFN²E48-600) des huiles minérales — à caractéristiques viscosité/température améliorée — Fr. — lubrif.

HV — Hauptversammlung — Assemblée générale — De. — société

hv — high vacuum — vide très poussé — En. Fr. — chimie, etc.

HV — High Voltage — Haute tension — En. — électricité

HVAR — High Velocity Aircraft Rocket — fusée sur avion à grande vitesse — En. — militaire

HVDF — High and Very High Frequency Direction Finder — Radiogonio. à haute et très haute fréquence — En. — aéro-navigation

HVU — High Voltage Unit — alimentation haute tension — En. — électricité

Hwb — Handwörterbuch — dictionnaire — De. — général

HWK — Handwerkskammer — chambre artisanale, chambre des métiers — De. — général

HX — heat exchanger — échangeur de chaleur ou de température — En. — industrie

HYBALL — Hybrid Analog Logic Language — Langage HYBALL — En. — informatique

hydr — hydrolyse — Fr. — chimie

Hz — Hertz — Hertz — int. — unité de mesure vibrations ; unité de mesure de fréquence en cycles par seconde

HZA — Handels- und Zahlungsabkommen — Accord sur les échanges et les paiements — De. — commerce

HZA — Hauptzollamt — douane centrale — De. — douanes

I

I — in (im) — dans, en — De. — général
I — Inverseur — Fr. — électricité, moteurs
I — iode — Fr. int. — chimie
I — isolant — Fr. — électricité
I — « isolant » (symbole câbles tél.) — Fr. — norm. câbles élect.
I — Italie — int. — plaques autom.
I — symbole du courant électrique — Fr. — électricité
I — symbole SI du Moment d'Inertie, grandeur exprimée en kg/m² — Fr. — unités
i — nombre imaginaire dont le carré est −1 — int. — mathématiques
I — Varicelle (déclaration facultative) — Fr. — médecine
I²t — « I carré t » est une mesure de la surcharge max. de courant efficace non récurrent admissible pour la durée d'une impulsion comprise entre 5,0 et 10 millisecondes (symboles littéraux semiconducteurs) — int. — unités
i.A. — im Auftrag — par ordre, de la part de — De. — commercial
IA — Information agricole — Fr. — agriculture
IA — Input Axis — Axe d'entrée — En. — dessin indust.
i.a. — inter alia — entre autres, notamment — Lat. — général
IA — Iowa — En. — géographie
Ia — prima (erstklassig) — première qualité — De. — commercial
IAA — Industries Agricoles et Alimentaires — Fr. — industrie
IAA — Instituto do Azucar e do Alcool (Brasil) — Institut du Sucre et de l'Alcool — portugais — commerce
IAA — International Academy of Astronautics — Académie Internationale d'Astronautique — De. — espace
IAA — International Aerospace Abstracts — Résumés de Documentation Aérospatiale Internationale — En. — documentation (ministères)
IAA — Internationale Automobilausstellung — Salon International de l'Automobile — De. — automobile
IAA — Internationales Arbeitsamt — Bureau International du Travail — De. — social
IAAC — International Agricultural Aviation Center — l'Aviation Agricole — En. — agri. avion
IAC — Import : Advisory Committee — comité consultatif importation — En. — commerce
IAC — International Air Charter Association (USA) — Association Internationale des Compagnies de Charter — En. — aéronautique
IACP — Istituto Autonomo Case Popolari — Institut Autonome des Maisons Populaires (Italie) — It. — bâtiment
IACS — Integrated Armament Control System — Contrôle Intégré des Armements — En. — militaire
IACS — International Annealed Copper Standard — étalon international de cuivre rouge — En. — métaux, normalisation
IACS — International Arms-Control Symposium — Symposium International sur le Contrôle des Armes — En. — politique
IAEA — International Atomic Energy Agency (UN) — Agence Internationale de l'Energie Atomique — En. — nucléaire
I.A.F. — International Astronautical Federation — Fédération Astronautique Internationale — En. — astronautique, espace
IAG — Institut d'Administration et de Gestion — Fr. — économie
IAGC — Instantaneous Automatic Gain Control — Anti-fading — En. — radio
IAI — Israel Aircraft Industry — (Société) — En. — aéronautique
IAL — International Algebraic Language — Langage IAC — En. — mathématiques, informatique
IALA — International Association of Lighthouses Authorities — Association Internationale des Gardiens de Phares — En. — marine

i. allg. — im allgemeinen — en général — De. — général

IAM — International Association of Machinists — (syndicat US) — En. — social

IAMAP — International Association of Meteorology and Atmospheric Physics — Association Internationale de Physique Météorologique et Atmosphérique — En. — météorologie

IANC — International Airline Navigator Council — Conseil international des Navigateurs de ligne — En. — aéronautique

IAO — Internationale Arbeitsorganisation (Suisse, ONU) — Organisation Internationale du Travail — De. — social

IAP — Industrial Air Products — (Société) — En. — aéronautique

IAP — Institut Algérien du Pétrole — Fr. — pétrole

IARD — Incendie, Accidents et Risques Divers — Fr. — assurances

IAS — Indicated Airspeed — vitesse indiquée — En. — navigation avion

IAS — Institute of Aeronautical Sciences — Institut des Sciences Aéronautiques — En. — aéronautique

IASA — International Air Safety Association — Association Internationale de la Sécurité Aérienne — En. — aéronautique

IATA — International Air Transport Association — Association Internationale du Transport Aérien — En. — aéronautique

IATC — International Air Traffic Communications — Communications Internationales pour la Circulation Aérienne — En. — aéronautique

IAU — International Astronomical Union — Union Astronomique Internationale — En. — astronomie

IAV — Input-Axis Vertical — entrée, axe vertical (dérive en °/h) — En. — gyroscope

IAV — Institut Audio-Visuel — Fr. — enseignement

i.b. — im besonderen — en particulier — De. — général

IB — insoluble dans le bicarbonate — Fr. — chimie

IBA — International Bauxite Association — En. — métallurgie

IBC — Institut Brésilien du Café — Fr. — alimentation

IBFG — Internationaler Bund freier Gewerkschaften — Fédération internationale des syndicats libres — De. — social

IBI — Istituto Bancario Italiano — Institut Bancaire Italien — It. — banques

IBID — ibidem — Lat.

IBM — International Brotherhood of Magicians — Fraternité Internationale des Magiciens — En. — religion, etc.

IBM — International Business Machines — (société américaine) — En. — commerce

I. Bre — Im Brisgau — en Brisgau — De. — géographie

IC — Image Conduit — conducteur d'image — En. — fibres optiques

IC — Ingénieur en Chef — Fr. — social

IC — Integrated circuit — circuit intégré — En. — semiconducteur

IC — Intégré complet — (Breguet Atlantic) — Fr. — navigation avion

Ic — courant collecteur — En. Fr. — transistors

ICA — Integrated Circuits Analog (CEM) — Fr. — semiconducteur

ICAA — International Civil Airport Association — Association Internationale des Aéroports Civils — En. — aéronautique

ICAF — International Conference on Aircraft Fatigue — Conférence Internationale sur la Fatigue des Avions — En. — aéronautique

ICAM — Institut Catholique des Arts et Métiers — Fr. — enseignements

ICAN — International Commission for Air Navigation — Commission Internationale de la Navigation Aérienne — En. — navigation avion

ICAO — International Civil Aviation Organization — OACI — En. — aéronautique

ICAS — International Council of the Aeronautical Sciences — Conseil International des Sciences aéronautiques — En. — aéronautique

ICB — Indicator Control Box — Boîtier de Contrôle de l'Indicateur — En. — aéronautique, instruments

ICBM — Intercontinental Ballistic Missile — En. — fusées militaires

ICC — International Chamber of Commerce — Chambre de Commerce Internationale — En. — commerce

ICC — Interstate Commerce Commission — Commission Interétats du Commerce — En. US. — commerce

ICCA — International Congress and Convention Association — Association internationale des Congrès et Conventions — En.

ICCE — International Council of Commerce Employers — Conseil International des Employés de Commerce — En. — commerce

ICCICA — Interim Coordinating Committee for International Commodity Arrangements (ONU) — En. économie

ICD — Inspecteur des Contributions Directes — Fr. — administration

ICD — Instruction Control Division — En. — aéronautique

ICD — Integrated Circuits Digital (CEM) — Fr. — semiconducteur

ICE — Integration with controlled-error — Intégration avec erreur contrôlée — En. — Informatique

ICE — Istituto per il Commercio Estero — Institut du Commerce extérieur — It. — commerce

Icelert — = **Ice Alert** — alerte au givrage — En. — aéronautique, etc.

ICEM — Intergovernmental Committee for European Migration — En. — social

ICGM — Ingénieur en chef du Génie Maritime — En. — social

ICHA — Impôt sur le chiffre d'affaires — Fr. — administration

ICICLE — Integrated Cryogenic Isotope Cooling Equipment — Equipement intégré de refroidissement aux isotopes cryogéniques — En. — cryogénie

ICITO — Commission Intérimaire de l'organisation Internationale du Commerce (UN) — En.

ICM — Courant collecteur récurrent maximal — En. Fr. — semiconducteurs

ICM — Impôt sur la circulation de marchandise — Fr. — administration

ICM — Improved Capability Missile — Missile aux performances améliorées — En. — militaire

ICNI — Integrated Communication, Navigation, and Identification — Système intégré de communication, navigation, identification — En. — aéronautique, navigation

I corr — I correction — courant de correction — En. Fr. — électricité

ICR — Indemnité complémentaire de revenu — Fr. — administration

ICR — Internationale Communiste Révolutionnaire — Fr. — politique

ICRH — Ion Cyclotron Resonance Heating — Cyclotron ICRH — En. — nucléaire

ICS — Indian Civil Service — Service Civil Indien — En.

ICS — Intercommunication system — système intercommunication — En. — communication

ICS — Institut du Cinéma scientifique (Palais de la Découverte) Paris — Fr. — aéronautique, enseignement.

ICSC — Interim Communications Satellite Committee — (ONU) — En. — satellites

ICSU — International Council of Scientific Unions — Conseil International des Associations scientifiques — En. — sciences

Ict — Ingénieurs, cadres et techniciens — Fr. — social

ICT — Insulating core transformer — Transformateur à noyau isolant (dans un accélérateur de particules nucléaires) — En — nucléaire

ICU — Intake control unit — commande d'entrée d'air — En. — aéronautique

ICW — Interrupted Continuous Wave — Onde continue interrompue — En. — électronique

ICY — Interchangeability — interchangeabilité — En. — aéronautique

id. — idem — lat. — général

i.D. — im Durschnitt — en moyenne — De. — général

i.D. — inklusive der Dividende — y compris les dividendes — De. — finances

ID — Inlet duct — conduit(e) d'entrée (d'air) — En. — avion

ID — Inside Diameter — diamètre intérieur — En. — dessin industriel

ID — Inspection Department —Service Contrôle — En. — industrie

ID — Intelligence Department — service secret — En.

ID — courant de drain — En. Fr. — transistors

ID — Courant continu (état bloqué) — En. Fr. thyristors

IDA — Indemnisation directe des assurés — En. — assurances

IDA — International Development Association (UN) — Association pour le développement international — En. — économie

Idaflieg — Interessengemeinschaft Deutscher Akademischer Fliegergruppen — De — aéronautique

IDB — inter-american development bank — Banque Inter-américaine de Développement — En. — finances

IDC — Instantaneous Deviation Control — Régulateur de glissement instantané — En. — aéronautique

IDCSP — interim Defense Communication Satellite Program — En. — satellites

IDCSS — Initial Defense Communication satellite system — En. militaire

IDEP — Interservice Data Exchange Program — Programme IDEP — En — informatique

IDF — Intermediate distribution frame — répartiteur intermédiaire — En. — téléphone

IDG — Individual Drop Glider — En. — aéronautique

idg — indo-germanisch — indo-européen — De. — linguistique

IDG — Integrated Drive Generator — Générateur de dérive intégré — En. — gyroscopes

IDHEC — Institut des Hautes Etudes Cinématographiques — Fr. — cinéma

IDI — Improved Data Interchange — En. — informatique
IDI — Instantaneous Deviation Indicator — Indicateur d'écart instantané — En. — avion
IDI — Institut de Développement Industriel — Fr. — industrie
IDI — Institut de Droit International — Fr. — droit
IDI — Integrated Display Instrument — Instrument à présentation intégrée — En. — avion
I/DIA — Internal Diameter — diamètre interne — En. — dessin industriel
ID LT — Identification Light — feu d'identification — En. — aéronautique
IDO — International Disarmament Organization — Organisation internationale du Désarmement (ONU) — En. — politique
IDP — Integrated Data processing — Traitement intégré des données — En. — informatique
IDNE — Inertial Doppler Navigation Equipment — Equipements de navigation Doppler à inertie — En. navigation aéronautique
IdS — Institut für deutsche Sprache — De. — linguistique
I.D.S. — Integrated Display of Situation — Visualisation intégrée de la situation — En. — aéronautique
ID/S — (aircraft) Interdiction/Strike aircraft — En. — aéronautique militaire
IDSS — courant drain source (porte et source en court-circuit) — En. Fr. — transistors
i.Durchschn. — im Durchschnitt — en moyenne — De. — général
IDZ — Centre de Design industriel de Berlin-Ouest (RFA) — De. — industrie
ie — (id est) that is — c'est-à-dire — lat. En. — général
IE — Id Est — c'est-à-dire — lat. En. — général
IE — insoluble dans l'éther — Fr. — chimie
i.e. — (inter alia) — entre autres choses — (lat.) En. — général
IEC — Integrated Equipment Component — Composant d'équipement intégré — En. — électronique
IEC — International Electrotechnical Commission — (USA) — En. — normalisation, électricité
IEEE — Institute of Electrical and Electronics Engineers — En. — normalisation électrique et électronique
IEM — Ion-Exchange Membrane (Gemini fuel-cells) — Membrane de l'échangeur d'ions — En. — satellites
IEME — Instituto Español de Moneda Extranjera — Institut Espagnol de la Monnaie étrangère — El. — monnaie
IEP — Indicateur électronique de pilotage — Fr. — aéronautique
IEP — Institut d'Etudes Politiques — Fr. — politique
IEP — Institut européen pour la promotion des entreprises — Fr. — économie
IEPS — Inter European Payments Scheme — Plan de paiements inter-européens — En. — commerce
IER — Impression-enregistrement des résultats — Fr.
IES — Illuminating Engineering Society — Association des Ingénieurs de l'éclairage — En. — électricité
IET — Interests Equalization Tax — (USA) — En. — politique, finances.
IF — Institut pour le Futur — Fr. — futurologie
I.F. — Instructions de fabrication (AEROSPATIALE) — Fr. — aérospace
I.F. — Intermediate frequency — fréquence intermédiaire ou moyenne — En. — radio
I.F. — Intervalle de flottement (système PERT) — Fr. — gestion
I.F. — rejection — facteur de pénétration M.F. — En. — télévision
IF — courant direct — int. CEI — semiconducteurs
IFA — International Fighter Aircraft — En. — aéronautique
IFAC — Inspection fusionnée d'Assiette et de Contrôle — Fr. — administration, finances
IFALPA — International Federation of Airline Pilot Associations — En. — aéronautique
IFAM — Courant direct d'anode (valeur maximum) — En. Fr. — transistors
IFAP — International Federation of Airlines Pilots — En. — aéronautique
IFATCA — International Federation of Air Traffic Controllers Association — En. — aéronautique
IFAVM — valeur limite du courant direct moyen — int. (CEI) — semiconducteurs
IFC — International Finance Corp — (UN) — En. — finances
IFERP — Institut pour la Formation dans les Entreprises de la Région parisienne — Fr. — enseignement
IFF — Identification Friend or Foe — Intérro-répondeur ami-ennemi — En. — aéronautique militaire, communications
IFG — Institut français de Gestion — Fr. — enseignement
IFG — Interregional Fluggesellschaft — Compagnie aérienne inter-régionale — De. — aéronautique
IFGaM — courant direct de porte anodi-

que (valeur max.) — En. Fr. — transistors

IFI — Istituto Finanziario Industriale — Institut de Finance industriel — It. — finances

IFIP — International Federation for Information Processing — En. — informatique

IFIS — Independent Flight Inspection system — système de contrôle aux infra-rouge — En. — aéronautique

IFIS — Integrated Flight Instrument system. — Système intégré — En. — aéronautique, instruments

IFM — courant de crête récurrent — En. Fr. — semiconducteurs

IFM — Instructions de fabrication Marignane (AEROSPATIALE) — Fr. — aéronautique

IFOP — Institut Français d'Opinion Publique — Fr. statistiques

IFR — « I Follow Railroad » — (mode de pilotage manuel) — En. — aéronautique

IFR — Instrument Flight Rules — (Vol aux instruments) — En. — aéronautique

IFR — Intermediate Frequency Range — Plage des Fréquences intermédiaires — En. — électronique

IFRB — International Frequency registration board — En. — radio électronique

IFRMS — Courant efficace maximum admissible en sens direct — int. (CEI) — électronique

IFS — institut für Segelflugforschung — Institut de vol à voile — De. — aéronautique

IFS — International Financial Statistics — Statistiques financières internationales — En. — finance

IFS — Integrated Flight system — En.

IFSD — In-Flight Shutdown — arrêt-moteur en vol — En. — aéronautique

IFSM — Courant de Crête maximum non répétitif, sinusoïdal (semiconducteurs) — int. (CEI) — électronique

IFT — Inter-facial tension — (dans les carburants) — En — carburants

IFT — Instructions de fabrication — Fr. — aéronautique

IFTIM — institut de Formation aux Techniciens d'implantation et de Manutention — Fr. — enseignement

IG — Imperial Gallon — En. — unité

I.G. — Inertial Navigation — Navigation par inertie — En. — navigation avion

I.G. — Interessen Gemeinschaft — Consortium d'Intérêts — De. — économie

IG — Caractéristiques de non-propagation de l'incendie — (Symbole sur câbles CEAT) — Fr. — câbles élect.

IGA — International Grain Agreement — Accord céréalier international — En. — commerce

IGAME — Inspecteur Général d'Administration en Mission Extraordinaire — Fr. — administration

IGAS — Inspecteur Général des Affaires Sociales — Fr. — administration

IGC — Instruction Générale de Contrôle — Fr. — aéronautique

IGC — International Geophysical Cooperation — En. sciences

IGD — Inspector General's Department — En.

IGE — Impôt Général sur les recettes, dû pour chaque acte économique — Fr. — administration

IGE — Imposta General sull' Entrata — Impôt général sur les recettes — It. — administration

IGE — In Ground Effect — en effet de sol — En. — hélicoptères

IGEN — Inspecteur Général de l'Economie Nationale — Fr. économie administration

IGEN — Inspecteur Général de l'Education Nationale — Fr. — administration enseignement

IGF — Inspection Générale des Finances — Fr. — finance administration

IGFET — Insulated Gate Field-Effect Transistor — Transistor à effet de champ à porte isolée — En. — semiconducteur

IGH — Internationaler Gerichtshof — Cour de justice internationale — De. — jurisprudence

IGIA — Interagency Group on International Aviation — Groupe de Travail interagences sur l'Aviation Internationale — En. us. — aéronautique

IGLR — Interessengemeinschaft Luft- und Raumfahrt — Groupement d'intérêt aérospatial — De. — aérospace

IGP — International Gold Pool — Pool international de l'or — En. — monnaies

IGR — Impôt général sur le revenu — Fr. — administration

IGSS — Inspection Générale de la Sécurité Sociale — Fr. — administration

IGT — courant de gâchette pour amorcer le thyristor (symboles littéraux semiconducteurs) — En. Fr. int. — thyristors

IGU — Internationale Gewerbeunion — De.

IGU — International Geographical Union — En. — géographie

IGV — Inlet Guide Vanes — ailettes d'entrée d'air — En. — moteur avion

IGY — International Geophysical Year —

Année Géophysique internationale — En. — sciences

IH — courant de maintien (symboles littéraux semiconducteurs) — En. Fr. int. — thyristors

IHAS — Integrated Helicopter Avionics System — Avionique hélicoptère intégré — En. — aéronautique

IHB — Investitions- und Handelsbank — De. — banques

IHG — Investitionshilfe der Gewerblichen Wirtschaft (Gesetz über die) — De — économie, droit

IHK — Internationale Handelskammer — Chambre de commerce internationale — De. — commerce

I.H.P. — Indicated Horse Power — Puissance indiquée en HP — En. — mécanique

I.H.S. — Iesus Hominum Salvâtor — Jésus Sauveur des Hommes — lat. religion

I.H.S. — (à l'origine : IH∑, premières lettres de IH∑ OY∑ Jésus) — grec. religion

IH.S. — (selon certains) Isis, Horus, Seb (une trinité égyptienne) — int. religion

I.I.B. — Institut International des Brevets — Fr. — brevets

IIBH — Institut international des brevets de la Haye — Fr. — brevets

IIR — Butyle (copolymères de l'isobutylène) — int. — plastiques

IIS — Integrated Instrument System — Système intégré — En. — avion

IIS — Institut International de la Soudure — Fr. — soudage

IISL — International Institute of Space Law — Institut international de droit spatial — En. — espace

I.I.W. — International Institute of Welding = I.I.S. — En. — soudure

i.J. — im Jahre — en l'an — De. — général

IKB — Industriekreditbank — De. — banque

IKH — Ihre Königliche Hoheit — Sa Majesté Royale — De. — social

IKK — Innungskrankasse — caisse de maladie mutuelle — De. — social

IKRC — Institut Khmer de Recherches sur le Caoutchouc — Fr. — caoutchouc

il — (o ilat) ilativa (conjucion) — (conjonction) copulative — El. — grammaire

I/L — Import Licence — Licence d'importation — En. — commerce

i.L. — in Liquidation — en liquidation — De. — commerce

IL — Integré listé — doc. Bréguet (Atlantic) — Fr. — documentation

IL — Israel — int. — plaques auto

ILA — Instrument Landing Approach — approche aux instruments — En. — nav. avion

ILA — International Language for Aviation — Langue Internationale de l'aviation — En. — aéronautique

ILA — International Law Association — Association du droit international — En. — juridique

ILAAS — Integrated Light Attack Avionics Systems — Avionique de tir intégrée — En. — aéronautique, militaire

ilat. — ilativa — copulative (conjonction) — El. — grammaire

ILC — International Law Commission — commission du droit international (ONU) — En. — juridique

ILD — Indentation Load Deflection — déflexion sous charge d'indentation — En. — mécanique

Ill — Illinois — En. — géographie

ill — illustriert — illustré — De. — général

ILM — Immeuble à Loyer Modéré ou Moyen — Fr. — social

ILM — Independant Landing Monitor — radar d'atterrissage autonome — En. — nav. avion

Ilmo — Ilustrísimo — « illustre » — El. — secrétariat

ILN — Immeuble à Loyer Normal — Fr. — social

ILO — International Labour Organization (ONU) — organisation internationale du Travail — En. — social

ILRV — Integral Launch and Re-entry Vehicle — Véhicule intégral lancement-rentrée — En. — espace

ILS — Instrument Landing System — Système d'atterrissage aux Instruments — En. — nav. avion

ILS — Integrated Logistic Support — Support Logistique intégré — En. — militaire

ILVSI — Instant Lead Vertical Speed Indicator — Variomètre instantané — En. — avion

ILZRO — International Lead Zinc Research Organisation — (procédé ILZRO de protection par le zinc) — En. — métal

IM — Idle Mode flip-flap — (élément d'Ordinateur) IM — En. — inf.

IM — Imperia — Impéria — It. — plaques auto

IM — Innere Mission — Mission intérieure — De.

IM — Inner Marker — Balise intérieure — En. — aéronautique

IM — Ihre Majestät — Sa Majesté — De. — social

IM — Inspection Manual — Manuel de Contrôle — En. — aéronautique

IM — Interceptor Missile — engin d'interception — En. — militaire

IMA — Indices Mensuales del Movimiento anual — indices économiques espagnols — El. — économie

IMAD — Intervalle Moyen avant Défaillances (angl. MTTF) — Fr. — industrie
IMADI — Intervalle moyen avant défaillance initiale (angl. MTTFF) — Fr. — industrie
IMAFW — Interministerieller Ausschuss für Weltraumforschung — Comité Interministériel pour la recherche spatiale — De. — espace
IMAGO — Instruction Multimédia Assistée et Gérée par Ordinateur — Fr. — enseignement
IMC — Instrument Meteorological Conditions — En. — météorologie
IMCO — Intergovernmental Maritime Consultative Organization (ONU) — En. — marine
IME — International Magnetospheric Explorer — (satellite européen) — En. — espace
IMED — Intervalle Moyen entre Défaillances (angl. MTBF) — Fr. — industrie
IMEDE — Institut pour l'étude des méthodes de direction de l'entreprise (Lausanne-Suisse) — Fr. — enseignement
IMEP — Intervalle moyen entre pannes (angl. MTBT) — Fr. — industrie
IMER — Intervalle moyen entre révisions (angl. MTBO) — Fr. — industrie
IMF — International Monetary Fund — FMI — En. — monnaie
IMI — Improved Manned Interceptor (« Scientific American » June 1973 p. 39) — projet de défense américain — En. — militaire
IMK — Increased Maneuverability Kit — En. — aéronautique
IMN — Indicated Mach Number — Nombre de Mach indiqués — En. — avion
IMO — International Money Order — Mandat International — En. — postes
IMP — impayé — Fr.
IMP — imperial ; Imperator — impérial, Empereur — En. — histoire politique
IMP — imperativo ; imperative ; impératif — It. En. Fr. El. — grammaire
IMP — In-flight Motion Pictures — cinéma de bord — En. — aéronautique
IMP — Instrumental Match Prediction — (service d'ordinateur de I.C.I. permettant d'établir en moins d'une minute la recette de teinture idéale) — En. — informatique, textiles
IMP — Interplanetary Monitoring Probe — Sonde interplanétaire — En. — espace
IMPACT — Implementation, Planning and Control Technique — Programme de gestion — En. — documentation
IMPATT — Impact Avalanche and Transit Time (new name for Avalanche diode) — diode à avalanche contrôlée — En. — semiconducteur
IMPICS — Integrated Manufacturing Program Information and Control System — Programme de gestion — En. — informatique
Impr. — Imprenta — imprimerie — El.
impr. — Imprimatur — permission d'imprimer — lat. — religion
IMT — internationales Militärtribunal — Tribunal militaire international — De. — jurisprudence militaire
IMU — Inertial Measurement Unit — Unité de Mesure d'Inertie — En. — unités
IMU — International Mathematical Union — Union mathématique internationale — En. — mathématiques
IMW — International Map of the World (on the millionth) — carte internationale du monde (au millionième) — En. — topographie
IN — inch(es) — pouce(s) — En. — unités
In — Indium — int. — chimie
In — Inductor — Inductance — En. Fr. — radioélectricité
« IN » — inox (matière vis) — Fr. — visserie
IN — interphone — interphone — En. — communications
INA — Internationale Normalatmosphäre — Atmosphère standard internationale — De. — météorologie, navigation
INA — Istituto Nazionale Assicurazioni — Institut National d'Assurances — It. — social, assurances
INADEL — Istituto Nazionale Per l'Assistenza ai Dipendenti degli enti locali — Institut National d'Assistance aux employés des collectivités locales — It. — social
INAIL — Istituto Nazionale per l'Assicurazione contro gli Infortuni sul Lavoro — Institut National d'Assurance contre les Accidents du Travail — It. — social, assurances
INAG — Institut National d'Astronomie et de Géophysique — Fr. — astronomie
INAM — Istituto Nazionale per l'Assicurazione contro le Malattie — Institut National d'Assurances Maladies — It. — social
INAO — Institut National des Appellations d'Origine — Fr. — commerce, vins
INC — incidit = hat es geschnitten — gravé par — lat. De. — arts
inc — incolore — Fr. — chimie
INC — Incorporated — incorporé, constitué — En. US. — sociétés
INC — Increase — augmentation — En. — commerce
I.N.C. — In Nomine Christi — au nom du Christ — lat. — religion
INC — Institut National de la Consommation — Fr. — administration

INC — Instituto Nacional de Colonización — El. — politique
INC — Intake Nose Cowling — capot d'entrée d'air — En. — avion
INCA — Indicateur cartographique (CROUZET) — Fr. — aéronautique
INCE — Insurance — Assurance — En. — assurances
INCIS — Isituto Nazionale per le Case degli Impiegati dello Stato — Institut National pour le Logement des Employés de l'Etat — It. — social
INCL — Inclusive — inclus — En. De. Fr. — général
Incog — incognito = unknown — incognito, inconnu — lat. En. — général
INCOTERMS — International Commercial Terms — Conditions internationales de Commerce — En. — commerce
IND — Indicator — indicateur, repère, etc. — En. — aéronautique
IND — indifférent = insoluble dans NaoH 5% et dans CLH5% — Fr. — chimie
IND — Indikativ ; indicativo ; indicative ; indicatif — De. It. En. Fr. — grammaire
I.N.D. — In Nomine Domini — au nom du Seigneur — lat. — religion
INDEP — independant — autonome (instruments CONCORDE) — En. — aéronautique
INDIC — indicativo — indicatif — It. — grammaire
INDRP — Institut National de Recherches et de Documentation Pédagogiques — Fr. — enseignement
INE — Instituto Nacional de Estadísticas (Espagne) — Institut National de la Statistique — El. — statistiques
INED — Institut National des Etudes Démographiques — Fr. — administration
INF — Infanterie — infanterie — De. Fr. — militaire
INF — Infinito ; Infinitiv ; Infinitive ; Infinitif — It. De. En. Fr. — grammaire
INF — infra = below — dessous, au-dessous — lat. En. — général
INFAC — Institut national de formation des animateurs de collectivité — Fr. — enseignement
Infra — ci-dessous — Fr. — juridique
Ing — Ingenieur — ingénieur — De. — social
Inh. — Inhaber — propriétaire — De. — commerce
Ing — Ingegnere — ingénieur — It. Fr. — enseignement
Ing. — Ingenieur — ingénieur — De. — enseignement
INI — Instituto Nacional de Industria — El. — industrie
INIAG — Institut national des Industries et arts graphiques — Fr. — enseignement
INIS — International Nuclear Information System — Système International d'Informations Nucléaires — En. — nucléaire
init. — (initio) at the beginning — au commencement — (lat.) En. — général
inkl. — inklusive — y compris — De. — général
In lim. — (in limine) at the outset — au début — (lat.) En. — général
In loc. — (in loco) in its place — au lieu de — (lat.) En. — général
INM — International Nautical Mile = 1,852 km (exactement) — En. — unités
INOR — Incinération des ordures ménagères — Fr. — urbanisme
INPE — Institut National pour la Promotion de l'Entreprise — Fr.
INPI — Istituto Nazionale per la Prevenzione degli Infortuni — Institut National pour la Prévention des Accidents — It. — social
INPS — Istituto Nazionale per la Previdenza sociale — Institut National de Prévoyance sociale — It. — social
INR — Institut National belge de Radiodiffusion — Fr. — radio
INRA — Institut National de la Recherche Agronomique — Fr. — agriculture
INRI — (Iesus Nazarene Rex Iudeorum) — Jésus de Nazareth Roi des Juifs — (lat.) — religion
INS — Inertial Navigation System — En. — nav. avion
ins — insoluble — Fr. — chimie
INRS — Institut National de Recherche et de Sécurité — Fr.
INS — Institut National des Sports — Fr. — sports
INS — International News Service — Agence de presse américaine — En. — presse
INSA — Institut National des Sciences Appliquées — Fr. — sciences
Insat — Indian national satellite — En. — espace
insce — insurance — assurance — En. — assurances
INSEAD — Institut Européen d'Administration des affaires — Fr. — administration
INSEE — Institut National de la Statistique et des Etudes Economiques — Fr. — statistiques
INSERM — Institut National de la Santé et de la Recherche Médicale — Fr. — médecine
Ins. Gen. — Inspector-General — Contrôleur Général — En. — administration

ins pv — insurance per vehicle — assurance par véhicule — En. — assurances
Inst. — Instanz — instance — De. — général
inst. — Institute — Institut — En. Fr. — social
inst. — instant, of the present month — courant, en cours — En. — général
inst — instable — Fr. — chimie
INSTN — Institut National des Sciences et Techniques Nucléaires — Fr. — nucléaire
int — interests — intérêts — En. Fr. — commerce
Int — intérieur — Fr. — électronique
int. — interiezione — interjection — It. — grammaire
int — international — En. — général
INT — interphone — interphone — Fr. En. — comm. avion
Int — Interrupteur — Fr. — électricité
INT — Istituto Nazionale Trasporti — Institut National des Transports — It. — social
INTA — Instituto Nacional de Técnica Aerospacial (España) — El. — aérospatiale
INTAL — Instituto para la Integración de América Latina (Argentina) — El. — politique
INTAL — Integración Economica de América Latina (Argentina) — El. — politique économie
INTD — Institut National des Techniques de la Documentation — Fr. — documentation
INTELSAT — International Telecommunication Satellite (Consortium) — En. US. — satellites
inter. — interiezione — interjection — It. — grammaire
INTERPOL — International Police — police internationale — En. int. — police
Interpress — Internationaler Pressedienst — Service de presse international — De. — presse
INTOP — International Operations Simulation — En.
intr. intransitive — intransitif — En. Fr. — grammaire
in trans. — (in transitu) on the way or passage — de passage, en passant — (lat.) En. — général
INT STD THD — International Standard Thread — filetage au pas international — En. — visserie normalisation
INU — Inertial Navigation Unit — Unité de Navigation par Inertie — En. — aéronautique nav.
INV — Instituto Nacional de la Vivienda (España) — Institut National du Logement — El. — bâtiment
Inv — Inverseur — Fr. — électricité électronique
inv — invoice — facture — En. — commerce
I/O — Inlet/Outlet — entrée/sortie — En. — informatique
I/O — Input/Output — entrée/sortie — En. — techniques
IO — Intelligence Officer — Officier des services secrets — En. — politique
IO — courant moyen redressé — En. Fr. — semiconducteurs
IOAT — Indicated Outside Air Temperature — température extérieure indiquée — En. — technique aéronautique
IOD — Integrated Observation Device — Dispositif d'observation Intégré — En.
IOE — Institut d'Observation Economique — Fr. — économie
IOK — Internationales Olympisches Komitee — De. — social
I.o.M. — Isle of Man — Ile de Man — En. — géographie
ION — interrupton — (instruction) — En. — informatique
IORM — Courant de sortie récurrent (valeur de pointe) — En. Fr. — semiconducteurs
I.O.S. — Input/Output Skip — En. — informatique
IOSM — Courant de sortie accidentel (valeur de pointe) — En. Fr. — semiconducteurs
I.O.U. — I owe you — doit — En. — comptabilité
I.o.W. — Isle of Wight — Ile de Wight — En. — géographie
IP — Instructor pilot — Instructeur Pilote — En. — aéronautique
IP — identification point — point de mire — En. — militaire, bombardement
IP — impression phosphatante — Fr. — peintures
IP — Incapacité permanente — Fr. — assurances
IP — increase pitch — augmentation de pas — En. — hélices avion
IP — indice du plan — Fr. — dessin industriel
IP — insoluble dans PO_4H_3 concentré — Fr. — chimie
IP — Initial Point — (pour attaque automatique) — En. — militaire
IP — intermediate pressure — pression intermédiaire — En. — technique
IPAI — International Primary Aluminium Institute — En. — aluminium
IPC — Institute of Printed Circuits — Institut du circuit imprimé — En. — circuit imprimé
IPC — Instruction particulière de Contrôle (SNIAS) — Fr. — aéronautique
IPC — International Petroleum Company

— (société commerciale) — En. — pétroles
IPC — Investigations Pré-Cliniques — Fr. — médecine
IPC — Irak Petroleum Company — société commerciale — En. — pétroles
IPCF — Chloroformiate d'isopropyle — Fr. int. — chimie
IPCS — Installation permanente de contresens — (SNCF) — Fr. — chemin de fer
IDP — Index Pondérés Départementaux — (FRANCE) — Fr. — économie administration
IDP — In Presence of the Lords — (GB) En présence des Lords — En. — politique
IPE — Index Pondérés Epargne — (FRANCE) — Fr. — économie administration
IPG — International Planning Group — Groupe de planification internationale — En. — économie
i.p.i. — (in partibus infideliu) (in den von den Ungläubigen besetzten Gebieten) — dans les pays occupés par les infidèles — lat. De. — religion
IPI — internationales Presseninstitut — Institut International de la Presse — De. — presse
IPL — Illustrated Parts List — catalogue illustré — En. — aéronautique
IPM — inches per minute — pouces par minute — En. — unité de vitesse
IPN — Iso-Propyl-Nitrate — Nitrate isopropyle — En. — chimie
IPOD — International Phase of Ocean Drilling — Phase Internationale de la Prospection des Océans — En. — hydrocarb.
IPP — Incapacité Permanente Partielle — Fr. — assurances
IPP — Isopropyl Percarbonate — Percarbonate isopropyle (catalyseur de polymérisation) — En. — chimie des plastiques
IPS — Inches per second — pouces par seconde — En. — unité de vitesse
IPS — Informations par seconde — Fr. — unité de vitesse en informatique
IPS — Inventaire Permanent Stock (SNIAS) — Fr. — aéronautique
IPS — Iron Pipe Size — jauge des tuyaux métalliques — En. — normalisation
IPS — Istituto Poligrafico dello Stato — Institut polygraphique d'Etat — It. — imprimerie, etc.
IPSA — Section infirmières Pilotes-Secouristes de l'Air (Ecoles de la Croix-Rouge) — Fr. — enseignement
IPT — Incapacité Permanente totale — Fr. — assurances
IPT — Industrial Products Tax — Taxe sur les produits industriels — En. — administration
IPT — Iron Pipe Thread — filetage des tuyaux métalliques — En. — normalisation
IPU — interparlamentarische Union — union interparlementaire — De. — politique
IQ — (idem quod) the same as — identique à — (lat.) En. — général
IQ — identifiable quality — qualité identifiable — En. — contrôle
IQ — Import quota system (Japon) — système de quota à l'importation — En. — commerce
IQ — intelligence quotient — quotient intellectuel — En. — psychologie
IQF — Individual quick freezing — En.
IQSY — International Quiest Sun Years — Années internationales du Soleil calme — En. — science
Iqt — Imperial quart — En. — unités
IR — Impôt sur le revenu — Inland Revenue — En. — impôts
i.R. — im Ruhestand(e) — en retraite — De. — social
IR — Infanterie-Regiment — Régiment d'Infanterie — De. — militaire
IR — Instruction Register — Registre d'Instructions — En. — informatique
IR — intégré-référencé — documentation (Bréguet) — Fr. — aéronautique
IR — Interrogator-Responder — Interrogateur-Répondeur — En. — aéronautique
Ir — Irish — Irlandais — En.
Ir — Iritio ; Iridium — irridium — It. En. Fr. — chimie
IR — courant inverse ou de fuite de redresseur (continu) — (symboles littéraux semiconducteurs) — Int. — (CET) semiconducteurs
IRA — Infra-Red Activated — dispositif à Infra-rouge — En. — militaire
IRA — Institut für Rationalisierung und Automation — Institut pour la Rationalisation et l'Automation — De. — informatique
IRA — Irish Republican Army — Armée Républicaine Irlandaise — En. — politique
IRAN — Inspect and Repair as necessary — Contrôle et Réparation suivant nécessité — En. — aéronautique
IRATE — Interim Remote Air Terminal Equipment — En. — aéronautique
IRBM — Intermediate Range Ballistic Missile — En. — militaire, fusées
IRC — International Red Cross — Croix Rouge Internationale — En. — médecine, social
IRCA — Institut de Recherches sur le

Caoutchouc en Afrique — Fr. — caoutchouc
IRE — Institute of Radio Engineers — (USA) — En. — radio
IREM — Institut de Recherche sur l'Enseignement des Mathématiques — Fr. — mathématiques
IRES — Institut de Recherches Economiques et Sociales — Fr. — social
IRF — Impôt sur le Revenu des Familles — Fr. — administration
IRG — courant inverse de gâchette — En. Fr. — thyristors
IRI — Istituto per la Ricostruzione Industriale — Institut pour la Reconstruction Industrielle — It. — social
IRIA — Institut de Recherche en informatique et en automatique — Fr. — informatique
IRIG — Inter-Range Instrument Group (USA) — En. — normalisation
IRIS — Infrared Interferometer Spectrometer (Satellite météo US) — En. — météo
IRK — Internationales Rotes Kreuz — Croix Rouge Internationale — De. — médecine, social
IRMA — Insulated Roof Membrane Assembly — Technique d'isolation du toit — En. — bâtiment
IRMO — Indicateur de rendement pour machine-outil — Fr. — machines-outil
IRMS — Courant maximum RMS — (symboles littéraux de semiconducteurs) — int. — semiconducteur
IRO — International Refugee Organization — Organisation Internationale des Refugiés — En. — politique, sociale
IRO — International Research Organization — Organisation Internationale de la Recherche — En. — sciences
irón. — irónico — ironique — El. — général
IROS — Improved Reliability Operational System — Système opérationnel à fiabilité améliorée — En. — aéronautique
IRPP — Impôt sur le Revenu des Personnes Physiques — Fr. — administration
IRR — Integral Rocket Ramjet — fusée stato intégrale — En. — militaire
IRRAD — Infra-red range and direction detection radar — radar à rayons infrarouges — En. — radar
IRRDB — International Rubber Research and Development Board — Bureau International de la Recherche et du Développement du Caoutchouc — En. — caoutchouc
irreg. — irregular — irrégulier — En. — grammaire
IRRI — International Rice Research Institute (Philippines) — Institut International de Recherche sur le Riz — En. — alimentation
IRSID — Institut de Recherches Sidérurgiques — Fr. — sidérurgie
IRU — Irrevocable right of Use — droit d'usage irrévocable — En. — juridique
IRVM — Impôt sur le Revenu des Valeurs Mobilières — Fr. — administration
IS — Impôt sur les Sociétés — Fr. — administration
IS — Independent section (machine à mouler les bouteilles) — En. — machines-outils
IS — insoluble dans SO_4H_2 concentré — Fr. — chimie
IS — Integrierte Schaltung — Circuit intégré — De. — électronique
IS — Islanda — Islande — It. Fr. int. — plaques auto
Is. — Island(s) — île(s) — En. — géographie
ISA — Imprimé sans adresse — Fr. — postes
ISA — Institut Supérieur des Affaires — Fr.
i.sa. — (in summa) — au total — (lat.) De. — général
ISA — International Federation of The National Standardazing Associations — En. — normalisation
ISA — International Standard Atmosphere — Atmosphère Standard Internationale — En. — météo
ISAGEX — International Satellite Geodesy Experiment — En. — satellites
ISB — Independent Side Band — bande latérale indépendante — En. — radio
ISB — Internationaler Studentenbund — Fédération internationale des Etudiants — De. — social
ISBL — Institutions Sans But Lucratif — Fr. — social
ISC — International Sugar Council — conseil international du sucre — En. — alimentation
ISCE — Istituto Statistico delle Comunità Europee — It. — statistiques
ISD — Initial Search Depth (MPA) — Profondeur initiale de Recherche — En. — aéro-militaire
ISI — Indian Standard Institution — En. — normalisation
ISIC — International Standard Industrial Classification of all Economic activities — En. — économie
ISIS — Integral Spar Inspection System — Système de contrôle intégré des longerons — En. — aéronautique
ISIS — International Satellites for Ionospheric Studies — En. — satellites
ISM — (conférence) d'initiation à la science moderne (terminologie Palais de la découverte) — Fr. — enseignement

I.S.O. — Imperial Service Order — décoration britannique — En. — social
I.S.O. — International Standard Organization (Suisse) — En. — normalisation
ISOMITE — Isotope Miniature Thermionic Electric — Générateur thermoionique transformant directement en courant électrique l'énergie calorifique produite par une réaction nucléaire — En. — nucléaire
ISOREL — Isolants et Revêtements ligneux — Fr. — industrie
ISOS — Interplanetare Sonnensonde — Sonde solaire interplanétaire — De. — espace
ISOVER — Isolant en verre cellulaire — Fr. — industrie
isp — Impulsi specifici ; specific impulse — Impulsion spécifique — It. En. — carburants
ISR — Intersecting Storage Rings — (synchrotrons) — En. — nucléaire
isr. — israelitisch — israélite — De. — religion
ISRO — Indian space research organisation — Organisation spatiale Indienne — En. — espace
ISS — Inertial senser System — senseur inertiel — En. — aéronautique
ISS — Istituto Superiore di Sanità (Italia) — Institut Supérieur de la santé — It. — médecine, alimentaire
ISSP — International Summer Service Projects — En.
ISTAT — Istituto Centrale di Statistica (Italia) — It. — statistiques
ISTN — Institut national des Sciences et Techniques Nucléaires — Fr. — enseignement
ISTUS — Internationale Studienkommission für Segelflug — De. — aéronautique
ISU — International Scientific Unions — En. — science
IT (AV) — Courant direct moyen maximum à 180° d'angle de conduction — (Symboles littéraux des semiconducteurs) — int.
IT — courant continu (état conducteur) — En. Fr. — thyristors
IT — Incapacité temporaire — Fr. — assurances
IT — « Inclusive tour » traffic — = charter à circuit touristique — En. — tourisme
IT — Instruction technique — (angl. Technical Order) — Fr. — industrie
IT — (pron. « eyty ») Italian — italien — En. us.
it. — (item) ebenfalls — de même — (lat.) De. — général
ITA — Idling Throttle Actuator — Actionneur de ralenti — En. — avion
ITA — Independent Television Authority — En.
ITA — Institut du Transport Aérien — Fr. — aéronautique
ITAV — Ispettorato delle Telecomunicazioni ed Assistanza al Volo — It. — navigation
ITA — International Tourist Association — En. — tourisme
ITB — Industrial Training Board — Bureau de Formation Industrielle — (GB) En. — enseignement
ITBTP — Institut technique du Bâtiment et des Travaux Publics — Fr.
ITE — Institute of Traffic Engineers — En.
Itek — Information Technology — En.
ITEM — Integrated test and maintenance — maintenance automatique Marconi-Elliott — En. — aéronautique
ITESSER — International télex service Paris — Fr. — postes
ITF — Institut textile de France — Fr. — normalisation
itin. — itinerary — itinéraire — En. — général
ITO — International Trade Organization (Suisse) — Organisation internationale du Commerce — En. — commerce
ITO — International Trade Organization — Organisation Internationale du Commerce — En. — commerce
ITOS — Improved TIROS Operational Satellite — En. — espace
ITP — Incapacité temporaire partielle — Fr. — assurance
ITP — Instruction to Proceed — ordre d'exécution — En. — industrie
ITPS — Integrated Teleprocessing System — Système de Télétraitement intégré — En. — informatique
ITR — Ingénieur des Travaux Ruraux — Fr. — social
ITREC — Impianto Trattamento e Rifabbricazione Elementi Combustibili — Usine de Traitement et Reconstitution d'Eléments combustibles — It.
ITRM — courant anode cathode récurrent (valeur de pointe) — (Symboles littéraux semiconducteurs) — En. Fr. — semiconducteurs, thyristors
IT(RMS) — Courant direct efficace maximum à 180° d'angle de conduction — (symboles littéraux semiconducteurs) — int. — semiconducteurs
ITSA — Institute of Telecommunication Sciences and Aeronomy — En. — télécommunication, aéronomie
Itsm — courant ou courant de surcharge anode cathode non-récurrent — (symboles littéraux) (valeur de pointe) — En. Fr. — thyristors, semiconducteurs
ITT — Incapacité temporaire totale — Fr. — assurances

ITT — Inter-turbine temperature — température inter-étages de turbine — En. — avion

ITU — International Telecommunications Union (ONU) — Union Internationale des Télécommunications — En. — télécommunication

ITV — Idling Throttle Valve — vanne de ralenti — En. — avion

ITV — Independent Television — télévision indépendante — En. — télévision

IU — Instrument Unit — Instrument — En. — aéronautique

IUAI — International Union of Aviation Insurers — Union Internationale des Assureurs d'Aviation — En. — aéronautique, assurances

IUB — International Union of Biochemistry — Union Internationale de biochimie — En. — biochimie

IUBS — International Union of Biological Sciences — Union internationale des sciences biologiques — En. — biologie

IUCAF — Inter-Union Committee for Frequency Allocations for Radio-Astronomy and Space Sciences — Comité Inter-Union pour les Allocations de Fréquences, pour la radioastronomie et les sciences spatiales — En. — radio-astronomie

IUCN — International Union for the Conservation of Nature — Union Internationale pour la Conservation de la Nature — En. — environnement

IUCr — International Union of Crystallography — Union Internationale de cristallographie — En. — cristallographie

IUD — Intra-Uterine Device — obstacle intra-utérin (de contraception) — En. — médecine

IUE — International ultraviolet explorer — En. — satellites

IUGG — International Union of Geodesy and Geophysics — En. — sciences, Géodésie, Géophysique

IUGS — International Union of Geological Sciences — En. — sciences, géologie

IUHEI — Institut Universitaire des Hautes Etudes Internationales (Genève) — Fr. — enseignement

IUHPS — International Union of History and Philosophy of Science — En. — sciences

IUPAC — International Union of Pure and Applied Chemistry — En. — science, chimie

IUPAP — International Union of Pure and Applied Physics — En. — science, physique

IUPS — International Union of Physiological Sciences — En. — science, physiologie

IUT — Institut Universitaire de Technologie — Fr. — enseignement

IUTAM — International Union of Theoretical and Applied Mechanics — En. — science, mécanique

i.V. — im Vertretung — par intérim, délégation — De. — général

i.V. — im Vollmacht — par procuration — De. — général, juridique

IV — Indice Variable — Fr. — mathématiques

IV — Initial Velocity — Vitesse initiale — En. — espace

I.V. — intra-veineuse (injection) — Fr. — médecine

IV — Irrtum vorbehalten — sauf erreur ou ommission — De. — général

IVA — Imposta sul Valore Aggiunto — T.V.A. — It. — administration

IVA — Internationale Verkehrsausstellung — Exposition internationale des transports — De. — transports

IVD — Indemnité viagère de départ — Fr. — social

IVET — Indicateur de variation d'énergie totale (EMD) — Fr. — électronique

IVG — Industrieverwaltungsgesellschaft — Société de Gestion — De. — industrie

IVI — Instantaneous Velocity Indicator — Indicateur de Vitesse instantanée — En. — aéronautique

IVI — Instant Visual Identification — Identification visuelle instantanée — aéronautique

IVP — Instituto Venezolano de Petroquímica — Institut Vénézuélien de pétrochimie — El. — pétroles

IVS — International Voluntary Service — Service volontaire international — En. — social

IVSI — Instantaneous Vertical Speed Indicator — Indicateur de vitesse verticale instantanée — En. — aéronautique

iW — in Westfalen — en Westphalie — De. — géographie

iW — in Worten — en toutes lettres — De. — secrétariat

IWA — Internationales Weizen Abkommen — Accord céréalier international — De. — commerce

IWA — International Warehouse Association — Association des Entrepôts internationaux — En. — commerce

IWA — International Wheat Agreement — Accord céréalier international — En. — commerce

IWC — International Wheat Council — Conseil céréalier international — En. — commerce

IWF — internationaler Währungsfonds — FMI — De. — finances

IWP — Indicative World Plan — Plan mondial indicateur — En.

iwS — im weiteren Sinn(e) — au sens large, par extension — De. — linguistique

IWTO — International Wool Textile Organization — En. — commerce

IZF — Intérieur Zone Franc — Fr. — finances

IZH — Interzonenhandel — commerce interzones — De. — commerce

IZH/HVO — Interzonenhandelsverordnung — Réglementation du commerce interzones — De. — commerce

IZH/UVO — Interzonenüberwachungsverordnung — Réglementation de la surveillance interzones — De. — commerce

IZK — Courant Zener au coude de la courbe — (symboles littéraux des semi-conducteurs) — int. — semiconducteurs

IZM — Valeur maximale de courant continu que la Zener peut supporter sans dépasser la puissance maximale permise — (symboles littéraux des semiconducteurs) — int.

IZT — Valeur du courant d'essai — (symboles littéraux des semiconducteurs) — int.

J

J — Jamaica — Jamaïque — En. — géographie

j — jaune — Fr. — chimie

J — Jet — avion à réaction — En. — aéronautique

J — Joule — Fr. int. — unités

J — Journal — Revue — En. — presse

J — Judge — Juge — En. Fr. — jurisprudence

J — Justice — Juge — En. US. — juridique

J — Méningites présumées virales, non poliomyélitiques (déclaration facultative) — Fr. — médecine

JA — Jeunes Agriculteurs — Fr. — politique

ja ou JA ou J/A — Joint-Account — compte joint — En. — banques

JA — Judge-Advocate — Procureur — En. — jurisprudence

J/A — Justice of Appeal — Cour d'Appel — En. — jurisprudence

JAC — Japan Aircargo Consolidators — En. — aéronautique

JAC — Jeunesse agricole chrétienne — Fr. — politique

JACC — Joint Automatic Control Conference — En.

JAF — Judge-Advocate of the Fleet — Procureur de la Flotte — En. — marine

JAG — Judge-Advocate General — Procureur, Avocat général — En. — jurisprudence

Jahrg — Jahrgang — année, classe, millésime — De. — commerce

JAL — Journal des Annonces Légales — Fr. — juridique

JAMA — Journal of the American Medical Association — Revue de l'Association des Médecins américains — En. — médecine

JAN — Joint Army-Navy — (USA) organisation commune armée-marine — En. — militaire

JANAIR — Joint Army-Navy Instrumentation Research — Recherche commune instrumentation armée-marine (USA) — En. — militaire

JAP — Joint aluminium à poinçonner — (norme raccords câbles) — Fr. — câbles électriques

JAR — Joint Airworthiness Requirements — Conditions de navigabilité communes (code européen équivalent aux FAR dans le cadre de l'AECMA) — En. — aéronautique

JATO — Jet-Assisted Take-Off — décollage avec fusées — En. — aéronautique

Jb — Jahrbuch — annales, annuaire — De. — général

JB — Junction Box — boîte de jonction — En. — électricité

JC — Jésus-Christ — int. — religion

JC — Justice Clerk — greffier — En. — juridique

JCA — Joint Church Aid — En. — religion

JCAB — Japan Civil Aviation Bureau — Bureau de l'Aviation Civile du Japon — En. — aéronautique

JCAR — Joint Commission on Applied Radioactivity — commission conjointe sur la radioactivité appliquée — En. — nucléaire

JCP — joint cuivre à poinçonner (norme raccords câbles) — Fr. — câbles électriques

JCP — joint cuivre à poinçonner — (norme raccords câbles) — Fr. — câbles électriques

JCP — Juris-Classeur Périodique — Fr. — presse jur.

JCPCI — Juris-Classeur Périodique édition Commerce et Industrie — Fr. — presse jur.

JCR — Japan Commercial Reactor — réacteur commercial japonais — En. — nucléaire

JCR — Jeunesses Communistes Révolutionnaires — Fr. — politique

JCS — Joint Chiefs of Staff — Chef d'Etat-Major Allié — En. — militaire

JD — Joint Dictionary — dictionnaire commun — En. — linguistique

JD — Julian Day (Julian refers to Julius Sealiger) — jour julien — En. — astronomie

JD — Jurum Doctor = Doctor of Laws — Docteur en Droit — En. — droit, enseignement

JEC — Japanese Electrotechnical Committee — Commission Electro-

technique japonaise — En. — électricité
JEC — Jeunesse Etudiante chrétienne — Fr. — politique
JEIA — Joint Export-Import Agency — Agence commune import export — En. — commerce
JEN — Junta de Energia Nuclear — (Espagne) Commission de l'Energie Nucléaire — El. — nucléaire
JEPTT — Jumelage européen PTT — Fr. — postes
JERC — Japan Economy Research Council — Conseil Economique japonais — En. — économie
JETDS — Joint electronic Type Designation System (USA) — Désignation normalisée des matériels électroniques — En. — normalisation
JETRO — Japan External Trade Organisation — Organisation japonaise du commerce extérieur — En. — commerce
JFER — Japan Fast Experimental Reactor — Réacteur expérimental rapide japonais — En. — nucléaire
JFK — John Fitzgerald Kennedy Airport — (New York) — En. — aéronautique
JFM — Junkers Flugzeug- und Motorenwerk — Usine d'avions et moteurs Junker — De. — aéronautique
Jg — dérapage girouette — Fr. — avion
Jg — Jahrgang — année, classe, millésime — De. — général
Jgg — Jahrgänge — années, classes, millésimes — De. — général
Jh — Jahrhundert — siècle — De. — général
JH — Jugendherberge — Auberge de Jeunesse — De. — social
JIC — Jeunesse Indépendante Catholique — Fr. — politique
JIC — Joint Industrial Conference — organisme de normalisation assemblages — Fr. — normalisation
JIS — Japan Industrial Standard — Standard Industriel Japonais — En. — normalisation
jL — Jüngere Linie — branche cadette — De. — histoire
JM — Jemanden — quelques-uns — De. — général
JMD — Joint Managing Director — co-Directeur-général — En. — sociétés
jmd — jemand — quelqu'un — De. — général
JNA — Junta Nacional de Algodón — Comité National du Coton — El. — textiles
JNACC — Joint Nuclear Accident Coordinating Center — En. — nucléaire
JNR — Japan National Railway — Chemins de fer japonais — En.
J.Nr. — Journalnummer — Numéro du journal — De. — presse
jnt — joint — conjoint, commun — En. — général
JO — Jeux Olympiques — Fr. — sports
JO — Journal Officiel de la République Française — Fr. — administration
JOAN — Journal Officiel de la RF des Débats de l'Assemblée Nationale — Fr. — administration
JOC — Jeunesse Ouvrière Chrétienne — Fr. — politique
joc — jocular(ly) — En.
JOCE — Journal Officiel des Communautés Européennes — Fr. — administration
JOIDES — Joint Océanographic institution deep earth Sampling — programme international « Forages Profonds » océaniques — En. — océanographie
« JOUR » — « Ne remettre que le jour » — Fr. — PTT
JOVIAL — Jules Own Version of Algol — Langage JOVIAL — En. — informatique
J.P. — Justice of the Peace — Juge de Paix — En. — juridique
JP — Jauge de Paris — Fr. — fils et câbles
JPL — Jet Propulsion Laboratory — (Société américaine) — En. — moteurs
J.P.T. — Jet Pipe Temperature — température de la tuyère d'éjection — En. — avion, moteur
Jr. — Junior — En.
JSC — Johnson Space center — Centre spatial Johnson (NASA) — En. — espace
JSC — Joint Steering Committee — Comité directeur commun (chargé de produire les JAR dans le cadre de l'AECMA) — En. — aéronautique
JSC — Joint-Stock Company — Société Anonyme — En. — industrie
JSESPo — Joint Surface effect Ships Program office — (Army-Navy) — En. us. — militaire
JTDE — Joint Technology Demonstrator Engine — En. — moteur, avion
JTF — Joint Task Force — Force Commune d'intervention — En. — militaire
JUCPLAN — Junta Nacional de Planificación (Cuba) — Comité National de Planification — El. — politique
JUD — Juris Utriusque Doctor — lat.
JUN — Junior — El. — général
Jur. Im — Jurisprudence immobilière — Fr. — juridique
JZ — Juristenzeitung — chronique juridique — De. — juridique
JZ — Jodzahl — Indice d'iode — De. — chimie

K

k. — Karat — carat — De. — unités
K — Karma — (câbles coaxiaux) — En. — électricité
K — kilogramme — int. — unités
K — king — roi — En. — politique
K — knight — chevalier — En. — politique
k — königlich — royal — De. — général
K — Kux — part ou action minière — De. — finances
K — Potassium — (latin Kalium) — int. — chimie
°k — degrés Kelvin — int. — unités
K — Hépatites présumées virales (déclaration facultative) — Fr. — médecine
K — Cathode — En. — électronique
K — Avion sans pilote — (US Navy) — En. us. — aéronautique
K — Avion de ravitaillement en vol — En. us. — aéronautique
K — symbole du tantale qualité Condensateurs — Fr. int. — métal
K [4e signe] **— symbole moteur montage sur un coussinet et un roulement (CEM)** — Fr. — électricité
1K — = 1 024 bits (on dit, par exemple « mémoire 4K ») — En. — unité informatique
K — couronne — int. — monnaie
K — coefficient de risques pour l'organisme humain (rayonnements) (K = CT) — Fr. — nucléaire
K — désignation du Niveau d'Energie ou Orbite centrale des électrons. C'est l'énergie la plus voisine du noyau, la suivante est appelée Niveau L et ainsi de suite jusqu'au Niveau O — int. — nucléaire
KAB — Katolische Arbeitervewegung — Mouvement ouvrier catholique — De. — politique
Kadewe — Kaufhaus des Westens (Berlin) — Grands Magasins de l'Ouest — De. — commerce
kan — Kansas — En. us. — politique
Kant — Kanton — Canton — De. — administration
Kan — K meson — méson K (particule) — En. — nucléaire
Kap. — Kapitel — chapitre — De. — général
KARLDAP — Karlsruhe automatic data processing display — aéronavigation station-europe — En. — navigation
kart. — kartoniert — cartonné — De. — général
kath — katolische — catholique — De. — religion
K.B. — King's Bench — le Banc du roi — En. — politique
KBA — Kraftfahrt-Bundesamt — Ministère fédéral de la circulation automobile — De. — administration
K.B.E. — Knight Commander of the British Empire — En. — politique, décoration
Kbt — Kanonenboot — canonnière — De. — militaire
Kc — Kilocycles — int. — unités
KC — King's Counsel — Conseil du Roi — En. — politique
Kc — tschechische Krone — couronne tchèque — De. — politique
Kcal — kilocalorie — int. — unités
K.C.B. — Knight Commander of (the Order of) the Bath — En. — politique, décoration
KCIE — Knight Commander of the Indian Empire — En. — politique, décoration
K.C.M.G. — Knight Commander of the Order of St. Michael and St. George — En. — décoration, politique
kC/s — kilocycles per second — En. — unités
K.C.S.I. — Knight Commander of the Order of the Star of India — En. — politique, décoration
K.C.V.O. — Knight Commander of the Victorian Order — En. — politique, décoration
KD — Avion-cible — (US Navy) — En. us. — aéronautique
KD — Couronne danoise — int. — monnaie
KDA — Katolische Deutsche Akademikerschaft — Ligue des universitaires catholiques allemands — De. — enseignement

KdF — Kraft durch Freude — La force par la Joie (organisation des loisirs) — De. — social
KDP — Potassium-dihydrogen-Phosphate — En. int. — chimie
KDStV — Katolische Deutsche Studentenverbindung — Union des Etudiants catholiques allemands — De. — politique
KE — Kapitalerhöhung — augmentation de capital — De. — finances
KEMAN — Kontinuierlicher elektromagnetischer Antrieb mit Nachbeschleuniger — Propulsion électromagnétique continue avec post-accélération — De. — moteurs
KeV — Kilo électron-volt — int. — unités
KF — Konsulatfaktura — facture consulaire — De. — commerce
Kf. — Kraftfahrer — automobiliste — De. — général
KFA — Kaufstätten fur Alle — De. — commerce
KFA — Kernforsch Anlage — Appareil de recherche nucléaire — De. — nucléaire
Kfm., kfm. — Kaufman, kaufmännisch — commerçant, commercial — De. — commerce
KFR — Kommission für Raumfahrttechnik — Commission pour la Technique spatiale — De. — espace
KFW — Kreditanstalt für Wiederaufbau — Crédit à la Reconstruction — De. — administration
Kfz. — Kraftfahrzeug — automobile — De. — automobile
KG — Kammergericht — Tribunal — De. — juridique
Kg — kilogramme — int. — unités
KG — Knight of the Order of the Garter — En. — social, décor
KG — Kommanditgesellschaft — Société en commandite — De. — commerce
KGAA — Kommanditgesellschaft auf Aktien — Société en commandite par actions — De. — commerce
K.G.C. — Knight Grand Cross — En. — politique, décoration
K.G.C.B. — Knight of the Grand Cross of the Bath — En. — politique, décoration
K.G.F. — Knight of the Golden Fleece (Espagne) — En. — politique, décoration
Kgf — Kriegsgefangener — Prisonnier de guerre — De. — politique
kgl — königlich — royal — De. — politique
Kgm — kilogrammètre — int. — unités
KGRA — Known Geothermal Resource Areas (USA) — Zones de ressources géothermiques connues — En. — géothermie
KG ST J — Knight of Grace of the Order of St. John of Jerusalem — En. — social, décoration
kh (ou k.H.) — kurzerhand — directement ; sans autre forme de procès ; sans hésiter — De. — général
KHz — kiloherz — int. — unités
KIAS — Knot indicated Air Speed — vitesse en nœuds — En. — aéronautique
KIFLIS — Kollsman Integrated Flight Instrument System — En. — aéronautique
kj — Kalenderjahr — année civile — De. — général
k.J. — kommenden Jahres — de l'année suivante — De. — général
k.J. — künftigen Jahres — de l'année prochaine — De. — général
k.k. — kaiser-königlich — impérial-royal (Autriche) — De. — politique
KK — Krankenkasse — caisse de maladie — De. — social
KKB — Kundenkreditbank — banque de crédit — De. — banques
KKH — Kaufmänische Krankenkasse Halle — De. — social
KKK — Klu Klux Klan — secte américaine — En. us. — politique, religion
KKL — Kleinkartenleser — De.
Kl. — Klafter — toise, brasse — De. — général
Kl. — klasse — classe — De. — général
kl. — klein — petit — De. — général
Kl — kilolitre — int. — unités
K.L.H. — Knight of the Legion of Honour — Chevalier de la Légion d'Honneur — En. — décoration
KLM — Köninklijke Luchtvaart Maatschappij — (Compagnie Nationale Hollandaise) — Holl. — aéronautique
kl.-8° — kleinoktav — petit inoctavo — De. — livre
Km — kilomètre — int. — unités
K.M. — Knight of Malta — Chevalier de Malte — En. — politique, décoration
k.M. — künftigen Monats — du mois prochain — De. — général
KMB — Kaspar, Melchior, Balthasar — De. — religion
Km/h — kilomètre à l'heure — int. — unités
kmq — chilometro quadrato — kilomètre carré — It. — unités
KMR — Connecteurs pour fréquences radio à verrouillage à vis (symbole CCTU) — Fr. — norme électronique
kn — Knoten (seemeilen) — nœuds (milles marins) — De. — unités
KN — Couronne norvégienne — int. — monnaie
KNA — Katolische Nachrichten Agentur — Agence de Presse Catholique — De. — presse
KNL — Kombiniertes Navigations- und

Landesystem — De. — navigation, avion

k.o. — knock-out — hors de combat — En. — sports

KO — Konnossement — connaissement, police de chargement — De. — commerce

KOKA — Konversionskasse für Deutsche Auslandsschulden — Caisse de conversion pour la dette extérieure allemande — De. — commerce

Komm. — Kommentar — commentaire — De. — général

Komm. — Kommission — commission — De. — général

komm. — kommunistisch — communiste — De. — politique

Komp. — Kompanie — Compagnie — De. — militaire

Konj. — Konjunktiv — subjonctif — De. — grammaire

kons. — konservativ — conservateur — De. — général

kp — kilopond — kilogramme-poids — De. — unités

K.P. — Knight of the Order of St. Patrick — En. — politique décor.

Kp — Kochpunkt — point d'ébullition — De. — physique

KP — Kommunistische Partei — Parti communiste — De. — politique

KPD — Kommunistische Partei Deutschlands

КПД Коэффициент полезного действия

Kr — Kontrollrat — organisme de surveillance — De. — politique

Kr — Kreis — arrondissement, district, canton — De. — administration

Kr — Krone — couronne — De. — politique

Kr — Krypton — int. — chimie

Krad — Kraftrad — motocyclette — De. — sport

KRG — Kontrollratgesetz — loi du conseil de contrôle — De. — administration

Kripo — Kriminalpolizei — police criminelle — De. — police

Kr(s) — Kreis — District — De. — administration

Krz. — Kreuzer — croiseur — De. — marine

KS — Couronne suédoise — int. — monnaie

Ksi ou Kpsi — = kilo-pound-square inch — = milliers de libres par pouce carré — En. — unités

KSS — KLM-SAS-SWISSAIR — (compagnies aériennes) — En. — aéronautique

K ST J — Knight of the Order of St. John of Jerusalem — En. — social décoration

KStV — Katolische Studentenverbindung — Union des Etudiants catholiques — De. — politique

Kt. — Kanton — Canton — De. — administration

KT — Kiloton — = kilotonne = 1 000 t de TNT — En. — militaire

kt. — knight — chevalier — En. — décoration

K.T. — Knight of the Thistle — En. — politique décoration

K.T. — Knight Templar — chevalier du Temple — En. — politique

Kt. — knot — nœud — De. — unité

KT — Konvertierungs und Transferrisiko — Risque de conversion et de Transfert — De. — commerce

KTDA — Kenya Tea Development Authority — En. — commerce

KNT — Potassium Tantalate Niobate — En. int. — chimie

Kto. — Konto — compte — De. — comptabilité

k.u.k. — kaiserlich und königlich — Impérial et Royal (Autriche) — De. — politique

KV — Kartellverband — Fédération des Associations d'Etudiants — De. — social

k.V. — Kriegsverwendungsfähig — apte au service armé — De. — militaire

KVA — Kilo-Volt Ampère — int. — unité

KVAR — Kilo-volt ampere reactive — int. — unité

KVO — Kraftverkehrs-ordnung — Règlementation de la Circulation automobile — De.

KV-Programm — Kostenverbesserungsprogramm — programme des prix — De. — commerce

KW — Kalendarwoche — semaine ouvrable — De. — chronologie

KW — kilowatt — int. — unités

KW — Kreditanstalt für wiederaufbau — Crédit à la Reconstruction — De. — finances

KW — Kurzwelle — ondes courtes — De. — radio

KWG — Kaiser Wilhelm-Gesellschaft — Société « Kaiser-Wilhelm » — De. — social

KWU — Kraftwerke-Union — De.

KX — symbole des câbles coaxiaux HF (CCTU) — Fr. — électronique

Ky. — Kentucky — En. us. — géographie

KY — symbole des conducteurs et câbles isolés au PCV (CCTU) — Fr. — câbles électronique

KZ — Konzentrationslager — camp de concentration — De. — politique

K.Z. — Kurszettel — bulletin des cours de la Bourse — De. — bourse

KZ — symbole des conducteurs isolés pour températures élevées (CCTU) — Fr. — câbles électronique

L

« L » — **Laiton (matière vis)** — Fr. — visserie

L — **liquide (plast. CIBA)** — Fr. — deg. viscosité

l — [2e **signe**] **symbole moteur monophasé à démarrage à lancement à main (CEM)** — Fr. — électricité

L — **Labour** — Labour (Travaillistes) — En. — politique

L — **lake** — lac — En. — géographie

L — **London** — Londres — En. — géographie

l. — **land** — pays, terre, campagne — En. — général

L — **Land** — pays, canton — De. — administration

L — **late** — feu (décédé) — En. — général

L — **Latin** — En. — général

L — **Latitude avion** — latitude — En. — aéro géographie

L — **Law** — droit ; loi — En. — juridique

L — **Lâcher (abandon du contrôle d'un objet)** — Fr. — org. du travail

L — **Leaner (driver)** — En.

L — **Legge** — loi — It. — droit

L — **Left** — à gauche — En. — général

L — **Liberal** — libéral — En. — politique

L — **Libra, librae** — livre (sterling) — (Lat.) En. — monnaie

L — **Licentiate** — licencié — En. — religion

l. — **line** — ligne, droite, etc. — En. — général

L — **Linear (integrated circuit)** — c.i. linéaire — En. — électronique

L 2 f — **Ligne 2 fils** — Fr. — électricité, électronique

l. — **lies** — lisez — De. — général

L — **Linné** — (système de) Linné — De. int. — sciences

L — **Linnaei** — (système de) Linné — En. int. — sciences

l. — **lira** — lire — En. — monnaie

L — **Life** — longévité — En. — électricité lampes

l — **litre** — int. — unités

L — **link** — liaison — En. — informatique

L — **links** — à gauche — De. — général

L — **Avion de Liaison (US)** — En. — aéronautique

L — **Lizentiat** — licencié (en théologie) — De. — enseignement religion

L — **Locator, compass** — En. — aéronautique

L — **Load Limit Control** — commande de limite de charge — En. — carburant avion

L — **Loi du ...** — Fr. — administration

L — **Lohm** — En. — câbles coax.

l — **symbole SI de la longueur exprimée en m (mètres)** — Fr. — unités

l — **löslich** — soluble — De. — chimie

L — **Luxembourg** — int. — plaques auto

λ — **(lambda) longueur d'onde** — (Gr.) Fr. int. — physique

L — **symbole normalisé désignant le cadmiage (traitement de surface)** — Fr. — métal normalisation

L — **symbole de l'inductance** — En. Fr. int. — électricité

L — **symbole de la réflectance** — En. Fr. int. — électronique

L — **cinquante** — 50 (chiffres romains) — int. — général

L — **Infections digestives à salmonelles, autres que la typh. et paratyph.** — Fr. — médecine

L — **« outil à gauche » (terminologie normalisée I.S.O.)** — int. — outillage

L — **sortie par fils isolés (potentiomètres)** — En. — électr. normalisation MIL

La — **Lanthane** — int. — chimie

L.A. — **Law Agent** — Homme de Loi — En. — juridique

L.A. — **Light Alloy** — Alliage léger — En. — métallurgie

LA — **Light Artillery** — artillerie légère — En. — militaire

LA — **Ligne artificielle** — (atténuateur) — Fr. — électronique

L.A. — **Literate in Art** — En. — enseignement

L.A. — **Local Authority** — Autorité Locale — En. — administration

La. — **Louisiana** — En. — géographie

L.A. — **Los Angeles** — En. — géographie

LAA — **Light Antiaircraft** — DCA légère — En. — militaire

lab. — **labial** — labial — En. — médecine

lab. — laboratory — laboratoire — En. — général
Lab. — Labour — Labour (travaillistes) — En. — politique
Lab. — Labrador — En. — géographie
LAB — Lastenausgleichsbank — Banque de péréquation — De. — banques
LAB — manomètre « modèle laboratoire » (BOURDON) — Fr. — mesures
LAB — Lloyd Aéreo Boliviano — El. — aéronautique
LAB — Low-altitude Bombing — bombardement à basse altitude — En. — militaire
LABEN — Laboratori Elettronici e Nucleari (Italia) — It. — électronique nucléaire
LABS — Low Altitude Bombing System — Bombardement à basse altitude — En. — militaire
L.A.C. — Leading Aircraftman — = caporal — En. — militaire
LAC — Lockheed Aircraft Corporation — (Société Américaine) — En. — aéronautique
LAC — Manomètre à cadran carré (Bourdon) — Fr. — mesures
LAC — Licentiate of the Apothecaries — Pharmacien diplômé — En. — pharmacie
LACE — Liquid Air Cycle Engine — Moteur à air liquide — En. — moteurs
LACES — London Airport Cargo Electronic Data Processing Scheme — Traitement électronique du frêt à l'aéroport de Londres — En. — aéronautique
LACSA — Líneas Aéreas Costarricenses — (compagnie aérienne) — El. — aéronautique
LAG — Lastenausgleichsgesetz — Loi sur la péréquation des charges — De. — juridique
LAGEO — Laser Geodynamic Satellite — Satellite géodynamique à laser — En. — satellites
LAI — Linea Aerea Italiana — It. — aéronautique
LAIMP — Lunar Anchored Interplanetary Monitoring Platform — En. — espace
Lam — Lamelles — Fr. — chimie
LAMB — Low Altitude Musical Box — = boîte à musique avertisseur de basse altitude — En. — aéronautique
LAMP — Low Altitude Manned Penetration — Pénétration pilotée à basse altitude — En. — aéronautique militaire
LAMPS — Light Airborne Multipurpose System — (hélicoptère militaire KAMAN) — En. — aéronautique militaire
LAMS — Lode Alleviation and Mode Stabilisation — En. — électronique
LANAC — Laminar Navigation and Anticollision programme — programme de navigation anti-collision — En. — aéronautique navigation
Lancs. — Lancashire — En. — géographie
LAND — Landing — atterrissage — En. — aéronautique
LAND — Litton's Angular Navigation Development — Navigation angulaire Litton — En. — aéronautique
LANDCENT — Allied Land Forces Central Europe — En. — militaire
LANDSOUTH — Allied Land Forces Southern Europe — En. — militaire
landw. — landwirtschaftlich — agricole — De. — agriculture
LAP — Lineas Aeréas Paraguayas — Compagnie aérienne — El. — aéronautique
LAP — London Airport — Aéroport de Londres — En. — aéronautique
LAP — Low altitude performance — performances à basse altitude — En. — aéronautique
LAPA — Light Weight Anti-Precipitation Antenna — Antenne anti-statique légère — En. — aéronautique, antennes
LAPES — Low Altitude Parachute Extraction System — système de largage à basse altitude — En. us. — aéronautique, militaire
LAR — Light Artillery Rocket — roquette d'artillerie légère — En. — militaire
LARA — Light Armed Reconnaissance Aircraft — Avion de reconnaissance légèrement armé — En. us. — aéronautique, militaire
LASER — Light Amplification by stimulated Emission of Radiations — laser — En. — laser
LASH — Laser semi-active homing — En.
LASH — Lighter-Aboard-Ship — navire « lash » (porte-barges) — En. — nautique
LASL — Los Alamos Scientific Laboratories — En. us.
LASRAM — Low-altitude short range missile — missile de petite portée à basse altitude — En. — militaire
LASV — Low Altitude Supersonic Vehicle — véhicule supersonique à basse altitude — En. — aéronautique
lat. — lateinisch — latin — De. — linguistique
LAT — lateral — latéral — En. — nav., avion
Lat. — Latin — Latin — En. — linguistique
lat. — latitudine ; latitude — latitude — It. En. Fr. — géographie
LATCOM — Mercado Commùn Latinoamericano — Marché Commun latino-américain — El. — commerce

lats. — lateral — (expression doc. Collins) — En.
LAW — Light Antitank Weapon — arme antichars légère — En. — militaire
LB — Latitude base B — Fr. — nav., aéro.
Lb — Barres de Laiton — (indices économiques) — Fr. — économie
lb — (libra) pound — livre (poids) — (lat.) En. — unités
l.B. — laut Bericht — suivant avis — De. — général
LBA — Luftfahrt Bundesamt — Bureau Fédéral de l'Aéronautique civile — De. — aéronautique
LBC — Letter Bill Collection — = Lettre d'envoi de remise à l'encaissement — En. — finances
LBF — Laboratorium für Betriebsfestigkeit — De.
LB-FT — Pound-foot — livre-pied — En. — unités
LBNP — Lower Body Negative Pressure — En.
LBP — Local Batch Processing — Traitement Local — En. — informatique
l.b.w. — leg before wicket — En. — jeu de cricket
Lc — latitude base C — Fr. — nav., aéro.
L.C. — Landing Craft — navire de débarquement — En. — marine
LC — Inductance-capacitance — En. Fr. int. — électr.
L.C. — Letter of Credit — Lettre de Crédit — En. — commerce
L.C. l.c. l/c — Lettera di credito — Lettre de Crédit — It. — commerce
L.C. — Lord Chamberlain ; Lord Chancellor — En. — politique
l.c. — lower case — minuscules — En. — typographie
l.c. — luogo citato — locution citée — It. — général
LCA — Laboratoire Central d'Armement — Fr. — militaire
L.C.B. — Lord-Chief Baron — En. — politique
LCB — produit de décapage des Laitons, Cuivres, Bronzes (CHIMIDEROUIL) — Fr. — tech.
LCC — Life Cycle Costing — Dépenses vitales — En. — commerce
L.C.C. — London County Council — Conseil municipal de Londres — En. — politique
LCD — (telegram in the) Language of the Country of Destination — télégramme dans la langue du pays de destination — En. — postes
LCD — Liquid crystal Displays — afficheurs à cristaux liquides — En. — électronique
LCF — Telegram in the French Language — télégramme en français — En. — postes
LCG — Lateral Center of Gravity — centre de gravité latéral — En. — avion
L.C.J. — Lord Chief-Justice — En. — jurisprudence
l.c.l. — less car load — charge incomplète — En. — commerce
l.c.m. — least common multiple — plus petit commun multiple — En. — mathématiques
LCN — Load Classification Number — Indice de charge (pression) — En. — avion, pneus
LCO — Telegram in the language of the country of Origin — télégramme dans la langue du pays d'origine — En. — postes
L.C.P. — Licenciate of the College of Preceptors — En. — enseignement
LCSS — Land Combat System — Système d'appui au combat sur terre — En. — militaire
Ld. — Landes... — du pays (fédéral), régional — De. — général
L/D — Lift/drag (ratio) — (rapport) poussée/traînée ou finesse — En. — aérodynamique
LD — Liste des distributeurs français agréés — Fr. — CCTU, électronique
LD — Locating Dowel — Cheville de repérage — En. — dessin ind.
Ld — Lord — Lord — En. — politique
LD — Low distortion — faible distortion — En. — radio, etc.
L-D — nouveau procédé de fabrication de l'acier, par injection d'oxygène pur, commencé en 1952 à Linz et Donawitz en Autriche — De. — métallurgie
LDC — Lower dead center — point mort bas — En. — moteurs
LDD — Lever de doute (antenne « sense antenna ») — Fr. — antennes, av.
ldg, LDG — = landing — atterrissage — En. — avion
ldg — loading — chargement — En. — industrie
Ldkrs. — Landkreis — arrondissement — De. — administration
Ldo — Licenciado — licencié — El. — enseignement
LDP — London Daily Price — prix journaliers de Londres — En. — commerce
LDPD — Liberal-Demokratische Partei Deutschlands (DDR) — De. — politique
Ldr — Leder — cuir — De. — général
L.d.R. — Leutnant der Reserve — De. — militaire
Ldrb. — Lederband — volume relié en cuir — De. — livre
L.D.S. — Licenciate of Dental Surgery — En. — médecine, enseignement

Lds — Landsturm — réserve territoriale — De. — militaire
LDv — Luftwaffendienstvorschrift — Service militaire aéronautique — De. — militaire
Ldw — Landwehr — réserve active — De. — militaire
L.E. — Leading Edge — bord d'attaque — En. — aéronautique
LE — Lecce — Lecce — It. — plaques auto.
LEAP — Lift-off Elevation and Azimuth Programmer — Programmeur d'envol — En. — espace
LECARIM — Laboratoire d'Essais Contrôles, Analyses et Recherches Industrielles de Mazamet — Fr. — normalisation
LED — Light Emitting Diode — diode émettrice de lumière — En. — semiconducteur
LED — Luminescent Electro-Diode — diode électro-luminescente — En. — semiconducteur
led. — ledig — non marié — De. — administration
LEED — Laser-Energised Explosive Device — Explosif à détonateur laser — En. — militaire
LEED — Low Energy Electron Diffraction — Diffraction électronique à basse énergie — En. — électronique
LEFA — Lebensmittel und Feinkost-Ausstellung (Internationale) — Exposition internationale de l'Alimentation — De. — alimentation
LegR — Legationsrat — conseiller de légation — De. — politique
Leics. — Leicestershire — Comté de Leicester — En. — géographie
LEM — Lunar Excursion Module — Module d'exploration lunaire — En. — satellites
LES — Light-Emitting Switch — interrupteur lumineux — En. — électricité
LES — Lincoln Experimental Satellite — En. Us. — satellites
LESA — Lunar Exploration System Apollo — En. us. — espace
LET — Lincoln Experimental Terminal — En. — aéronautique
LETI — Laboratoire d'Electronique et de Technologie de l'Informatique (CEA) (du Centre d'Etudes Nucléaires de Grenoble) — Fr. — informatique
lett. — letteratura — littérature — It. — général
Lex. — Lexikon — lexique — De. — général
L.F. — Low Frequency — Basse fréquence — En. — électronique
L.F.C. — Laminar Flow Control — contrôle de l'écoulement laminaire — En. — aérodynamique
lfd. — laufend — courant, en cours — De. — général
LFDF — Low Frequency Direction Finder — radiogoniomètre BF — En. — aéronautique
LFD JS — Laufenden Jahres — de l'année en cours — De. — chronologie
Lfg. — Lieferung — Livraison — De. — commerce
l.F.H. — leichte Feldhaubitze — obusier léger de campagne — De. — militaire
LFK — Lenkflugkörper — engin guidé — De. — aéronautique milit.
LFM — Leipziger Frühjahrsmesse — Foire de Printemps de Leipzig — De. — commerce
LFR — Low Frequency Range — Gamme B.F. — En. — radio
L.F.S. — Light Fighter Sight — collimateur de Chasseur léger — En. — av. militaire
LFSW — Landing Force Support Weapon — Arme d'appui des Forces de Débarquement — En. — militaire
L.F.V. — Lunar Flight Vehicle — Véhicule de survol lunaire — En. us. — satellites
LG — Landgericht — Tribunal régional — De. — juris.
L.G. — L/G = Landing Gear — train d'atterrissage — En. — avion
LG — Lieferungsgenehmigung — Autorisation de livrer — De. — commerce
L.G. — Life Guards — Gardes du Corps — En. — militaire
LG — Light Guide — guide de lumière — En. — optoélectrique
LGD — Ligne à grande vitesse — Fr. — téléphone
LGDir. — Landgerichtsdirektor — président d'une chambre au tribunal régional — De. — juris.
LGM — Light Guide Metal — Guide de lumière à bout métal — En. — optoélect.
LgN — Luftfahrtgeräte-Normenauschuss — Comité de Normalisation aéronautique — De. — normalisation aéronautique
LGPräs. — Landgerichtspräsident — président d'un tribunal régional — De. — juris.
LGR — Landgerichtsrat — juge au tribunal régional — De. — juris.
LH — Landwirtschaftliche Hochschule — Ecole supérieure d'agriculture — De. — enseignement
L.H. — Left Hand — côté gauche — En. — général
L.H. — Liquide hydraulique — Fr. — industrie
LH — Liste des composants électroniques homologués — Fr. — CCTU électronique
L.H. — Luteotropine Hormone or Luteini-

zing Hormone — Hormone lutéinisante — En. — médecine

LHA — Local Hour Angle — Angle Horaire Local — En. — chronologie

l.h.d. — left-hand drive — conduite à gauche — En. — automobile

LHP — Lipotropine Hormone — Hormone lipotrope — En. Fr. — médecine

l.h.s. — left-hand side — terme gauche (d'une équation) — En. — mathématique

L.I. — Light Infantry — Infanterie légère — En. — militaire

LI — Link — liaison — En. — mécanique, etc.

Li. — Lithium — int. — chimie

LI — Livorno — Livourne — It. — plaques auto

LI — Long Island (N.Y.) — En. — géographie

lib. — (liber) Buch ; book, librarian — livre, bibliothécaire — (lat) De. En.

Lib. — liberal — libéral — En. — politique

Lib. — Library — bibliothèque — En.

Lic. — Lizentiat (der Theologie) — licencié en théologie — De. — religion

lic. — licenciado — licencié — El. — enseignement

L.I.C. — Linear Integrated Circuits — Circuits Intégrés linéaires — En. — électronique

Lict — Longitudinal induced compensation trimmer — Trimmer de compensation longitudinale induite — En. — aéronautique

LID — Leadless Inverted Device — Disp. inversé sans fil — En. — semiconducteur

LIFO — Last In-First Out — Dernier entré, premier sorti (voir FIFO) — En. — comptabilité stocks

ligr. — ligroïne — Fr. — chimie

LIL — Lunar International Laboratory — Laboratoire lunaire international — En. — espace

LIMAC — Large Integrated Monolithic Array Computer — ordinateur LIMAC — En. — ordinateurs

LINC — Laboratory Instrument Computer — Ordinateur de laboratoire — En. — informatique

lin ind — linéarité indépendante — composants électroniques — Fr. — CCT électronique

LINS — Laser Inertial Navigation System — Système de navigation inertielle à laser — En. — aéro. navig.

LION — Lunar International Observer Network — Réseau International d'observations lunaires — En. — astronomie

Liq — Liquidation — Liquidation — De. — commerce

liq. — liquide — Fr. — chimie

LIRL — Low-Intensity Runway Lighting — Eclairage de piste à basse intensité — En. — aéronautique

LIRSA — Lavori Italiani Resine Sintetiche Affini — It. — plastiques

LISA — Linear System Analysis Program — Programme d'Analyse Linéaire — En. — informatique

Lit. — lire italiane — lires italiennes — It. — monnaie

lit. — literal — littéral — En. — général

lit. — literary — littéraire — En. — général

Lit — Literatura — littérature — El. — général

lit. — literature — littérature, documents — En. — général

lit. — litre — litre — En. — unités

l.J. — laufenden Jahres — de l'année en cours — De. — général

LJ — Lord Justice — En. — juridique

LK — Link — liaison — En. — technique

LKF — leichtes Kampfflugzeug — chasseur léger — De. — av. militaire

LKW — Lastkraftwagen — camion, poids lourd — De. — automobiles

LL — (values measured) Line-to-Line — de ligne à ligne — En. — électricité

LL — Liste des laboratoires indépendants agréés — Fr. — CCTU électronique

LL — Lossey Laminate (lossey layer between two or more dielectric layers) — absorbeur d'énergie des ondes micrométriques — En. — radio

LL AA — Loro Altezze — Leurs Altesses — It. — social

LL.B. — Legum Baccalaureus — Diplôme de Droit — En. — enseignement

LLC — Limited Liability Company — S.A.R.L. — En. — sociétés

LLC — Load Limit Control — limiteur de charge — En. — technique

LLD — (Legum Doctor) Doctor of Laws — Docteur en droit — (lat.) En. — enseignement

LLEE — Lóro Eccellènze — Leurs Excellences — It. — social

LLEEm Lóro Eminènze — Leurs Eminences — It. — social

LLI — Lower Limit of Inflammability — limite inférieure d'inflammabilité — En. — test

LLMM — Lóro Maestà — Leurs Majestés — It. — social

LL.PP. — Lavori Pubblici — Travaux Publics de l'Etat — En. — T.P.E.

LLRV — Lunar Landing Research Vehicle — Module d'atterrissage sur la lune — En. — satellites

LLTV — Low-Light-Level Television (ou LLLTV) — En. — télévision

LLTV — Lunar Landing Training Vehicle — En. — militaire espace

LLV — Lunar Landing Vehicle — Module d'atterrissage sur la lune — En. — satellites
l.M. — laufenden Monats — de ce mois — De. — général
LM — Licenciate of Medecine — En. — médecine
LM — L-Meter — Inductance-mètre — En. — électronique
lm — lumen — symbole erroné (il devrait être « lu ») — It. Fr. — lumière
LM — Lunar Excursion Module — Module d'exploration lunaire — En. — satellites
l.m. — livello del mare — niveau de la mer — It. — géophysique
LmA — Laminés marchands Acier A 33 — (indices économiques) — Fr. — économie
L — Material Wehrmaterial für die Luftkriegführung — Matériel militaire pour la guerre aérienne — De. — militaire
LMCD — Liquid Metal cooled demonstration — démonstration des métaux liquides refroidis — En. — nucléonique
LME — London Metal Exchange — Bourse des Métaux de Londres — En. — métallurgie
l.M.G. — leichtes Maschinengewehr — mitrailleuse légère — De. — militaire
LMRS — Lunar Module Rendez-Vous Simulator (Bell) — En. — espace
LMT — Local Mean Time — Heure locale moyenne — En. — chronologie
LN — League of Nations — SdN — En. — politique
L.N. — (values measured) Line-to-Neutral — de la ligne au neutre — En. — électricité
ln — natural logarithm — logarithme naturel — En. Fr. — mathématiques
ln — logaritmo naturale — logarithme naturel — It. Fr. — mathématiques
LN — Luftfahrt-Norm — norme aéronautique — De. — normalisation
L.N. — Luna nuova — nouvelle lune — It. — astronomie
LNG — Liquid natural gas — gaz naturel en phase liquide — En. — physique
LNI — Léga Navale Italiana — It. — marine
Lo — Latitude origine (de l'avion) — Fr. — aéronautique
LO — Low — Basse (vitesse, deuxième) — En. — automobile
L.O. — Local oscillator (of radar) — oscillateur local — En. — radar
LOA — Length Over All — longueur hors tout — En. — dessin indust.
LOB — Liberalisiert oder Bilateral — De. — politique
LOC — Letter of Commitment — Lettre d'engagement (financier) — En. — finances
LOC — Localizer — localisateur (système définissant l'axe de la piste) — En. — nav. avion
loc. — locución — locution — El. — grammaire
LOCAT — Low-cost air target — cible aérienne bon marché — En. — milit. aéronautique
LOCAT — Locazione Attrezzature (Italia) — It.
loc. cit. — loco citato — loc., cit., au lieu cité — En. De. It. Fr. — général
lodola — allodola — alouette — It. — général
LOFAR — Low-Frequency Analyzing Recorder — En. — électronique
Lóg. — Lógica — logique — El. — général
log. — logarithm — logarithme — En. Fr. — mathématiques
log. — logarithme décimal — Fr. — mathématiques
Log. — logarithme népérien — Fr. — mathématiques
log. — logaritmo — logarithme — It. Fr. — mathématiques
Log. — Logarithmus — logarithme — De. Fr. — mathématiques
L.O.H. — Light Observation Helicopter — Hélicoptère léger d'observation — En. — aéro. militaire
LOHAP — Light Observation Helicopter Avionics Package — En. — aéronautique
LOHM — Liquid Ohm — (unité de fluidique) — En. — unités
L.O.I. — Loss on ignition — perte par grillage — En. — nucléonique
L.O.I. — Lunar Orbit Insertion — mise sur orbite lunaire (NASA) — En. — satellites
Lok. — Lokomotive — locomotive — De. — chemins de fer
LOLEX — Low Level Extraction — sortie (du parachute) à basse altitude (atterrissage à parachute-frein) — En. — avion
LOLO — Lifton/lift off — En.
LON — Longitude — longitude — En. — géographie
LONG — longitudinal — longitudinal (commandes) — En. — nav. avion
LONG — Longitudine — Longitude — It. Fr. — géographie
LOOP — Louisiana Offshore Oil-Port — projet de terminal pétrolier sous-marin — En. — pétroles
LOP — Line of Position — ligne de position — En. — avion
loq. — (loquitur) He or she speaks — il ou elle parle — (lat.) En. — général
LO-R — Low Resistance — faible résistance électrique — En. — fils et câbles

LOR — Lunar Orbital Rendez-vous — En. — satellites
LORAC — Long Range Accuracy System — En. — aéro.
LORAN — Long Range Navigation — (syst. de navigation à longue portée) — En. — radar, nav., aéronautique
LORSA — Long Range Steerable Antenna — Antenne longue distance orientable — En. — antennes, avion
LORTAN — Long Range and Tactical Navigation (Lear Siegler System) — En. — radar, nav., av.
LORV — Low Observability Reentry Vehicle — En. — satellites
LOS — Law of the Sea (conf. de l'ONU) — Droit maritime — En. — océanographie
LOS SYS — Landing Observers' Signal System — En.
Lotaws — Laser obstacle terrain-avoidance warning syst. — système anticollision-laser — En. — nav., aéro.
LOX — Liquid oxygen — Oxygène en phase liquide — En. — physique
L.P. — Labour Party — Parti Travailliste — En. — politique
LP — läuten! pfeifen! — sonnez! sifflez! — De. — général
L.P. — Letters patent — lettres patentes — En. — diplomatie
L.P. — Linear Programming — programmation linéaire — En. — informatique
L.P. — Long-playing record — disque longue durée microsillon — En. — enregistrement
L.P. — Lord Provost — En. — politique
L.P. — Low Pressure — Basse pression — En. — technique
L.P. — Luna piena — pleine lune — It. — astronomie
Lp — tôles de laiton — (indices économiques) — Fr. — économie
LPC — Luftfahrt-Presseclub — club de Presse aéronautique — De. — aéronautique, presse
LPDTL — Low Power DTL — circuits intégrés LPDTL — En. — électronique
LPE — London Press Exchange — Centrale de Presse de Londres — En. — presse
LPF — Lixiviation, précipitation, flottation (des minerais) — Fr. — industrie, miner.
LPG — Landwirtschaftliche Produktions-Genossenschaft — coopérative de production agricole — De. — agriculture
LPG — Liquefied Petrol Gas — GPL — En. — pétroles
LPH — Landing Platform-Helicopter — navire porte-hélicoptères — En. — marine
LPM — Libre Parcours Moyen (d'un parcours électrisé) — Fr. — électricité
LPTV — Large Pay-Load Test Vehicle — En. — satellites
LPZ — Leitpostzahl — numéro du secteur postal — De. — postes
LQE — liste des composants électromécaniques sous contrôle centralisé qualité acceptés selon spécification — Fr. — CECC-CCTU
LQF — liste des composants électromécaniques sous contrôle centralisé qualité acceptés selon normes françaises — Fr. — CCTU
I.R. — laufende Rechnung — en compte courant — De. — commerce, comptabilité
I.R. — laut Rechnung — suivant facture — De. — commerce
Lr — Lawrencium — int. — chimie
L.R. — Long Range — longue portée — En. — fusées
LRC — Linear Responsibility Chart — Diagramme de Responsabilité linéaire — En. — statistiques
L.R.C. — Long-Range cruise — croisière longue distance — En. — avion, milit.
LRCC — Laboratoire de Recherche et de Contrôle du Caoutchouc — Fr. — caoutchouc
LRCP — Licentiate of the Royal College of Physicians — En. — enseignement, médecine
LRCS — Licenciate of the Royal College of Surgeons — En. — enseignement, médecine
LRCVS — Licenciate of the Royal College of Veterinary Surgeons — En. — enseignement, médecine
LRF — LH-releasing factor — facteur de libération LH — En. — médecine
lrh — linksrheinisch — de la rive gauche du Rhin — De. — géographie
LRI — Luft- und Raumfahrt Industrie — Industrie Aérospatiale — De. — aéronautique, espace.
LRMTS — Laser Rangefinder and Marked Target Seeker system — radar à Laser — En. — militaire
LRPA — Long-Range Patrol Aircraft — patrouilleur à grand rayon d'action (Bréguet Atlantic) — En. — aéronautique
LRPDS — Long-range position determining system — système de navigation longue distance LRPDS — En. — nav., avion
LRS — Lloyd's Register of Shipping — (organisme britannique analogue à Véritas) — En. — contrôle industriel
LRU — Line replaceable unit — élément remplaçable en compagnie — En. — avion

LRV — Lunar Roving Vehicle — Véhicule de surface lunaire — En. — espace
LS — Lengstrecke — longs courriers, long rayon d'action — De. — avion
LS — Launch Site — Site de lancement — En. — espace
L.S. — Left side — côté gauche — En. — général
LS — Libre-Service — Fr. — commerce
LS — Limit stop — butée de fin de course — En. — mécanique
L.S. — Line-and-Staff — autorité hiérarchique et Etat-Major fonctionnel (gestion automatique de société) — En. — informatique
LS — Life System — système de survie — En. — aéronautique
LS — Logistic Support — soutien logistique — En. — militaire
LS — (locus sigilli) Place of the seal — emplacement du sceau, au lieu du sceau — En.
LS — Long Side — Grand côté — En. — géométrie
LS — Low Speed — basse vitesse — En. — moteurs élect.
LS — Luftschutz — défense anti-aérienne — De. — militaire
L.S.A. — Limited Space-charge Accumulation — En. — semiconducteur
LSB — Least Significant Bit — bit de plus faible poids — En. — informatique
LSB — Lower Side-Band — bande latérale inférieure: HF, BLU — En. — télécomm., radio
L.s.d. — pounds, shillings, pence — En. — monnaie
L.S.D. — Lysergic acid diethylamide — LSD (drogue) — En. — médecine
L.S.E. — London school of economics — Ecole d'Economie de Londres — En. — enseignement
LSI — Labour and Socialist International — Internationale, Sociale et Travailliste — En. — politique
L.S.I. — Large-Scale integration (microcircuits) — miniaturisation intégrale — En. — électronique
LSI — Launch Success Indicator — indicateur de lancement réussi — En. — espace
Lsig — Lampe de signalisation — Fr. — électronique
LSO — Landing Safety Officer — En. — militaire
LSO — Landing Signal Officer — En. — militaire
LSP — Leitsätze für die Preisermittlung auf Grund von Selbskosten — De. — commerce
LST — Landing Ship Tank — navire de débarquement — En. — marine
LST — Large Space Telescope (NASA) — télescope monté à bord de la future navette spatiale pour être mis en orbite — US. En. — espace
L.st — Libra sterlina — Livre sterling — It. — monnaie
LT — Lamp Test — Test lampe — En. — semiconduct.
lt — laut, gemäss — suivant, selon (préposition) — De. — grammaire
LT — Latina — It. — plaques auto
L/T — Letter of Transmittal — Lettre de transmission — En. — secrétariat
LT — Lettre-Télégramme — Fr. — postes
Lt — Lieutenant — En. — militaire
lt — long ton — tonne américaine — En. — unités
LT — Longueur-Tension (contrôle de la qualité des ressorts) — Fr. — industrie
LT — low tension — basse tension — En. — électricité
LT — low temperature — basse température — En. — industrie
LT — Lycées techniques — Fr. — enseignement
LTA — Lettre de Transport Aérien (engl. AWB) — Fr. — aéronautique
LTA — Lighter than air — plus léger que l'air — En.
LTA — Lufttüchtigkeitsanweisung — De.
LTB — laut Bericht — suivant avis — De. — administration
LTB — London Transport Board — Bureau des Transports de Londres — En. — automobile
LTCOL — Lieutenant-Colonel — En. — militaire
LTD — Limited — (responsabilité) limitée — En. — commerce
LTF — Luftfahrt—Tauglichkeits-Forderungen — De. — aéronautique
LTFRD — Lot Tolerance Fraction Reliability Deviation — Ecart de fiabilité de la fraction de tolérance du lot — En. — statistiques
LTG — Lager-Transithandelsgenehmigung — autorisation de transit — De. — commerce
LTMR — Laser Target Marker/Ranger — Balise Marker/Ranger à laser — En. — militaire
LTO — Limited Toilet Operation — fonctionnement toilettes limité — En. — avion
LTP — Low temperature process — procédé basse température — En. — métallurgie
LTPD — Tolerance percent defective — pourcentage de pièces défectueuses tolérées dans le lot — En. — statistiques
LTR — Luftfahrt-Tauglichkeits-Richtlinien — De. — aéronautique

LTRI — Lightning and Transients Research Institute — Institut de Recherche sur la foudre et les transitoires électriques — En. — électricité
LTU — Lufttransport-Unternehmen — compagnie aérienne allemande LTU — De. — aéronautique
LTV — Longs tubes verticaux (procédé de dessalement de l'eau de mer) — Fr. — alimentation
LU — Lucca — It. — plaques auto
lu — lumen — (éclairement) — Fr. int. — unités
Lu — Lutécium — int. — chimie
LuftVZO — Luftverkehrszulassungsordnung — Réglementation de la Circulation aérienne — De. — aéronautique
lug. — luglio — juillet — It. — datation
LUK — Lamellen und Kuplungsbau — De.
luth — lutherisch — luthérien — De. — religion
LV — litre verre — Fr. — emballage
LV — Low Voltage — Basse tension — En. — électricité
L.V. — luncheon voucher — ticket de repas — En. — général
LVA — Landesversicherungsanstalt — caisse régionale d'assurance sociale — De. — social
LVDT — Linear Variable Differential Transformer — Transformateur différentiel variable linéaire — En. — électricité
LVF — Légion des volontaires français — En. — politique
LVG — Luftverkehrsgesetz — Loi sur le transport aérien — De. — aéronautique
LVH — Landing Vehicle Hydrofoil (marines) — Hydroglisseur de débarquement — En. us. — militaire
LVL — level — niveau, vol en palier — En. — aéronautique
LVO — Luftverkehrsordnung — Réglementation de la circulation aérienne — De. — aéronautique
LVR — Low Voltage Rack — Châssis BT (Hewlett P.) — En. — électronique
LVRJ — Low-volume ramjet — statoréacteur, petit — En. — aéronautique, moteurs
LW — Langwellen — ondes longues — De. — radio
L.W. — Light weight — léger — En. — général
LW — Limited Warfare — guerre limitée — En. — politique
L.W. — Long Wave — onde longue — En. — radio
LW — Luftfahrt Werkstoff — matériau aéronautique — De. — normalisation, aéronautique
L.W.I. — Local Works Instructions (B.A.C.) — Instructions locales — En. — aéronautique, industrie
Lw(d) — Leinwand — toile — De. — textiles
LWF — Light-weight Fighter program (by General Dynamics) — chasseur léger (USAF) — En. — avion militaire
LWL — Length out the Waterline — longueur hors ligne de flottaison — En. — marine
LWLD — Lightweight Laser Designator — Désignateur laser léger — En. — militaire
LWM — Landeswirtschaftsministerium — Ministère régional de l'économie — De. — économie
L.W.M. — Low Water mark — ligne de marée basse — En. — géographie
lx — lux — lux — int. — unités
LZ — Landing zone — zone de débarquement — En. — militaire
LZ — Luxuszug — train de luxe — De. — chemin de fer
LZB — Landeszentralbank — banque centrale du Land (fédéral) — De. — finances
LZF — Liste zugelassener Firmenerzeugnisse — Produits autorisés — De. — industrie
LZG — Landwirtschaftliche Zentralgenossenschaft — Collectivité économique locale — De. — économie

M

M — as manufactured — brut de fabrication (état de surface) — En. — métal
M — Infections cutanéo-muqueuses à staphylocoques chez les sujets exerçant une profession susceptible d'entraîner des contaminations (déclaration facultative) — Fr. — médecine
M — Mach number = rapport de la VV à la vitesse du son — int. — unité, avion
M — maestà — majesté — It. — social
M — Majesty — majesté — En. — social
m — männlich — masculin — De. — grammaire
M — Manœuvre — Fr. — social
M — Mark — De. — monnaie
M — Marker — Marker (balise) — En. — aéronautique
m — married — marié — En. — social
M — Marshall — En. — militaire
M — Martyr — En. — religion
m — maschile — masculin — It. — grammaire
m — masculine, masculino — masculin — En. El. — grammaire
m — mass — messe — En. — religion
M — Masse — Fr. mesures
M — Masse moléculaire — int. — unités nucl.
M — Masse monétaire (théorie monétaire) — Fr. — finances
M — Master — maître, expert, etc. — En. — social
m — mean — moyenne — En. — général
M — Median — médian, médiane — En. Fr. — géométrie
M — Medicine — médecine, médicament — En. — médecine
m — medium — milieu, moyen, agent, etc. — En. — chimie, etc.
M — Member — membre (d'une société, etc.) — En. — social
m — meridian — méridien — En. — géographie
m — mese — mois — It. — chronologie
M31 — Messier 31 — Classification attribuée à la Nébuleuse d'Andromède en 1781 par Charles Messier (France) et qui est toujours en vigueur en 1974 — int. — astronomie
M — métallique, sans isolement (fil électrique) — Fr. — électricité
m — mètre — int. — unités
m — middle — milieu — En. — général
m — mile — mille — En. — unités
M — 1 000 (en chiffres romains) — int. — unités
M — Milliardi — milliards — int. — unités
m — million — million — En. — unités
M — Millioni — millions — It. — unités
m — « minim. or drop » — « minim. ou gouttes » — En. — médecine
m — minute — minute — En. — géométrie
m — mio — mon — It. — général
M — Miria — = 10 000 (dans les unités ce préfixe est erroné, il est officiellement « ma ») — It. — unités
M — Missile — engin — En. — militaire
M — Mister — Monsieur — En. — social
M — Mitglied — membre (d'une société, etc.) — De. — général
m — « mix » — « mélanges » « mixture » — En. — médecine
M — Monat — mois — De. — datation
M — Monday — lundi — En.
M — monoclinique (système cristallin) — Fr. — chimie
M. — Monsieur — Fr. — social
M — monte — mont — It. — géographie
m — month — mois — En. — chronologie
M — Morphine (en tant que drogue) — Fr. — toxicomanie
m — morto — mort, feu — It. — général
M — moteur horizontal à pattes (symbolisation moteur-CEM) — Fr. — électricité
M — Motorway — autoroute (GB) — En. — automobile
M — rapport entre logarithmes népériens et logarithmes décimaux (vaut environ 0,434) — Fr. — mathématiques
M — symbole normalisé désignant un cadmiage partiel (traitement de surface) — Fr. — métal, normalisation
m — symbole SI de la masse, grandeur exprimée en kg — Fr. — unités
m.A. — mangels Annahme — défaut ou faute d'acceptation — De. — commerce

Ma — manomètre série industrielle classique (BOURDON) — Fr. — technique
M — María — Marie — El. — religion
MA — Maroc — int. — plaques auto
MA — der Markenartikel — De. — commerce
MA — Marcos Alemanes — Marks allemands (DM) — El. — monnaies
Ma — Marshalling aera — zone de triage — En. — transports
M.A. — Master of Arts (Magister Artium) — (Lat.) En. — enseignements
M.A. — Memory Address — Adresse mémoire — En. — informatique
MA — microstructures analogiques (symbole CCTU) — Fr. — norm. électronique
ma — milliamperes — En. — unités électr.
mA — milliampère (symbole officiel) — int. — unités électr.
ma — mittelalterlich — médiéval — De. — histoire
MA — Mittelalter — Moyen-Age — De. — histoire
M.A. — Mondaufgang — lever de lune — De. — astronomie
ma — miria — préfixe valant 10 000 — It. — unités
MA — Mundart — dialecte — De. — linguistique
M/A — My Account — mon compte — En. — banque
MAAG — Military Assistance Advisory Group — En. — militaire
M.A.B. — Missile Assembly Building — bâtiment de montage des engins — En. us. — militaire
MAC — Major Activity Center — Centre d'activité principal — En.
M.A.C. — Maximum alloweble concentra-
M.A.C. — Maximum allowable concentration — concentration maximum tolérable (de produits nocifs dans l'air) — En. — pollution
MAC — Mean Aircraft Center — Centre de gravité de l'avion — En. — aéronautique, masses
MAC — Medium Altitude Communications — En. — communications, aéronautique
MAC — Military Airlift Command — En. — militaire
MAC — Missile Advisory Committee — En. — militaire
MAC — Multifunctional Automobile Communication (by TOYOTA) — En. — automobile
M.A.C. — Mean Aerodynamic Chord — corde aérodynamique moyenne — En. — aérodynamique
MAC — McDonnel Aircraft Corporation — En. — aéronautique
MACV — Multi-purpose Airmobile Combat Support Vehicle — En. — aéronautique, militaire
Mad. — Madam — Madame — En. — social
MAD — Magnetic Anomaly Detector — détecteur magnétique de bord : scintillomètre — En. — aérodétection
MAD — Militärischer Abschirmdienst — De. — militaire
MAD — Mutual Assured Destruction — destruction mutuelle certaine (terme utilisé en politique par les opposants de la guerre nucléaire) (USA) — En. — nucléaire
MADAP — Maastricht Automatic Data Processing and Display — (aéronavigation station-europe) — En. — navigation
MADAR — Malfunction Analysis, Detection and Recording — En. — informatique
MADRE — Magnetic Drum Receiving Equipment — Equipement Récepteur sur tambour magnétique — En. — informatique
MADREC — Malfunction Detection and Recording System — Enregistreur-détecteur de pannes — En. — informatique
MADT — Micro Alloy Diffused Transistor — Transistor MADT — En. — semiconducteur
MADUR — Mouvement d'auto-défense des usagers routiers — Fr. — automobile
M.A.E. — Machine à Ecrire — Fr.
M.A.E. — Ministero degli Affari Esteri — Ministère des Affaires Etrangères — It. — politique
MAFRD — Manomètre type « Fréon » ou Chlorure de Méthyle (BOURDON) — Fr. — mesures
mag. — maggio — mai — It. — chronologie
Mag. — Magister — maître, magister — De. — enseignement
MAG — Magnetic — magnétique — En. — magnétique
Magg. — Maggiore — Major — It. — militaire
MAGIC — Marine Corps Air-Ground Intelligence Center — En. — marine
MAGR — Master of Agriculture (USA) — En. — enseignement agriculture
MAIR — Molecular Airborne Intercept Radar — Radar de tir — En. — radar milit.
MAIT — Major Assistance and Industry Teaching — Programme de Formation — En. — industrie, enseignement
Maj. — Major — Commandant — En. — militaire

MAK — « par valeur MAK, on désigne la quantité de vapeur de solvant par m³ d'air respiré que peuvent supporter sans préjudice pour leur santé les ouvriers travaillant 8 heures par jour ; ce qui signifie qu'une substance présentant une valeur MAK faible est plus nocive qu'une substance présentant une valeur MAK élevée » (brochure DYNAMIT NOBEL 1972) — En. — industrie, sécurité

Mál. — Málaga — Malaga — El. — géographie

MAL — Mean Achieved Life — (moyenne des temps d'apparition des défaillances) — En. — maintenance

Mall. — Mallorca — El. — géographie

MALS — Medium Intensity Approach Light System — Feux d'approche à moyenne intensité — En. — aéronautique

MAM — voir QSQ — En. — organisation

Man. — Manitoba — El. us. — géographie

MAN — Manual — manuel — En. — enseignement

m.A.n. — meiner Aussicht nach — à mon avis — De. — général

MANIAC — Mechanical and numerical integrator and calculator — calculateur-intégrateur mécanique et numérique — En. — informatique

MAP — Maghreb Arab Press — Presse arabe du Maghreb — En. — presse

MAP — m-aminoacétophénone — Fr. int. — chimie

MAP — Manomètre de profil (BOURDON) — Fr. — mesures

Mar. — maresciallo — maréchal — It. — militaire

Mar — march — mars — En. — datation

Mar — marine, maritime — marine, maritime — En. — militaire

mar — marron (couleur) — Fr. — chimie

Mar. — Marshall — maréchal — En. — militaire

mar — marzo — mars — It. — chronologie

MAP — Military Aid Program — Programme d'assistance militaire — En. us. — militaire

MAP — Missed Approach Point — Point d'Approche manquée — En. — aéronautique

MAR — Movimento di Azione Rivoluzionaria (clandest.) — It. — politique

MAPS — Multi-color automatic projection system — système de projection automatique multicolore — En. — cinéma

MAR — Multi-function array radar — Réseau radar multi-fonctions — En. — radar

MAR — Music Announcement Reproducer — Lecteur de musique et d'annonces sur avion — En. — aéronautique, distraction

March. — Marchese — Marquis — It. — social

MA/REG — Manomètre destiné à l'industrie de la régulation (BOURDON) — Fr. — mesures

Marisat — Maritime (communications) satellite (US NAVY) — En. — marine, satellites

Marq. — Marquis — En. — social

MARS — Manned Astronautical Research Station — Station pilotée — En. — satellites

MARS — Mid-Air Retrieval System — Récupération des avions sans pilote en vol (par hélicoptère) — En. — aéronautique, militaire

MARS — Military-Airborne Radar System — Radar de bord — En. — av. militaire

MARS — Mobile Atlantic Range Station — Station mobile atlantique — En. — navigation

MAS — matériels aérospatiaux (THOMSON-CSF) — Fr. — espace

MAS — Military Agency for Standardization — Organisme militaire de normalisation — En. — norm. milit.

MAS — Motoscafo antisommergibile — vedette torpilleur — It. — militaire

masc. — masculine — masculin — En. — grammaire

masc. — masculinum (männlich) — masculin — De. — grammaire

MASCOT — Manipolatore Servo Controllato Transistorizzato — It. — électronique

MASER — Microwave Amplification by Stimulated Emission of Radiation — En. — maser

MASH — Mobile Army Surgical Hospital — Hôpital militaire mobile — En. — militaire, médecine

maSk — myriastokes — unité de viscosité cinématique — Fr. — unités

Mass. — Massachusetts — En. us. — géographie

MAT — Material — matériau — En.

MATCON — Microwave Aerospace Terminal Control — En.

MATE — Modular Automatic Test Equipment — Matériel d'essai automatique MATE — En. — test

MATRA — Mécanique, Aviation, Traction (Société générale de) — Fr. — industrie

MATS — Mobile Automatic Test Set — Poste d'essais automatique mobile — En. — test

MATS — Military Air Transport Service — Service des Transports aériens militaires — En. us. — aéronautique militaire

MATTS — Multiple Airborne Target Trajectory System — En.
MAU — Mouvement d'action universitaire — Fr. — politique
MAV — Machine à tisser à aiguilles volantes — Fr. — textiles
MAV — matériels d'avionique (THOMSON-CSF) — Fr. — aéronautique
M.A.V. — Moyens Audio-Visuels — Fr. — enseignement
MAW — Medium anti-tank Assault Weapon — Arme antichar moyenne — En. — militaire
m.a.W. — mit anderen Worten — en d'autres termes — De. — général
max — maximum — En Fr.
MB — Malléable ferritique à cœur blanc (fonte) — Fr. — métallurgie
MB — Marché libre bancaire — Fr. — finance
M.B. — (Medicinae Baccalaureus) Bachelor of Medecine — (lat.) En. — enseignement
M.B. — Memory Buffer — Mémoire-tampon — En. — informatique
MB — Métal de Base — Fr. — soudage
mb — millibar — int. — unités pression
m.b. — millibar — En. — unités pression
MB — Mitteilungsblatt — feuille de renseignements — De. — général
MBA — Marge brute d'autofinancement (terme obligatoire par JO du 3.1.74) — = angl. Cash Flow — Fr. — finances
MBA — Master of Business Administration — En. — enseignement, management
MBB — Messerschmitt-Bölkow-Blohm — société — De. — aéronautique
M.B.E. — Member (of the Order) of the British Empire — En. — social
M.B.E. — Méthylbutynol — int. — chimie
MBFR — Mutual and Balanced Force Reduction — Réduction mutuelle et équilibrage des Forces — En. — politique
MBH — Manomètre à Bain d'Huile (Bourdon) — Fr. — mesures
m.b.H. — mit beschränkter Haftung — à responsabilité limitée — De. — sociétés
MBH/CES — manomètre à bain d'huile à contacts électriques secs (BOURDON) — Fr. — mesures
M.B.I. — Méthylbuténol — int. — chimie
MBL — Musterprüfstelle der Bundeswehr für Luftfahrgeträt — centre d'essais en vol de la Bundeswehr — De. — aéronautique
MBO — Management by Objectives — Gestion par Objectifs — En. — industrie
M.B.R. — Marker Beacon Receiver — Récepteur de balise Marker — En. — nav. avion
MBRV — Maneuverable Ballistic Reentry Vehicle — Véhicule de rentrée balistique manœuvrable — En. — espace
M.B.T. — Metal-Base Transistor — transistor métallique — En. — semiconducteur
MC — Macerata — It. — plaques auto
M.C. — Maîtrise de chantier (éléments normalisés des marchés publics (bâtiment et travaux publics) — Fr. — administration
MC — Manocontact (CEM) — Fr. — électricité
MC — Manomètre à capsule (BOURDON) — Fr. — mesures
MC — Marché Commun — Fr. — politique
MC — Marché des Courtiers — Fr. — bourse
MC — Marine Corps — Marine (US) — En. — militaire
M.C. — Master Change — Modification majeure (SNIAS) — En. — aéronautique
M.C. — Master of Ceremonies — Maître des Cérémonies — En. — social
M.C. — Member of Congress — Membre du Congrès — En. us. — politique
MC — Mégacycle — int. — unité vibr.
m.c. — (mensis currentis) (lauf. Monats) — de ce mois — (lat.) De. — général
MC — Medical Corps — Unité médicale — En. — militaire, médecine
mc — metro cubo — mètre cube — It. — unité volume
M.C. — Mémoire de Contrôle (document SNIAS) — Fr. — contrôle aéro.
MC — Military Cross — Croix de Guerre — Fr. — militaire
MC — Monaco — int. — plaques auto
m.c. — mortis causa — (pour cause de mort) — Fr. — juridique
MC — Multi-Core — panneau sandwich — En. — structures
MCA — Maître de Conférence Agrégé — Fr. — enseignement
MCBF — Mean cycles between failures — Moyenne des Temps entre défaillances — En. — maintenance
MCBR — Mean Cycles Between Removals — Moyenne des temps entre déposes — En. — maintenance
MCC — Marylebone Cricket Club — En. — jeu
MCCA — Mercado Comùn Centroamericano — Marché Commun d'Amérique Centrale — El. — commerce
M.C.D. — Massimo Comune Divisore — plus grand commun diviseur (p.g.c.d.) — It. — mathématiques
MCE — Machines à calcul électroniques — Fr. — comptabilité
MCF — Chloroformiate de méthyle — En. — chimie
MCG — Man-Computer Graphics — Des-

sin assisté par ordinateur — En. — dessin industriel

MCGW — Maximum Certificated Gross Weight — Masse brute maximum certifiée — En. — aéronautique

M.Ch. — (Magister Chirurgiae) Master of Surgery — En. — médecine, enseignement

M.C.I. — Management Control of Inventory — système américain de gestion des stocks — En. — industrie

MCI — (condensateurs) Miniatures pour Circuits Imprimés — Fr. — condensateurs

MCL — Master of Civil Law — En. — juridique, droit

MCM — Milliers de Circular Mills — En. Fr. — unités

mcm — minimo comune multiplo — plus petit commun multiple (p.p.c.m.) — It. — mathématiques

M. Comm — Master of Commerce — En. — commerce, enseignement

MCP — Master Control Program — Programme principal — En. — informatique

M.C.P. — Member of the College of Preceptors — En. — enseignement

MCR — Military Compact Reactor — programme US Army — En. us. — nucléaire

MCS — Master of Commercial Science — En. — enseignement

MC/S — Megacycles per second — En. — unités

mctr — Meterzentner — quintal métrique — De. — unité capacité

MCW — modulated continuous wave — Onde continue modulée — En. — radio

MD — Managing Director — Directeur Général — En. — industrie

Md. — Maryland — En. us. — géographie

M.D. — (Medicinae Doctor) Doctor of Medecine — Médecin — En. — médecine

m.D. — Memorandum of Deposit — mémoire de dépôt — En. — commerce

Md — Mendelevium — int. — chimie

M.D. — Mentally Deficient — déficient mental — En. — médecine

MD — Milliard — milliard — El. — unités

Md. — Milliarde — Millard — De. — unités

Md — Modulation — Modulation — En. Fr. — électronique

Md — Modulator — Modulateur — En. Fr. — électronique

M/D — Month(s) after Date — mois après la date — En. — commerce, chronologie

Md. — Drehmoment — couple — De. — mécanique

MDA — Manomètre différentiel à pression absolue (BOURDON) — Fr. — mesures

M.D.A. — Minimum Decision Altitude — altitude minimale de décision — En. — nav. avion

M.D.A. — Minimum Descent Altitude — altitude minimale de descente — En. — nav avion

Mda — Mordançage acide (SNIAS) : protection des surfaces métalliques — Fr. — métal, avion

MDA — Mouvement de défense des automobilistes — Fr. — automobile

MDA — Multiple Docking adapter — Adapteur d'arrimage multiple — En. — espace

MDAP — Mutual Defence Assistance Program — En. — militaire

MdB — Mittglied des Bundestags — Membre du Parlement fédéral — De. — politique

MDCS — Master Digital Command System — En.

M.D.F. — Main Distribution Frame — répartiteur d'entrée, répartiteur principal ou général — En. — téléphone

MDF — Manomètre différentiel à soufflets (BOURDON) — Fr. — mesures

MDF — Medium Frequency Direction Finder — Radiogoniomètre MF — En. — navigation

MDI — diphénylméthane diisocyanate — Fr. — chimie, plastiques

M.D.I. — Miss-Distance Indicator — Indicateur d'erreur de distance — En. — aéronautique

MDIU — Manual Data Insertion Unit — Unité d'insertion manuelle — En. us. — espace

MdL — Mitglied des Landtags — Membre de la diète — De. — politique

MDM — Multiplexer-Demultiplexer — En. — électronique

Mdmd — Modulateur-démodulateur — Fr. — électronique

Mdn — Mordançage neutre (SNIAS) — protection des surfaces métalliques — Fr. — métal

MDR — Mechanical Development Report — En. — mécanique

MdR — Mitglied des Reichstags — Membre du Parlement de l'Empire — De. — politique

M.D.T. — Mean Down Time — Temps moyen d'immobilisation — En. — maintenance, avion

MDTHP — manomètre différentiel très haute précision (BOURDON) — Fr. — mesures

MdV — Mitglied der Volkskammer (DDR) — Membre de la Chambre du Peuple — De. — politique

m.d.W.d.G.b. — mit der Wahrnehmung der

Geschäft beauftragt — chargé de l'expédition des affaires courantes — De. — politique
Me — Maine — En. us. — géographie
ME — Manuel d'Entretien (angl. Maintenance Manuel - MM) — Fr. — aéronautique
ME — Master of Engineering — En. — enseignement, ingenierie
M.E. — Medical Examiner — Médecin légiste — En. — jurisp.
M.E. — Medio Evo — Moyen-Age — It. — histoire
m.E. — meines Erachtens — à mons avis — De. — général
M.E. — Messina — Messine — It. — plaques auto
M.E. — Middle English — Anglais moyen — En. — linguistique
M.E. — Military Engineer — Ingénieur Militaire — En. — militaire
M.E. — Mining Engineer — Ingénieur des Mines — En. — mines
M.E. — Most Excellent — Très Excellent — En. — social, secrétariat
M.E. — Movimento Europeo — Mouvement Européen — It. — politique
ME — Mouvement européen — Fr. — politique
MEA — Middle East Airways — (compagnie aérienne) — En. — aéronautique
MEA — Minimum En-route Instrument Altitude — En. — nav. avion
M.E.C. — Mercato Europeo Comune — Marché Commun — It. — politique
MECL — Motorola Emitter-coupled logic — circuit Logique MECL — En. — semiconducteur
med. — medical — médical — En. — médical
Med. — Medieval — médiéval — En. — histoire
Med. — Mediterranean — méditerranéen — En. — géographie
med. — medizinisch — médical — De. — médical
Met. Rat — Medizinalrat — titre honorifique décerné à certains médecins — De. — médecine
MEFTA — Metalworking industrials in EFTA — Industries Métallurgiques de l'AELE — En. — métallurgie
MEH — Multi-engined Helicopter — hélicoptère multimoteurs — En. — aéronautique
MEK — Methylethylketone — int. — chimie
MEIC — Member of the Engineering Institute of Canada — En. — social, ingéniérie
MELVA — Military Electronic Light Valve — En. — milit.
M.E.M. — Mars Excursion Module — Module d'exploration sur Mars — En. — espace
M.E.M. — Mandelate de Méthyle — Fr. int. — chimie
Mem. — Memorandum — mémoire — En. — général
Mem. — (Memento) Remember — souvenez-vous — (lat.) En. — général
MENG — Master of Engineering — (Republic of Ireland) — En. — enseignement, ingénierie
MEPU — Monergol Emergency Power Unit — Propulseur de secours au Monergol — En. — fusées
MERA — Modular Electronic Radar Array — Radar modulaire — En. — radars
MERCURE — Modèle économique en Régime Concurrentiel dans Une Région Economique — Fr. — aéronautique
MERIT — Michigan Educational Research Information Triad — En. — enseignement
MES — Magnetischer Eigenschutz — Protection magnétique — De.
Mesc — Mescaline (en tant que drogue) — En. Fr. — toxicomanie
MESH — Matra, Erno, Saab, Hawker-Siddeley-Dynamics — (consortium) — Fr. — industrie
MESH — Medical Subject Headings — titres de sujets médicaux — En. — documentation
Messrs. — Plural of Mr. — Messieurs — En. — social, secrétariat
MET — manomètre étalon (BOURDON) — Fr. — mesures
mét. — alcool méthylique — Fr. — chimie
MET — Mobile Equipement Transport — Transport de matériel mobile — En. — transports
met. — meteorological — météorologique — En. — météo
Met. — Metropolitan — métropolitain — En. — général
M.E.T. — Mid-European Time — heure de l'Europe Centrale — En. — calcul du temps
Meths. — methylated spirits (colloq.) — liqueurs — En.
METS — Modular Engine Test System — Essai modulaire des moteurs — En. — moteurs
METSAT — Meteorological Satellite — satellite météo — En. — satellites
MeV — Mega electron Volt — Méga Electron-Volt — En. — thermionique, unités
MEW — Manufacturer's Empty Weight — masse à vide constructeur — En. — industrie, aéronautique
MEW — Microwave Early Warning — Alerte avancée par micro-ondes — En. — militaire

Mex. — Mexico, Mexican — Mexique, Mexicain — En. — géographie
MEZ — Mitteleuropäische Zeit — heure de l'Europe Centrale — De. — calcul du temps
MF — Media Frequenza; Moyenne fréquence; Mean Frequency — It. Fr. En. — radio
MF — Mère au Foyer — Fr. — social
mf — mezzoforte — modérément fort — It. — musique
MF — Modulation de fréquence; Modulazione di Frequenza — Fr. It. — radio
MFA — Mouvement des Forces armées — (Portugal) — Fr. — politique
MFC — Main Fuel Control — Commande carburant principale — En. — avion
MFD — Microfarad — (symbole erroné) — En. — unité électr.
MFE — Movimento Federalista Europeo — mouvement fédéraliste européen — It. Fr. — politique
MFEA — Monetary Fund of the Escudo Area — Fond Monétaire de la Zone Escudo — En. — finances
MFH — Master of the Fox Hounds — Maître de meûte — En. — vénerie
MFN — Most Favored Nation — Nation la plus favorisée — En. — économie
MFO — Maschinenfabrik Oerlikon — (société allemande, DDR) — De. — industrie
MFR — Manufacturing, manufacturer — fabrication, fabricant — En. — industrie
MFY — Mobilization for Youth — mouvement de la jeunesse américaine — En. usa — social
MG — Machine Gun (pron. « emma gee ») — us. — mitrailleuse — En. — militaire
MG — Magnésium — int. — chimie
MG — Maschinengewehr — mitrailleuse — De. — militaire
MG — Military Government — Gouvernement militaire — En. — militaire
mg — milligramme — int. — unités
Mg — Miriagrammo — miriagramme — It. — unités
MG — Molekulargewicht — poids moléculaire — De. — nucléaire
MGAP — Magnetic Attitude Prediction — programme d'études magnétiques — En. — espace
MGC — Miniaturized Gyroscopic Platform — Plateforme gyroscopique miniaturisée — Fr. — navigation
MGD — Magneto-Gas-Dynamik — Magnétohydrodynamique — De. — physique
MGGB — Modular guided glide bomb — bombe volante à guidage modulaire — En. — militaire
MGH — Monumenta Germaniae Historica — Recueil de documents de l'histoire de l'Allemagne au Moyen-Age — lat. — histoire
MGK — Maschinengewehrkompanie — Compagnie de mitrailleuses — De. — militaire
MGK — Materialgemeink — frais d'approvisionnement — De. — industrie
MGM — Metro-Goldwin-Mayer — compagnie cinématographique — En USA — cinéma
M/GNP — Money to GNP (ratio of) — rapport de l'argent au PNB — En. — finance
MGP — Modulateur de Groupe Primaire — Fr. — électronique
MGR — Manager — Directeur, responsable — En. — industrie
MGS — Modulateur de Groupe Secondaire — Fr. — électronique
MGV — Männergesangverein — chorale d'hommes — De. — musique
MGZ — Mittlere-Greenwich-Zeit — heure moyenne de Greenwich (GMT) — De. — chronologie
MH — Magnetic Heading — cap magnétique — En. — nav., avion
MHA — Member of the House of Assembly — En. — politique
mhd — mittelhochdeutsch — moyen-haut-allemand — De. — linguistique
MHD — Magneto-hydro-dynamic — magnétohydrodynamique — En. Fr. — physique
MHF — Medium high frequency — haute moyenne fréquence — En. — radio
mho — unité de conductance (inverse de l'ohm) (Ω) — Fr. — électricité
M Hon — Most Honourable — Très honorable — En. — social
MHR — Member of the House of Representatives (USA) — Député à la Chambre des Représentants — En. — politique
MHRS — Magnetic Heading Reference System — Référence de cap magnétique — En. — nav., avion
MHTL — haute immunité au bruit — En. — acoustique
MHZ — Mégahertz — int. — unités
MI — Milano — Milan — It. — plaques auto
mi — mile — mille — En. — unité
MI.5 — Military Intelligence, Department 5 = **5ème Bureau** — (Militaire) — En. — militaire
MI — Modulateur d'impact — Fr.
MIBK — Méthylisobutylkétone — En. int. — chimie
MIC — Modulation par impulsion et codage — (ou d'impulsions codées) — Fr. — télécomm.
MICE — Member of the Institution of Civil Engineers — En. — social
Mich — Michigan — En. — géographie

MICPAC — Microelectronic Integrated Circuit Package — Micro-circuit intégré — En. — électronique
MID — Middle East Regional Area — Région Moyen-Orient — En. — navigation
MIDARM — Microdynamic angle and rate monitoring system — En.
MIDAS — Measurement information and data analysis system — poste d'essai automatique — En. — aéronautique
MIDAS — Missile Defense Alarm System — Système d'alerte anti-missiles — En. — militaire
M.I.D.E.S.T. = Marché — international de la sous-traitance — Fr. — économie
MIE — Member of the Institution of Engineers — (Australie) — En. — social, ingéniérie
MIEE — Member of the Institution of Electrical Engineers — En. — social, électricité
MIG — Metallic Inert Gas Welding — procédé de soudage sous atmosphère inerte — En. — soudage
MiG — Mikoyan et Guérévitch — (constructeurs d'avions militaires russes) — Ru. — aéronautique
MIG — Miniature integrating gyro — gyro intégrateur miniature — En. — gyroscopes
MiL — Milicia — Milice — El. — militaire
MIL — Military (specification) — norme militaire — En. USA. — normalisation
MILL — Million — million — En. — unités
MIL.REG. — Militärregierung — Gouvernement militaire — De. — militaire, politique
Mi mec E — Member of the Institution of Mechanical Engineers — En. social, mécanique
MIMS — Multi-Item, Multi-Source — Article multiple, Source multiple — En. — approvisionnements
MIN — Marché d'Intérêt National — Fr. — commerce
MIN — miniature — composants électroniques — Fr. — CCT
min — minimo; minimum — It. En. Fr. — général
Min — Minister — Ministre — De. — politique
min — minute — minute — int. — unités
Min. Dir — Ministerial Direktor — Directeur Ministériel — De. — politique
Minn. — Minnesota — En. us. — géographie
MINOCD — « Modification non-officielle catégorie D » — SNIAS — Fr. — avion
MinR — Ministerialrat — Conseiller ministériel — De. — politique
Mio. — Million — Million — De. — unités
MIP — Manomètre série Pétrole (BOURDON) — Fr. — mesures
MIP — Marine Insurance Policy — Police d'assurance maritime — En. — assurances
M.I.P. — Maximum Inlet Pressure — pression maximale d'admission — En. — moteur avion
M.I.P. — Molded-In Plate — (connecteurs Amphénol) — En. — électricité
M.I.P. — Monthly Investment Plan — Plan d'Investissement mensuels — En. us. — industrie
MIP — Monthly Investment Payment — Paiement mensuel des investissements — En us. — industrie
MIPIR — Missile Precision Instrumentation Radar — Radar de précision pour missiles — En. — militaire
MIPS — Missile Impact Prediction Set — Calcul de l'impact missiles — En. — militaire
MIRAGE — Microelectronic Indicator for Radar Ground Equipment — Radar sol — En. — radar
MIRL — Medium Intensity Runway Lighting — Feux de piste à moyenne intensité — En. — aéronautique
MIRV — Multiple Independantly-targeted Re-entry Vehicle — Missile à ogives multiples orientables — En. — fusées milit.
M.I.S. — Management Information System — Système d'Information des responsables — En. — administration informatique
M.I.S. — Métal isolant semi-conducteur — Fr. — semiconducteur
misc. — miscellaneous — divers — En. — général
MISS — Multi-Item, Single-Source — Article multiple, source unique — En. — approvisionnements
MISS — Mississippi — En. us. — géographie
MIT — Massachussetts Institute of Technology — En. — enseignement
MIT — Master Instruction Tape — bande reproductible — En. — informatique
M.I.T. — Minimum Inventory Turnover — chiffre d'affaires minimal — En. — commerce
Mit. — Mitologia — Mythologie — El. — religion
MITE — Missile Integration Terminal Equipment — En. — fusées milit
MITI — Ministry of International Trade and Industry — (Japan) — En. — commerce
Mitgl. — Mitglied — membre — De. — général
MITRE — Miniature Individual Transmitter-Receiver Equipment — Emetteur-

Récepteur individuel miniature — En. — radio
Mitropa — Mitteleuropäische Schlaf- und Speisewagen-Aktiengesellschaft — Société des wagons-lits et wagons-restaurants d'Europe Centrale — De. — chemin de fer
mitt. — mittente — expéditeur (sur les lettres) — It. — postes
MJ — Mach of Exhaust Jet — (Mach à l'éjection) — En. — avion
MJ — mise à jour — Fr. — documentation
MK — Mark — De. — unités monét.
mkg — Meterkilogramm — Kilogrammètre — De. — unités
MKR — Marker — (balise) Marker — En. — nav. avion
ML1 — manomètre à colonne de liquide verticale (BOURDON) — Fr. — mesures
ML2 — manomètre à colonne de liquide inclinée (BOURDON) — Fr. — mesures
ML4 — manomètre à colonne de liquide mercure (BOURDON) — Fr. — mesures
ML — Marker Loop — Chaîne Marker — En. — nav. avion
ML — Mesures Libres — Fr. — mesures
ML — microstructures logiques (symbole CCTU) — Fr. — norm. électronique
mL — millilambert — int. — unités
ml — millilitre — int. — unités
M/L — More/Less — plus/moins — En. — mathématiques
ml — statute mile (mille terrestre 8 fur 1 609,344 m) — En. — unités
MLA — Member of the Legislative Assembly — En. — politique
MLA — Modern Language Association — En. — linguistique
MLB — microstructures logiques — Fr. int. — électronique
MLC — Micrologic = symbole des microstructures logiques — Fr. — électronique
Mld — Maryland — En. us. — géographie
MLG — Main Landing Gear — Train principal — En. — avion
MLM — Modulation de lumière à membrane — Fr. — physique, laser
MLS — Microwave Landing System — (radar Doppler d'atterrissage) — En. — nav. avion
MLW — Maximum Landing Weight — masse maximum à l'atterrissage — En. — avion
MM — Maintenance Manual — Manuel d'Entretien (ME) — En. — aéronautique
MM — Marina Militare — marine militaire — It. — marine
MM — Masse mécanique — Fr. — électronique
MM — Médaille Militaire; Military Medal — Fr. En. — militaire
MM — megamega — (symbole erroné) — En. — unités
m/m — même mois — Fr. — commerce
MM — Messieurs — Fr. — social
MM — Middle Marker — Balise Marker Médiane — En. — aéronautique
mm — millimètre — int. — unités
Mm — Miriametro — myriamètre — It. — unités
MM — Mission Module — module — En — espace
MM — mode de marquage (composants électroniques) — Fr. — doc. CCTU
MM — Modified Mercalli scale — Echelle de Mercalli modifiée — En. — géophysique
MM3 — Moyenne Mobile sur 3 mois — Fr. — comptabilité
MMa — Millimetri all'anno — millimètres par an (symbole erroné = mm/a) — It. — unités
mm/a — millimètres par an — (vitesse de corrosion) — int. — unités
M-Material — Wehrmaterial für die Seekriegführung — Matériel pour la guerre sur mer — De. — militaire marine
MMF — Magnetomotive Force — force magnétomotrice — En. — magnétisme
mmfd — micromicrofarad — (symbole erroné) = picofarad — En. — unités
mmho — millimho — En. Fr. int. — électricité
MMM — Manufacturas Métálicas Madrileñas — El. — métallurgie
MMM — (3M) Minnesota, Mining and Manufacturing — (société américaine) — En. — industrie
MMO — Maximum Operating Mach Number — Nombre Maximum de Mach en exploitation — En. — avion
MMO — Music Minus One — Musique moins un (enregistrement musical dans lequel il manque un musicien de l'orchestre) — En. — musique
MMR — Mach Meter Reading — Indicateur de Mach — En. — avion
NMRB — Mobile Mid-range Ballistic Missile — Missile Balistique mobile à moyenne portée — En. — militaire
mmu — millimicron — (erroné) — En. — unités
MMU — Modular Maneuvering Unit — module de manœuvre — En. — satellites
MN — Magnetic North — Nord Magnétique — En. — géographie
MN — Malléable ferritique à cœur noir (fonte) — Fr. — métallurgie
Mn — Manganèse — int. — chimie
MN — Mantova — It. — plaques auto
MN — Million — (erroné) — En. — unités

m/n — moneda nacional — monnaie nationale — El. — monnaie
M/N — Motonave — bateau à moteur — It. marine
MNAP — m-nitroacétophénone — Fr. int. — chimie, plastiques
MNB — Moscow Narodny Bank Ltd (GB) — En. — banque
MNEF — Mutuelle Nationale des Etudiants de France — Fr. — social
MNH3 — Manomètre type « ammoniaque » (BOURDON) — Fr. — mesures
MNOS — Metal Nitride Oxide Silicon — En. — transistors
MNP — Multi-national Partners — coopérants multinationaux — En. — industrie
MNS — Maîtres-Nageurs-Sauveteurs — Fr. — sécurité
MNTR — Monitor — Surveilleur (SPERRY) — En. — électronique
M.o. — Maestro — chef d'orchestre, professeur — It. — musique
M.O. — Main-d'Œuvre — Fr. — industrie
MO — Manœuvre Ordinaire Fr. — social
M/O. — Mass Observation — En.
M.O. — Medical Officer — Médecin militaire — En. — médecine militaire
Mo. — Missouri — En. us. — géographie
MO — Modena — Modène — It. — plaques auto
Mo — Molybdène — int. — chimie
MO — Month — mois — En. — chronologie
M.O. — Money Order — Mandat — En. — postes
Mo. — Morphine — En. Fr. — médecine
MoA — Ministry of Aviation — (GB) — En. — aéronautique
MOAMA — Mobile Air Material Area — En. — aéromilitaire
MOB — Mouvement d'organisation de la Bretagne — Fr. — politique
möbl. — möbliert — meublé — De. — général
MOBS — Multiple Orbital Bombardment System — multi-bombardement orbital — En. — militaire
MOC — Maximum Operating Characteristics — Caractéristiques maximum d'utilisation — En. — avion, etc
MOC — Mystérieux objets célestes — Fr. — espace
MOC — Maximum Operating Characteristics — Caractéristiques maximum d'utilisation — En. — avion, etc
MOCA — Minimum Obstruction Clearance Altitude — Altitude minimale de passage de l'obstacle — En. — aéronautique
MOCI — Moniteur du commerce international — Fr. — administration
MOCI — Moniteur Officiel du Commerce et de l'Industrie — Fr. — commerce
MOCS — Multi-Channel Ocean Colour Sensor (by TRW for NASA) — En. — espace
Mod — Modulator — Modulateur — En. Fr. — électronique
M.O.D. — Microwave Oscillating Diode — Diode oscillante à ondes micrométriques — En. — semiconducteur
mod.con. — modern conveniences — confort moderne — En. — commerce
MODEM — Modulator/Demodulator — Modulateur-Démodulateur — En. — avionique
MODI — Modified Distribution Method — (Système de Programmation) — En. — informatique
MOE — Machines-outils travaillant par enlèvement du métal — Fr. — machines-outils
MOF — Machines-outils travaillant par formage du métal — Fr. — machines-outils
MOF — Ministry of Finance (Japan) — En. — finances
MOH — Medical Officer of Health — médecin militaire — En. — médecine
MOL — Manned Orbiting Laboratory — Laboratoire Orbital piloté — En. — espace
mol — molecule, molecular — En. — nucléaire
mol — mole — Symbole Si de la quantité de matière « d'un système contenant autant d'entités élémentaires qu'il y a d'atomes dans 0,012 kg de carbone 12 » JO du 23.12.75 p. 13228 — Fr. — unités de mesure
MOLAB — Mobile Laboratory — laboratoire mobile — En. — sciences
MOMS — Multiple Orbit Multiple Satellites — En. — espace
mon — monetary — monétaire — En. — monnaie
Mon — Montana — En. US — géographie
MON — Monitor — En.
Mon — Monmouthshire — En. — géographie
Mons — Monseñor — El. — religion
mons — monsignore — It. — religion
Mont — Montana — En. US — géographie
Mont — Monteria — El. — géographie
Moose — Manned Orbital Operations Safety Equipment — Matériel de Sécurité pour les opérations orbitales — En. — espace
MOP — Magnetized Orange Pipe — « pipe magnétique orange » : désigne « le SPU-1W, appareil tubulaire souple utilisé pour le déminage du canal de Suez par la marine américaine » — En. — militaire
MOP — Manned Orbiting Platform — Pla-

teforme orbitale habitée — En. — satellites

MOP — Maximum Outlet Pressure — pression maximale de refoulement — En. — pression, pomp.

MOP — Movimento di Opinione Pubblica — It. — politique

MOPA — Master Oscillator Power Amplifier — ensemble pilote-amplificateur — En. — électronique

MOPTAR — Multi-Object Phase Tracking and Ranging — En. — radar

MOR — Mandatory Occurence Reporting — (rapport obligatoire d'anomalies) — En. — aéronautique

MORL — Manned Orbiting Research Laboratory — Laboratoire orbital habité — En. — espace

MOS — Metal-oxyde semi-conductor — En. — semiconducteur

MOS — Ministry of Supply (GB) — En. — administration

MOS_2 — Molybdene bisulfide — bisulfure de molybdène — En. — graissage

MOSAR — Modulation Scan Array Radar — Radar de balayage modulé — En. — radar

MOSE — Modula Per Studi sugli evaporatori (Italie) — Module pour l'étude des évaporateurs — It. — industrie

MOSFET — Metal-Oxyde Semiconductor Field Effect Transistor — En. — semiconducteur

mot. — motorisiert — motorisé — De. — général

motel — motor + hotel — motel — En. Fr. — hôtellerie

MOUSE — Minimal Orbital Unmanned Satellite of Earth — En. — espace

MOV — Mystérieux Objets Volants — Fr. — général

MP — Magnifying Power — Pouvoir grossissant — En. — optique

MP — Manomètre à boîtier matière plastique (Bourdon agréé AIR) — Fr. — mesures

MP — Magnetpulver-Prüfverfahren — Essai par poudre magnétique — De. — contrôle

MP — (remettre en) Mains Propres — Fr. — postes

MP — malléable perlitique (fonte) — Fr. — métallurgie

M.P. — Manifold Pressure — pression collecteur — En. — aéro.

m.p. — (manu propria) eigenhändig — autographe — De. — général

MP — Manuel de Production — Process manual (En.) — Fr. — industrie

MP — Manufacturing Processes — Procédés de fabrication — En. — industrie

MP — Marine Police — police maritime — En. — police

MP — Maschinenpistole — mitraillette — De. — militaire

M & P — Material & Process — matières et procédés — En. — technique

MP — matière plastique — Fr. — plastique

MP — matières premières — Fr. — plastiques, industrie

m.p. — melting point — point de fusion — En. — physique

M.P. — Member of Parliament — Membre du Parlement — En. — politique

MP — Metallpapier — Papier métallique — De. — industrie

M.P. — Metropolitan police — Police métropolitaine — En. — police

M.P. — Militarpolizei — Police militaire — De. — militaire

M.P. — Military Police — Police militaire — En. — militaire

M/P, m.p. — Months after payment — mois après paiement — En. — commerce

MP — Moteur protégé — Fr. — moteurs

MP — Municipal Police — police municipale — En. — police

MPA — Anhydride phtallique modifiée — Fr. — chimie, plastique

M.P.A. — Maritime Patrol Aircraft — Patrouilleur maritime — En. — aér. militaire

MPA — Moyenne pression A — Fr. — pression

MPAA — méthoxyphénylacétique, acide — Fr.int. — chimie, plastique

MPC — Mathématiques, Physique, Chimie — Fr. — enseignement

MPD — Magneto-plasma-dinamica — Magnéto-hydro-dynamique — it.

m.p.g. — miles per gallon — En. — unités

MPG — Max-Planck-Gesellschaft — Société Max-Planck — De. — social

m.p.h. — miles per hour — En. — unités

M.P.I. — Maudley Personality Inventory — Test psychotechnique pour la sélection du personnel navigant — En. — aéronautique

m.p.l. — maximum permitted level — niveau maximum autorisé — En. — industrie

MPL — Maximum permitted life — durée de vie maximale — En. — maintenance

MPL — Mechanical pitch lock — verrouillage mécanique de pas — En. — hélices

MPLB — Multi-purpose Lithium base — (graisse) universelle à base de lithium — En. — lubrification

MPM — Metra-Potential Method — En.

MPS — Member of the Pharmaceutical Society — Membre de la société pharmaceutique — En. — pharmacie

MPS — Minimum Performance Standards — normes minimales — En. — industrie
MPS — Musikproduktion Schwartzwald Records Gesellschaft — De. — musique
MPT — Male Pipe Thread — filetage mâle — En. — mécanique
M.P.T. — Ministero delle Poste e delle Telecommunicazioni — Ministère des Postes et Télécommunications — It. — télécom.
MPW — Mouvement Populaire Wallon (Belgique) — Fr. — politique
M.Q. — Metol-quinol ou metol-hydroquinone — révélateurs photographiques — En. — photo
mq — metro quadrato — mètre carré — It. — unités
MQT — Military Qualification Test — Essai de qualification militaire — En. — test
M.R. — Magnifico Rettore — Recteur Principal — It. — enseignement
Mr. — Master or Mister — En. — social
MR — Master Reset — Réaffichage général — En. — semiconducteur
M/R — mate's receipt — feuille de chargement (ou reçu de bord) — En. — commerce
M.R. — Max. ou Min. Reversion — réverse maximum ou minimum — En. — avion
MR — Micro-Receiver — Micro-Récepteur — En. — électronique
MR — Militärregierung — gouvernement militaire — De. — militaire
mr — milliroentgen — int. — unité nucléaire
M.R. — Molto Reverendo — Très Révérend — It. — religion
MRA — Moral Rearmament — Réarmement moral — En. — social
MRAA — Mouvement contre le racisme anti-arabe — Fr. — politique
MRAP — Mouvement contre le Racisme, l'Antisémitisme et pour la Paix — Fr. — politique
M.R.B. — Material Review Board — En. — industrie
MRBM — Medium-Range Ballistic Missile — Missile Balistique de moyenne portée — En. — militaire
M.R.C. — Medical Research Council — En. — médecine
MRCA — Multi-Role Combat Aircraft — Avion de combat polyvalent (projet européen) — En. — av. militaire
M.R.C.C. — Member of the Royal College of Chemistry — En. — chimie
M.R.C.P. — Member of the Royal College of Physicians — En. — médecine
M.R.C.P. — Member of the Royal College of Preceptors — En. — enseignement
M.R.C.S. — Member of the Royal College of Surgeons — En. — médecine
M.R.C.V.S. — Member of the Royal College of Veterinary Surgeons — En. — médecine
Mrd — Milliarde — Milliard — De. — unités
MRG — Meuble Radio Gauche (SNIAS) — Fr. — avion
M.R.G.S. — Member of the Royal Geographical Society — En. — géographie
mr/hr — milliroentgen per hour — milliroentgen/hr (retombées) — int. — nucléaire
M.R.I. — Member of the Royal Institution — En. — sciences
M.R.I.A. — Member of the Royal Irish Academy — En. — lettres
MRMN — magnétomètre à résonance magnétique nucléaire — Fr. — mesures, magnétique
MRR — Molecular Rotational Resonance — Résonance moléculaire — En. — nucléonique
Mrs. (style of married woman — FONTANA) Mistress — Madame — En. — social
M.R.S.A. — Member of the Royal Society of Arts — En. — arts
M.R.S.L. — Member of the Royal Society of Literature — En. — lettres
MRU — Ministère de la Reconstruction et de l'Urbanisme — Fr. — administration
MS — Management Sciences — sciences du management — En. — management
MS — Manœuvre spécialisé — Fr. — social
ms, MS — manoscritto, manuscript, manuscrit — It. En. Fr. — archéologie
MS — Massa Carrara — It. — plaques auto
M.S. — Master in Surgery — Maître de Chirurgie — En. — médecine
MS — Martin-Siemens — De. int. — métallurgie
MS — Master of Sciences — Licencié ès sciences — En. — enseignement
Ms — Messing — cuivre jaune (sur normes DN, LN, etc.) — De. — métal. normalisation
M.S. — (memoriae sacrum) sacred to the memory — de sacrée mémoire — En. — religion
MS — Military Standard — Norme militaire — En. us. — normalisation militaire
M.S. — Mixing Switch — commutateur de mélange — En. — électronique
MS — Money Supply — liquidités — En. — finance
MS — Mountain Standard (time) — heure des montagnes — En. — calcul du temps
MS — Motor Ship — bateau à moteur — En. — marine
M/S, m.s. Month sight — mois de vue — En. — commercial

M.S. — Mutuo Soccorso — Secours mutuel — It. — social
M.sa — Marchesa — Marquise — It. — social
MSA — Minimum Safe Altitude — altitude de sécurité minimale — En. — aéronautique
MSA — Mutual Security Agency — En.
MSB — Military Security Board — Bureau de Sécurité militaire — En. — militaire
MSBS — Mer-Sol-Ballistique-Stratégique — (missile français) — Fr. — fusées, militaire
MSC — Manned Spacecraft Center — Centre spatial des vaisseaux habités — En. — espace
MSC — Masse totale sans combustible mais avec passagers — Fr. — avion
M.sc — Master of Science — Licencié ès science — En. — enseignement
M.S.C. — Mile of Standard Cable — (câbles sous-marins) Longueur de câble (en miles) — En. — unité de longueur
Mschr — Monatschrift — revue mensuelle — De. — presse
MSCP — Mean Spherical Candle Power — En. — unité utilisée en photométrie
MSDR — Matière sèche dégraissée rectifiées — Fr. — industrie
M.se — Marchese — Marquis — It. — social
MSFN — Manned Spaceflight Network — Réseau de télécommunication des vaisseaux habités — En. — espace
MSI — Manifestation spécialisée internationale (foire) — Fr. — commerce
MSI — Medium Scale Integration — miniaturisation partielle (type de circuits intégrés complexes, comprenant au moins 15 portes) — En. — électronique, circuits intégrés
M.S.I. — Movimento Sociale Italiano (fascista) — Mouvement social italien (fasciste) — It. — politique
MSL — Mean Sea Level — niveau moyen au-dessus de la mer — En. — aéronautique
Msn — millisthène — (vaut 2 neutrons) — int. — nucléonique, unités
MSR1 — Missile Site Range — site opérationnel fusées — En. — fusées militaires
MSR — Missile Site Radar — Radar de site opérationnel anti-fusées — En. — fusées militaires
MSS — Multispectral scanner — caméra multispectrale — En. — satellites
MST — manostat à microcontacts (BOURDON) — Fr. — mesures
MST — Monolithic System Technology — Technologie monolithique — En. — technique, électr.
MST — mountain standard time — heure de la montagne — En. — calcul du temps
MSTF — Model Stimulation Test and Focusing — En.
MSTS — Military Sea Transportation Service — Service du Transport militaire sur mer — En. — militaire
MT — Magnetic tore transistor — semiconducteur à tore magnétique — En. — semiconducteur
MT — mail transfer — transfert par courrier ordinaire — En. — postes
MT — Matera — It. — plaques auto
mt — measurement — cubage, etc. — En. — mesures
MT — megaton — mégatonne (= 1 000 t) — En. Fr. — unités de mesure
MT — megaton — = 1 000 t de T.N.T. — En. Fr. — militaire
Mt — mount, mountain — mont, montagne — En. — géographie
MT — moyenne tension — Fr. — électricité
MT — symbole des Appareils de mesure de tableau (CCTU) — Fr. — norme électronique
MTA — Metropolitan Transportation Authority (of N.Y.) — En. US — administration
MTB — Manomètre de tableau (BOURDON) — Fr. — pression
MTB — Motor Torpedo Boat — vedette lance-torpilles — En. — militaire, marine
MTBF — mean time between failures — temps moyen entre défaillances — En. — maintenance
MTBO — mean time between overhauls — temps moyen entre révisions — En. — maintenance
MTBP — mean time between premature (removals) — temps moyen entre déposes prématurées — En. — maintenance
MTBR — mean time between removals — temps moyen entre déposes — En. — maintenance
MTBUR — mean time between unscheduled removals — temps moyen entre déposes non programmées — En. — maintenance
MTC — magnetic tape cleaner — démagnétiseur de bande magnétique — En. — électromagnétisme
MTC — millions de tonnes d'équivalent-charbon — Fr. — unités de mesure
MTC — Mission and Traffic Control System — Contrôle du trafic et des missions — En. US — aéronautique
MTC — Mississipi Test Center — Centre expérimental du Mississipi — En. — administration

MTCE — Million tons of coal-equivalent — 1 mtce = 4,48 × 10^6 barrils de pétrole, = 67 t de pétrole, = 25.19 × 10^{12} cu. ft de gaz naturel — En. int. — unités de mesure

MTD — mean time between defects — temps moyen entre défauts — En. — maintenance

MTDS — Marine tactical data system — réseau d'informations tactiques de la marine — En. us. — militaire, marine

MTE — matériel de traction électrique — SNCF — Fr. — chemins de fer

MTE — maximum temperature engine (or stoichiometric engine) — moteur à réaction chimique — En. — moteurs, chimie

MTEC — millions de tonnes d'équivalent charbon (bilans d'énergie) — Fr. — unités de mesure

MTF — mean time to failures — temps moyen avant pannes — En. — maintenance

MTG — mounting — montant, support boîtes noires — En. — avionique

MTHP — manomètre de très haute précision (BOURDON) — Fr. — pression

MTI — marché textile international — Fr. — commerce, textiles

MTI — moving target indicator — dispositif éliminateur d'images parasites — En. — radar, militaire

MTK — metallisierte Kunstoffolien — feuilles plastiques métallisées — De. — plastiques

mtl — monatlich — mensuel — De. — généralités

MTM — Method, Time, Measurement — Méthode, Temps, Mesure — En. Fr. — Organisation

MTMTS — Military Traffic Management and Terminal Service — Service du Terminal et de la Gestion du Trafic militaire — En. — militaire, aéronautique

MTNS — metal thick nitride silicon — silicium nitruré à couche métallique épaisse — En. — semiconducteurs

MTO — maximum take-off (power) — puissance maxi au décollage — En. — aéronautique

MTOW — maximum take-off weight — masse maxi au décollage — En. — aéronautique

MTP — Management Training Program (for Japanese Superiors) — programme de formation des cadres japonais — En. — management, formation

MTPS — magnetic tape programming system — programmation sur bande magnétique — En. — informatique

MTPS — matériels de travaux publics et de stockage — Fr. — administration

MTS — Maschinen-Traktoren-Station — station-service machines-tracteurs — De. — agriculture

MTS — mètre, tonne, seconde — Fr. — unités de mesure

MTTA — machine-tool trade association — Association de la machine-outils — En. — commerce, machines-outils

MTTD — mean time to defects — temps moyen avant défauts — En. — maintenance

MTTF — mean time to failure — temps moyen avant défaillances — En. — maintenance

MTTFF — mean time to first failure — temps moyen avant la première défaillance — En. — maintenance

MTTR — mean time to repair — temps moyen avant réparation — En. — maintenance

MTUR — mean time to unscheduled removals — temps moyen avant déposes non-programmées — En. — maintenance

MTX — Manomètre tout inox (BOURDON) — Fr. — mesures

MTX/CES — Manomètre tout inox à contacts électriques secs (BOURDON) — Fr. — mesures

M/U — Main Unit — organe principal — En. — industrie

M.U. — Monduntergang — coucher de lune — De. — général

MU — Music (indication donnée par la NASA aux astronautes) — En. — espace

MUC — Million d'Unité de Compte — Fr. — comptabilité

M.U.Dr. — (Medicinae Universae Doctor) — docteur en médecine générale — lat. — médecine
Doktor der gesamten Heilkunde — docteur en médecine générale — De. — Médecine

MUF — Materials Unaccounted For — Pertes de matières fissiles — En. US — nucléaire

M.U.F. — Maximum Usable Frequency — plus grande fréquence utilisable — En. — électronique

MUFM — Mouvement Universel pour une Fédération Mondiale — Fr. — politique

MU. INS — Micro-inches — micro-pouces — En. — unités britanniques

Multews — Multiple target electronic warfare system — guerre électronique multirôle — En. — militaire

MUN — Munitions — munitions, armes — En. — militaire

muon — mu meson — méson mu (particule) — En. — nucléaire

Murc. — Murcia — Murcie — El. — géographie, linguistique

Mus — Museum — Musée — En. Fr. — arts

Mus — music ; musica ; Musik — musique — En. It. De. Fr. — musique

MUSTARD — Multi-Unit Space Transporter and Recovery Device — En. — espace

MV — manomètre de vérification (BOURDON) — Fr.

M.V. — Maria Vergine — Vierge Marie — It. — religion

Mv — Mendelevium — int. — chimie

MV — Mitglied Versammlung — réunion des membres — De. — social

MV — Motor Vessel — bateau à moteur — En. — marine

MV — Muzzle Velocity — En.

MVE — Masse à vide sans combustible — (angl. ZFW) — Fr. — avion

MVEQ — Masse à vide équipée — (angl. MWE) — Fr. — avion

MVF — Methodist Youth Fellowship — Membre des jeunesses méthodistes — En. — religion

MVM — Masse à vide manufacturé — Fr. — avion

M.V.O. — Member of the Royal Victorian Order — En. — social

M.V.O.E. — Masse à vide en ordre d'exploitation — (angl. OWE) — Fr. — avion

MV=PQ — Masse monétaire × Vitesse de circulation = Prix × Quantité de biens produite (théorie monétaire d'Irving Fischer) — int. — finances

M & W — Material and Workmanship — matériaux et main-d'œuvre — En. — industrie

MW — Medium wave — onde moyenne — En. — radio

MW — mégawatt — Fr. — unités

m.W. — meines Wissens — à mon avis, que je sache — De. — général

MWARA — Major world air route aereas — Grandes lignes aériennes mondiales — En. — aéronautique

MWE — Maximum Weight Equipped — Masse à vide équipée (MVEQ) — En. — avion

MWE — Megawatts Electrical — Matériel Electrique à haute performance — En. — électricité

MWGM — Most worthy grand master — Très vénérable grand Maître — En. — Franc-Maçonnerie

MWj — Megawatt/jour = puissance énergétique de 1 mégawatt pendant 1 jour — Fr. — nucléaire, électricité

MWP — Modification Working Party — Commision d'Etude des Modifications — En. — aéronautique

MWST — Mehrwertsteuer — taxe à la valeur ajoutée — De. — finances

MWV — Maximum working voltage — tension de travail maximale — En. — semiconducteur

m.Z. — mangels Zahlung — faute de paiement — De. — commerce

Mz — Mehrzahl — pluriel — De. — grammaire

N

N — Avogadro Number (mol. fraction) — Nombre d'Avogadro — En. int. — physique
N. — Nachmittag — après-midi — De. — général
N. — Nachnahme — remboursement — De. — postes
n. — nato — né — It. — général, social
N — NATO — OTAN — En. — politique
N. — National — national — En. — normalisation, politique
n. — (natus) born — né — (lat.) En. — social
N. — Navy — Marine — En. — militaire
N — « Neutraliser » — (traitement de surface) — Fr. — technique, industrie
n. — neutro, neuter — neutre — El. It. En. — grammaire
n. — new — neuve (lampe) — En. — électricité
N — Newton — int. — physique, unité
N — Nimonic — (matériau) — int. — industrie
N — (azote) Nitrogène — int. — chimie, gaz
N — Non-diffusing — non-diffuseur (symbole norm.) — En. — éclairage, avion
N. — Noon — midi — En. — général
n. — nominative — nominatif — En. — grammaire
N or N- — Normal (concentration) — concentration normale — En. — nucléaire
n — noir — Fr. — chimie
N — Solution normale — Fr. — chimie
N — moteurs à vibrations Normales (NFC 51-100) — Fr. — électricité
N — Symbole du tantale qualité normale — Fr. int. — métal
N. Norse — Norvégien, nordique, scandinave — En. — géographie
N. — North, Nord, Norde, Norte — En. Fr. It. El. — géographie
N. — noun — nom — En. — grammaire
n. — nostro — nôtre — It. — général
N — Norvège — int. — plaques auto
N. — Number — numéro, nombre — En. — général
N. numero — N° — It. — général
N. — Nurse — Infirmière — En. — social, médical
N. Nylon — polyamide — En. — textiles, pneu
N- — substitution of the Nitrogen atom — substitution de l'atome N — En. — physique, nucléaire
N — modulus of rigidity — module de rigidité — En. int. — matériaux
N — Distribution (symbole utilisé pour les coupe-circuits) — Fr. — électricité
N — Régime du compresseur (pour les moteurs n'en ayant qu'un) — En. — avion
N_1 — Low pressure compressor r.p.m. — régime compresseur B.P. — En. — avion
N_2 — High pressure compressor r.p.m. — régime compresseur H.P. — En. — avion
N — symbole SI de la Puissance, grandeur exprimée en Watt — Fr. — unités
n — symbole SI de la Vitesse de rotation, grandeur exprimée en tours par seconde (tr/s) — Fr. — unités
n — indice de réfraction — Fr. — optique
N — (ou NPT) Nuclear — (estampille apposée aux USA sur les composants pour centrales nucléaires) — En. — nucléaire
NA — Napoli — Naples — It. — plaques auto
Na — Natrium (Sodium) — int. — chimie
NA — Naval aircraft — avion de la force navale — En. — militaire
N.A. — Neutral Axis — Axe Neutre — En. — dessin industriel
n/a — no account — pas de compte — En. — commerce, banque
N.A. — No Action — pas d'action — En. — général
N/A — No Advice — Pas d'avis — En. — général
N.A. — North America — Amérique du Nord — En. — géographie
N/A — Not Affected — sans objet — En. — général

NA — Not Applicable — Ne s'applique pas — En. — général
NA — Notausgang — sortie de secours — De. — général
NA — Not Available — pas disponible, inexistant — En. — commerce
NA — numerical aperture — ouverture numérique — En. — optique
NAA — National Association of Accountants — Association Nationale des Comptables — En. — comptabilité
NAABCP — National advanced airborne command post (USAF project) — GQG avancé volant — En. — militaire
NAACP — National Association for the Association of Coloured People — Association Nationale pour l'Association des gens de couleur — En. — politique, social
N.A.A.F.I. — Navy, Army, and Air Force Institutes — Instituts des Trois Armes — En. us. — militaire
NAB — National Association of Broadcasters — Association Nationale des Radiodiffuseurs — En. — radio
NAB — Nomenclatura Arancelaria de Bruselas — tarifs douaniers de Bruxelles — El. — douanes
NACA — National Advisory Committee for Aeronautics (USA) — En. — aéronautique
NACA — National Air Carrier Association (USA) — En. — aéronautique
NACC — Narcotics Addiction Control Commission (USA) — En. — social, médecine
NACE — National Association of Corrosion Engineers (USA) — En.
NACE — Nomenclature des activités dans les communautés européennes — Fr. — administration
Nachdr. — Nachdruck — réimpression, reproduction — De. — général
Nachf. — Nachfolger — successeur — De. — général
nachm. — nachmittags — l'après-midi — De. — général
NADGE — Nato Air Defense Ground Environment — stations radar OTAN — En. — militaire
NADP — Nicotin-amide adenine dinucleotide phosphate — (molécule du métabolisme) — En. — médecine
NAE — Nomenclature des activités économiques — Fr. — économie, administration
NAF — Naval Aircraft Factory — Usine aéronautique navale — En. — aéronautique
NAFEC — National Aviation Facilities Experimental Center — En. — aéronautique
NAFLI — Natural Flight Indication — Indication Naturelle de Pilotage — En. — aéronautique
NAFTA — North Atlantic Treaty Free Trade Area — Zone de Libre Echange OTAN — En. — commerce, militaire
NAG — Nippon Atomic Industry Group — Groupe industriel atomique japonais — En. — nucléaire
NAG — Nicht Anderweitig genannt — pas nommé ailleurs — De. — général
NAL — New American Library — Editions NAL — En. — bibliographie
NALGO — National Association of Local Government Officers — En. — politique
NAM — National Association of Manufacturers — En. — industrie
NAMC — Naval Air Material Command — Commandement du Matériel aérien de la Marine — En. — militaire
NAMFI — Nato Missile Firing installation — Tir d'engins de l'OTAN — En. — militaire
NAML — Naval Aircraft Materials Laboratory — Laboratoire aérien de la marine — En. — aéronautique
NAMM — Nato MRCA Development and production Management Organization — Organisme d'Etude et de Production du MRCA de l'OTAN — En. — aéronautique, militaire
NAMMO — NATO MRCA Development and Production Management Organization — Organisme d'étude et de Production de l'OTAN — En. — aéronautique militaire
NAMSSA — NATO Maintenance Supply Service Agency — Intendance de l'OTAN — En. — militaire
NAOS — North Atlantic Ocean Station — Station Atlantique Nord — En. — océanographie
NAP — nitro-acétophénone — Fr. int. — chimie
NAPCA — National Air Pollution Control Association or Administration — En. — environnement
NAPTC — Naval Air Propulsion Test Center — Centre expérimental de propulsion aérienne de la marine USA — En. — militaire
NAR — National American Records — Archives Nationales Américaines — En. — histoire
NAR — North American Rockwell (société) — En. — industrie
NARATE — Navy Advanced Radar Automatic Test Equipment — Poste d'Essai de Radar automatique avancé de la Marine — En. — militaire, radar
NARCO — National Aeronautical Corps — Corps de l'Aéronautique nationale — En. — militaire

NAS — National Aircraft Standard — Norme Aéronautique nationale — En. us. — normalisation, aéronautique
NAS — Naval Air Service — Aéro-navale — En. us. — militaire
NAS — Naval Air Station — Station aéronavale — En. us. — militaire
NAS — Navy/Army Standard — Norme Armée-Marine — En. us. — militaire
NAS — Norme Aérospatiale — Fr. — normalisation, aéronautique
N.S. — Nuestra Senõra — Notre-Dame — El. — religion
NASA — National Aeronautics and Space Administration — En. us. — aérospatial
NASARR — North American Search and Range Radar — Radar NASARR — En. — radar
NASC — National Aircraft Standards Committee — En. — normalisation
NASMO — Nato Starfighter Management Office — Bureau de Direction Starfighter de l'OTAN — En. — militaire, aéronautique
NASS — National Association of Suggestion System — En.
NASU — Noise Abatement System Unit — silencieux — En. — avion
Nat. — National — national — En. — général
Nat. — Natural — naturel — En. — général
NATA — National Aviation Trades Association — En. — aéronautique
NATC — National Air Taxi Conference — En. — aéronautique
NATDS — Naval Air Tactical Data System — Informations Tactiques aéronavales — En. — aéronautique militaire
NATRAP — Narrow-Band Transmission of Radar Pictures — Transmission des images-radar sur bande étroite — En. — radar
NAUCA — Nomenclatura Arancelaria Uniforme Centroaméricana — Nomenclature douanière Centre-Américaine — El. — douanes
NAV — Naval Forces — En. — militaire
Nav. — Navarra — Navarre — El. — géographie
NAV — Navigation — Navigation — En. Fr. — avion, navigation
NAV — Nicht Anderweitig vorgesehen — pas prévu — De. — général
NAVAID — Navigation aid — En. — navigation
NAVDAC — Navigation Data Assimilation Computer — En. — navigation
NAVILCO — Navy International Logistics Control Office (USA) — Office de Commande Logistique International de la Marine — En. — militaire
Navsat — Navigation Satellite — satellite de navigation — En. — satellites
naz. — nazionale — national — It. — général
nazi — Nazionalsozialistisch — national-socialiste — De. — politique
N.B. — New Brunswick — En. — géographie
Nb — Niobium (form of Columbium) — En. int. — général
N.B. — North Britain — En. — géographie.
NB — Nota Bene — Notez Bien — It. int. — général
NBAA — National Business Aircraft Association — Association Nationale des Avions d'Affaires — En. us. — aéronautique
NBB — National Better Business Bureau — En. — commerce
N.B.C. — National Broadcasting Company — En. us. — radio
NBC — National Bank Carrier (USA) — En. — banque
NBC — National Bank of Commerce (Tanzanie) — En. — banque
n.b.g. — no bloody good (popular) — en dessous de zéro — En. — général
NBMG — Navigational Bombing and Missile Guidance — Bombardement et Guidage de Missiles par Navigation — En. — militaire
NBMR — NATO Basic Military Requirements — Besoins de base de l'OTAN — En. — militaire
NBR — Copolymère de Butadiène et Nitrile acrylique — En. int. — plastiques
n.Br. — nördlicher Breite — Latitude Nord — De. — géographie
N.B.S. — National Bureau of Standards — Office national de normalisation — En. us. — normalisation
NC — No Connection — Pas de connexion — En. — circuits intégrés
NC — non communiqué — Fr. — documentation
NC — non-conosciuto — Inconnu — It. — général
NC — Neige carbonique (extincteurs) — Fr. — incendie
NC — Nom collectif (société en) — Fr. — commerce
NC — Non-Cadre — Fr. — social, industrie
NC — North Carolina — Caroline du Nord — En. — géographie
NC — « Nous consulter » — Fr. — secrétariat
N/C — Numerical control — Commande numérique — En. — machines-outil
NC — N° Change (PRATT & WHITNEY) — N° de modification — En. — moteurs avion
NCAR — National Center for Atmospheric Research — En. — sciences météorologie

NCB — National Coal Board — Bureau Nat. du Charbon — En. GB. — administration

NCB — National conservation bureau — Bureau National des Etalons — En. us. — administration

NCC — National Council of Churches (of Christ) — USA — En. — religion

NCD — « Non chef de Département » — Fr. — social

NCD — Noyau de commande de la décharge (des poissons électriques) — Fr. — ichtyologie

NCD — Noyau pour canon de décolletage — Fr. — machines-outil

NCF — Normalized and cold-finished — normalisé et fini à froid — En. — métallurgie

NCFS — Normalized, cold-finished and stress-relieved — normalisé, fini à froid et atténué — En. — métallurgie

Nchf — Nachfolger — successeur — De. — général

N. chr(G) — nach Christi (Geburt) — après Jésus-christ — De. — chronologie

NCIC — National Cartographic Information Center (US) — Centre National des Cartes — En. — géographie

NCITD — National Committee for International Trade Documentation (USA) — Comité National de Documentation sur le commerce international — En. — documentation

NCN — Nomenclature de la Comptabilité Nationale — Fr. — administration

NCO — non-commissioned officer — non-commissionné — En. — commerce

NCR — National Cash Register — (Société) — En. — commerce, comptabilité

NCS — navigation and control system (Collins) — directeur de vol NCS — En. — navigation, aéronautique

NCS — Non-Chef de Service — Fr. — social

n.c.v. — No commercial value — sans valeur commerciale — Fr. — commerce

ND — Nebenkosten und Dienstleistung — Frais annexes et prestation de service — De. — commerce

Nd — Néodyme — int. — chimie

nd — niederdeutsch — bas-allemand — De. — linguistique

Nd — Niederschlag — précipité — De. — chimie

ND — Nobil Donna (Membre féminin d'une famille noble) — It. — social

n.d. — no date — pas de date — En. — commerce

ND — « Non-demontable » — (filtres TECALEMIT) — Fr. — technique

ND — North Dakota — Nord-Dakota — En. — géographie

ND — Notre-Dame — Fr. — religion

NDA — Non dénommés ailleurs — Fr. — administration

NDA — Non-discriminated avoidance — (programme scientifique) — En. — informatique

N.d.A. — Nota dell'Autore — Note de l'Auteur — It. Fr. — général

N.Dak — North Dakota — Nord Dakota — En. US — géographie

Ndb — Niederbayern — Basse-Bavière — De. — géographie

NDB — Nomenclature de Bruxelles — Fr. — administration

NDB — Non-Directional Beacon — balise non-directionnelle — En. — aéronautique

N.d.E. — Nota dell'Editore — Note de l'Editeur — It. Fr. — général

N.d.g. — Numero di Giri — nombre de tours — It. — moteurs

NDI — Naphtylène diisocyanate — Fr. — plastiques

NDI — Normenauschuss der Deutschen Industrie — Commission de Normalisation de l'Industrie allemande — De. — normalisation

NDL — Norddeutscher-Lloyd — Lloyd d'Allemagne du Nord — De. — assurances

NDLR — Note de la rédaction — Fr. — général

NdÖst — Niederösterreich — Basse-Autriche — De. — géographie

NDP — New Democratic Party — (Canada) — En. — politique

NDPA — Nitrosodiphénylamine — Fr. int. — chimie

NDPD — National Demokratische Partei Deutschlands (DDR) — De. — politique

Ndps — National Data Processing Service — service d'informatique national — En. — informatique

NDR — Norddeutscheur Rundfunk — Radio de l'Allemagne du Nord — De. — radio

N.d.R. — Nota della Redazione — Note de la Rédaction — It. Fr. — général

NDRO — Non-Destructive Read-Out — Essai non-destructif — En. — essais

NDT — Non Destructive Testing — Essai non-destructif — En. — essais

N.d.T. — Nota del Traduttore — Note du Traducteur — It. Fr. — général

Ne — Neon — néon — int. — chimie

NE — Nichteisen — non-ferreux — De. — métallurgie

NE — North-East — Nord-Est — En. Fr. — géographie

NE — North-East (postal sector of London) — En. — postes

NEA — Nouvelle entreprise agricole — Fr. — agriculture

NEB — National Electricity Board (Malaisie — En. — électricité
NEB — Nebraska — En. — géographie
NEC — National Electric Code — Code National de l'électricité — En. — électricité
NEC — Non-Essential Consumer Goods (Philippines) — Biens de consommation courante non-essentiels — En. — économie
NECOLIM — Neo-Colonialist Imperialism — Impérialisme néo-colonialiste — En. — politique
NED — New English Dictionary — En. — dictionnaire
NEDC — National Economic Development Council — Conseil National du Développement Economique — En. GB — économie
NEDO — National Economic Development Office — Bureau National du développement économique GB — En. — économie
NEF — Noise-Exposure Forecast — étude du bruit, programme NEF — En. — acoustique
NEFOS — New Emergency Forces (Indonésie) — Nouvelles Forces d'Urgence — En. — militaire
NEG — Negative — négatif — En. — général
NEI — Netherlands East Indies — Indes orientales néerlandaises — En. — géographie
NEL — National Ėngineering Laboratory — En. — ingéniérie
NEL — Nature, environnement, loisirs — Fr. — environnement
NEMA — National Electrical Manufacturers' Association — USA — normalisation, électricité
nem. con. — neminae contradicente (Unanimously) — à l'unanimité — En. — juridique
nem. diss. — neminae dissentiente (no objection) — pas d'objection — En. — juridique
NE-Metall — Nicht-Eisen-Metall — métal non-ferreux — De. — métallurgie
NENG — New England — Nouvelle Angleterre — En. — géographie
NEP — Non-Essential Producers Goods (Philippines) — Biens de Production Non-essentiels — En. — économie
NEP — Nouvelle Economie Politique — New Economic Policy (URSS) — Fr. En. — économie
NEPA — Nuclear Energy for the Propulsion of Aircraft — Energie Nucléaire pour la Propulsion des Avions — En. — avion nucléaire
NERA — National Emergency Relief Administration — Agence Nationale des Secours d'urgence — En. — sécurité
NERVA — Nuclear Engine for Rocket Vehicle Application — moteur-fusée nucléaire — En. — moteur nucléaire
NES — National Employment Service (Tanzanie) — Service National de l'Emploi — En. — social
NES — Nature, Environnement, Santé — Fr. — environnement
NES — not elsewhere shown — pas indiqué ailleurs — En. — général
NES — Not elsewhere specified — non specifié ailleurs — En. — général
NESS — National Environmental Satellite — Service (de la NOAA) (US) satellite écologique météo — En. — météo
NEST — Naval Experimental Satellite Terminal — Station spatiale navale — En. — espace
NET — netto — net (poids) — En. Fr. — commerce
NET M/A — Monthly account — compte mensuel net — En. — commerce
NETT — Net Ton — Tonne nette — En. — unités
Neudr. Neudruck — réimpression — De. — presse, etc
neut. — neuter, neutral — neutre — En. — général
neutr. — neutrum — neutre — De. — général
Nev. — Nevada — Névada — En. us. — géographie
NEX — Non-expansé (nid-d'abeilles) — Fr. — matériaux nid d'abeilles
nf — natural — naturel (abrév. suivant DIN 47002) — De. int. — couleurs
N.F. — Neue Folge — nouvelle édition ; série nouvelle — De. — presse ; etc
NF — Niederfrequenz — basse fréquence — De. — électronique
N/F — no funds — pas de fonds — En. — finances
NF — Noise Factor — Facteur Bruit — En. — acoustique
NF — Noise Figure — Chiffre de bruit — En. — acoustique
NF — Norme française — Fr. — normalisation
NF — Noyau de Filière — Fr. — machines outil
NFD — Newfoundland (Canada) — En. — géographie
NFE — Norme Française Enregistrée — Fr. — normalisation
NFE — Nuclear Fuels Europe (Luxembourg) — combustibles nucléaires Europe — En. — nucléaire
NfL — Nachrichten für Luftfahrer — Nouvelles Aériennes — De. — aéronautique
NfP — Nachrichten für Prüfer — Nouvelles des contrôleurs — De. — industrie

NFPA — National Fire Protection Association — En. — sécurité
N.F.S. — National Fire Service — Pompiers — En. — incendie
NFTC — National Foreign Trade Council — (USA) — En. — commerce
NFV — Norddeutscher Fussballverband — Ligue de Football de l'Allemagne du Nord — De. — sports
NG — Nombre de tours Générateurs (tr/mn du moteur) — Fr. — moteurs
NG — Note technique générale — Fr. — industrie
NGP — Nomenclature générale de produits — Fr. — administration
ngr. — neugriechisch — grec moderne — De. — linguistique
NGTE — National Gas Turbine Establishment — Centre National des Turbines à Gaz — En. — moteurs avion
NGV — Nozzle Guide Vanes — Aubes de guidage de distributeur — En. — moteur avion
N.H. — New Hampshire — En. us. — géographie
N.H. — Nobil Uomo = membre masculin d'une famille noble — It. — social
NH — R.P.M., H.P. — tr/mn HP — En. — moteur
nhd. — neuhochdeutsch — haut-allemand moderne — De. — linguistique
n.hp. — nominal horsepower — puissance nominale — En. — mécanique
NHRE — National Hail Research Experiment — recherches sur la dispersion de la grêle (USA) — En. — météorologie
N.H.S. — National Health Service — Sécurité sociale — En. — médical
Ni — Nickel — int. — chimie
NIA — National Income Accounts Budget — En. — administration
NIB — National Institute for the Blind — Institut national des aveugles — En. — social
NIBMAR — « No Independance Before Majority Rule » (Wilson's principle) — En. — politique
NIC — National Income Commission (Nicky) — En. — administration
NIC — Negative Impedance Converter = convertisseur d'impédance négative — En. — électricité
NIC — Négociations Industrielles et commerciales — Fr. — commerce
NIC — Numéro interne de classement (INSEE) — Fr. — statistiques
NICAP — National Investigation Comittee on Aerial Phenomena — En. — sciences
NICE — Nomenclature des Industries des Communautés Européennes — Fr. — politique
NIFTE — Neon Indicator Flashing Test Equipment — Matériel d'Essai à éclats de Néon — En. — essais
NIH — Not Invented Here — pas inventé ici — En. — général
N.I.M. — Nuclear Instrumentation Modules (Hewlett P.) — Modules de Mesures Nucléaires — En. — nucléonique
NIMH — National Institute of Mental Health — Institut national de la santé mentale — En. — médecine
NIRC — National Industrial Relations Court — Tribunal national de conciliation industrielle — En. — jurisprudence
NIRD — Normes britanniques — En. — normalisation
nitrobz — nitrobenzène — Fr. int. chimie
NIX — Numeric Indicator Experimental = nom donné par un dessinateur à un tube électronique numérique, que ses collègues appelèrent ultérieurement NIXIE, nom devenu officiel pour ce genre de tube. (« Scientific American » Juin 1973 p 66) — En. — électronique
n.J. — nächsten Jahres — de l'année prochaine, l'année prochaine — De — chronologie
NJ — New Jersey — En. — géographie
NJW — Neu Juristische Zeitung Wochenschrift (Périodique juridique) — De. — juridique
NK — Nasenkasten — Bord d'attaque — De. — aéronautique
N/K — Not known — inconnu — En. — postes
Nl — Nederland — Hollande — int. — plaques auto
nl — niederländisch — néerlandais — De. — géographie
NL — Night letter — lettre de nuit — En. — postes
NL — Normenstelle Luftfahrt — Normalisation aéronautique — De. — norm. aéronautique
N.L. — North Latitude — Latitude Nord — En. — géographie
NL — R.P.M., L.P. — tr/mn B.P. — En. — moteurs
NLC — National Liberation Council (Ghana) — Conseil National de la libération — En. — politique
NLG — Nose Landing Gear — Atterrisseur avant — En. — avion
NLGC — Noise Level Gain Control — contrôle du bruit — En. — acoustique, radio
NLGI — National Lubricating Grease Institute — Institut National de Graissage — En. — industrie
N.L.T. — Nouveau Langage de Tabulation — — Fr. — informatique
nm — nachmittags — l'après-midi — De. — général

n.M. — nächsten Monats — le mois prochain — De. — général
nm — nanomètre — appelé précédemment millimicron, il vaut 10^{-9} m — Fr. int. — unités
NM — Nautical Mile — Mille nautique — En. — unités longueur
Nm — Numéro métrique — Fr. — textiles
NMA — Nadic Methyl Anhydride — En. — chimie
NMBR — NATO Military Basic Requirements — En. — militaire
NMBS — Initiales flamandes de la SNCB — flamand — rail
NMC — National Meteorological center — centre météorologique national — En. — météorologie
NMC — Naval Missile Center — centre engins marine — En. — militaire
n.m.E. — nach meinem Erachten — à mon avis — De. — général
NMEA — Normes internationales sur les Méthodes d'Essai d'Aptitude à l'emploi (consommation) — Fr. int. — normalisation
N. Mex. — New Mexico — Nouveau Mexique — En. us. — géographie
NMFC — National Motor Freight Classification — En. — commerce
NMPP — Nouvelles Messageries de la Presse Parisienne — Fr. — presse
N.M.R. — Nuclear magnetic resonance — résonance magnétique nucléaire — En. — gyroscopes
NMSS — National Multipurpose Space Station — Station spatiale US — En. — espace
NMTBA — National Machine Tool Builders' Association — En. — machines-outil
NMU — National Maritime Union — En. — marine
N.N. — Nacht und Nebel — Nuit et Brouillard (nom donné dans les camps de concentration aux prisonniers destinés au four crématoire) — De. — histoire
N.N. — (nescio nomen) di paternità ignota — de père inconnu — (lat) It. — juridique
N.N. — (Nomen nescio) Herr N.N. — Monsieur X — (lat) De. — juridique
Name unbekannt — nom inconnu — (lat) De. — juridique
N.N. — Normalnull — zéro normal — De. — mesure
N/N — no noting — ne pas prendre de notes — En. — général
NNSS — Navy Navigation Satellite System — satellite de navigation de la Marine — En. — navigation
no. — netto — net — De. — commerce
NÖ — Niederösterreich — Basse-Autriche — De. — géographie
No — Nobélium — int. — chimie
N/O — no orders — pas de commandes — En. — commerce
NO — Nordost(en) — Nord-Est — De. — géographie
N.O. — Nord-Ouest, Norde-Ovest — Fr. It. — géographie
NO — Novara — Novare — It. — plaques auto
N° — numero ; numéro — It. Fr. — général
No — (numero) number — numéro — (lat.) En. — général
NOAA — National Oceanic and Atmospheric Administration (USA) — Agence météorologique Nationale — En. — météorologie
nob. — nobile — noble — It. — social
n.o.e. — no otherwise enumerated — pas énuméré ailleurs — En. — général
NOF — Nitrosyl Fluoride — En. — chimie
NOK — Nationales Olympisches Komitee — Comité Olympique National — De. — sports
Nom. — nominal — nominal, théorique — En. — général
nom. — nominative — nominatif — En. — grammaire
NOMAD — Naval Oceanographic Meteorological Automatic Device — Station météo automatique en mer — En. — météorologie
NOMSS — National Operational Meteorological Satellite System — Satellites Météo US — En. — satellite
non. cont — Non-content (House of Lords) — pas d'accord — En. — politique
Non obst — (non obstante) Notwithstanding — nonobstant — (lat.) En. — général
N on P — Negative on Positive — Négatif sur Positif — En. — cellule solaire
Non pros. — (non prosequitur) — Il n'engage pas de poursuites — (lat.) En. — juridique
non rep. — « do not repeat » — « en une seule prise » « à ne pas renouveler » — En. — médecine
Non seq. — (non sequitur) — pas de suite — (lat.) En. — juridique
NOP — National Opinion Poll — (GB) sondages d'opinion — En. — social
NOP — « No operation » — « arrêt » — En. — informatique
NOP — No otherwise precised — pas précisé ailleurs — En. — généralités
NOPT — No-Procedure Turn — Virage hors procédure — En. — aéronautique
NORAD — North American Air Defence Command — GQG de la Défense Aérienne américaine — En. — militaire
nordd — norddeutsch — de l'Allemagne du Nord — De. — géographie

norm. — **normal** — normal — En. — général

Norm. — **normalized** — normalisé — En. — métallurgie

NOROIS — **Navire océanographique polyvalent de recherche, d'observation, d'intervention et de soutien** — Fr. — océanographie

Northants — **Northamptonshire** — En. — géographie

Northumb. — **Northumberland** — En. — géographie

NOS — **No otherwise shown** — Pas montré ailleurs — En. — général

n.o.s. — **no otherwise stated** — pas indiqué ailleurs — En. — général

nos — **numbers** — numéros — En. — général

NÖSPL — **Neues Ökonomisches System der Plannung und Leitung der Volkswirtschaft** — De. — économie

Not. — **Notar** — notaire — De. — juridique

NOT — **Number obtainable tone** — tonalité — En. — téléphone

NOTAM — **Notices to Airmen** — (doc. officiel britannique) — En. — aéronautique

Notts. — **Nottinghamshire** — En. — géographie

Nov. — **Novelle** — novelle, loi dérogatoire — De. — juridique

Nov. — **November** — novembre — En. — chronologie

NOW — **National Organization for Women** — Front féminin — En. us. — social

NOW — **News of the World** — Nouvelles du monde — En. — presse

NOX — **Nitrogen Oxide** — Oxyde d'azote — En. — chimie

NP — **Navy Publications and Printing Service** — Imprimerie de la Marine — En. — documentation

Np — **Neptunium** — int. — chimie

Np — **Niveau de puissance** — Fr. — électronique

NP — **non-perforé (nid d'abeilles)** — Fr. — matériaux

NP — **no-picture** — pas d'image — En. us. — radar

NP — **Normalpackung** — Présentation standard — De. — commerce

N.P. — **Notary Public** — Notaire — En. — juridique

NPA — **National Pilots Association** — En. — aéronautique

NPA — **Nouvelle politique agricole** — Fr. — politique

NPC — **National Ports Council** — GB Conseil portuaire national — En. — commerce

Npc — **Nickel-platted Copper** — cuivre nickelé — En. — métallurgie

NPC — **Non-Participating Countries** — pays non-participants — En. — politique

NPD — **North-Pole Distance** — Distance du Pôle Nord — En. — géographie

N.P.E. — **Navy Preliminary Evaluation** — Evaluation préliminaire par la marine — En. — avion

NPF — **Nation la plus favorisée** — Fr. — politique, économie

NPG — **Nukleare Planungsgruppe** — groupe de planification nucléaire — De. — nucléaire

NPL — **National Physical Laboratory** — En. — sciences

N-P-N — **Negatif-Positif-Negatif** — transistor type NPN — Fr. — semiconducteur

n.p.o.n.pr. — **nombre proprio** — nom propre — El. — grammaire

NPQ — **Negociated Price Quota** — Quota de prix négociée — En. — commerce

NPRM — **Notice of Proposed Rule-Making** — Proposition de réglementation — En. us. — F.A.A.

N.P.S. — **Network Processing Supervisor** — Contrôleur de Traitement — En. — informatique

NPT — **National Pipe Thread** — filetage tuyauteries national — En. — normalisation mécanique

NPTF — **National Pipe Thread, Fuel** — filetage raccord tuyaux pétroles (connu des pétroliers sous le nom de Briggs) — En. — norm.

NPT — **(ou N) Nuclear Plant** — (estampille apposée aux USA sur les composants pour centrales nucléaires) — En. — nucléaire

NPV — **No par value** — pas de parité — En. — finances

NQA — **Niveau de Qualité Acceptable (anl. AQL)** — Fr. — qualité

N.R. — **Natural Rubber** — caoutchouc naturel — En. — industrie

NR — **Not Recommended** — pas conseillé — En. — plastiques, etc.

NR — **Nummer** — numéro, nombre — De. — général

n.r. — **« do not repeat »** — « en une seule prise ». « ne pas renouveler » — En. — médecine

NRA — **National Recovery Administration** — Administration Nationale d'Assistance publique — En. — social

N.R.A. — **National Rifle Association** — En. — sports, chasse

NRD — **National Range Division** — En. — militaire

NRF — **Nouvelle Revue Française** — Fr. — presse

N.R.M.E. — **notched, returned, and nitrided ends** — En. — textiles

N.R.N. — Noise Rating Number — coefficient de bruit — En. — acoustique
n.r.t. — net register ton — tonneau de jauge net — En. — unité marine
NRT — Nettoregistertonne — tonneau de jauge net — De. — unité marine
NRV — Non Return Valve — clapet anti-retour — En. — hydraulique
NRW — Nordrhein-Westfalen — Nord-Rhénanie-Westphalie — De. — géographie
NRZ — non-retour à zéro (enregistrement magnétique) — Fr. — magnétisme
NS — Nachschrift — copie — De. — secrétariat
N.S. — nach Sicht — de vue, à vue — De. — général
N.S. — Nationalsozialismus — National-Socialisme — De. — politique
N.S. — New Style (of date : voir O.S.) — nouveau calendrier — En. — datation
N.S. — Nord-Sud — Fr. — géographie
ns. — nostro — notre — It. — général
N.S. — Nostro Signore ; Notre Seigneur — It. Fr. — religion
NS — Not Specified — pas prescrit ; pas précisé — En.
N/S — not sufficient funds — compte insuffisamment approvisionné — En. — banque, commerce
N.S. — Nova Scotia — Nouvelle Ecosse — En. — géographie
NSA — National Shipping Authority — En. — transports
NSA — National Standard Association — En. — normalisation
N.S.A. — Norme Sud-Aviation — Fr. — normalisation
N.S.B.E.O. — National Sonic Boom Evaluation Office — bureau national d'évaluation de la détonation sonique — En. — acoustique aéronautique
NSC — National Security Council — Conseil de Sécurité National — En. — sécurité
NSC — Nomenclature simplifiée du commerce extérieur — Fr. — administration
NSD — Non spécialement dénommé — Fr. — administration
NSDA — National Space Development Agency (Japon) — En. — espace
ns/c.t.o. — nostro conto — notre compte — It. — commerce, comptabilité
NSF — National Science Foundation (USA) — Fondation Nationale des Sciences — En. — sciences
NSF — Not Sufficient Funds — provision insuffisante — En. — banque
NSKK — Nordhoffs Spar-Kris-en-Käfer
N.S.P.C.A. — National Society for the Prevention of Cruelty to Animals — SPA américaine — En. — social
N.S.P.C.C. — National Society for the Prevention of Cruelty to Children — Société Nationale de Protection des Enfants — En. — social
NSSG — National Statistical Service of Greece — Service National de la statistique de Grèce — En. — statistiques
NSSL — Normal Steady State Limits of relay — Limites normales au repos (d'un relais) — En. — électricité
n.St. — neuen Stils — nouveau style — De. — général, datation
n.ST. — numerische Steuerung — commande numérique — De. — machines-outils
NSU — Neckarsulm — De. — géographie
NSV — Nationalsozialistische Volksfürsorge — Assurances Sociales du parti national socialiste — De. — politique social
NSW — New-South Wales — Nouvelles Galles du Sud (Australie) — En. — géographie
Nt — Niton
Nt — Niveau de tension — Fr. — électronique
NTB — Non-Tariff Barriers — Barrières non tarifaires — En. — économie, douane
NT — normalized and tempered — trempé et revenu — En. — métallurgie
NT — tension nominale — Fr. — électricité
NT — note technique — Fr. — aéronautique, technique
NT — tr/mn de la transmission (BRÉGUET 941) — Fr. — avion
NTBR — « Not to be ressuscited » — « à ne pas ranimer » (mention figurant sur le lit des malades de plus de 65 ans, à l'hôpital de Neasdens, en Angleterre — informations-BBC du 16 mai 1966) — En. — médecine
NTC — Negative Temperature Coefficient Transistor — Transistor NTC — En. — semiconducteur
NTDS — Naval Tactical Data System — informatique tactique navale — En. — militaire
NTIS — National Technical Information Service (USA) — Service National de la documentation technique — En. — documentation
NTO — National Tourist Organization (Greece) — En. — tourisme
nto — netto — net — De. — commerce
NTOL — Normal Take-off and Landing — ADAN — En. — aéronautique
NTP — Normal temperature and pressure — Température et pression normales — En. — technique
NTPD — Normal Temperature, Pressure, Dry — Température et pression normales, à sec — En. — technique

NTPF — National Pipe Thread Fuel — filetage raccord tuyaux, carburant — En. — normalisation
NTS — Naval Transport Service — Service Transport de la Marine — En. — militaire
NTS — Navigation Technology Satellite — satellite de navigation — En. — espace
NTS — Negative Torque system — système de couple négatif — En. — mécanique
NTS — not to scale — pas à l'échelle — En. — dessin industriel
NTSB — National Transportation Safety Board — En. us. — sécurité
NTSC — National Television System Colour or Committe — En. US. — télévision
NTTPC — Nippon Telephone and Telegraph Public Corp. (Japon) — En. — postes
NU — Nazioni Unite — Nations Unies — It. — politique
NU — Nettezza Urbana — voirie — It. — voirie
NU — Nuoro — It. — plaques auto
NUDETS — Nuclear Detection System — Système de détection nucléaire — En. — militaire
N.U.F. — Nonwoven Unidirectional Fibers — fibres non-tissées unidirectionnelles — En. — textile
NUFCOR — Nuclear Fuel Corp. of South Africa — En. — nucléaire
NUIT — « Remettre même la nuit » — Fr. — postes
N.U.R. — National Union of Railwaymen — Syndicat national des chemins de fer — En. — social
N.U.S. — National Union of Seamen — Syndicat national des marins — En. — social
N.U.S. — National Union of Students — Syndicat national des étudiants — En. — social
N.U.T. — National Union of Teachers — Syndicat national des enseignants — En. — social
NV — Det Norske Veritas — Bureau Veritas norvégien — Norv. — administration
N.V.M. — non-volatile matter — substance non-volatile — En. — général, commerce, chimie
N.W. — narrow widths — largeurs étroites — En. — bâtiment
NWDR — Nordwestdeutscher Rundfunk — radio du nord-ouest de l'Allemagne — De. — radio
N.W.E.E. — Naval Weapons Evaluation Facility — polygone d'essai des armes navales — En. — militaire
NWFP — North-West Frontier Province — Province frontalière du Nord-Ouest — En.— géographie
NWÖ — Nordwest Ölleitung — Oléoduc du Nord-Ouest — De. — pétroles
NWR — Nylon Wear Resistant — Nylon spécialement résistant — En. — textiles
NWSC — National Weather Satellite Center — Centre spatial météo — En. — météorologie
n.wt. — net weight — poids net — En. — commerce
NX — Non-Expandable — Non-expansible — En. — technique
Ny — « Nettoyer » — (traitement de surface) — Fr. — technique
N.Y. — New York — En. — géographie
NYC — Neighborhood Youths Corps (USA) — En. — social
NYR — New York Review — En.
NYSE — New York Stock Exchange — Bourse de New York — En. — bourse
N.Z. — New Zealand — Nouvelle-Zélande — En. — géographie
NZCAR — New-Zealand Civil Airworthiness Requirements — Services Officiels de l'Aviation Civile Néo-Zélandaise — En. — aéronautique

O

O — abbrev. for Two coats in oil — deux passages dans l'huile — En. — industrie

O — annealed recuit (NF A 02-006) — recuit (symbole de traitement de surface) — En. — métal norme

O — à l'ordre de — Fr. — comptabilité

O — Ohio — En. — géographie

O — Ohm — (erroné) — En. — unités électriques

O — opaque — opaque (symbole normalisé) — En. — optique

O — opaque — (espèces minérales) — Fr. — chimie

O — Order — Ordre — De.

O — Ordinaire — Fr. — général

O — Order — commande — En. — commerce

O — orthorhombique (système cristallin) — Fr. — chimie, math.

O — Ost(en)- — Est — De. — géographie

O — Organisateur — Fr. — administration

o — out — voyage aller — En. — général

O — Ouest ; Ovest ; Oeste — Ouest — En. It. El. Fr. — géographie

o — outillage — (TECALEMENT) — Fr.

« O » — station « Origine » — station « Origin » — En. Fr. — électronique

O — Oxygène — int. — chimie

o — pint — pinte (indication médicale) — En. — médecine

O— — signifie que le radical est joint à l'atome d'oxygène — Fr. int. — chimie

O — avion de reconnaissance (US NAVY) — En. — militaire

Ω — symbole for the ultimate disintegration product of a radioactive series, an isotope of lead — Plomb isotopique — En. — nucléaire

OA — Amphibium — véhicule amphibie — US. En. — militaire

o.a. — Oben angegeben — indiqué plus haut — De. — général

o.ä. — oder ähnlich — ou de manière analogue — De. — général

o/a — on account of — sur le compte de — En. — commerce

OA — Opérateur automatique — Fr. — industrie

OA — Output Axis — axe de sortie — En. — dessin industriel

OA — Overall — hors tout — En. — dessin industriel

OA — Oxyacétylénique (soudage à la flamme) — Fr. — soudage

OAA — Oxydation Anodique Architecturale — Fr. — métal, traitement de surface

OAA — Organisation pour l'alimentation et l'agriculture (ONU) — Fr. — politique

OAC — Oceanic Area control — contrôle de zone océanique — En. — navigation

OAC — Oxydation anodique chromique (protection des surfaces) — En. — aéronautique, métallurgie

OACI — Organisation de l'aviation civile internationale — Fr. — aéronautique

OAE — Organe accessoire équipement — Fr. — avion

OAE — Organes accessoires extérieurs — Fr. — avion

OAEC — Organization for Asian Economic Cooperation — Organisation pour la coopération économique avec l'Asie — En. — économie

OAF — Ordre des Artificiers de France — En. — pyrotechnique

OAG — Oxydation Anodique et gravure industrielle — Fr. — métal

OAI — Organizzazione Atomica Internazionale — It. — nucléaire

OAI — Oxydation Anodique Industrielle — Fr. — métal

OAIS — Oxydation Anodique Industrielle Spéciale — Fr. — métal

OAL — Oxydation anodique de luxe — Fr. — métal

o'all — overall — global, hors-tout, etc. — En. — général

OAME — Orbit Attitude and Maneuvering Electronics — Circuits électroniques de manœuvre et d'assiette — En. — satellites

OAMS — Orbital Attitude and Maneuvering System — Système de contrôle orbital — En. — satellites

OAO — Orbiting Astronomical Observa-

tory — Observatoire Astronomique orbital — En. — satellites
OAP — Old Age Pension — pension de vieillesse — En. — social
OAR — Office of Aerospace Research — Office de la Recherche Aérospatiale — En. — aérospace
OAS — Organisation Armée Secrète — Fr. — histoire, politique
OAS — Organisation des Assurances Sociales — Fr. — social
OAS — Organization of American States — OEA — En. — politique
OASDI — Old-Age and Survivors and Disability Insurance — assurances vieillesse, vie et maladie de la Sécurité Sociale — us. — social
OAT — Outside Air Temperature — température extérieure — En. — aéronautique
OAU — Organization of African Unity (Ethiopie) — En. — politique
OAV — output-axis vertical — sortie-axe vertical (mesure de la dérive en o/h) — En. — gyroscopes
OB — Oberbefehlshaber — Général en chef — De. — militaire
OB — Oberbürgmeister — Maire — De. — politique
Ob. — (Obiit) he or she died — décédé — (lat.) En. — général
Ob. — Obispo — Evêque — El. — religion
o.B. — ohne Befund — néant ; résultat négatif après examen — De. — général
OB — Order of Battle — Ordre de Bataille — En. Fr. — militaire
O.B. — Outside Broadcast — émission pour l'étranger — En. — radio
obb — oberbayern — Haute-Bavière — De. — géographie
ÖBB — Österreichlische Bundesbahn — Chemins de fer fédéraux autrichiens — De. — rail
Obb.mo — obbligatissimo — très obligé — It. — secrétariat
obd. — oberdeutsch — haut-allemand — De. — linguistique
obdt. — obedient — obédient — En. — religion, général
Obdt. — Oberleutnant — Lieutenant — De. — militaire
O.B.E. — Officer of the Order of the British Empire — En. — social
O.B.I. — Omni-Bearing Indicator — Indicateur de relèvement — En. — navigation, avion
OBIP — Office des biens et intérêts privés — Fr. — social
obj. — object, objective — objet, objectif — En. Fr. — grammaire, etc.
OBO — Oil/Bulk/Ore (Cargo) — Vrac-Minerai — En. — transports
O.B.M. — Ordnance Bench Mark — En. — militaire
Obp° — Obispo — Evêque — El. — religion
OBR — Overseas Business Report (foreign trade regulations of) — Règlement de commerce international — En. — commerce
obs. — observation — observation — En. Fr. — général
obs. — obsolete — vieux, périmé, obsolète — En. — général
O.B.S. — Omni-Bearing Selector — sélecteur de relèvement — En. — navigation, avion
Obus — Oberleitungsomnibus — trolleybus — De. — transports
O.C. — Officer Commanding — Officier commandant — En. — militaire
OCCA — Officiers contrôleurs de la circulation aérienne — Fr. — aéronautique
OC — Open Charter — charter libre — En. — transport
O.C. — Oral Communication — communication orale (NASA) — En. — espace
O.C. — Ordre de commande (SNIAS) — Fr. — aéronautique
OCCAJ — Organisme central des camps et auberges de jeunesse — Fr. — social
OCAS — Organization of Central America States — En. — politique
O/C — Overcharge — surcharge, surtaxe — En. — commerce
O.C. — Override Cock — robinet d'action prioritaire — En. — hydraulique
O.C. — Own Correspondant — de notre correspondant — En. — presse
O.C.D. — Office of Civilian Defense — Bureau de la Défense Civile — En. — militaire
OCDE — Organización de Coopéración y Desarrollo Económico — El. — politique
O.C.D.E. — Organisation de Coopération et de Développement Economique — Fr. — politique
OCDM — Office of Civil and Defense Mobilization — Bureau de la Mobilisation civile et militaire — En. — militaire
OCE — Organisation des chefs d'entreprise — Fr.
OCI — Organisation communiste internationale — Fr. — politique
O.C.L. — Obstacle Clearance Limits = — limites de passage de l'obstacle — En. — aéronautique, aéroports
OCR — Optical Characters Reader — lecteur optique — En. — informatique
O.C.R. — Optical Character Recognition — lecture optique — En. — informatique
OCRS — Organisation commune des

Régions Sahariennes — Fr. — économie
OCS — Obstacle Clearance Surface — surface de passage de l'obstacle — En. — aéronautique
O.C.S. — Officer Candidate School — peloton — En. — enseignement militaire
O.C.S. — Outer continental Shelf — Plateau continental — En. — océanographie
OD — Annealed and lightly drawn — Recuit et légèrement étiré — En. — métallurgie
od. — oder — ou bien — De. — général
od. — odeur — Fr. — chimie
OD — Œil Droit — Fr. — médecine
O.D. — Officer of the Day — Officier de jour — En. — militaire
O.D. — Olive drab — vert olive (uniforme) — En. — militaire, etc.
OD — On Deck — sur le pont — En. — marine
O.D. — On Delivery — payable à la livraison — En. — commerce
O/D — On Demand — à la demande, sur demande — En. — commerce
OD — Organization Development — En. — économie
o.d. — out of order — en dérangement — En. us. — téléphone
O.D. — Outer Diameter — diamètre extérieur — En. — dessin, industrie
O/D — Overdraft — découvert — En. — banque
OD — Overdrive — surmultipliée — En. — automobile
ODECA — Organización de Estados Centroamericanos — organisation des états d'Amérique centrale — El. — politique
ODEPLAN — Oficina de Planificación (Chile) — Bureau de la Planification — El. — politique
O.d.G. — Ordine del Giorno — Ordre du jour — It. — général
ODI — Office de documentation industrielle — Fr. — documentation
O.d.J. — Ordre du Jour — Fr. — général
ODP — Optimisation de Dépenses Publiques — Fr. — administration
ODS — Optischer Dokumentsortierer — lecteur optique — De. — informatique
O.D.T. — Octal Debugging Technique — En. — informatique
OE — Oder Eigene — ou semblable, etc. — De. — général
Oe — Oersted — champ magnétique — int. — unités
O.E. — Old English — Vieil anglais — En. — linguistique
o.e. — omissions excepted — sauf omissions — En. — général
O.E. — Order Eigene — à mon ordre — De. — banque
OEA — Organización de Estados Americanos — Organisation des Etats Américains — El. Fr. — politique
OEC — Organisation européenne du charbon — Fr. — politique
OECD — Organization for Economic Cooperation and Development — OCDE — En. — économie
OECE — Organización Europea de Cooperación Económica — El. — politique
O.E.C.E. — Organisation Européenne de Coopération Economique — Fr. — politique
OECON — Off-Shore Exploration Conference — En. — pétroles
OECQ — Organisation européenne pour le contrôle de la qualité — Fr. — politique
O.E.D. — Oxford English Dictionary — En. — linguistique
O.E.E.C. — Organization for European Economic Cooperation — O.E.C.E. — En. — politique
O.E.M. — Original Equipment Manufacturer = — Constructeur d'Equipements de première monte — En. — aéronautique
OEP — Office of Emergency Planning (USA) — Office du Planning d'urgence — En. — sécurité
O.E.S. — Order of the Eastern Star — En. — social, décoration
O.E.S.A. — Ordo Fratrum Eremitarum Sancti Augustini — Ordre des Ermites de Saint Augustin — lat. — religion
OEZ — Osteuropäische Zeit — heure de l'Europe orientale — De. — calc. du temps
O.E. — Odd Fellows — En. — social
o.F. — ohne Faktura — sans facture — De. — commerce
O.F. — Old French — Vieux Français — En. — linguistique
O.F. — Ordre de Fabrication (administration des grandes sociétés) — Fr. — industrie
OFD — Oberfinanzdirektion — direction supérieure des finances — De. — finances
OFEMA — Office français d'exportation du matériel aéronautique — Fr. — aéronautique
off. — offer — offre — En. Fr. — commerce
OFHC — Oxygen-Free, High Conductivity (metal) — (métal) désoxygéné à haute conductivité — En. — métallurgie
OFI — optics for Industry — optique industrielle — En. — optique
OFI — Orientation à la Fonction internationale — Fr. — administration

OFILE — Oficina Liquidadora de Energia Eléctrica (Espana) — El. — électricité
OFM — Office Français de Météorologie — Fr. — météorologie
O.F.M. — Ordo Fratrum Minorum — Ordre des Frères Mineurs — lat. — religion
OFO — Orbiting Frag otolith — satellite OFO — En. — satellite
OFPP — Office of Federal Procurement Policy — (USA) Bureau Fédéral des Approvisionnements — En. — administration
Ofr. — Oberfranken — Haute-Franconie — De. — géographie
OFRATEME — Office Français des Techniques Modernes d'Education — Fr. — enseignement
OFS — Orange Free State — Etat libre d'Orange — En. — géographie
OG — Oberstes Gericht (DDR) — Cour Suprême DDR — De. — juridique
OG — Œil Gauche — Fr. — médecine
oG — ohne Gepäckbeforderung — sans transport de bagages — De. — transports
o.G. — ohne Gewähr — sans garantie — De. — commerce
OGA — Office Général de l'Air — Fr. — aéronautique
OGE — Out of ground effect — H.E.S. — En. — hélicoptères
OGER — O-Gravity Effects Research — Etude des effets de l'apesanteur — En. — espace
OGIL — Open-General Import Licence — Licence Générale d'importation — En. — commerce
OGL — Open General Licence — Licence générale — En. — commerce
OGMA — Officinas Gerais de Material Aeronáutico (Portugal) — portugais — aéronautique
OGO — Orbiting Geophysical Observatory — En. — satellites
OGV — Outlet Guide Vanes — aubes de guidage de sortie — En. — moteurs avion
OH — ohne Händedruck — sans appuyer — De. — général
OHC — « equipment completely Overhauled and reCertificated to manufacturer's new specifications, with AEROSYSTEMS' 90 day's warranty ». — En. — aéronautique
OHL — oberste Heeresleitung — Commandement suprême de l'armée — De. — militaire
OHM — Office of Hazardous Materials — office des matières dangereuses — En. — Div. du Ministère des transports US
OHMS — On Her Majesty's Service — au service de sa majesté en franchise — En. — commerce
OHQ — Ouvrier hautement qualifié — Fr. — social
OHV — ordentliche Hauptversammlung — Assemblée générale ordinaire — De. — commerce
o.i. — origine inconnue (d'un mot : mention dans les dictionnaires) — Fr. — linguistique
OIC — Organisation Internationale du Café — Fr. — commerce
OIC — Organisation Internationale du Commerce — Fr. — commerce
OIE — Organisation Internationale des Employeurs — Fr. — social
OIL — Open Individual Licence — Licence individuelle générale — En. — commerce
OIL — Organizzazione Internazionale del Lavoro = OIT — It. — social
oillionaire — oil + millionaire — magnat du pétrole — En. — social, pétrole
OIN — Organisation Internationale de Normalisation — Fr. — normalisation
OIPN — Office International pour la Protection de la Nature — Fr. — écologie
OIR — Organisation Internationale de Radiodiffusion — Fr. — radio
OIR — Organisation Internationale des Réfugiés — Fr. — politique
OIS — Organisation Internationale de la Santé — Fr. — médecine
OIS — Organisation Internationale de Standardisation — Fr. — normalisation
OIT — Office of International Trade — Organisation internationale du Commerce — En. — commerce
OIT — Oil Inlet Temperature — température d'entrée d'huile — En. — technique aéro.
OIT — Organisation Internationale du Travail — Fr. — social
OIV — Office International du Vin — Fr. — alimentation
o.J. — ohne Jaresangabe — sans indication d'année — De. — général
OJD — Office de la Justification de la Diffusion — Fr. — presse
O.K. — All Correct — En. us. — général
o.K. — ohne Kosten — sans frais — De. — commerce
OKH — Oberkommando des Heeres — commandement suprême de l'armée de terre — De. — militaire
Okl. — Oklahoma — En. us. — géographie
OKM — Oberkommando der Marine — Commandement suprême de la Marine — De. — militaire
OKU — Oberrheinische Kohlen-Union — Union Charbonnière de Haute-Rhénanie — De. — charbon
OKW — Oberkommando der Wechmacht — Commandement suprême de l'armée — De. — militaire

O.L. — Oscillateur Local — Fr. — technique
ö.L. — östliche Länge — Longitude Est — De. — géographie
OL — Overload — surcharge — En. — électricité
OLAS — Organización Latinoamericana de Solidaridad — (Organisation Latino-Américaine de Solidarité) — El. — politique
OLDEFOS — Old-established Forces — Forces constituées — En. — militaire
OLF — Orbital Launch Facility — Plateforme de lancement orbitale — En. — satellites
OLG — Oberlandesgericht — Tribunal de deuxième instance, Cour d'Appel — De. — jurisprudence
OLN — Operational Limitations Notes — Notes de limites opérationnelles — En. — techniques
OLO — Orbital Launch Operation — Lancement orbital — En. — espace
OLPARS — On-Line Patterns Analysis and Recognition System (USAF) — ordinateur OLPARS — En. — informatique
OM — Old Measure (of hymns) — Ancienne mesure — En. — musique
O.M. — Order of Merit — Ordre du Mérite — En. Fr. — social, décor.
O.M. — Outer Marker — Balise extérieure — En. — aéronautique
OMB — Office of Management and Budget — Bureau de la gestion budgétaire (USA) — En. — administ.
O.M.C. — Ordo Minorum Capucinorum — Ordre des Frères Mineurs Capucins — lat. — religion
O.M.G. — Ora Media di Greenwich — G.M.T. — int. — chronologie
OMGUS — Office of Military Government of the United States — Bureau du Gouvernement Militaire des Etats-Unis — En. — militaire
O.M.I. — Oblati Mariae Immaculatae — Oblats de Marie Immaculée — lat. — religion
O.M.I. — Omni-Magnetic Indicator — Indicateur de Cap — En. — nav., avion
O.M.I. — Ordine al Merito Italiano — Ordre du Mérite italien — It. — social, décoration
OMI — Organisation Météorologique Internationale — Fr. — météo
O.M.M. — Organisation Météorologique Mondiale — Fr. — météorologie
o/m/m — à l'ordre de moi-même — Fr. — banque
Omn — Omnibus — Omnibus — En. Fr. — électricité
OMO — Observateur du Moyen-Orient — Fr. — politique
O.M.R. — Ordine al Merito della Repubblica — Ordre du Mérite Républicain — It. — social, décoration
OMS — Operational Monitoring System — Système de Surveillance Opérationnelle — En. — militaire
OMS — ORBITAL Maneuvering System — Module de Manœuvre orbitale — En. — espace
O.M.S. — Organisation Mondiale de la santé — Fr. — médecine
OMS — Ovonic Memory Switch — En. — informatique
OMT — Organisation Mondiale du Tourisme — Fr. — tourisme
on — onorevole — « honorable » : député au Parlement — It. — politique
On — Ortsname — nom de localité — De. — géographie
ÖNA — Österreichischer Normenausschuss — commission de normalisation autrichienne — De. — normalisation
ONB — Ortho-Nitrobiphenyl — Ortho-Nitrobiphényle — En. Fr. int. — chimie
ONERA — Office National de Recherches Aérospatiales — Fr. — aérospatial
ONF — Office National des Forêts — Fr. — administration
ONG — Organisation non-gouvernementale (classification de l'ONU pour les organisations internationales) — Fr. — international
ONIA — Office National Industriel de l'Azote — Fr. — industrie
ONIC — Office National Interprofessionnel des Céréales — Fr. — agriculture
ONISEP — Office National d'Information sur les Enseignements et les Professions — Fr. — enseignement
ONM — Office National Météorologique — Fr. — météo
ONMI — Opera Nazionale per il Mezzogiorno d'Italia — Office National pour le Midi de l'Italie — It. — administration
ONMI — Opera Nazionale per la Protezione della Maternità e dell'Infancia — Organisation nationale pour la protection de l'Enfance — It. — social
ONS — oberste nazionale Sportkommission — Comité national du Sport — De. — sports
ONSS — Office National de la Sécurité Sociale — Fr. — social
ONT — Office National du Tourisme — Fr. — tourisme
Ont — Ontario — Ontario — En. us. — géographie
ONUDI — Organisation des Nations Unies pour le Développement Industriel — Fr. — politique
ONUDI — Organización de las Naciones

Unidas para el Desarrollo Industrial — El. — politique
OO — Oberösterreich — Haute-Autriche — De. — géographie
OO — Ohne Obligo — sans obligation, engagement — De. — général
OO — Ohne Ortsangabe — sans indication de lieu — De. — général
o/o — order of — commande ou ordre de — En. — commerce
OO — Ordnance Officer — En. — militaire
OOO — Out of order — en dérangement (GB) — En. — téléphone
OOPP — Opere Pubbliche — Travaux Publics — It. — TP
oö Prof — ordentlicher öffentlicher Professor — professeur titulaire de faculté — De. — enseignement
OOT — Oil Outlet Temperature — température de sortie d'huile — En. — technique
oOuJ — ohne Ort unt Jahr — sans indication de lieu ni d'année — En. — général
OP — Observation Post — Poste d'observation — En. — militaire
OP — Opposite Prompter — En.
Op — Opus — œuvre, opus — De.
OP — ordentlicher Professor — professeur titulaire — De. — enseignement
OP — Organisation du Plan — Fr. — politique
OP — Orientation professionnelle — Fr. — social
OP1 — Ouvrier professionnel premier échelon — Fr. — social
OP — Out of Print — épuisé — En. — imprimerie
OP — Over-Proof — En.
OP — Orden de Pago — ordre de paiement — El. — commerce
OP — Ordo Predicatorum — Ordre des dominicains — It. — religion
OP — Open Policy — sans police (d'assurances) — En. — assurances
OP — Operationssaal — Salle d'opération — De. — médecine
OPA — Office of Price Administration — Office des Prix — En. — commerce
OPA — Offre publique d'achat (d'actions) — Fr. — bourse
OPAEP — Organisation des Pays Arabes Exportateurs de Pétrole — Fr. — politique
op.cit. — opera citata — opus cité ; ouvrage cité — It. Fr. En. — biblio.
OPD — Oberpostdirektion — Direction supérieure des postes — De. — postes
OPE — Offre publique d'échange — Fr.
OPE — Orbiting Primate Experiment — Satellites avec singes — En. — espace
OPEC — Organization of Petroleum Exporting Countries = **OPEP** — En. — politique
OPEP — Orbiting Plane Experiment Package — charge orbitale expérimentale — En. — satellites
OPEP — Organisation des Pays Exportateurs de Pétrole — Fr. — politique
OPI — Opérations pour Initiés — Fr.
OPI — Optimalisation de Planning Industriel — Fr. — informatique
OPK — « Openkote » — grains espacés (NORTON) (papier abrasif) — En. — Abrasifs
OPM — Office de Planification et des Méthodes — Fr. — industrie
OPP — Oficina de Planteamiento y Presupuesto — El. — administration
opp — opposite, opposition — En.
OPR — Offices of Primary Responsibility — (Bureaux de contrôle technique et commercial) — En. — militaire (USAF)
OPS — Orbiting Primate Spacecraft — Satellite avec singes — En. — espace
OPT — Office des Postes et Télécommunications — Fr. — postes
opt — optative, optional — optatif, optionnel — En.
opt — optics — optique — En. — optique
OPTACON — Optical-to-tactile converter — système de lecture pour aveugles destiné à remplacer le système Braille — En. — social, enseignement
OQ — Ouvrier Qualifié — Fr. — social
O/R ou o.r. — Owner's risk — Aux risques et périls du propriétaire — En. — commerce
or — orange — (abréviation suivant DIN 47002) — De — couleurs
ORASE — Organisation pour la Recherche et les activités spatiales européennes (organisme proposé par l'Italie)
ORC — Officers' Reserve Corps — Corps de Réserve des Officiers — En. — militaire
ORC — Omnium Research Center — Centre Expérimental — En.
ord. — ordained — par ordre — En.
ord. — order — ordre — En.
ord. — ordinario ; ordinary — ordinaire — It. En. Fr. — général
Ord. — Ordonnance du... — Fr. — administration
ORDIR — Omni-range Digital Radar — En. — radar
ORE — Office of Research and Experiments — Institut expérimental — En. — sciences
ORE — Office Régional pour l'Europe — Fr. — économie
Oreg. — Oregon — En. us. — géographie
Org. — Organisation — Organisation — De. En. Fr. — général
ORGECO — Organisation général des consommateurs — Fr. — social

orig. — original, originally — original, d'origine, etc — En. — général
ORIT — Organización Regional Interamericana de Trabajadores (Colombie) — El. — social
ORL — Oto-rhino-laryngologie — Fr. — médecine
ORP — Orange River Project — Projet de la rivière orange — En. — industrie
ORP-ICS — Orbital Rendez-vous Positioning Indexing and Coupling System — En. — satellites
ORPRO — Organisation prototype (méthode de planification) — Fr.
ORSEC — Organisation des secours — Fr. — sécurité
ORSOM — Office de la Recherche Scientifique et Technique d'Outre-Mer — Fr. — enseignement
ORZ — Omni-Range Zero — Référence d'un système Omni-directionnel — En. — nav., avion
OS — Oberschlesien — Haute-Silésie — De. — géographie
OS — Old Style (of date)(1) — ancien calendrier — En. — chronologie
OS — Onde stationnaire — Fr. — électronique
OS — Ordinary Seamen — matelots — En. — marine
Os — Osmium — int. — chimie
öS — österreichischer Schilling — Schilling autrichien — De. — monnaie
OS — Out of Stock — en rupture de stock — En. — commerce
OS — Out of size — hors taille — En. — commerce
O/S — Outstanding — en suspens, en cours, restant — En. — commerce, etc
OS — Ouvrier spécialisé — Fr. — social
OSA — Ordo Sancti Augustini — Ordre de Saint-Augustin — lat. — religion
OSA — Organizzazione degli stati americani — OEA — It. — politique
OSALY — Ouvrier spécialisé de l'aviation légère et du yachting — Fr. — social
OSB — Order of St. Benedict — Ordre de Saint-Benoît — lat. — religion
OSCAR — Optimum system control of Aircraft Retardation — (système de freinage Dunlop) — En. — aéronautique
OSCAR — Organisation des spectateurs de cinéma d'art et de recherche — Fr. — art, cinéma
OSD — Office of the Secretary of Defense (USA) — Bureau du Secrétaire à la défense — En. — administration
OSE — Organisation de Secours aux Enfants juifs — Fr. — social
OSE — Organisation de sécurité de l'Etat — Fr. — sécurité
OSF — Ordo Sancti Francisci — Ordre de Saint-François — En. — religion
OSL — Offizierschule der Luftwaffe — Ecole des Officiers de l'Armée de l'Air (allemande) — De. — aéro., militaire
OSO — Orbiting solar observatory — laboratoire solaire orbital — En. — espace
OSP — Off-Shore Procurement — Approvisionnement off-shore — En. — pétroles
OSS — Office of strategic services — Bureau stratégique — En. — militaire
OS.SS.A. — Ordine Supremo della Santissima Annunziata — Ordre Suprême de la Très Sainte Annonciade — It. — religion
OST — Objectives-Strategics-Tactics system — En. — militaire
OST — Organisation scientifique du travail — Fr. — social
Öst — Österreich — Autriche — De. — géographie
OSTIV — Organisation scientifique et technique internationale du vol à voile — Fr. — aéronautique
Ostpr. — Ostpreussen — Prusse orientale — De. — géographie
OSU — Ordo Sanctae Ursulae — Ordre de Sainte Ursule — lat. — religion
OSV — Ocean Station Vessel — Station maritime — En. — météo
OSV — Office of Space Vehicles — Bureau des Véhicules Spaciaux — En. — espace
O.S&W — Oak, sunk and weathered — En.
OSW — Office of saline waters — Bureau des eaux salines — En. USA — écologie
OSZ — Oszillator — oscillateur — De. — électronique
O/T — On Truck — sur camion — En. — transports
O.T.A. — Office of Technology Assessment — Rapport de la Commission Technique du Congrès (USA) — En. — politique
OTAN — Organisation du Traité de l'Atlantique-Nord — Fr. — politique
OTASE — Organisation du Traité de défense collective pour l'Asie du Sud-Est — Fr. — politique
OTC — Officers' Training Corps — Corps de formation d'officiers — En. — militaire
OTC — Organization for Trade Corp. — En. — commerce
OTC — Overseas Telecommunications

(1) Ce sigle accompagnait les dates précédant le 2 Sept. 1752 (dans les pays anglo-saxons) à laquelle l'Angleterre imposa l'adoption du calendrier grégorien, les nouvelles dates étant marquées N.S. = New Style

Commission (Australie) — Commission des télécommunications extérieures — En. — télécomm.

OTE — Organizzazione tecno Edile (Italie) — It. — construction

OTER — Omnium Technique d'Etudes et Réalisations (Société) — Fr. — commerce

OTH — Over the horizon — type de radar par-dessus l'horizon — En. — radar, militaire

OTH-B — Over-the-horizon backscatter radar — (projet de défense américain) — En. — radar, militaire

OTIS — Offset Target Indicator System — En.

OTN — Order to Negociate — Ordre de négocier — En. — commerce

OTS — Office of Technical Services — Bureau des services techniques (USA) — En. — administration

OTS — Officer Training School — Ecole d'Officiers — En. — militaire

OTS — Overseas Territories — Territoires extérieurs — En. — administration

OTT — Ottawa (Canada) — En. — géographie

O.U.A. — Organisation pour l'Unité Africaine — Fr. — politique

OUDS — Oxford University Dramatic Society — En. — arts

OUO — Ohne Unser Obligo — sans obligations de notre part, sans garantie ni responsabilité de notre part — De. — commerce

OURS — Office Universel de Recherche Socialiste — Fr. — politique

OUVERT — « Remettre Ouvert » — Fr. — postes

OVF — Office du Vocabulaire Français — Fr. — linguistique

OVG — Oberverwaltungsgericht — Haute Cour Administrative — De. — juridique

OVP — österreichische Volkspartei — De. — politique

OW — O-wave — onde fondamentale — En. — électronique

oW — Ohne Werte — sans valeur — De. — douanes

OWE — Operating Weight Equipped — MVOE — En. — avion

OWI — Office of War Information — Office de l'information de guerre — En. — militaire

OWS — Orbital Workshop (NASA) — satellite-laboratoire ou atelier (comme SKYLAB) — En. — espace

OX — overexpanded (nida CIBA) — surexpensé — En. — plastiques

Oxon — Oxfordshire, Oxford — En. — géographie

OZ — Oktanzahl — indice d'octane — De. — carburants

oz — ounce — Once (26,35 g) — En. — unités

P

P — Padre — père — It. — Etat-Civil
P — pagine (Seite) — page — De. — général
P — pagina — page — It. Fr. — général
P — Papier (Börse) — prix offert — De. — bourse
P — Parkplatz — parking — De. — automobile
P — Party — Parti — En. — politique
P — participle — participe — En. Fr. — grammaire
P — passive — passif — En. — grammaire
P — past — passé — En. — grammaire
P — Pastor — Pasteur, Curé — De. — religion
P — Pater (Vater) — Père — De. — religion
P — Patrol — avion patrouilleur (USNA) — En. — aéro. militaire
P — pâteux — Fr. — viscosité, plastiques
P — per — par — En. — général
P — Perch (= 5,5 yards) — Perche (env. 5 m) — En. — unité de longueur
P — (fonte malléable) perlitique — Fr. — métallurgie
P — Symbole Si à mettre devant le nom d'une unité pour indiquer le multiple « peta » (10^{15} soit 1 000 000 000 000 000 000). JO du 23.12.75 p. 13219) — Fr. — unités de mesure
P — perception — Fr. — administration
P — phosphore — (symbole) — int. — chimie
P — piano (soft) — piano — It. En. int. — musique
P — pint — pinte — En. — unité de capacité
P — pinxit (er hat es gemalt) — peint par — (Lat.) De. — arts
P — pitch — pas — En. — visserie, engrenages, etc.
P — pickled — décapé — En. — métallurgie
1/P, 2/P — first, second Pilot — En. — aéronautique
P — Plug — fiche, prise mâle — En. — électricité
P — bout pointu — Fr. — visserie, normalisation
P — huile de Poisson — Fr. — plastiques
P — pole — pôle — En. — géographie
P — poor (performance) — mauvais — En. — plastiques, essais
P — Portogallo — Portugal — It. int. — plaques auto
P — Porteur — Fr. — électronique
P — post — poste, piquet — En.
P — posteggio — parking, stationnement — It. — automobile
P — Positionner (un objet pour qu'il s'aligne ou pénètre à l'endroit voulu) — Fr. — organisation du travail
P — pot — potentiomètre — En. — électronique
P — Power — puissance — En. — mécanique
P — Power — courant électrique — En. — électricité
P — Priority — priorité — En. — général
P — premium — prime — En. — commerce, assurance
P — President — Président — En. — sociétés
P — Press — presse — En. — presse
P — « non-propagateur de la flamme » — Fr. — essais
P — projeté (technique de frittage des métaux) — Fr. — métallurgie
1P — first propeller frequency — fréquence hélice n° 1 — En. — aéronautique, vibrations
P1 — professionnel 1er échelon — Fr. — social
P — Prix (dans la formule MV = PQ) — Fr. — commerce, finance
P — sorties pour circuit imprimé — int. — électronique
P — sorties pour circuit imprimé — En. — normalisation MIL
P — Symbole SI de la pression ou contrainte, grandeur exprimée en Pascals (Newton par mètre carré) — Fr. — unités
P — Symbole SI de la Quantité de mouvement, grandeur exprimée en kilogramme mètre par seconde — Fr. — unités

P — Précision d'un appareil — Fr. — instruments
P — precipitation heat-treated — revenu (symbole d'état de surface) — En. — métallurgie
P — (3e signe) symbole d'un moteur protégé-ventilé — Fr. — électricité
P — Public — publique — En.
PA — Palermo — Palerme — It. — plaques auto
p.a. — participio activo — participe actif — El. — grammaire
P.A. — Particular average — avarie particulière — En. — marine march.
Pa — Pascal — int. — unité pression
PA — Passenger Address system — sonorisation cabine — En. — avion
P.A. — Patto Atlantico — Pacte atlantique — It. — politique
p.a. — per auguri — bons vœux — It. — général
p.a. — per annum — par année — En. — comptabilité
Pa. — Pennsylvania — Pennsylvanie — En. us. — géographie
P.A. — Personal Assistant — Adjoint — En. — industrie
p.A. — Per Adresse — aux bons soins de — De. — secrétariat
PA — Phase angle — angle de phase — En. — électronique
pA — pico-ampère — Fr. — unité électr.
P.A. — Pilote automatique — Fr. — nav. avion
P.A. — Pitch attitude — assiette de tangage — En. — nav. avion
P.A. — Point d'aniline (température à laquelle une huile est intégralement miscible à l'aniline) — Fr. — chimie
PA — Polyamides — Fr. — plastiques
P.A. — Por Ausencia, por autorización — par ordre, par intérim — El. — secrétariat
PA — Position d'Action (détecteurs de position) — Fr. — mécanique avion
P.A. — porto assegnato — port dû (p.d.) — It. — commerce
P.A. — Posta Aerea — Poste-avion (PAV) — It. — postes
PA — symbole des potentiomètres bobinés forte dissipation — Fr. — électronique
P/A — Power of attorney — procuration — En. — juridique
P.A. — Power amplifier — amplificateur de puissance — En. — électronique
P/A — Private account — compte de particulier — En. — banque
PA — Procurement Authorisation — Autorisation d'Approvisionnement — En. — industrie
Pa — protoattinio — Protactinium — It. int. — chimie
p.a. — pro anno : für ein Jahr — pour une année — lat. De. — commerce...
Pa. — (pa) Prima — première de change ; excellent — De. — essais
PA — Produktionsausschuss — comité de production — De. — avion
Pa — Probability of acceptance — Probabilité de recette — En. — statistiques
PA — « Protection Arrivée » — Fr. — électricité
P.A. — Pubblica Amministrazione — Administration publique — It. — administration
P.A. — Publisher's Association — Association des Editeurs — En. — presse
P.A. — Purchasing Agent — Acheteur — En. — commerce, social
PAA — Pan American Airlines — Compagnie aérienne — En. — aéronautique
PAB — Produit agricole brut — Fr. — agricole
PABX — Private Automatic Branch Exchange — standard automatique privé — En. — téléphone
PAC — Pacific — Pacifique — En. — chemin de fer
PAC — Pan African Congress — congrès panafricain — En. — politique
PAC — Plan d'accumulation de capital — Fr. — assurances
PAC — Plan d'action commerciale — En. — commerce
PAC — Political actions committee — Commission des actions politiques — En. — politique
PAC — Poly-Acétal — En. Fr. — plastiques
PAC — Product Assortment Committee — Commission produits — En. — économie
PAC — Public accounts committee — Commission des comptes publics — En. — économie
PACCS — Post-Attack Command and control system — PC avancé — En. — militaire
PACE — Packaged Cram Executive — En. — informatique
PACE — Phased-Array Control Electronics — En. — aéronautique
PACV — Patrol Air Cushion Vehicle — Patrouilleur sur coussin d'air — En. — militaire
PAD — Percent Aware Days — En. — commerce
PAD — Post Alloy Diffusion — Traitement de diffusion postérieure — En. — métallurgie
PADLOC — Passive-Active Detection and Location — En. — navigation
PADT — Post-Alloy Diffused Transistor — Transistor à diffusion postérieure — En. — semiconducteur
PAGEL — Priced Aerospace Ground

Equipments List — Catalogue chiffré des matériels au sol — En. — aéronautique
PAGEOS — Passive Geodetic Earth Orbiting Satellite — En. — satellites
PAGES — Participazioni e Gestioni di Imprese Industriali (société) — It. — finances
PAH — P-amino-hippuric acid — acide p-amino-hippurique (PAI en it) — En. Fr. De. — chimie
PAHEF — Pan American Health and Educational Organisation — En. — médecine
PAHO — Pan American Health Organization — En. — médecine
PAI — P-aminoippurico-acido — It. — chimie (v. PAH)
PAI — Prodotti Alimentari Internazionali — Produits alimentaires internationaux — It. — alimentation
PAIL — Post-Attack Intercontinental Link — En. — militaire
PAIT — Program for Advancement of Industrial Technology (Canada) — Programme pour l'avancement technologique industriel — En. — industrie
Pak — Panzerabwehrkanone — canon anti-char — De. — militaire
Pal — Paleontology — Paléontologie — En. — paléontologie
PAL — Phase alternée en ligne — Fr. — électricité
PAL — Program Assembly language — langage PAL — En. — informatique
PAM — Programme Alimentaire Mondial (de l'ONU) — Fr. — politique
PAM — Programme d'Assistance Militaire — Fr. — politique
PAM — Pulse-Amplitude Modulation — modulation par amplitude d'impulsions — En. — radio
PAMC — Provisional Acceptable Means of Compliance — En. — industrie
Pan — Panama — Panama — Fr. int. — géographie
PAN — Polyacrylonitrile — Fr. int. — plastiques
PANNAP — PANAVIA new aircraft project — projet d'avion Panavia — En. — aéronautique
PANS — Procedures for Air Navigation Service — Procédures de navigation — En. — aéronautique
PAO — Public Affairs Officer (NASA) — En. — espace
PAP — Plant Air Package — (marque ELLIOTT) compresseur d'air — En. — aéronautique
PAPI — Polyéméthylène polyphénylisocyanate — Fr. — plastiques
Par. — Paraguay — El. — géographie
par — parallel — parallèle — En.
PAR — Parameter Acquisition Radar — radar d'acquisition — En. — radar
PAR — Präzisions-Anflug-Radaranlage — radar d'acquisition — De. — radar
PAR — Precision Approach Radar — Radar d'Approche — En. — radar aéro
para — parachute — Fr. — aéronautique
Para — Paraguay — En. — géographie
PARC — Parcheggi Autorimessi Cittadine — Parc automobile — It. — automobile
PARC — Paris Airlines Representatives Committee — Commission Représentative des Compagnies aériennes à Paris — En. — aéronautique
PARD — Pilot Airborne Recovery Device — Dispositif de Récupération des Pilotes en vol — En. — aéronautique
paren — parentheses — parenthèses — En. — général
Parly — Parliamentary — parlementaire — En. — politique
PARM — Partido Autèntico de la Revolución Mexicana — El. — politique
PART — parterre — au rez-de-chaussée — De. — général
Part. — Particula — particule — El. — grammaire
PARTAA — Partnerschaft mit Asien und Afrika — Coopération avec l'Asie et l'Afrique — De. — politique
PAS — Para-Amino-Salicylic Acid — En. — chimie méd.
PAS — Perigee-Apogee-System — En. — espace
PASĊ — Pan-American Standards Committee — Commission de Normalisation Pan-américaine — En. — normalisation
PASCAL — Programme Appliqué à la Sélection et à la Compilation Automatique de la littérature — Fr. — informatique
pass — passim (here and there) — de temps à autre — lat. En. — général
Pass — passing — passage — En. Fr. — électronique
PAT — Permanence auxiliaire téléphonique — Fr. — postes
p.at — peso atòmico — poids atomique — It. — nucléaire
PAT — Pitch Attitude Trim — trim d'assiette de tangage — En. — navigation avion
PAT — Prototype à terre (de réacteur sous-marin) — Fr. — marine
PATA — Pacific Area Travel Association — Association touristique du Pacifique — En. — tourisme
PATCO — Professional Air Traffic Controller Organization (USA) — Syndicat des Contrôleurs aériens professionnels — En. — aéronautique

PATO — Pacific Treaty Organization — Traité du Pacifique — En. — politique
PATTERN — Planning Assistance Through Technical Evaluation Relevance Numbers — En.
PAU — Pan American Union — Union Pan-américaine — En. — politique
PAV — Peso a vuoto — poids à vide — It. — général
PAX — Private automatic exchange — standard privé d'abonné — En. — téléphone
PAYE — Pay as you earn — Impôt retenu à la source (revenus) — En. — administration
PAYT — payment — paiement — En. — commerce
PAZ — Plan d'Aménagement des Zones — Fr. — urbanisme
P.B. — Paesi Bassi — Pays-Bas — It. — géographie
PB — Parking brake — frein de parc — En. — avion
PB — Pleumeur-Baudou — Fr. — postes télécommunications
Pb — Plomb — Fr. int. — chimie
PB — Post-bruciatore — post-combustion — It. — avion
PB — Power Block — Bloc de puissance, bloc énergétique, bloc moteur
PB — symbole des potentiomètres bobinés faible dissipation — Fr. — électronique
PB — Private branch — Standard privé — En. — téléphone
PB — Propeller-Brake — Frein d'hélice — En. — hélice avion
PB — Produit brut — Fr. — économie
PBC — Plug-in Block Circuit — Bloc-circuit enfichable — En. — mécanique radio
PBC — Polybutylcuprysil — Fr. int. — plastiques
Pbd — Pappband — cartonné — De. — papeterie
PBEN — Plus basses eaux navigables — Fr. — navigation
PBI — programme biologique international — Fr. — environnement
PBR — Patrol Boat River — Patrouille fluviale — En. — militaire
PBT — Petit Bouchon Tournant — Fr. — technique
PBX — Private Branch Exchange — Standard privé — En. — téléphone
P.C. — Packing card — carte d'expédition — En. — commercial
P.C. — Parish Council — Conseil paroissial — En. — religion
PC — Partie Centrale — (TECALEMIT) — Fr. — tuyauteries
PC — Participation (des Sociétés commerciales) à la Construction — Fr. — administration
PC — Participating countries — pays participants — En. — politique
P.C. — Parti communiste — Fr. — politique
PC — Parts Catalog — T.C.I. = catalogue des pièces détachées — En. — commerce
P.C. — (Patres Conscripti) Conscript fathers — En.
p.c. — per cent — pour cent — En. Fr. — commerce
p.c. — per condoglianze — pour condoléances — It. — général
p.c. — per congedo — pour prendre congé — It. — général
p.c. — per congratulazioni — pour féliciter — It. — général
p.c. — per conoscenza — pour connaissance — It. — général
P.C. — Petty cash — petite caisse — En. — commerce
PC — Pétrochimie — Fr.
pc. — piece — pièce — En. — commerce
PC — Placenza — Plaisance — It. — plaques auto
P/C — Poids/cube — Fr. — unités
PC — Polycarbonates — (groupe de plastiques) — Fr. — plastiques
P.C. — Police Constable — agent de police — En. — police
PC — Post-combustion — post-combustion — En. Fr. — avion moteur
PC — Power control — Commande assistée — En. — industrie
p.c. — post-card — carte postale — En. — général
PC — symbole des potentiomètres non bobinés — Fr. — électronique
PC — groupe « pompe et compresseur » (de vérification des mano-BOURDON) — Fr. — essais
P/C — Price current — prix courant — En. — commerce
P.C. — Privy Council or Privy Councillor — Conseiller Privé — En. — politique
p.c. — (pro centum) Prozent — pour cent — (lat.) De. — commerce
PC — Production Certificate — Certificat de Production — En. — industrie
PC — Prompt cash — comptant rapide — En. — commerce
P.C. — Pulvérisation cathodique (pour dépôts métalliques) — Fr. — métallurgie
p.c. — « after meals » — « après les repas » — En. — médecine
PC — Accusé de réception — Fr. — postes
P.C.A. — Polar cap absorption — Absorption polaire — En. — géographie radio
PCA — Poste de Coordination de l'Aérogare — Fr. — aéronautique

P.C.B. — Plenum Chamber Burning — Combustion en chambre de tranquilisation — En. — moteurs
P.C.B. — Post-Combustion — Post-Combustion — En. — moteurs
PCB — Physique, chimie, biologie — Fr. — enseignement
p.c.c. — per copia conforme — pour copie conforme — It. Fr. — secrétariat
P.C.D. — Pitch circle diameter — diamètre du cercle primitif — En. — engrenages
PCE — Polyarthrite chronique évolutive — Fr. — médecine
P.C.E. — Pneumatic compression engine — Moteur à compression pneumatique — En. — moteurs
PCEM — Premier cycle d'études médicales — Fr. — enseignement
PCF — Parti communiste français — Fr. — politique
PCF — Chloroformiate de phényle — Fr. int. — chimie
PCG — Polycardiograph — cardiographe universel — En. — médecine
P.Chr. — post Christum (natum), (nach Christi Geburt) — après Jésus-Christ — lat. De. — chronologie
PCI — Parti communiste internationaliste — Fr. — politique
P.C.I. — Partito Comunista Italiano — Parti Communiste Italien — It. Fr. — politique
PCI — Peripheral command indicator — Indicateur périphérique — En. — informatique
pCI — picocurie — Fr. — radioactivité
P.C.I. — Plaque conductrice d'images (fibres optiques) — Fr. — opto-électronique
PCI — Polycrystal Isolation — Isolation polycristalline — En. — physique
PCI — Pouvoir calorifique inférieur — Fr. — mesures
PCIJ — Permanent Court of International Justice — En. — juridique
pcl — parcel — colis — En. — postes
PCM — Pulse-coded modulation — modulation par impulsions codées — En. — électronique
PCM — Punch Card Machine — machine à cartes perforées — En. — informatique
PCO — Primary Contracting Officer (USA) — En. — militaire
PCR — Poste de contrôle et de répartition — Fr. — nucléaire
P.C.R. — Pulvérisation cathodique réactive (de métal) — Fr. — métallurgie
P.C.S. — Passenger Comfort System — commodités à l'usage des passagers — En. — aéronautique
pcs — pieces — pièces, parties, etc. — En. — général
PCS — Pouvoir calorifique supérieur — Fr. — mesures
P.C.S. — Principal Clerk of Session (Scotland) — En. — administration
PCT — Patent Cooperation Treaty — Convention sur les brevets — En. — brevets
P.C.T. — Payable à court terme — Fr. — commerce
PCT — Politique catastrophique et non-transfert (police COFACE) — Fr. — assurances
PCT — Police court terme — Fr. — assurances
P.C.U. — Propeller control unit — régulateur d'hélice — En. — hélices
P.C.U.C/press. — propeller control unit coarse pressure — pression grand pas au régulateur d'hélice — En. — hélices
P.C.U.F/press. — propeller control unit fine pressure — pression petit pas au régulateur d'hélice — En. — hélices
P.C.U.3/press. — propeller control unit 3rd line pressure — pression 3e ligne (d'huile) au régulateur d'hélice — En. — hélices
P.C.W. — Pulsed continuous wave — Onde entretenue modulée par impulsions — En. — électronique
PD — Padova — Padoue — It. — plaques auto
pd — paid — payé — En. — commerce
Pd — Palladium — int. — chimie
PD — Pays développés — Fr. — politique
PD — Physical Development — Développement physique — En. — général
PD — Physical distribution — distribution réelle — En. — commerce
PD — Pictorial Display — représentation imagée — En. — instruments
PD — Pitch Diameter — représentation primitive — En. — engrenages
PD — Pitch Diameter — représentation sur flancs de filets — En. — visserie
P.D. — Police Department — Ministère de la Police — En. us. — police
PD — Potential Difference — Différence de potentiel — En. — électricité
P.D. — Posdata — P.S. — El. — secrétariat
PD — Practical Diameter — diamètre utile — En. — technique
PD — Premium Doloris — lat. — juridique
Pd. ou PD — Privatdozent — Maître de Conférences — De. — enseignement
PD — Punishment discrimination — (programme scientifique social) — En. — informatique, social
p.d.A — Partito d'Azione — Parti d'Action — It. — politique
P.D.A. — Preliminary Drawing Alteration — modification sur dessin préliminaire — En. — aéronautique
P.D.C. — Practice Depth Charge — charge

explosive ou charge profonde — En. — marine militaire

PDC — Promotion du commerce — Fr. — commerce

P.D.D. — Product design and development — Etude et Réalisation du Produit — En. — commerce

PDG — Président-Directeur Général — Fr. — sociétés

P.D.I. — Pictorial deviation indicator — En. — aéronautique

PDI — Powered Descent Initiation — initiation à la descente motorisée — En. — aéronautique

PDI — Prise ombilicale derniers instants — Fr.

P.D.I.U.M. — Partito Democratico Italiano di Unità Monarchica — It. — politique

pdL — poundal — = 0,138 N = 14,098 gp — En. — unités force

P.D.M. — Pulse duration modulation — modulation par durée d'impulsion — En. — électronique

PDNU — Programme de développement des Nations Unies — Fr. — social

PDO — Pasado — Passé (du mois écoulé) — El. — commerce

PDP — Programmed Data Processor — Ordinateur programmé — En. — informatique

PDP — Program definition phase — Programme, Phase définition — En. — aéronautique

Pdre — Parafoudre — Fr. — électronique

PDRY — People's Democratic Republic of Yemen — En. — politique

PDS — Personnel Data System — Système de Renseignements sur les Personnes — En. — informatique

p.e. — per esempio — par exemple — It. — général

PE — Periodischerfassung — visite périodique — De. — maintenance

P.E. — Permanent Echo — Echo permanent — En. — radar

PE — Pescara — It. — plaques auto

PE — Physical exercise — exercice physique (NASA) — Fr. — espace

PE — Polyéthylène — Fr. int. — chimie plastique

PE — Poor to Excellent — (résistance à la corrosion) — En. — métallurgie

PE — Port of Embarkation — Port d'embarquement — En. — transports

PE — Préjudice esthétique — Fr. — assurances

Pe — Puissance électrique — Fr. — électricité

PEAS — Production Engineering Advisory Service (GB) — En. — ingéniérie

PEB — Phényléphrine Base — Fr. int. — chimie plastique

PEBD — Polyéthylène basse densité — Fr. int. — matière plastique

PEC — Palan électrique à la chaîne — Fr. — industrie

PEC — Potasse en engrais chimiques — Fr. — chimie agricole

PEC — Power factor capacitor — condensateur à coefficient de puissance — En. — électronique

PEC — Prova Elementi Combustibili (Reattore Veloce) — Essai d'Eléments combustibles — It. — nucléaire

PEEP — Parents d'élèves de l'enseignement public — Fr. — enseignement

PEEP — Pilots' Electronic Eyelevel Presentation — Présentation dans le champ de vision du Pilote — En. — aéronautique

PEH — Hydrochlorure de phényléphrine — En. int. — chimie

PEHD — Polyéthylène à haute densité — Fr. — plastiques

PEI — Prince Edward Island (Canada) — Ile du Prince Edouard — En. — géographie

p.ej. — por ejemplo — par exemple — El. — secrétariat

PEL — Panorama Económico Latinoamé-ricano — El. — économie

PEL — Precision elastic limit (in psi) — élasticité limite — Fr. — matériaux

PELSS — Precision emitter location strike system (USAF) (for radar) — En. — militaire

PEM — Photoélectromagnétique — Fr. — technique

PEM — Potentiel évoqué moyen (facultés auditives) — Fr. — médecine

PEM — Potentiomètre électronique miniature — Fr. — électronique

PEM — Protection électrolytique des métaux — Fr. — métallurgie

PEME — Pompes et procédés modernes d'élévation d'eau — Fr. — environnement

PEMEX — Petróleos Mexicanos — El. — pétroles

P.E.N. — Poets, Playwrights, Essayists, Editors and Novelists — En. — général

PENAID — Penetration aid — En. — espace

Penn — Pennsylvanie — En. — géographie

PEO — Plans d'exécution des ouvrages (éléments normalisés des marchés publics - bâtiment et travaux publics) — Fr. — administration

PEOLE — Préparatifs à EOLE — Fr. — espace

PEON — Production d'énergie d'origine nucléaire — Fr. — nucléaire

PEP — Peak envelope power — enve-

loppe de la puissance crête — En. — électronique
PEP — Planar épitaxial passivé — Fr. int. — transistors
PEP — Political and Economic Planning — Planning politico-économique — En. — économie
PEPE — Parallel Element Processing Ensemble — batterie d'ordinateurs — En. — informatique
PEPS — premier-entré-premier-sorti (méthode) — Fr. — gestion stocks
PER — Price/earning ratio — rapport prix/salaires — En. — administration
perh — perhaps — peut-être — En. — général
PERICLES — Prototype expérimental réalisé industriellement d'un commutateur à logique électronique séquentielle — Fr. — électronique
per.pro — per procurationem, on behalf of — au nom de — Fr. — juridique
Pers person — personne — De. — général
Pers — Persia — Perse — En. — géographie
pert. — pertaining — concernant — En. — général
PERT — Preliminary Flight Rating Test — essais préliminaires de vol — En. — moteur avion
PERT — Programme Evaluation and Review Technique — En. — administration
P.E.S. — Perception extra-sensorielle — Fr. — religion
p.es. — per esempio — par exemple — It. — général
P.E.S. — Propulseur à énergie solaire — Fr. — moteurs
Pet. — Peter — Pierre — En.
PETP — Téréphtalate de polyéthylène — En. int. — chimie plastiques
PETT — Professeurs d'enseignement technique théorique — Fr. — enseignement
PEV — Peak Envelope Volts — Tension de crête — En. — électricité
p.f. — participio de futuro — participe futur — El. — grammaire
PF — Plastique-Fabricant — (label de qualité) — Fr. — plastiques
PF — Poor to Fair — (résistance à la corrosion) — En. — métallurgie
P.F. — pédale de frein — Fr. — mécanique
p.f. — per favore — S.V.P. — It. — général
Pf. — Pfennig — De. — monnaie
PF — picofarad — En. — unité électr.
P.F. — Plan fixe — Fr. — aéronautique
P.F. — Point de fusion — Fr. — essais
P.F. — Power factor — facteur de puissance — En. — electr.
Pf. — preferred — de préférence, privilégié — En. — général
PF — Prix fixe — Fr. — commerce
P.F. — Projeté fritté (métal) — Fr. — métallurgie
P.F. — Proximity fuse — fusée de proximité — En. — fusées
PF — Pulse Frequency — Fréquence d'impulsions — En. — électronique
P.F.A. — Pure fluid amplifier — amplificateur à fluide — En. — fluidique
PFAM — Personnel féminin de l'armée de mer — Fr. — militaire
PFC — Position de Fin de Course (détecteurs de position) — Fr. — mécanique
P.F.C. — Power factor capacitor — condensateur de puissance — En. — électronique
Pfc. Private ; first class — soldat de première classe — En. — militaire
Pfd. — Pfund — Livre — De. — unité masse
PFD — preferred — (action) privilégiée — En. — bourse
Pfde,Pfdre — Parafoudre — Fr. — électronique
PFE — « Pièces finies extérieures » — (comptabilité aéronautique) — Fr. — sous-traitance
PFH — Plan fixe horizontal — Fr. — aéronautique
PFLO — Popular Front for the Liberation of Oman — En. — politique
PFM — Pulsed Frequency Modulation — Modulation de Fréquence pulsée — En. — électronique
PFR — Power Fast Reactor — Réacteur rapide — En. — nucléaire
PFRT — Preliminary Flight Rating Test — Premier essai de régime — En. — moteur aéronautique
PG — Pulse Generator — Générateur d'impulsions — En. — électronique
P.G. — Paralytiques généraux — Fr. — médecine
Pg. — Parteigenosse — Membre du parti (national-socialiste) — De. — politique
P.G. — Paying Guest — invité payant — En. — social
PG — Perugia — Pérouges — It. — plaques auto
PG — Poor to Good — (Résistance à la corrosion) — En. — — métallurgie
PG — Power Gain — Gain en Puissance — En. Fr. — semiconducteur
P.G. — Potentiomètre à glissière — Fr. — électronique
P.G. — Pregnant Guppy — avion géant « Guppy » — En. us. — avion
PG — Premium Grade — Nuance primée — Fr. — métallurgie
P.G. — Prisonnier de Guerre — Fr. — militaire
P.G. — Procuratore Generale — Procureur Général — It. — jurisprudence

P.G. — Procureur Général — Fr. — jurisprudence
P.G.A. — Professional Golfers' Association — En. — sports
PGAV — Puissance dissipable de gâchette (valeur moyenne) — En. Fr. — semiconducteurs
PGD — Plus Grande Dimension (représentative d'un profilé) — Fr. — dessin indust.
PGDT — « Protection Générale par Disjoncteur VHR » — (CEM) — Fr. — électricité
PGI — Programme général d'importation (EU) — Fr. — commerce
P.G.M — Past Grand Master — En. — social
PGM — puissance dissipable de gâchette (valeur de pointe) — En. Fr. — semiconducteur
PGNCS — Primary Guidance Navigation and Control System — En. — navigation
PGP — Porteur de Groupe Primaire (420-612 kHz) — Fr. — électronique
PGP — Planning-Grant Program — plan de financement de 12 projets FAA (aéroports) — En. — aéronautique
P.G.P. — Pulsed glide-path — = système d'atterrissage radioguidé par impulsions — En. nav. — avion
PGS — Porteur de Groupe Secondaire (kHz) — Fr. — électronique
PGS — Programme de gestion standard — Fr. — administration
P.H. — Pedagogische Hochschule — Institut pédagogique — De. — enseignement
PH — Plan horizontal — Fr. — avion
pH — potentiel hydrogène (acidité) — Fr. — unité int.
PH — Precipitation hardening (steel) — trempe (acier) — En. — métallurgie
PH — Producteur d'Harmoniques (Générateur) — Fr. — électronique
Phar — Pharmacy — En. — général
Ph.B. — Bachelor of Philosophy — En. — enseignement
Phcr — Pression hydrostatique critique — Fr. — physique
Ph.D. — Doctor of Philosophy — En. — enseignement
PHEDRE — Procédé Holographique d'Enregistrement des Données Restituées Electroniquement — Fr. — informatique
PHEN — Plus hautes eaux navigables — Fr. — navigation
PHI — Position and Homing indicator — = Indicateur de position et de radioralliement — En. — navigation, avion
Phil. — Philosophy — phylosophie — En. — enseignement
Phila. — Philadelphia — Philadelphie — En. us. — géographie
Philol. — Philology — Philologie — En. — enseignement
Ph.Mn — Phosphatation au phosphate de manganèse (SNIAS) — Fr. — métallurgie
Photokina Photo- und Kinoausstellung — Exposition photo-cinématographique — De. — Photographie, cinéma
Phren. — Phrenology — Phrénologie — En.
PHS — Precision Hover Sensor — Détecteur de vol stationnaire — En. — aéronautique
PHS — Pigmentation à haute stabilité — Fr. — peintures
PI — « Papier imprégné » (norme isolant câbles électriques) — Fr. — norme câbles électriques
PI — Performance index — index de performance — En. — Contrôle de qualité
PI — Pétrole Injection — Fr. — pétrole
PI — Philippine Islands — Iles Philippines — En. — géographie
PI — Pisa — Pise — It. — plaques auto
PI — Program Interrupt — Arrêt de programme — En. — informatique
PI — Pubblica Istruzione — Education Nationale — It. — enseignement
PIA — Pakistan International Airlines — En. — aéronautique
PIA — Pharmaceutical Industries Association — En. — pharmacie
PIANC — Permanent International Association of Navigation Congresses — En. — aéronautique
PIARD — Permanent International Association of Road Congresses — En. — automobile
PIB — Produit Intérieur Brut — Fr. — administration
PIB — Producto Interior Bruto — = PNB — El. — administration
PIC — Pilot in command — Pilote commandant — En. — aéronautique
PIC — Pneumatic Instant Cleaning — Nettoyage pneumatique instantané — En. — industrie
PIC — Prêts Immobiliers Conventionnés — Fr. — finance
PID — Contrôleurs à action Proportionnelle par Intégration et par Dérivation — Fr. — industrie
PIDG — Pre-Insulated Design Grips — cosses à sertir pré-isolées — En. — électronique
PIE — Pacific Intermountain Express — (USA) — En. — chemin de fer
PIECOST — Probability of Incurring Estimated Costs — probabilité de subir les frais estimés ou calculés — En. — militaire (USAF), commerce

Pi-Fax — pilot factors programm — Etude Rockwell sur la configuration des cockpits — En. — aéronautique

Pil — Pilot — Pilote (en parlant d'un oscillateur, ampli, etc.) — En. — électronique

PILOT — Piloted Low-speed (or costs) test — Essai piloté basse vitesse (ou bas prix) — En. — essais

PILZ — Partito Italiano di lotta zoofila — It. — social, politique

PIM — Precision Indicator of the Meridian — Indicateur de Méridien — En. — aéronautique

PIM — Precision Instrument Mount — Suspension souple pour instruments — En. — aéronautique

PIMO — Presentation of Information for Maintenance and Operation — En. — documentation

PINS — Palletized Inertial Navigation System — Système palettisé de Navigation par Inertie — En. — aéronautique

PINS — Portable Inertial Navigation System — Système portable de Navigation par Inertie — En. — aéronautique

PINSAC — Portable Inertial Navigation System Alignment Console — Pupitre d'Alignement du système portable de navigation par inertie — En. — aéronautique

pinx. — pinxit = he or she painted — peint par — (lat.) En. — art

PIO — Pilot Induced Oscillation — Oscillation provoquée par le pilote — En. — aéronautique

pion — pi meson — méson pi (particule nucléaire) — En. — nucléaire

PIP — Peripheral Interchange Program — Programme d'intercommunication périphérique — En. — informatique

PIR — Produit Intérieur Réel — Fr. — administration

PIRG — Public Interest Research Group (USA) — Groupe de Recherche de l'intérêt général — En. — administration

PIS — Personnel Information Service — En. social

P.J. — Police judiciaire — Fr. — police

P.J — Pulse Jet — Pulsoréacteur — En. — moteur avion

pk — peck — = 8,810 l — En. — unités

pkg — package — ensemble, etc. — En. — général

PKK — Programmkartenkontrolle — commande numérique — De. — informatique

PKL — Programmkartenliste — état mécanographique — De. — informatique

PKO — Point kilométrique zéro (parvis de Notre-Dame) — Fr. — géographie

pkt. — Packet — En. — commercial

PKT — Passagers-kilomètre transportés — Fr. — aéronautique, etc.

PKT. — Punkt — Point — De. — général

PKU — Phénylkétonurie — Fr. — médecine

PKW — Personenkraftwagen — voiture de tourisme — De. — automobile

p.L. — partial loss — pertes partielles — En. — commerce

pl — place — lieu, place — En. — commerce

pl — planmässig — budgétaire — De. — finance

PL — désigne des alliages « Plaqués » — Fr. — métallurgie

pl — plurale ; plural ; pluralis ; pluriel — It. En. De. Fr. — grammaire

PL — Polynattes — Lignes de transmission (câbles) — Fr. — électricité

PL — Pologne — int. — plaques auto

PL — Poet-Laureate — En. — enseignement

PL — symbole des potentiomètres bobinés à réglage fin — Fr. — électronique

PL — POT Life : « time required to double viscosity after catalyst has been added » — En.

P/L — Profit and Losses — Pertes et profits — En. — commerce

PL/1 — Programming language number 1 — En. — informatique

PLA — People's Liberation Army — En. — politique

PLA — Port of London Authority — Administration du Port de Londres — En. — Administration

PLA — Prensa Latino-Americana — Presse latinoaméricaine — El. — presse

PLADS — Parachute Low Altitude Delivery System — ouverture du parachute à basse altitude — En. — parachutisme

PLAN — Planning and Loading of Antecedent Networks — En. — informatique

PLAN — Plessey Aeronav system (replacing STAN designation used by STC) — En. — aéronautique

PLANOX — Plane Oxide Process (in the MOS) — Procédé oxy-plan (dans le MOS) — En. — semiconducteur

PLAT — Pilot Landing Aid Television — télévision d'atterrissage — En. — navigation, avion

PLATO — Programmed Logic for Automatic Teaching Cooperation — Enseignement automatique — En. — enseignement informatique

PLATON Prototype Lannionais d'Autocommutation Temporelle à Organisation Numérique — En. — informatique

PLB — Poor Law Board — Assistance judiciaire — En. — social

PLC — Poor Law Commissioners — Assistance judiciaire — En. — social
PLG — Protides, Lipides, Glucides — En. Fr. — médecine
PLG — Prüfordnung für Lufthahrtgerät — Contrôle aéronautique — De. — aéronautique
PLI — Partito Liberale Italiano — It. — politique
PLMR — Pipe-Line Méditerranée-Rhône — Fr. — pétroles
PLOUF — Projet de Loi d'Orientation Foncière et Urbaine — Fr. — administration
PLP — Prüfordnung für Luftfahrtpersonal — Contrôle du Personnel de l'Aéronautique — De. — aéronautique
PLR — Programme à Loyer-Réduit — Fr. — bâtiment
PLSS — Portable Life Support System — nécessaire de survie portatif — En. — sécurité
PLT — Plan à Long Terme — Fr. — organisation
PLT — Princeton Large Torus — Tore Géant de Princeton — En. — nucléaire
PLV — Publicité sur les lieux de vente — En. — commerce
P/M — Parts per million — parties par million — En. — statistiques
P.M. — Permanent magnet — aimant permanent — En. — magnétisme
P.M. — Phase modulation — modulation de phase — En. — électricité
PM — Photomultiplicateur — Photomultiplier — Fr. En. — électronique
P.M. — Plus Minus — Plus ou moins — En. — technique
PM — Poids moléculaire — Fr. — chimie
PM — Poids mort (camion) — Fr. — transports
P.M. — Polizia Militare — Police militaire — It. Fr. — police militaire
P.M. — Polynattes multiformes — Fr. — câbles électriques
p.m. — pomeridiano ; post meridiem — après-midi — It. En. El. — général
P.M. — Postmaster — receveur des postes — En. — postes
P.M. — Post Mortem — posthume — lat. — religion
P.M. — Pound Minute — livre par minute — En. — unités
P.M. — Pour mémoire — Fr. — général
P.M. — Power Maintenance — Maintien du courant (NASA) — En. — espace
pm. — Premium — prime, agio — En. — banque
P.M. — Prime Minister — Premier Ministre — En. — administration
PM — Product Manager — Directeur Produit — En. — industrie
PM — Pro Memoria — lat.
p.m. — pro memoria (zum Gedächtnis) — pour mémoire — De. Fr. — général
Pm — Prométhéum — int. — chimie
P.M. — Promissory note — billet à ordre — En. — commerce
p.m. — pro mille (je Tausend) — les mille, pour mille — De. — commerce
P.M. — Proposition de modification — Fr. — aéronautique, industrie
P.M. — Pubblico Ministero — Ministère Publique — It. — jurisprudence
PMA — petits et moyens actionnaires — Fr. — finances
P.M.D. — Projected Map Display — = visualisation de carte par projection — En. — navigation, avion
PMD — Program for Management Development — En. — management
PME — Pequeña e Media Empresa — El. — industrie
P.M.E. — Petites et Moyennes Entreprises — Fr. — industrie
PMFAT — Personnel militaire féminin de l'armée de terre — Fr. — militaire
PMG — Passenger-mile per gallon — passagers-mile par gallon — En. — aéronautique
P.M.G. — Postmaster General — Ministre des P. et T. — En. — postes
PMH — Pechiney-Metall Handelsgesellschaft — De. — commerce métallurgique
PMI — Protection maternelle et infantile — Fr. — social
PMMA — Polyméthacrylate de Méthyle — int. — chimie, plastique
P.M.O. — Principal Medical Officer — Médecin-Major — En. — militaire
p.mol — peso moleculare — poids moléculaire — It. — chimie
PMP — Pre-Modulation Processor — Unité de traitement préliminaire — En. — informatique
PMPA — p-méthoxyphénylacétique — Fr. — chimie
P.M.R. — Performance Maintenance Recorder — Enregistreur de maintenance — En. — maintenance, avion
PMT — Payment — paiement — En. — télex
PMU — Pari mutuel urbain — Fr. — jeu
P/N — Part Number — N° de référence pièce — En. — industrie
PN — Pictorial navigation (Collins) — indicateur cartographique En. — navigation, aéronautique
PN — Polynattes normales — (câbles plats) — Fr. — câbles électriques
PN — indicateur POLYNORME (Chauvin-Arnoux) — Fr. — électricité
PN — Positif-Négatif — Fr. — semiconducteur

PN — Profils normaux — Fr. — normalisation
PN — projet de norme mis en application — Fr. — normalisation
P/N — Promissory Note — GB Billet à ordre — En. — commerce
PN — Public Notices — Avis publics — En. — administration
P.N.A. — Passive Network Array — Réseau passif d'antennes — En. — antennes
PNAB — Produit non-agricole brut — Fr. — administration
PNB — Parti National Breton — Fr. — politique
PNB — Producto Nacional Bruto — Produit national brut — El. — économie
PNB — Produit national brut — Fr. — économie
PNC — Passenger-Name Check-In — Vérification des passagers — En. — aéronautique
PndB — Perceived Noise in Decibels — bruit perçu en décibels — En. — acoustique
PNL — Perceived Noise Level — Niveau de bruit perçu — En. — acoustique
PNC — Personnel Navigant Commercial — Fr. — aéronautique
PNN — Personnel non navigant — Fr. — aéronautique
PNN — Produit national net — Fr. — administration
PNP — Positif-Négatif-Positif (transistors) — Fr. — semiconducteurs
PNR — Philippine National Railway — En. — chemin de fer
P.O. — Par ordre ; Por orden — Fr. El. — secrétariat
P.O. — Petty Officer — Contremaître — En. — marine
P.O. — Pickled and oiled — décapé et huilé (métal) — En. — métallurgie
P.O. — Pilot Officer — Chef Pilote — En. — aéronautique
Po — Poise — unité de viscosité dynamique ou viscosité absolue — Fr. — unités
Po — Pole, rod or perch — perche = 5,5 yd (5 m) — En. — unités
Po — Polonium — int. — chimie
P.O. — Post-Office — Bureau de Poste — En. — postes
P.O. — Post-Office Order, postal order — mandat postal — En. — postes
P.O. — Purchase Order — commande commerciale — En. — commerce
P.O.B. — Post-Office Box — boîte aux lettres — En. — postes
P.O.D. — Pay on Delivery — Règlement à la livraison — En. — commerce
POE — Port of Embarkation — Port d'embarquement — En. — commerce
POESID — Position of Earth Satellite in Digital Display — En. — espace
POGO — Polar Orbiting Geophysical Observatory — Satellite géophysique — En. — satellites
pol — politica, politico — politique — It. — politique
Pol — Polizei — Police — De. — police
PoL — manomètre transmetteur d'indications à distance (Bourdon) — Fr. — mesure
POM — Printer Output Microfilm — Microfilm à tirage — En. — documentation
P. on N. — Positive on Negative (solar cell) — positif sur négatif — En. — électronique
Pont.Max — (Pontifex Maximus) The Pope — le Pape — (lat.) En. — religion
PONYA — Port of New York Authority — Administration du Port de New York — En. us. — administration
P.O.O. — Post-Office Order — mandat-poste — En. — postes
POP — Perpendicular Ocean Platform — Plateforme océanique perpendiculaire — En. — océanographique
pop. — popolazione, population — population — It. En. Fr. — géographie
pop. — popular, populaire — En. Fr. — général
p.o.r. — payment on return — paiement par retour — En. — commerce
P.O.R. — Price on request — Prix sur demande — En. — commerce
POS — Plan d'occupation du sol — Fr. — bâtiment
pos. — Position — position — De. — technique
POSS — Passive Optical — Satellite Surveillance System — En. — espace
poss. — possessive — possessif — En. — grammaire
poss. — possibility — possibilité — En. — général
Postf. — Postfach — Boîte postale — De. — postes
P.O.W. — Prisoner of War — Prisonnier de Guerre — En. — politique
p.p. — pacco postale — colis postal — It. — postes
pp. — pages — pages — En. Fr. — général
Pp. — Pappband — cartonné — De. — livres
p.p. — parcel post — colis postal — En. — postes
P.P. — Parish Priest — Curé — En. — religion
p.p. — participio pasivo — participe passé — El. — grammaire
p.p. — past participle — participe passé — En. — grammaire
PP. — patres — pères — De. — littéraire

p.p. — peak to peak — de crête à crête — En. — électronique
p.p. — per procura — par procuration — It. — juridique
p.p. — (per procura) als Prokurist- — par procuration — De. — juridique
p.p. — per procuration (per procurationem) — par procuration, pour le compte de — En. — juridique
P.P. — Petit pas (hélice) — Fr. — hélices, avion
P & P — Pertes et Profits — Fr. — commerce, comptabilité
pp. pianissimo — It. — musique
PP1 — Pilote professionnel de première classe — Fr. — aéronautique
P.P. — Planar passivé (transistors) — Fr. — semiconducteurs
PP — Polypropylène — Fr. En. — plastiques
P.P. — Posa piano (sui colli postali) — fragile (sur les colis postaux) — It. — postes
p.p. — postpaid — port payé — En. — postes
P.P. — Porto pagato — Port payé — It. Fr. — commerce
PP — Prépositionner (mettre l'objet dans une position favorisant le mouvement suivant) — Fr. — organisation
PP — préventive de la pellagre (vitamine) — Fr. — médical
P.P. — (praemissis praemittendis) (die Gebührenden Titel seien vorausgeschickt) Anrede auf Briefköpfen — Messieurs (en-tête de lettre) — (lat.) De. — secrétariat
PP — Prise de parc — Fr. — avion
P.P. — Program Panel — tableau de programmation — En. — informatique
P.P. — Push-Pull — équilibre, symétrique — En. — technique, électrique
PP-A — Polypropylène-amiante — Polypropylene-Asbestos — Fr. En. — chimie, plastiques
PPA — Pyraeus Port Authority — Administration du Port d'Athènes — En. — marine
PPB — Planification-Programmation-Budgétisation — Fr. — administration
PPBS — Planning Programming Budgeting System — = V.C.B. — En. — informatique
PPC — Agriculture's Plan Pest Control — Plan pesticide agricole — En. USA — agriculture
PPC — Pour Prendre Congé — Fr. — secrétariat
PPC — Plus Petit Commun — Fr. — mathématique
PPCM — Plus Petit Commun Multiple — Fr. — arithmétique
ppd — prepaid — payé d'avance — En. commerce
PPE — Poste photoélectrique — Fr. — électronique
PPF — Pressure Pattern Flying — navigation isobarique — En. — aéronautique
PPF — Processible Particle Forms — pouvant être traité — En. — plastiques
PPG — Primary Pattern Generator — Générateur primaire — En. — technique
pph. — pamphlet — En. — politique
PPI — Plan Position Indicator — écran radar panoramique — En. — radar
PPLO — Pleuro-Pneumia Like Organisms — En. — médical
PPM — Part per million — parties pour million — En. Fr. — mathématique
PPN — paramatized post-Newtonian (theory of gravity) — En. — sciences
PPO — polyphénylène oxydé — Fr. int. — chimie, plastiques
PPOC — Chorure de dipropylacétyle — En. int. — chimie
pps — pictures per second — images/seconde — En. — cinéma
PPS — Placements et Participations sélectionnés (revue) — Fr. — presse économique
PPS — Post-Postscriptum — En. — secrétariat
PPS — Primary Propulsion System — Propulsion primaire — En. — aéronautique, moteurs
PPS — Projektplannings- und Steuerungssystem — élaboration et gestion de projet — De. — management
PPT — Project Planning Technique — En. — management
ppt — prompt — rapide — En. — général
ppté — précipité — Fr. — chimie
PQ — Physical quality — qualité physique — En. — métallurgie
PQ — Primo Quarto — Premier Quartier — It. Fr. — astronomie
PQ — Produits qualifiés — Fr. — contrôle aéronautique, etc.
PQ — Province of Quebec (Canada) — Province de Québec — En. Fr. — géographie
PQD Paraquinone Dioxide — Dioxime de la paraquinone — En. Fr. — chimie
pr — pair — paire, deux — En. — électronique
PR — Parma — Parme — It. int. — plaques, auto
pr — per — par — En. — commerce, etc.
p.r. — per ringraziamenti — pour remerciements — It. — secrétariat
PR — Photographic Reconnaissance — En. — militaire
PR — Pointe de Rectifieuse — Fr. — machines outils

PR — Poste Restante — Fr. — postes
Pr — Praséodyme — Fr. int. — chimie
pr — present — présent — En. Fr. — grammaire
pr — price — prix — En. — commerce
PR — primärradar — De. — aéro. nav.
PR Primary Radar — En. — navigation aéronautique
Pr — principe — prince — It. — social
PR — Prize Ring — En.
Pr — projet de norme — Fr. — normalisation
pr — pronoun — pronom — En. Fr. — grammaire
PR — Puerto Rico — Porto-Rico — El. int. — géographie
PR — the Roman People — (lat.) le Peuple Romain — En. Fr. int. — histoire
PRA — President of the Royal Academy — En. — social
Prakt.Arzt — Praktischer Arzt — médecin de médecine générale — De. — médecine
Pral. — principal — principal — El. — général
Präs. — Präsident, Präsens — Président, présent — De. — social
PRAV — Puissance de dissipation inverse moyenne — En. Fr. — semi-conducteurs
PRB — Profénil base — Fr. — chimie
PRBC — Pressure Ratio Bleed Control (PRATT & WHITNEY) — Commande de Décharge à Rapport de pressions — En. — moteurs, avion
PRC — Periodic Reverse Current — courant d'inversion périodique — En. — électricité
PAC — Polyéthylène réticulé (norme câbles électriques) — Fr. — plastiques
PRC — Post Roman Conditam (after the building of Rome) — après la fondation de Rome — (lat.) En. — histoire
PRE — Programme de Relèvement Européen — Fr. — politique
pred. — predicato — prédicat — It. lat. — grammaire
pref — preface — préface — En. Fr. — biblio
pref — preference — préférence, privilège, priorité — En. — commerce
Pref — Prefetto — Préfet — It. — administration
Pref — Prefettura — Préfecture — it. — administration
pref — prefisso ; préfixe ; prefix — It. En. Fr. — grammaire
PREFON — Caisse nationale de Prévoyance de la Fonction publique — Fr. — social
prep — preposizione ; preposition — préposition — It. En. Fr. — grammaire
prepreg — « pre-impregnated » — (marque commerciale de résine apoxy) — En. — plastiques
pres — presente ; present présent — It. En. Fr. — grammaire
PRF — Pulse-Recurrence Frequency — fréquence d'impulsion — En. — radar
PRF — Pulse-Repetition Frequency — Fréquence de répétition d'impulsions — En. — radar
PRFC — Plastique renforcé par fibres de carbone — Fr. — plastiques
PRG — Prix de Revient Global — Fr. — gestion
PRI — Partito Repubblicano Italiano — It. — politique
PRI — Plasticity Retention Index — Indice de Plasticité — En. — plastiques
PRIAM — Precision Range Information Analysis for Missiles — En. — milit.informatique
PRI-BRI-TRI — Récepteur pneumatique d'air modulé (BOURDON) — Fr. — mesures
Prim — Primarius — Chef de clinique — De. — médecine
PRIME — Precision Recovery Including Maneuvering Entry — En. — espace
PRINCE — Parts Reliability Information Center — En. — informatique
pris — prismes — Fr. — chimie
PRISM — Programmed Integrated System Maintenance — En. — informatique
priv. — privilegiert — privilégié — De. — commerce, etc
Priv.Doz. — Privatdozent — Maître de conférences — De. — enseignement
p.r.n. — « as circumstances may require » — « si le besoin s'en fait sentir » — En. — médecine
PRO — Public Relations Officer — Responsable Relations Publiques — En.
pro — for, on behalf of — pour, au nom de — En. — commerce, etc.
PROM — programmable read-only memory — mémoire PROM — En. — électronique
Prov — Provincia — Province — It. El. — administration
Prov. — Provençal — Fr. — linguistique
Prov — Provinz — Province — De. — administration
prox — (proximo) next — proche, prochain, mois prochain — (lat) En. — général
Proz. — Prozent — pourcent — De. — commerce
PRP — Position de Repos — (détecteurs de position CROUZET) — Fr. — mécanique
PRL — Position de Relâchement (détecteurs CROUZET) — Fr. — mécanique

Prod Ham — Producteur d'Harmoniques (Générateur) — Fr. — électronique
PRPR — Plutonium Recycle Program Reactor — Réacteur à Plutonium recyclé — En. — nucléaire
P.R.R. — Pulse Repitition Rate — En. — électronique
PRRM — Puissance de dissipation récurrente inverse — En. Fr. — semiconducteurs
PRS — Poste de régulation synchronisé (SNCF) — Fr. — chemin de fer
P.R.S. — Poste tout relais à transit souple (SNCF) — Fr. — chemin de fer
P.R.S. — President of the Royal Society — En. — social
P.R.S.A. — President of the Royal Scottish Academy — En. — social
PRSA — Public Relations Society of America — En. — social
PRSM — Puissance de dissipation nonrécurrente (maximale) — int. CEI. — semiconducteurs
PRT — Personal rapid transit system — projet de transport urbain rapide de Morgantown (USA) — En. — transports
P/S — Parallel/Serial — Série-Parallèle — En. — circuits intégrés
P.S. — Pert System — Système PERT — En. — planning
PS — Pesaro — It. — plaques auto
p.s. — peso specifico — masse spécifique — It. — mesure
ps — peu soluble — Fr. — chimie
PS. — Pferdestärke — cheval-vapeur — De. — unité
ps — picoseconde — int. — unités
P.S. — Polynattes spéciales — Fr. — câbles élect.
PS — Polystyrène — Fr. — plastiques
P.S. — Poscritto ; Post-Scriptum — Post-Scriptum — It. En. Fr. El. — secrétariat
PS — Post Christum — après Christ — lat. — chronologie
PS. — Postskriptum (Nachschrift) — De. — secrétariat
P.S. — Power Supply — alimentation électrique — En. — électricité
P.S. — Precipitation Static — électricité statique — En. — électricité
P.S. — Privy Seal — Sceau privé — En. — secrétariat
P.S. — Propeller shaft — arbre porte-hélice — En. — avion
P.S. — Process Sepcification — = Manuel de production — En. — aéronautique
PS — Proof Stress — épreuve d'essai — En. — test
p/s — pulse per second — impulsion par seconde — En. — unités électronique
P.S. — Pulse Shaper — Contrôleur d'impulsions — En. — électronique informatique
P.S. — Pubblica Sicurezza — Sûreté publique — It. — administration
p.s.a. — probability of survival (on ground) — probabilité de survie (au sol) — En. — militaire
PSAC — President's Science Advisory Committee — En. us. — politique
PSchA — Postscheckamt — Centre de chèques postaux — De. — postes
P.S.D. — Power Spectral Density — Densité Spectrale — En. — physique
PSF — Produits et services divers — (indices économiques officiels) — Fr. — économie
PsdB — Produits et services divers « B » (indices économiques) officiels — Fr. — économie
P.S.D.I. — Partito Socialista Democratico Italiano — It. — politique
pse — please — S.V.P. (télex) — En. — télex
PSE — Polyester autoextinguible — En. — plastiques
pseud. — pseudonym — pseudonyme — En. — onomastique
P.S.F. — Pound Square Feet — livres par pied carré — En. — unités
psf — probability of survival (in flight) — probabilité de survie (en vol) — En. — aéro.milit.
P.S.H. — Pre-selection heading — cap de pré-sélection — En. — navigation avion
Psi — symbole de la pression statique locale — Fr. — aérodynamique
P.S.I. — Partito Socialista Italiano — It. — politique
PSI — Pound Square Inch — Livre par pouce carré — En. — unités
P.S.I.A. — Pound Square Inch Absolute — Pression absolue (en psi) — En. — physique
P.S.I.G. — Pound Square Inch Gauge — Pression relative (en psi) — En. — physique
P.S.I.U.P. — Partito Socialista Italiano di Unità Proletaria — It. — politique
PSK — Phase Shift Keing — Manipulation décalée — En. — informatique
P.S.P. — Premium Strength Precision forgings (ALCOA) — Pièces forgées à haute résistance — En. — métallurgie
P.S.P. — Programmateur Séquentiel de Processus — Fr. — informatique
P.S.P.L. — Priced Spare Parts List — Catalogue Rechanges et Prix — En. — aéronautique
P.S.P.Q. — Potential Suppliers Profile Questionnaire — questionnaire Fournisseurs — En. — aéronautique
PSRO — Professional Standards Review organizations — En. us. — médecine
P.S.T. — Pacific Standard Time — heure du Pacifique — En. — calc. du temps

PST — Pacific Summer Time — heure d'été du pacifique — En. — chronologie
PST — Polystyrène — Fr. — plastiques
P.S.T. — Potentiel Scientifique Technique — Fr. — industrie
PST — Promotion supérieure du travail — Fr. — social
P.S.U. — Parti socialiste unifié — Fr. — politique
P.S.U. — Power Supply Unit — ensemble d'alimentation électrique — En. — électricité
P.S.V. — Pilotage sans visibilité — Fr. — aéronautique
Pt — Part — partie, partiel, etc. — En. — général
Pt — Payment — paiement — En. — commerce
P.T. — Personnel technique (au sol) — Fr. — aéronautique
P.T. — Physical Training — Education physique — En. — enseignement
Pt — pint — pinte — En. — unités
PT — Pistoia — It. — plaques auto
P.T. — Pix tube — tube à rayons cathodiques — En. us. — télévision
PT — « Plain Talk » — document d'étude de normalisation avionique (dans le cadre de l'ARINC) — En. — normalisation aéronautique
Pt — Platine — int. — chimie
PT — Pointe de Tour — Fr. — machines auto
Pt — point — point — En. — général
pt — point = 0,351 mm (typographie) — Fr. — unités
Pt — post — poste — En. — général
P.T. — Post Town — Commune avec Bureau de Poste — En. — postes
P.T. — Polynattes Teflon — Fr. — câbles élect.
P.T. — praemisso titulo (nach vorausgeschicktem Titel) — Monsieur (en-tête d'une lettre) — De. — secrétariat
P.T. — Pressure test — essai de pression — En. — technique
PT — total pressure — pression totale — Fr. En. — physique
P.T. — Prévision technologique (angl. T.F. technical forecast) — En. — prospective
p.t. — pro tempore (für jetzt) — pour le moment — (lat) De. — général
PT — Puissance totale — Fr. — mécanique
P.T. — Pupil-Teacher — instituteur — En. — enseignement
P.T.A. — Parent-Teacher Association — Association de Parents d'Elèves — En. — social
pta(s) — peseta(s) — El. — monnaie
PTA — Poids total autorisé (camion) — Fr. — transports
PTA — Professeurs Techniques Adjoints — Fr. — enseignement
PTB — Physikalisch Technische Bundesanstalt — De. — administration
PT boat — Patrol Torpedo boat — Torpilleur-Patrouilleur — En. — marine
PTC — Poids total en charge (camion) — Fr. — transports
PTC — positive temperature coeff transistor — Transistor PTC — En. — semiconducteur
PTC — Preparatory technical Committee — Comité technique Préparatoire — En. — technique
Pte — Private — simple soldat — En. — militaire
PTEP — Professeur Technique d'Enseignement Professionnel — Fr. — enseignement
PTFE — Poly-Tetra-Fluor-Ethylène — int. — chimie, plastique
PTG — Propeller-turbine gearbox — = boîte-relais turbine-hélice — En. — avion
Pti — symbole de la pression totale locale — Fr. — aérodynamique
PTJ — Printing Trade Journal — En. — imprimerie
PTL-Triebwerk — Propeller-Turbinen-Luftstrahltriebwerk — De. — moteurs avion
ptly pd — partly paid — partiellement payé — En. — commerce
P.T.M. — Phase-time modulation — modulation phase-temps — En. — électronique
P.T.M. — Préposé aux travaux manuels (SNCF) — En. — chemin de fer
P.T.M. — Pulse-time modulation — modulation impulsion-temps — En. — électronique
PTMA — Poids total maximal autorisé — Fr. — transports
P.T.O. — Please turn over — tourner la page — En. — général
PTOM — Pays et territoires d'outre-mer — Fr. — administration
P to P — Peak to Peak — de crête à crête — En. — électricité
P.T.P. — Posto Telefonico Pubblico — Cabine téléphonique publique — It. — postes
ptr — parterre (Erdgeschoss) — rez-de-chaussée — De. — bâtiment
PTR — Poids total roulant — Fr. — transports
PTR — Position de Travail (détecteurs de position CROUZET) — Fr. — mécanique
P.T.T. — Poste, Telegrafi e Telefoni —

Postes Télégraphes et Téléphones — It. Fr. — postes
P.T.T. — Push-to-test — enfoncer pour tester — En. — technique
PTTP — Pièce de triangulation de train principal — En. — avion
Pty — Partner company — Société Anonyme (Australie) — En. — industrie
Pu — Plutonium — int. — chimie
PU — Polyuréthane — En. Fr. — plastiques
PU — Puissance mécanique utile — Fr. — mécanique
PUA — Public Utilities Authority (Liberia) — Administration des Services Publics — En. — administration
PUB — Public Utilities Board (Singapour) — Bureaux des services publics — En. — administration
pub. doc. — Public Documents — documents publics — En. — généralité
PUC — Paid-up capital — capital entièrement versé — En. — finances
p.u.c. — post urbem conditam — après la fondation de Rome — lat. — histoire
PUIP — Power Unit Ice Protection — Protection des GTP contre le givre — En. — aéronautique
puis — puissance — (composants électroniques) — Fr. — CCT normalisation
p.u.o.p.us. — poco usado — peu usité — El. — dictionnaires
PUR — Polyuréthanes — groupe — Fr. En. — plastiques
PV — Petite visite — petite révision générale — Fr. — aéronautique
PV — Petite vitesse — SNCF — Fr. — chemin de fer
PV — Porteur de voies — (64-180 kHz) — Fr. — électronique
PV — Private Venture — Initiative privée — En. — industrie
PV — Procès-Verbal — Fr. — administration
PV — Produit Pression-Vitesse de calcul des coussinets (normes ASTIM) — Fr. — mécanique
PV — Promotion des ventes — Fr. — commerce
PVaC — Polyvinyl Acetate — Acétate de Polyvinyle — En. Fr. — plastiques
PCV/A — Polyvinylchloride with armour — câble PVC armé (coax) — En. Fr. — câbles téléph.
PVC-C — Polychlorure de vinyle surchloré — En. Fr. — chimie plastiques
PVD — Paquet avec Valeur Déclarée — Fr. — postes
PVD — Paravisual director — directeur paravisuel — En. navigation avion
PVD — Pays en voie de développement — En. — politique
PVF — Polyvinylfluoride — (PVF_2 = KYNAR) Fluorure de polyvinylidène — En. — chimie plastiques
PVP — Portée visuelle de piste — Fr. — navigation avion
PVP — Pour votre prospection — Fr. — commerce
PVP — Promotion de vente personnalisée — Fr. — commerce
PVU — Plans à versement unique — Fr. — finances
pvt — private — simple soldat — En. — militaire
PW — Pulse width — largeur d'impulsion — En. — électronique
PWA — Public works administration — administration des travaux publics — En. — TPE
PWI — Proximity Warning Indicator — indicateur anti-collision — En. — navigation avion
PWLB — Public Works Loan Board (GB) — En. — finances, TP
PWM — Plated Wire Memory (ROCKWELL) — mémoire à fils plaqués — En. — informatique
PWR — Power — courant électrique — En. — électricité
PWR — Pressurised Water Reactor — Réacteur à eau pressurisée — En. — nucléaire
PWU — Postal Works Union — En. — postes
PX — Post Exchange — Standard téléphonique — En. — téléphone
pyr — pyridine — Fr. En. — chimie
PZ — symbole des potentiomètres bobinés de précision — Fr. — électronique
pz.Div. — Panzerdivision — division blindée — De. — militaire
PZE — Piézo-électrique — Fr.
P.Zug — Personenzug — train omnibus — De. — chemin de fer

Q

« **q** » — **carré de la vitesse** — (anglais stick force = efforts au manche) — En. — aéronautique

Q — tête carrée (symbole) — Fr. — visserie normalisation

q — cible volante (USA) — En. — aéronautique militaire

Q — Quarantine — quarantaine — En. — sanitaire

q — Quadrat — carré — De. — unités

q — quadrato — carré — It. — unités

Q — Quantité de biens produits (dans la formule MV = PQ) — Fr. — économie

q — queue — QUEUE — En.

Q — Queen — la Reine — En. GB.

Q — Quebec — Québec — En. Fr. — géographie

Q — Query, Question — question, demande — En. — général

q — quintale — quintal — It. — unité

q — quintal — Fr. — unité

q — symbole de la pression dynamique — int. — pression

Q — système cristallin Quadratique — Fr. — chimie

Q — Symbole des sorties de circuit — En. — circ.intég.

QA — symbole des quartz oscillateurs — Fr. — électronique

Q.A.D. — Quick-Attach-Detach disconnect — attache rapide — En. — quincaillerie

QAR — Quick-Access Recorder — enregistreur d'accès facile — En. — aéronautique

QARNNS — Queen Alexandra's Royal Naval Nursing System — En. GB. — social

QAs — Queen Alexandra's Nurses — En. GB. — social

QB — quanto basta — quantité suffisante — It. — commerce

QB — Queen's Bench — le Banc de la Reine — En. — juridique

QBSM — « que besa su mano » (a una señora) — « qui vous baise la main » (formule de politesse au bas des lettres) — El. — secrétariat

q.b.s.p. — « que besa su pie » (a una señora) — « qui vous baise le pied » (formule de politesse au bas des lettres) — El. — secrétariat

QC — Quality control — contrôle de la qualité — En. — industrie

QC — Queen's Counsel — Conseiller de la Reine — En. — politique

QC — quick-change (passenger/cargo concept aircraft) — avion passager-frêt à reconversion rapide — En. — aéronautique

qc — symbole de la pression dynamique = f. ∆ p — En. — aérodynamique

qcm — quadratzentimeter — centimètre carré — De. — unités

QD — Quasi dicat — comme s'il l'avait dit — (lat). En. — général

QD — Quotient de développement — Fr. — social

Q.D.G. — que Dios guarde — Que Dieu Garde — El. — secrétariat

qdm — quadratdezimeter — décimètre carré — De. — unités

QDR — Qatar-Dubai-Riyai — En. — géographie

QE — Quadrant Elevation — En.

QEC — Quantité Economique à Commander — Fr. — gestion stock

QEC — Quick Engine Change — Echange rapide de moteur — En. — gestion stock

QEC — Quick Equipment Change — Echange rapide d'équipement — En. — gestion stock

QED — quod erat demonstrandum — ce qu'il fallait démontrer — lat. — mathématique etc.

QEF — quod erat faciendum — ce qu'il fallait faire — lat. — philosophie

q.e.g.e. — que en gloria esté — qui est allé en gloire — El. — religion

QEI — quod erat inveniendum — ce qu'il fallait trouver — lat. — philosophie

q.e.p.d. — que en paz descanse — qu'il repose en paix — El. — religion

QERP — Quiet Engine Research Program — Etude de moteurs silencieux — En. — moteurs

q.e.s.m. — que estreche su mano — qui vous serre la main — El. — secrétariat

Q&F — qualité et fiabilité — Fr. — industrie
QFE — altitude in height above station — altitude au-dessus de la station — En. — aéronautique
QG — Quartiere Generale ; — Quartier Général — It. Fr. — militaire
QG — Quotité garantie — Fr. — commerce
Ql — quintal — (symbole erroné) — Fr. — unités
Ql — Quotient intellectuel — Fr. — psychologie
q.i.d. — « four times daily » — « quatre fois par jour » — (lat.) En. — médecine
qkm — Quadratkilometer — kilomètre carré — De. — unités
QL — Quantum Libet — autant que vous voudrez — (Lat). De. — général, commerce
qm — quadratmeter — mètre carré — De. — unités
qm — symbole du débit-masse (grandeur exprimée en kilogramme par seconde dans le système SI) — Fr. — unités
QMG — Quarter-Master General — En. — militaire
QMS — Quarter-Master Sargent — En. — militaire
QNH — altitude indicated above sea-leval — altitude au-dessus du niveau de la mer — En. — aéronautique
QORGS — Quasi-Optimal Rendez-Vous Guidance System — En. — espace
QP — Question Prud'homales — (revue) — Fr. — presse jur.
QPL — Qualified Products Lists — Liste des produits qualifiés — En. — industrie
QQOQCC — quoi, qui, où, quand, comment, combien ? (questions posées dans le cadre de la S.D.T.) — Fr. — organisation
QQUQACQQ — Quis, Quid, Ubi, Quibus, Auxillis, Cur, Quomodo, Quando ? — lat.
Q&R — Quality and Reliability — qualité et fiabilité (Q&F) — En. — industrie
Qr — Quater, quire — En. — marine
qr — débit-volume (grandeur exprimée en mètres-cubes par seconde dans le système SI) — Fr. — unités
QR — Quotient Respiratoire — Fr. — médecine
QRC — Quick-reaction capability — à réactions rapides — En. — psychologie
QRC — Quick reaction computerized design — étude rapide automatisée des demandes des clients — En. — commerce
Qrr — charge de recouvrement à TVJ — = 25°C, valeurs typiques — int. — électronique
q.s. — « as much as is sufficient » — « autant que de besoin » — En. — médecine
QS — Quantum Sufficit — quantité suffisante — (Lat.) En. — commerce
QS — Quarter sessions — sessions trimestrielles — En. — enseignement
QSCP — Quality System Certification Program (FAA) — Programme de certification des système de contrôle qualité (FAA) — En. — aéronautique
QSD — Quotidien sauf dimanche — Fr. — presse
q.s.m.e. — « que su mano estrecha » (a un señor) — « qui vous serre la main » (à un monsieur ; formule de politesse) — El. — secrétariat
QSD — Quasi-Stellar Object — objet quasi-stellaire ou quasar — En. — astronomie
QSQ — Work factor — coefficient de travail (parfois appelé MAM) — En. — organisation
QSRA — Quiet Short-Haul Research Aircraft — avion court-courrier expérimental à moteurs silencieux — En. — aéronautique
QSS — Quasi-Stellar Radiosources — Radio-sources quasi-stellaires — En. — astronomie
Qt — quantity — quantité, nombre — En. — industrie
qt — quart — En. — unités britanniques
QT — quenched and tempered — trempé et revenu — En. — métallurgie
qt — « quiet » (used in the expression: « in the q.t. ») — En. — argot
« q.3h » — « every 3 hours » — « toutes les trois heures » — En. — médecine
QTOL — quiet take-off-and-landing — ADAS — En. — aéronautique
Qu — Queen — la Reine — En. — social politique
quin — quinoléine — Fr. — chimie
q.v. — quantum vult — autant qu'on veut — lat — commerce
q.v. — quantum vis = in beliebiger Menge — en quantité suffisante — lat De. — commerce
Q.V. — Quod vide — qui voit ; voir — lat En. — général
Q.W — quantité de chaleur (ou Energie ou Travail) — (grandeur exprimée en Joule dans le système SI) — Fr. int. — unités
QWA — Quarter-Wave Antenna — Antenne quart-d'onde — En. — antennes
QX — Quintaux — (symbole erroné) — Fr. — unités
Qz — Quartz — Quartz, cristal — En. Fr. — électronique

R

(ro) — masse spécifique — grec. int. — physique
R — **moteur à régime de vibrations Réduites (NFC 51-100)** — Fr. — électricité
R — **Raccomandata** — (lettre) recommandée — It. — postes
R — **Radio** — En.
r. — **radius** — rayon — En. — géométrie
r. — **Radius** — rayon — De. — mathématique
r. — **raggio** — rayon — It. — géométrie
R. — **Rapide** — (coupe-circuits) — Fr. — électricité
R — **rated** — calibré, etc. — En.
r. — **ratio** — rapport — En. — mathématique
R. — **Re** — roi — It. — social
R. — **Réaumur** — int. — unités
R. — **Réception** — Fr. — radio
R. — **Rechnung** — facture — De. — comptabilité
r. — **rechts** — à droite — De. — général
R. — **(recipe) (man nehme)** — prenez — (lat.) De. — médical
r. — **(lat.) recipe (or Px.)** = « **prenez** » — ordonnance, recette — En. — méd.
R. — **Reconnaissance** — (avions de) — En. us. — avion milit.
r. — **recto** — recto — It. Fr. — biblio
R. — **Refusé** — (contrôle de qualité) — Fr. — contrôle
R. — **rex, regina** — roi, reine — lat. — social
R. — **Regina** — reine — It. — social
R. — **Relèvement** — Fr. — nav. avion
R — **Renforcé** — Fr. — mécanique plastique
R. — **Repubblica** — république — It. — politique
r. — **reserve** — réserve — En. — juridique
R — **position de Repos (repère sur appareils CROUZET)** — Fr. — automatisme
R. — **reverendo** — révérend — It. — religion
R — **Repos (attente, prévue ou tolérée, pour éliminer la fatigue)** — Fr. — org. du travail
R — **Répertoire alphabétique de législation, de doctrine et de jurisprudence Dalloz (44 vol. 1845-1870)** — Fr. — jur. histoire
R — **Réflecteurs (CLAUDE)** — Fr. — éclairage
R. — **Regiment** — régiment — De. — militaire
R. — **Regular** — (programmation) — En. — informatique
R — **Reheat, Réchauffe** — (Postcombustion) — En. Fr. — avion
R — **Réparable** — Fr. — maintenance
R. — **Return** — retour (Dowty) — En. — contrôle
R. — **Reverberation** — En. — électronique
R — **Polyéthylène réticulé (symbole câbles CEAT)** — Fr. — câbles électr.
R — **rhomboédrique (système cristallin)** — Fr. — chimie
r. — **right** — droit — En. — juridique
R — **Rigide** — Fr. — électricité
R — « **Rincer** » — (traitement de surface) — Fr. — technique
R. — **River** — rivière — En. — géographie
R. — **Rockets** — roquettes — En. — militaire
R. — **rods moulded** — joncs moulés (OTAN) — En. — militaire, métal
r. — **rod** — tige, bâton — En.
r — **Roentgen** — int. — nucléaire
R. — (avion de transport USNA) — En. us. — avion milit.
r. — **rood** — 1/4 d'acre — En. — unités
r — **rouge** — Fr. — chimie
R. — **Constante d'un gaz** — int. — chimie
R — « **outil à droite** » **(terminologie normalisée r.s.o.)** — Fr. — outillages
R — **Roumanie** — int. — plaques auto
R. — **Royal** — royal — En. — social
R — **distance de la masse à l'axe de rotation (centrage)** — Fr. — avion
R — **Rumpf** — fuselage — De. — avion
r. — **rund, etwa** — environ — De. — général
r. — **runs (cricket)** — En. — sports
R — **Rupture (résistance à la)** — Fr. — test
R. — **Rupee** — Roupie — En. — monnaie
R — **symbole normalisé désignant la**

Peinture noire mat (traitement de surface) — Fr. — métallurgie normalisation
R — (-Verbindung) — communication en PCV — De. — postes
R — [2e **signe] symbole moteur monophasé à démarrage par phase résistante et coupleur (CEM)** — Fr. — électricité
R — [4e **signe] symbole moteur montage sur roulements à billes (CEM)** — Fr. — électricité
RA — raccords amortisseurs (BOURDON) — Fr. — mesures
RA — Radio-Altimeter — Radio-altimètre — En. — aéronautique
Ra — Radium — int. — chimie
RA — Ravenna — Ravenne — It. — plaques auto
R.A. — Rear Admiral — contre-amiral — En. — militaire
RD — Receive Active flip-flop — (instruction) — En. — informatique
RA — Reaktionsantrieb — propulsion par réaction — It. — moteurs avion
RA — Rechtsanwalt — avocat — De. — juridique
R.A. — Résiliable annuellement (contrat) — Fr. — juridique
RA — symbole des résistances agglomérées — Fr. — électronique
R.A. — Roll Attitude — assiette roulis — En. — avion
R.A. — Roller Arm — bras à galets — En. — mécanique
R.A. — Royal Artillery — Artillerie royale — En. — militaire
RA — Royal Academy — Académie royale — En.
R.A. — Royal academician — En. — social
RA — Runderlass Aussenwirtschaft — De. — économie
R — (symbole) constante universelle de densité des gaz — int. — physique des gaz
RAA — Recueil des Actes Administratifs — Fr. — administration
RAA — Reduttore Ad angolo — reducteur d'angle — It. — mécanique
RAA — Reichaufsichtsamt (DDR) — De. — administration
RAAF — Royal Australian Air Force — En. — militaire
RAB — Reichsautobahn — autoroute nationale — De. — automobile
RAC — Robot d'aboutement de conduite — Fr. — industrie
RAC — Royal Armoured corps — En. — militaire
R.A.C. — Royal Automobile Club — En. — automobile
RACEP — Random acess and correlation for extended performance — En. — téléphone
RACH — Retour automatique du chariot à commande hydraulique — Fr. — industrie
RACON — Radar Beacon — balise radar — En. — aéronautique
rad. — (Radiz) root — racine — En. — mathématiques
R.A.D.A. — Royal Academy of Dramatic Art — En. — enseignement
RADAR — Radio Detection and Ranging — radiodétection et détermination des distances — En. — radar
RADC — Rome Air Development Center (U'SAF Technology Center) — En. — aéronautique
RADCAP — R & I Contribution to Aviation Progress — (Rapport du Congrès US) — En. — aéronautique
RADCM — Radar Counter-Measures and Detection — brouillage radar — En. — radar
RABOT — Real-Time Automatic Digital Optical Radar — Radar opt. — En. — radar
RAE — Royal Aircraft Establishment — En. — aéronautique
RAeS — Royal Aeronautical Society — En. — aéronautique
RAF — (German's) Red Army Faction — mouvement terroriste allemand — En. — politique
RAF — Royal Air Force — En. — militaire
RAFVR — Royal Air Force Volunteer Reserve — En. — militaire
Rag. — Ragioniere — expert-comptable — It. — comptabilité
RAGEL — Reconnaissance d'attaque guerre électronique — Fr. — militaire
RAI — Réseau aérien interinsulaire — Fr. — aéronautique
RAI — Radio Audizioni Italiane — radio nationale italienne — It. — radio
RAID — Relais automatique d'informations digitales — Fr. — informatique
RAILS — Runway Alignment Indicator Light System — système lumineux indicateur d'alignement avec la piste — En. — aéronautique
RAISE — Reliability accelerated in-service echelon — En.
RAL — Reichsausschuss für Lieferbedingungen — Commission de normalisation commerciale allemande — De. — commerce
RAL — Rationalisierungsausschuss für Lieferbedingungen und Gütesicherung im Deutschen Normenausschuss — De. — normalisation
RAM — Radar Absorbing Material — matériau opaque au radar — En. — radar

RAM — Random Access Memory — Mémoire Aléatoire — En. — informatique
RAM — Reliability Assurance Measurement program (Lockheed) — En. — fiabilité
RAM — Réunion des Assureurs Maladie — Fr. — social
RAM — Revolutionary Action Movement — Mouvement Révolutionnaire — En. — politique
RAM — Royal Academy of Music — Académie Royale de Musique — En. — musique
RAM — Royal Air Maroc — Compagnie aérienne marocaine — En. — aéronautique
RAMPART — Radar Advanced measurement program for analysis of re-entry techniques — En. — radar
RAMS — Resource allocation and multi-project scheduling — En.
RAMS — Right Ascension of Mean Sun — Ascension droite du soleil moyen — En. — astronomie
RAN — Régie Abidjan-Niger — Fr. — économie
RANFRAN — Rass. National des Fr. rapatriés d'A.F.N. et d'Outre-Mer — Fr. — économie politique
Rank — degrés Rankine — Fr. — unités
RANN — Research Applied to National Needs (programme NSF-USA) — En. — sciences
RAOC — Royal Army Ordnance Corps — Intendance Royale — En. — militaire
RAP — Rechnungsabgrenzenposten — De. — comptabilité
RAP — Régie Autonome des Pétroles — Fr. — pétroles
RAP — Règlement d'Administration Publique — Fr. — administration
RAPID — Real-Time Acquisition and Processing of In-flight lata — Acquisition et Traitement des données de vol en temps réel — En. — informatique
RAPID — Resource Allocation Piping Isometric Drawings — Plans isométriques de répartition des ressources naturelles — En. — écologie
RAPSODIE — RAPide et SODium (pile atomique française) — Fr. — nucléaire
RAPT — Re-usable Passenger Transport — Navette spatiale réutilisable — En. — espace
RAS — Rectified Airspeed (= CAS) — vitesse corrigée — En. — aéronautique
RAS — Replenishment at sea — avitaillement — En. — marine milit.
RAS — Riunione Adriatica di Sicurtà — It. — politique
RASC — Royal Army Service Corps — En. — militaire
RASSR — Reliable Advanced Solid State Radar — Radar expérimental transistorisé — En. — radar
RAT — Ram Air Turbine — génération à moulinet — En — aéronautique
RATAC — Radar de tir pour l'artillerie de campagne — Fr. — militaire radar
RATAN — Radar and Television aid to navigation — Radar de navigation à écran de télévision — En. — navigation
RATE — Remote automatic telemetry equipment — Télémesure automatique à distance — En. — télémesure
RATO — Rocket-Assisted Take-Off — décollage assisté par fusées — En. — aéronautique
RATP — Régie autonome des transports parisiens — Fr. — transports
RATS — Radar altimeter target simulator — En. — radar
RAW — Rationalisierungsausschuss der Deutschen Wirtschaft — Commission de Normalisation Economique allemande — De. — économie normalisation
RAX — Remote Access Computing System — Ordinateur RAX — En. — informatique
RAZ — Remise à zéro — Fr. — électronique
RB — Read buffer — (instruction) — En. — informatique
RB — symbole des résistances fixes bobinées forte dissipation — Fr. — électronique
RB — robinet (BOURDON) — Fr. — mesures
RB — Round boss — Soudage par bossage — En. Fr. — soudage
Rb — Rubidium — int. — chimie
RBA — symbole des résistances fixes ajustables bobinées forte dissipation — Fr. — électronique
RB.B — robinet à boisseau (Bourdon) — Fr. — mesures
RBDE — Radar Bright Display Equipment — En. — radar
RBE — Relative biological effectiveness — efficacité biologique relative — En. — radiation nucléaire
RBE — Résultat brut d'exploitation — Fr. — commerce comptabilité
RBI — Ripple Blanking Input — Entrée RBI — En. — semiconduct.
RBN — Radio beacon — balise radio — En. — nav. avion
RBO — Ripple Blanking Output — sortie RBO — En. semiconduct.
R.B.P. — Remote Batch Processing — En. — informatique
R.B.V. — Return Beam Vidicon Camera — Caméra Vidicon à faisceau retour — En. — télévision

R.C. — Radio-Course — radio-alignement — Fr. — nav. avion
R/C — Rate of climb (or V_2) — vitesse ascentionnelle (V_2) — En. — nav. avion
Rc — recipe (man nehm) — prenez — lat. (De) — médecine
R.C. — Red Cross — Croix rouge — En. — social
R.C. — Reggio Calabria — It. — plaques auto
RC — Registre du commerce — Fr. — administration
R.C. — Reserve corps — corps de réserve — En. — militaire
RC — symbole des résistances fixes à couche à faible dissipation — Fr. — électronique
R.C. — Resistance Capacitance — Résistance Capacitance — En. Fr. — électronique
RC — Résistant à l'effet Corona — Fr. — fils-câbles
RC — Responsabilité civile — Fr. — juridique
R/C — networks = decade determinating capacitors and variable resistors for continuous turning within each frequency decade — En. — électronique
Rc — Rockwell C — symbole de dûreté — En. — essais
R.C. — Roman Catholic — Catholique romain — En. — religion
RC — Rose croix — Fr. — religion
R.C. — Rotary Club — En. — social
RCA — Radio Corporation of America (société) — En. — électronique
RCA — Rationalisation des Choix des Administrations — Fr. — administration
RCA — République Centrafricaine — Fr. — politique
R.C.A.D. — Request for conditional advance deviation — demande de dérogation anticipée sous condition — En. — administration
R.C.A.F. — Royal Canadian Air Force — En. — militaire
R.C.B. — Rationalisation des choix budgétaires — = P.P.B.S. (USA) — Fr. — administration finances
R & CC — Riot and Civil Commotions — émeutes et désordres civils — En. — contrats
RCCB — Remote-Control Circuit Breaker — disjoncteur télécommandé — En. — électricité
RCD — Regional Cooperation for Development — En. — économie
RC — Engine Rotating Combustion Engine — moteur rotatif — En. — moteurs
RCIL — Résistance au cisaillement laminaire — Fr. — essais
RCLM — Runway centerline marking — repérage centre piste — En. — aéronautique
RCLS — Runway centerline light system — balisage centre piste — En. — aéronautique
RCM — Radar countermeasures — contre-mesures radar — En. — radar
RCM — Radio countermeasures — contre-mesures radio — En. — radio
RCM — République des citoyens du monde — Fr. — politique
RCM — Revenu de capitaux mobiliers — Fr. — administration
RCMP — Royal Canadian Mounted Police — En. — police
RCN — Royal Canadian Navy — En. — militaire
RCP — Régiment de chasseurs parachutistes — Fr. — militaire
RCQ — Recueil de Composants sous assurance qualité — Fr. — norm. CCTU
RCS — Reaction control system — contrôle de la réaction (en orbite) — En. — espace
RCS — Remote control system — télécommande — En. — automatisme
RCS — Résistance de contact statique — Fr. — électronique
RCTL — Resistor-Capacitor-Transistor-Logic — En. — semiconducteur
RCVR — Receiver — Récepteur — En. — radio
RD — Running days — jours courants (successifs) — En. — commerce
RD — Récemment dégorgé (champagne) — Fr. — gastronomie
R/D — Refer to drawer — « voir le tireur » — En. — banque
R.D. — Regio Decreto — Décret royal — It. — politique
R & D — Research and Development — Recherche appliquée — En. — recherche
rd — rid (or pole, or perch) = 3/2 Yd = 5,029 m — Tige, baguette, etc. — En. — unités
Rd — Road — route — En. — automobiles
rd. — rund, etwa — environ — De. — général
R.D. — Rural Delivery — distribution rurale — En. — postes
Rda.M. — Reverenda Madre — Révérende Mère — El. — religion
RDARA — Regional and Domestic Air Routes Areas — lignes aériennes régionales et intérieures — En. — aéronautique
R.D.B. — Research and development Board — Office de la recherche appliquée — En. (USA) — sciences

RDC — République démocratique du Congo — Fr. — politique
R.D.C. — Running down clause — clause d'extinction — En. — commerce
R.D.C. — Rural District Council — conseil rural — En. — administration
RDD — Routine Dynamic Display — En.
R.D.E. — Réception et décompte des études (éléments normalisés des marchés publics - bâtiment et travaux publics) — Fr. — administration
RDF — Radio Direction Finder — radiogoniomètre — En. — radio
R.D.L. — Regio-Decreto Legge — Décret-loi royal — It. — politique
R.D.O. — Regular Days Off — jours de congé normaux — En. — social
Rdo. P — Reverendo Padre — Révérend Père — El. — religion
Rdsch. — Rundschau — Revue — De. — presse
Rdschr. — Rundschreiben — circulaire — De. — secrétariat
R.D.T. — Réception et décompte des travaux (éléments normalisés des marchés publics - bâtiment et travaux publics) — Fr. — administration
RID.T. — Repubblica Democratica Tedesca — R.D.A. — It. — politique
R.D.T. & E. — Research, Development, Test and Evaluation — En. — essais
RDVN — République démocratique du Vietnam-Nord — Fr. — politique
Re — Radio élement — Fr. — nucléaire
R/E — Reaction load to energy capacity — charge par rapport à la capacité énergétique — En. — nucléaire
RE — Rechnungs-Einheit — Unité de compte (CEE) « dollar vert » — De. — commerce, finance, agric. unités
RE — Rectification Efficiency — Rendement redresseur — En. — semiconducteurs
RE — document de référence — Fr. — normalisation
re — in regard to — concernant, relatif à — En. — secrétariat
Re — Reggio Emilia — (Région) — It. — plaques automobiles
re — relating to — concernant, relatif à — En. — secrétariat
RE — symbole des résistances bobinées forte dissipation à radiateur — Fr. — électrique
RE — Résistance d'étincelage — int. Fr. — soudage (étincelage)
re — respecting — concernant, relatif à — En. — secrétariat
Re — Rhénium — (symbole) — int. — chimie
Re — « Rincer à l'eau » — Fr. — traitement de surface
RE — Ring Enable Flip-Flop (instruction de programme) — En. — informatique
R.E. — Royal Engineers — Ingénieurs du Roi — (GE) En. — social, industrie
R.E. — Royal Exchange — Bourse (Royale) — (GE) En. — bourse
REACH — Real-time Electronic Access Comunications for Hospitals — matériel informatique en temps réel pour les communications hospitalières — En. — informatique médicale
rec. — receipt — reçu — En. — comptabilité
rec. — « received » — « pour acquit » — En. — banque
Rec — receiving — réception — En. Fr. — radio
rec. — recent — récent — En. — général
Rec. — réception — (normes CCT) — Fr. — composants électroniq.
rec. — record — En. — enregistrement magnétique
REC — série d'appareils de mesure rectangulaires — Fr. — électricité
REC — Robot échangeur de composants — Fr. — machines-outils
RECAP — Reliability Evaluation and Corrective Action Program — programme de maintenance automatique — En. — informatique maintenance
recd — received — reçu — En. — commerce
RECMF — Radio and Electronic Component Manufacturers Federation (GB) — Association des constructeurs de matériel radio et électronique — En. — radio-électronique
rect — rectificatif — Fr. — juridique
Red. — Redaktion — Rédaction — De. — presse
Red — Redresseur — Fr. — électricité
Red — « rincer à l'eau distillée » — Fr. — traitement de surface
REDE — Receiver-Decoder-Demultiplexer — En. — électronique
Ref. — Referendar — Liciencié en Droit — De. — droit
Ref. — Referent — Rapporteur — De. — administration
ref. — referenze, references, références — It. En. Fr. — secrétariat
ref. — reformiert — réformée — De. — religion
REF — Relative Effectiveness Factor — coefficient de rendement — En. — électronique (tubes à ionisation)
REF — Réseau des Emetteurs français — Fr. — radio
REFA — Real Estate Fund of America — crédit Foncier américain — En. US. — économie
Ref. Ch. — Reformed Church — Eglise réformée — En. — religion

REFI — Real Estate Finance International (Israël) — Crédit foncier international — En. — économie
REFRIBEL — Régie des Services Frigorifiques de l'Etat Belge — Fr. — administration économie
Reg. — Register — Registre — De. — musique, etc.
reg. — registered — enregistré, immatriculé — En. — administration
Rég. — Réglette — Fr. — électricité
Reg. — régulation — composants électroniques — Fr. — CCT
REGAL — Range and Elevation Guidance for Approach and Landing — En. — aéronautique
REGAP — Recherche et exploitation de gaz et de pétrole — Fr. — pétroles
Reg. Bez. — Regierungsberizk : district administratif, département — De. — administration
REGBMST — Regierungsbaumeister — Architecte DPLG — De. — bâtiment
regd — registered — enregistré — En. — commerce administration
regg. to — Reggimento — Régiment — It. — militaire
Régl — Réglage — Fr. — radioélectronique
Reg. Präs. — Regierungspräsident — Préfet — De. — administration
Reg. Prof. — Regius Professor — En. — enseignement
Reg. Rat — Regierungsrat = fonctionnaire administratif, sous-préfet — De. — administration
Regt. — Regiment — régiment — De. — militaire
REI — Rat der Europäischen Industrieverbände — Conseil des Associations industrielles européennes — De. — industrie
REIL — Runway and Identification Lights — feux de piste et d'identification — En. — aéronautique
REINS — Radar-equipped inertial navigation system — Radar de navigation à inertie — En. — navigation radar
REL — Rassemblement européen pour la liberté — Fr. — politique
Rel — Relay — Relais — En. Fr. — électronique
Rel. — Religion — Religion — De. — religion
REL — Rescue Equipment Locker — En. — sauvetage
REM — Rapid-Eye Movement (phase B (dream) of sleep) — phase REM (du sommeil) — En. — médecine
REM — Roentgen-equivalent man — Equivalent du Roentgen chez l'homme — En. — unité nuclé.
REN — Région d'Equipement Nucléaire — Fr. — nucléaire administration
ren. — renovavit — restauré par — lat. De. — bâtiment, etc
RENFE — Red Nacional de los Ferrocariles Españoles — El. — chemin de fer
REP — Radar Evaluation Probe — Sonde d'essai de radar — En. — radar
REP — Regional Employment Premium — Prime de décentralisation — En. — social
REP — Rendez-vous Evaluation pod — En. — espace
Rep — Repertory — répertoire — En. Fr. — général
REP — Représentative — Représentant — En. — politique
REP — Republican — républicain — En. — politique
rep. — repetatur — à répéter — De. (lat) — général
Rep. — Report(er) — Rapporteur, Reporter, rapport — En. — général
Req. — Arrêt de la chambre des requêtes de la Cour de Cassation — Fr. — juridique
Req. — Requisitions (NASA) — En. — espace
R.E.R. — Réseau express régional — Fr. — chemin de fer
res. — résidence — résidence — En. — social
res. — resigned — démissionné — En. — social
resp. — respektive — respectifs, ou bien respectivement — De. — général
resp. — respectively — En. — général
resp. — respondent — En. — général
retd. — returned — renvoyé, retourné — En. — commerce
retd. — retired — en retraite — En. — social
retd. — retained — retenu — En. — général
RETMA — Radio-Electronics-Television Manufacturers' Association — En. — industrie
REV — Rechnungseinzugverfahren (DDR) — Plan comptable — De. — comptabilité
rev. — revenue — finances publiques — En. — administration
rev. — reversion — inversion — En. — technique
rev. — revise — réviser — En. — général
revs. — revolutions — révolutions — En. — technique
REVS — Rotor-Entry Vehicle System — Véhicule à rotor de rentrée — En. — espace
REX — Recherches extraordinaires — Fr. — sciences

REXECO — Recherches pour l'Expansion de l'Economie (Centre de) — Fr. — économie
RF — Radio frequency — fréquence radio, HF — En. — radio
RF — Raised face — face bombée — En. — méc, dessin ind.
RF — energy — énergie radio-électrique — En. — radio
R.F. — République française — Fr. — politique
R.F. — Royal Fusiliers — En. — militaire
RF — Rundfunk — radio — De. — radio
Rf — Rutherfordium — int. — chimie
RFA — République Fédérale d'Allemagne — Fr. — politique
R.F.A. — Request for allowance — demande de compensation — En. — commerce
R.F.C. — Reconstruction and Finance Corporation — En. — finances
R.F.C. — Request for change — demande de modification — En. — aéronautique
RFC — Royal Flying Corps — En. — militaire
RFCE — Répertoire français du commerce extérieur — Fr. — administration
R.F.D. — Rural Free Delivery — distribution rurale gratuite — En. — postes
R.F.I. — Radio frequency interference — interférence radio — En. — électronique
R.F.P. — Request for industry proposals — appel d'offre (USAF) — En. — commerce
R.F.Q. — Request for Quotation — demande de devis — En. — commerce
R.F.T. — Repubblica Federale Tedesca — République Fédérale allemande — It. — politique
RG — Ragusa — raguse — It. — plaques auto, industrie
RG — Résultats globaux — Fr. — administration
RG — Révision générale — Fr. — technique
RGBl — Reichsgesetzblatt (DDR) — Journal Officiel — De. — administration
R.G.F. — Recristallisables à grains fins (barres) — (CEGEDUR) — Fr. — métallurgie
R.G.G. — Royal Grenadier Guards — Grenadiers de la Garde Royale — En. — militaire
RGM — Reichsgebrauchsmuster (DDR) — étalon de mesure — De. — mesures
RGN — Résultat global net — Fr. — administration
Rgt. — Regiment — Régiment — De. — militaire
RGT — Resonant-Gate Transistor — Transistor à portes résonnantes — En. — semiconducteurs
RGV — Rationalisierungsgemeinschaft Verpackung — De. — normalisation, commerce
RGW — Rat für Gegenseitige Wirtschaftshilfe — Conseil d'Assistance économique mutuelle (Comecon) — De. — économie
Rh — Reihe — ligne (d'un livre) — De. — bibliographie
RH — Relative humidity — humidité relative — En. — hygrométrie
Rh. — Rhein — Rhin — De. — géographie
Rh — Rhodium — int. — chimie
RH — Right hand — à droite, côté droit — En. — général
R.H. — Royal Highness — Hauteur royale — En. — social
RHA — Royal Horse Artillery — En. — militaire
RHAW — Radar Homing and Warning System — Radar d'alerte et de tir — En. — radar militaire
rhein. — rheinisch — rénan — De. — géographie
Rhet. — Rhetoric — rhétorique — En. — enseignement
RHF — Réacteur à haut flux (de neutrons) — Fr. — nucléaire
RHF — Référence horizontale fuselage — Fr. — avion dessin
Rh-Faktor — facteur Rhésus — De. — médecine
Rhld. — Rheinland — Rhénanie — De. — géographie
RHO — Reichshaushaltsordnung — De.
R.H.O. — Royal Horse Guards — En. — militaire
RHR — Roughness Height Rating — indice de rugosité — En. — matériaux
r.h.s. — right hand side — terme droit (d'une équation) — En. — mathématiques
RI — Réflecteurs industriels (CLAUDE) — Fr. — éclairage
R.I. — Repubblica italiana — It. — politique
R.I. — Rex Imperator, Regina Imperatrix — Lat. — social
R.I. — Rhode Island — Ile de Rhode — En. — géographie
RI — Rieti — It. — plaques auto
RI — Risque Industrie — Fr. — assurances
RI — Rotary International — En. — social
R.I. — Royal Institute of painters in water colours — En. — arts
RIAS — Research Institute for Advanced Studies — En. — recherche
RIAS — Rundfunksender im amerikanischen Sektor (Berlin) — En. — radio
RIB — Rijksinkoobureau — = centrale

d'achat du Gouvernement Hollandais — hollandais — administration

R.I.B.A. — Royal Institute of British Architects — En. — social

RIC — Robot d'Immersion de Conduite — Fr.

Rif — Richtfunk — De. — radio

rifl. — riflessivo — réfléchi — It. — grammaire

RIFT — Reactor-In-Flight Test (NASA) — Essai de moteur nucléaire en vol — En. — espace

RIGS — Identifier Glide-Slope — Pente identification — En. — nav. avion

RIM — Read-In Mode leader : « minimum length, basic perforated tape reader program » (digital equipment corp.) — En. — informatique

RIM — République Islamique de Mauritanie — Fr. — politique

Rim — Rimesse — remise (traite) — De. — commercial finance

RIP — Régime interprofessionnel de Prévoyance — Fr. — social

R.I.P. — Requiescat in pace — qu'il repose en paix — lat. — religion

RIPL — Rondelle irréversible position Launay (CHAMPION) — Fr. — quincaillerie

RIPS — Range Instrumentation Planning Study — En.

RIPS — Régime interprofessionnel de Prévoyance des salariés — Fr. — social

R.I.R. — Reserve-Infanterie-Regiment — régiment d'infanterie territoriale — De. — militaire

RJ — Ramjet — statoréacteur — En. — moteur avion

Rj — Rechnungsjahr — exercice — De. — comptabilité

Rk — Reaktion — réaction — De. — chimie

RK — symbole des résistances bobinées de précision — Fr. — électronique

r.k. — römisch-katolisch — catholique du rite romain — De. — religion

RKDB — Ring Katolischer Deutscher Burschenschaften — Union des Associations d'Etudiants catholiques — De. — religion

RKT — Reichskraftwagentarif — De.

RKW — Rationalisierungskuratorium der deutschen Wirtschaft — Comité de rationalisation de l'économie allemande — De. — économie

R/L — Random length — longueur aléatoire, diverse — En. — métallurgie

RL — Reliability level — niveau de fiabilité — En. — fiabilité

RL — République du Liban — Fr. int. — plaques auto

RL — Revue des Loyers — Fr. — presse immobilière

RLS — Relais à lames souples — Fr. — électricité

RLV — démarreur à résistance liquide vapeur (CEM) — Fr. — moteurs électriques

rly — railway — chemin de fer — En. — chemin de fer

rm — Raummeter — mètre cube, stère — De. — unités

Rm. — Ream — rame — En. — papeterie

RM — Réarmement Moral — Fr. — religion

RM — Reichsmark — mark allemand (ancien) — De. — monnaie

RM — Répertoire méthodique — Fr. — documentation

RM — mécanisme transistorisé à Réserve de Marche (Chauvin-Arnoux) — Fr. — électricité

RM — Résistante et électrode molette — soudage à la molette — En. Fr. — soudage

Rm — Résistance de mesure — Fr. — électricité

R.M. — Resident Magistrate — En. — jurisprudence

R.M. — Reverenda Madre — Révérende Mère — El. — religion

R.M. — Ricchezza Mobile — Impôts sur les revenus mobiliers — It. — administration

Rm — Room — salle — En. — général

R.M. — Royal Mail — Postes royales — En. — postes

R.M. — Royal Marines — En. — militaire

RMA — Radio Manufacturers' Association — En. — radio

R.M.A. — Royal Military Asylum — En. — militaire

R.M.A. — Royal Military Academy — En. — militaire

RMFAE — Réponse du Ministre des Finances et des Affaires Economiques — Fr. — administration

RMHS — Remote magnetic heading system — télécap magnétique (SPERRY) — En. — nav. avion

RMI — Radio Magnetic Indicator — indicateur radio-magnétique — En. — nav. avion

RMI — Route Magnetic indicator — indic. magnétique de route — En. — nav. avion

RMICBM — Road Mobile ICBM — Fusée auto-tractée — En. — fusées milit.

RMN — Résonance magnétique nucléaire (spectromètre à) — Fr. — nucléaire

R.M.S. — Radial Magnetic Selector — En. — nav. avion

R.M.S. — Root mean square — = racine carrée moyenne = valeur efficace — En. — mesures

R.M.S. — Rotating Mooring Storage — réservoir tournant (pour le pétrole en mer) — En. — pétroles
R.M.S. — Royal Mail Steamer — Paquebot du Royal Mail Steam Packet co — En. — maritime
RMT — Rumpfmittelteil — fuselage central — De. — avion
RMU — Remote Maneuverable Unit — module télécommandé — En. — espace
Rn — radon — int. — chimie
R.N. — Registered Nurse — nurse déclarée — En. — puériculture
RN — Revenu net — Fr. — administration
RN — Route Nationale — Fr. — automobile
R.N. — Royal Navy — Marine royale — En. — marine milit.
RNA — Ribonucleic acid — A.R.N. — En. — génétique
RNAS — Royal Naval Air Service — En. — militaire
R.nav. — Aerea Navigation — = navigation régionale ou de zone — En. — nav. avion
R.Neth.A.F. — Royal Netherlands Air Force — En. — aéro militaire
RNG — Radio Range — Portée radio — En. — radio
R.N.R. — Royal Naval Reserve — En. — marine milit.
R.N.V.R. — Royal naval volunteer reserve — En. — marine milit.
R.N.Z.A.F. — Royal New Zealand Air Force — En. — aéro. milit.
R.O. — Range only — distance seulement — En. — nav. avion
R.O. — Recherche opérationnelle — Fr. — militaire
R.O. — Régime ordinaire — (triage SNCF) — Fr. — chemin de fer
R.O. — Réseau Ouest (SNCF) — Fr. — chemin de fer
RO — Rovigo — It. — plaques auto
ρσ — masse spécifique — Gr. int. — physique
ρσ — conductivité électrique (1) équivalant au Siemens (all.) — Gr. Fr. — unité élect.
Robt. — Robert — Robert — En. — dictionnaire
R.O.C. — Rate of climb — vitesse ascentionnelle — En. — nav. avion
R.O.C. — Reliability operating characteristics — fiabilité en service — En.
ROC — Receiver Operating-Characteristic Curve — courbe de réponse caractéristique du receveur (test des témoins ocul.) — En. — psychologie
R.O.C. — Reliability operating characteristics — fiabilité en service — En.
Roc — Required Operational capabilities — (spécifications de l'USAF) — En. — militaire
R.O.D. — Refused on delivery — refusé à la livraison — En. — commerce
R OF O — Reserve of Officers — En. — militaire
ROI — Return on Investment — Rentabilité des investissements — En. — finance
ROL — Raffinería Olii Lubrificanti (Italia) — Raffinerie d'huiles lubrifiantes — It. — hydrocarbures
Rom. — Roman — romain — En. — histoire
Röm. — römisch — romain — De. — histoire
R.O.M. — Read-Only Memory — Mémoire morte — En. — informatique
RON — Reception — Réception (signal d'appel) — En. Fr. — radioélectronique
ROP — Retraites ouvrières et paysannes — Fr. — administration
RO/RO — Roll on/Roll off — transport de véhicules par bateau — En. — transports
ROS — Read-only Store — En. — informatique
ROTC — Reserve Officers Training Corps — En. — militaire
ROTR — Receive-Only Tape Reperforater — En. — informatique
ROTS — Re-usable Orbital Transport system — transporteur orbital réutilisable — En. — espace
ROVI — Reattore Organico Vapore Industriale — It.
R.O.W. & P.F. — Rake-out, wedge and point flashings — En. — bâtiment
RP — Relais de Pression (CEM) — Fr. — hydraulique
RP — Reply paid — réponse payée — En. Fr. — postes
RP — Réserve/production — Fr. — administration
RP — soudage par Résistance par Point — Fr. — soudage
R.P. — Révérend Père ; Reverendo Padre ; Reverendus Pater — Fr. El. De. — religion
RP — robinet à pointeau (BOURDON) — Fr. — robinetterie
Rp. — Rappen — centime (Suisse) — De. — monnaie
R.P. — received pronounciation — bonne prononciation — En. — linguistique
Rp. — recipe (man nehme) — prenez — lat. De. — médecine
R.P. — Région parisienne — Fr. — administration
R.P. — Regius Professor — En. — enseignement

R.P. — Reinforced plastics — plastiques renforcés — En. — plastiques

R.P. — Relations publiques — Fr. — industrie

R.P. — Religious Professor — Professeur de religion — En. — enseignement

RP — Représentation Proportionnelle — Fr. — politique

R.P. — République populaire — Fr. — politique

RPAODS — Remotely-piloted aerial observation designation system (WESTINGHOUSE) — En. — militaire

RPE — Résonance paramagnétique électronique (spectromètre à) — Fr. — électro.

R.P.F. — Résistant à la propagation de la flamme — Fr. — essais

RPH — Revolutions per Hour — tr/h — En. — moteurs, etc

RPM — soudage par Résistance par Point avec électrode type « Molette » — Fr. — soudage

RPM — République populaire de Mongolie — Fr. — politique

r.p.m. — revolutions per minute = tr/mn — = tours par minute tr/mn — En. — technique

RPN — Reverse Polish Notation — langage de calcul international — En. — sciences, infor.

RPP — Reinforced Pyrolised Plastics — plastiques renforcés pyrolisés — En. Fr. — plastiques

R.P.S. — Radiobiological protection service — En.

r.p.s. — revolutions per second — tours par seconde tr/sec — En. — technique

RPT — erreur de frappe — En. Fr. int. — télex

R.P.V. — Remotely-piloted vehicle — engin téléguidé — En. — aéro-militaire

RPx — Réponse payée x francs — Fr. — postes

R.R. — Railroad — chemin de fer — En. us.

R.R. — Rapid rectilinear lens — lentilles rapides — En. — photo

RR — redressement rapide — Fr. — semi-conducteur

Rr — Réfléchir (réaction mentale préparant une décision) — Fr. — org. du travail

RR — Regierungsrat — fonctionnaire administratif sous-préfet — De. — administration

R.R. — Retourrechnung — compte de retour — De. — comptabilité

RR — Right Reverend — En. — religion

RR — soudage en bout par résistance pure — En. Fr. int. — soudage

R.R. — Rough Rider — = programme d'étude des ouragans par pénétration aérienne — En. — météorologie

rrh. — rechtsrheinisch — de la rive droite du Rhin — De. — géographie

RRLG — Rocket, Radio, Longitudinal, Generator-powered — fusée de proximité — En. — militaire

RRP — Radio Ripple Proximity — fusée de proximité — En. — militaire

R.S. — Reconnaissance Strike — (USNA) — En. — aéro. militaire

RS — Resellers — Revendeurs — En. — commerce

RS — symbole des résistances fixes à couche haute stabilité — Fr. — électronique

RS — Risque simple — Fr. — assurance

RSA — Réseau du Sport de l'Air — (constructeurs amateurs) — Fr. — aéronautique

RSA — Rest of the Sterling Area — Respect de la zone Sterling — En. — finances

R.S.A. — Royal Scottish Academy — En. — social

R.S.A. — Royal Society of Antiquaries — En. — social

RSC — Reproduction sans carbone — Fr. — secrétariat

R.S.D. — Royal Society of Dublin — En. — social

R.S.E. — Royal Society of Edinburgh — En. — social

RSEB — Réponse du secrétaire d'Etat au budget — Fr. — politique, économie

R.S.I. — Reproduction sonore intégrale — Fr. — acoustique

R.S.L. — Royal Society of London — En. — social

R.S.M. — Regimental Sergeant-major — En. — militaire

RSM — Repubblica di San Marino — It. — plaques auto

R.S.P.A. — Royal Society for the Prevention of Accidents — En. — social

R.S.P.C.A. — Royal Society for the Prevention of Cruelty to Animals — En. — social

R.S.S. — (Regiae Societatis Socius) Fellow of the Royal Society — (lat) En. — social

RSS — République Socialiste Soviétique — Fr. — politique

RSS — Résine Synthétique Supérieure — Fr. — plastiques

RSS — Ribbed Smocked Sheet (Rubber) — En. — caoutchouc

R.S.S. — Root sum of square — = racine carrée de la somme des carrés — En. — mathématiques

RSS — Royal Statistical Society — En. — statistiques

R.S.V.P. — Répondez s'il vous plaît ; si prega rispondere ; please reply — Fr. It. En. — secrétariat, postes

R.S.W.C. — Right side up, with care — En. — transports
R.T. — Radiotelegrafia — radiotélégraphie — It. — postes
R/T — Radiotelephony — radiotéléphonie — En. Fr. — postes
RT — Real Time — temps réel — En. — informatique
R/T — Receiver-transmitter — récepteur-émetteur — En. — radio
RT — Registertonne — tonneau de jauge (international) — De. — unités mar.
RT — Revenu du travail — Fr. — administration
rt. — right — droit — En. — général
rt — rot — rouge (abrév. suivant DIN 47002) — De. int. — couleurs normalisées
RTAA — Reciprocal Trade Agreements Act — En. — commerce
RTC — Real-time control — commande en temps réel — En. — informatique
RTC — Résistant à la transmission de la combustion — Fr. — matériaux
RTCA — Radio Technical Commission for Aeronautics — En. — normalisation
RTD — Research and Technology Division — Section de recherche appliquée — En. — recherche
RTD — Resistance temperature detector — Détecteur de température à résistance — En. — technique
RTE — Real-Time Executive system — ordinateur RTE (Hewlett. P) — En. — informatique
RTG — Radio-isotope Thermo-electric Generator — (NASA) — En. — nucléaire
RTG — Rames à turbine à gaz — SNCF — En. — chemin de fer
Rth — résistance thermique — Fr. int. CEI — semiconducteurs
RthJA — résistance thermique, jonction-ambiante — Fr. int. CEI — semiconducteurs
RthJC — résistance thermique, jonction-boîtier — Fr. int. CEI — semiconducteurs
Rt.Hon. — Right Honourable — En. — social
RTI — Real-Time Interface — Interface en temps réel — En. — informatique
RTID — Réunion Technique Inter-Divisions — (SNIAS) — En. — aéronautique
RTL — Radio-Télé-Luxembourg — Fr. — radio
RTL — Resistor Transistor Logic — logique à transistors et résistances — En. — semiconducteur
RTLS — Return to Launch Site — retour à l'aire de lancement (de la navette spatiale) — En. — espace
RTM — Renseignements téléphonés marchandises (SNCF) — Fr. — chemin de fer
RTM — Réseau téléphonique moderne — Fr. — téléphone
RTN — Risques de toute nature — Fr. — assurances
RTR — Réception de télévision et de radio — Fr. — administration
RTRCDS — Real-Time Reconnaissance Cockpit Display Subsystem — En. — aéronautique militaire
Rt. Rev. — Right Reverend — En. — social religion
RTS — Régularité de Tension de sortie (potentiomètre) — Fr. — électronique
RTS — Radio-Télévision Scolaire — Fr. — enseignement
R.T.S. — Religious Tract Society — En. — religion
RTT — Real Time Telemetry — télémesure en temps réel — En. — satellite
R.T.V. — Renseignements téléphonés voyageurs (SNCF) — Fr. — chemin de fer
RTV — Room temperature vulcanizing — vulcanisation à temperature ambiante — En. — plastiques
RVD — Rente viagère différée — Fr. — administration
RVI — Rente viagère immédiate — Fr. — administration
Rt.W. — Right Worshipful — En. — religion
RTTY — Radio Teletypewriter — radiotélétype — En. — télétype
RTZ — Rio Tinto Zinc Corporation (société) — En. — zinc
R.U. — Response Unit (in an electronic unit) — unité sensible — En. — électronique
R.U. — Rugby Union — En. — sports
Ru — ruthénium — int. — chimie
R.U.I. — Royal University of Ireland — En. — enseignement
Rum. — Rumania — Roumanie — En. — géographie
Rus. — Russia — Russie — En. — géographie
R.V. — Relief Valve — Clapet de surpression — En. — hydraulique
R.V. — Revised version (of the Bible) — version revue (de la Bible) — En. — religion
R.V. — Rifle Volunteers — En. — militaire
Rv — Route vraie — = angl. Cr. — Fr. — nav. avion
RVA — Régie des Voies Aériennes — Fr. — aéronautique
RVD — Rente viagère différée — Fr. — administration
RVI — Rente viagère immédiate — Fr. — administration

RVO — Reichsversicherungsordnung — = règlement des assurances nationales — De. — assurances

RVP — Reid Vapour Pressure — En. — carburant

RVR — Runway visual range — visibilité en approche — En. — nav. avion

RVR — Reversed Velocity Rotor — Rotor de vitesse inversée — En. — hélicoptère

RVV — Runway Visibility Value — visibilité de piste — En. — nav. avion

R.W. — Right Worshipful — En. — religion

R.W. — Right Worthy — En.

R.W.D.G.M. — Right Worshipful Deputy Grand Master — En. — Franc-Maçonnerie

RWE — Reinisch-Westfälisches Elektrizitätswerk — De. — électricité

R.W.G.M. — Right Worshipful Grand Master — En. — Franc-Maçonnerie

R.W.G.T. — Right Worthy Grand Templar — En. — Franc-Maçonnerie

R.W.G.W. — Right Worshipful Grand Warden — En. — Franc-Maçonnerie

RWK — Rheinisch-Westfälische Kraftwerke — De. — industrie

RWMA — Resistance Welder Manufacturers' Association (USA) — En. — soudage

RX — Receiver — Récepteur — int. — aéronautique

Ry — railway — chemin de fer — En.

Ryt — Re your telex — suite à votre télex — En. — télex

S

$ — dollar — En. — monnaie
s — sächlich — neutre — De. — grammaire
s — sailed — à voile — En. — marine
S — Saint — Saint — En. — religion
S — saisir — Fr. — org. du travail
S — Salaires — (indices économiques) — Fr. — économie
S — San o santo — saint — El. — religion
S — Santo — Saint — It. — religion
S. — Sankt — Saint, Sainte — De. — religion
S — « Satin » (BROCHIER) — Fr. — textiles
S — School — école — En. — enseignement
S — Schadenklasse (DDR) — De.
S — Schlachtschiff — = bâtiment de ligne, cuirassé d'escadre — De. — marine
S — Schnellzug — rapide — De. — chemins de fer
s — second — seconde — En. — chronologie
s — secondo — seconde — It. — chronologie
s — Sekunde — seconde — De. — chronologie
s — sellers — vendeurs — En. — commerce
S. — Seite — page — De. — secrétariat
S — Search and Rescue — avion de sauvetage — En. us. — avion
S — Section — chapitre etc. — En. — biblio.
S — service (d'un moteur) (CEM) — Fr. — unité électrique
S — Half-shift register — En. — électronique
s — shilling (anglais) — En. — monnaie
S — Shilling (autrichien) — De. — monnaie
S — Ship — navire — En. — marine
S — siemens (conductibilité électrique ; équivaut au « ro » en France) — De. — unité électr.
s. — siehe — voir — De. — secrétariat
s — singular — singulier — En. — grammaire
s — (singularis) Einzahl — singulier — (lat.) De. — grammaire
S — size — taille, grandeur — En. — commerce
S — Slow — lent — En. — général
S — Society — société (philantrop...) — En. — social
s — son — fils — En. — commerce
S — solar — solaire (NASA) — En. — espace
S — solide (plastique CIBA) — Fr. — viscosité
S — Son — Fr. — acoustique
S — souple (joint de colle nida CIBA) — Fr. — colles
S — Soufre — int. — chimie
s — sostantivo — substantif — It. — grammaire
S — Southern (postal district of London) — En. — postes
S — South — Sud — En. — géographie
S.7 — solidité de l'hélice à la distance de 0,7 fois le rayon en bout de pale — Fr. — aéronautique
s — soluble — Fr. — chimie
s — steamer — bateau à vapeur — En. — marine
s — stere — stère — En. — unité
S — Sud — Sud — It. Fr. — géographie
S — Süden — Sud — De. — géographie
S — Suède — int. — plaques auto
S — Sunday — dimanche — En. — chronologie
s — substantive — substantif — En. — grammaire
s — et suivants — Fr. — juridique
S — Sur — Sud — El. — géographie
S — moteur à régime de vibrations spéciales (NFCS1-100) — Fr. — unité électrique
S — symbole SI de la surface, grandeur exprimée en m² — Fr. — unités
S — gray (opaque) — gris opaque — En. — éclairage avion
S — [4ᵉ signe] symbole moteur montage sur roulements à billes avec graissage additionnel (CEM) — Fr. — électricité
S — tantale qualité spéciale — Fr. int. — métal

Sa. — Sachsen — Saxe — De. — géographie
SA — Salerno — Salerne — It. — plaques auto
S.A. — Salvatation Army — Armée du Salut — En. — religion
SA — Semi-aéré (polyéthylène) — Fr. — plastiques
S.A. — Sex Appeal (argot) — En. — social
s.a. — siehe auch — voir aussi — De. — général
s.a. — sine anno — sans année de parution — De. — documentation
SA — Small Arms — En.
S.A. — Società Anonima ; Société Anonyme ; Sociedad Anonima — It. Fr. El. — industrie
s.A. — Sonnenaufgang — lever de soleil — De. — général
S.A. — South Africa — Afrique du Sud — En. — géographie
S.A. — South America — Amérique du Sud — En. — géographie
S.A. — South Australia — Australie du Sud — En. — géographie
S.A. — Storm-Abteilung — = Section d'assaut (troupes nazi) — De. — militaire
S.A. — Sua Altezza ; Son Altesse — It. Fr. — social
Sa. — Summa — somme, total — De. — comptabilité
SA — Superficie agricole — Fr. — agriculture
SA — Supplies and Accounts — Fournitures et comptes — En. — commerce
S.A. — Système Asservi — Fr. — mécanique
SAA — Small Arms Ammunition — En. — militaire
SAA — Standards Association of Australia — En. — normalisation
SAAF — Station d'Amélioration des Arbres Fruitiers — Fr. — agriculture
SAAMA — Sań Antonio Air Material Area — En. — aéronautique
SAB — Styrène-Acrylonitrile-Butadiène — int. — chimie, plastiques
SAB — Super-Aluminium Brytalisé — Fr. — métallurgie
SABME — Semi-automatic Bomarc Local Environment — En. — soudage
SABMIS — Seaborne Anti-Balistic Missile Intercept System — En. — militaire, fusées
SABR — Symbolic Assembler for binary relocatable programm — En. — informatique
SABRE — Self-Aligning Boost and Re-Entry — En. — fusées
SABS — South African Bureau of Standards — Bureau de Normalisation Sud-Africain — En. — normalisation
SAL — Schweizer Alpen-Club — En. — sports
SAC — Semi-Aldéhyde Succinique — Fr. — chimie, plastiques
SAC — Service d'Action Civique — Fr. — politique
SAC — Society for Analytical Chemistry — En. — chimie
SAC — Strategic Air Command — En. us. — militaire
SAC — Surplus Agricultural Commodities — Surplus de produits agricoles — En. — agriculture
SAC — Supplemental Air Carrier — Compagnie d'apport — En. — aéronautique
SAC — Synchronous Astro-Compass — Astro-compas synchrone — En. — navigation, avion
SACB — Subversive Activities Control Board — Service de Contrôle des Activités Subversives — En. — politique
SACEUR — Supreme Allied Commander, Europe (NATO) — En. — militaire
SAD — Sans Achat de Devises — Fr. administration
SAE — Society of Automotive Engineers — En. — normalisation
s.a.e. — stamped addressed envelope — = enveloppe adressée et timbrée — En. — postes
SAEG — Statistisches Amt der Europäischen Gemeinschaften — Bureau de statistiques de la Communauté Européenne — De. — économie
SAFARI — Système automatisé pour les fichiers administratifs et le répertoire des individus — Fr. — administration
SAFER — Société d'Aménagement Foncier et d'Etablissement Rural — Fr. — politique
SAFF — Stellar Acquisition Feasibility Flight — Vol expérimental de navigation stellaire — En. — navigation, avion
SAFI — Semi-Automatic Flight Inspection — Contrôle du vol semi-automatique — En. — aéronautique
SAFR — Schweizerische Arbeitsgemeinschaft für Raketentechnik — De. — fusées
SAFRAN — Satellites français d'Afrique Noire — Fr. — satellites
SAG — Seefisch-Absatz-Gesellschaft — = société de vente de poisson de mer — De. — commerce
SAG — Système automatisé de gestion — Fr. — informatique
SAGA — Société de Gérance et d'Armement — Fr.
SAGE(S) — Semi-Automatic Ground Environment System — En. — environnement

SAHARA — Synthetic Aperture High-Accuracy Radar A — En. — radar
SAI — Service d'Analyse Industrielle — Fr. — industrie
SAI — Son Altesse Impériale — Fr. — social
SAI — Spherical Attitude Indicator — Indicateur d'Assiette sphérique — En. — aéronautique
SAINT — Satellite Inspection Technique — Technique de contrôle des satellites — En. — espace
SAINTFAL — Services Associés des Industries et Techniques Françaises en Amérique Latine — Fr. — industrie
Salop. — Shropshire — En. — géographie
SALS — Short Approach Light System — Feux d'approche courte — En. — aéronautique
SALT — Strategic-arms-limitation talks — conversations sur la limitation des armes stratégiques — En. — politique
S.A.M. — Sens des aiguilles d'une montre — Fr. — général
S.A.M. — Structural Assembly Model — Maquette de montage — En. — aéronautique
S.A.M. — Surface to air missile — engin sol-air — En. — fusées militaires
SAMA — Saudi Arabia Monetary Agency — Agence Monétaire de l'Arabie Séoudite — En. — finance
SAME — Society of American Military Engineers — En. — social, militaire
SAMPE — Society for the Advancement of Material & Process Engineering (USA) — En. — social, industrie
SAM/SAT — South American/South Atlantic Region — En. — géographie
SAMSO — Space and Missile Systems Organisation — (USAF) — En. — espace militaire
SAMTEC — Space and Missile Test Center — (USA) — En. — aérospace, fusées
SAMU — Service d'Aide Médicale Urgente — Fr. — médecine
SAN — Styrène Acrilonytrile — Fr. int. — chimie, plastiques
Sani — Sanitätssoldier, Sanitäter — infirmier — De. — militaire
Sanka — Sanitätskraftwagen — ambulance — De. — militaire
Sans. — Sanscrit — Sanskrit — En. — linguistique
SAP — Sintered Al Powder — poudre d'aluminium aggloméré — En. — nucléaire
SAP — Sintered Aluminium Product — produit en aluminium fritté — En. — métallurgie
SAPA — South African Press Association — Association de la Presse d'Afrique du Sud — En. — presse
S.A.R. — Search and Rescue — Recherche et sauvetage — En. — militaire
SAR — Secteur d'Amélioration Rurale — Fr. — social, agriculture
S.A.R. — Son Altesse Royale ; Alteza Real — Fr. El. — social
S.A.R. — Sons of the American Revolution — Fils de la Révolution américaine — En. — politique
SAR — South African Republic — République d'Afrique du Sud — En. — politique
SARAH — Search- and-Rescue- and-Homing — Recherche-sauvetage-radioralliement — En.
SARBE — Search and Rescue Beacon — balise de sauvetage — En. — sécurité
SARCCUS — Southern African Regional Commission for the Conservation and utilisation of the soil — Commission régionale sud-africaine pour la conservation et l'utilisation du sol — En. — environnement
SARG — Synthetic Aperture Radar Guidance — Guidage radar à ouverture synthétique — En. — radar
SARIE — Selective Automatic Radar Identification Equipment — matériel d'identification radar sélectif automatique — En. — radar
SARL — Società a Responsabilità Limitata — It. — commerce
SAROS — Satellite de Radiodiffusion en Orbite Stationnaire — Fr. — satellites
SARP — Signal automatique radar processing (PHILIPS) — En. — aéronautique
SARP — Standard and Recommended Practices (US) — Procédures standard et recommandées — En. — aéronautique
S.A.S. — Scandinavian Airlines System — En. — aéronautique
SAS — Services Aériens Spéciaux — Fr. — aéronautique
S.A.S. — (Societatis Antiquariorum Socius) Member of the Society of Antiquaries — En. — social
SAS — Son Altesse Sérénissime — Fr. — social
SAS — Special Air Service (GB) — En. — aéronautique
SAS — Stability Augmentation System — Système augmentateur de stabilité — En. — aéronautique
SASA — Service d'Administration des Services aéronautiques — Fr. — aéronautique
Sask. — Saskatchewan — En. — géographie
SAT — Scholastic Aptitude Test — test d'aptitude scolaire — En. US. — enseignement

S.A.T. — Static Air Temperature — température statique — En. — navigation, avion
sat. — saturday — samedi — En.
sat. — saturn — saturne — En. — astronomie
SATAN — Satellite automatic tracking antenna — antenne de poursuite satellites — En. — espace
SATAR — Satellite for Aerospace Research — satellite pour la recherche aérospatiale — En. — satellites
SATCO — Signal Automatic Air Traffic Control — Contrôle aérien automatique — En. — navigation, avion
SATCOM — Satellite Communication (Agency) — En. — satellites
SATIR — System zur Auswertung taktischer Information auf Raketenzerstören — De — fusées, militaire
SATIRE — Semi-automatic technical information retrieval — recherche semi-automatique des informations techniques — En. — documentation informatique
SATS — Small Airfield For Tactical Support — Petit terrain pour appui tactique — En. — aviation militaire
SATT — Système d'Atterrissage Tout-Temps — Fr. — nav. avion
SAU — Surface Agricole utile ou utilisable — Fr. — agriculture
SAVER — Stowable Aircrew Vehicle Escape Rotorseat — = siège éjectable à voilure tournante propulsé par un petit réacteur — En. — aéronautique
SAWE — Society of Aeronautical Weight Engineers — En. — aéronautique
sax. — saxon — saxon — En. — histoire, etc.
SAYE — Save As You Earn — Système d'Epargne — En. — économie
SB — Selbstbedienung — libre-service — De. — commerce
SB — Simple brin (de fil) — Fr. — fils et câbles
SB — Sitzungsbericht — procès-verbal ; protocole d'une séance — De. — secrétariat
SB — soluble dans le bicarbonate — Fr. — chimie
S.B. — South Britain (England and Wales) — En. — géographie
S/B — Standby — en réserve, en attente — En. Fr. — aéronautique
Sb — Stibium — antimoine — Lat. int. — chimie
SB — Sud-BAC (avion Concorde) — En. Fr. — avion
s.B. — südliche Breite — latitude Sud — De. — géographie
SBA — Small Business Administration (USA) — Administration du Petit commerce — En. — commerce
SBA — Standard Beam Approach — Approche Standard — En. — aéronautique
SBAC — Society of British Aerospace Companies (syndicat) — En. — aéronautique
SBAMA — San Bernardino Air Material Area — En. — militaire, aéronautique
S-Bahn — Schnellbahn — chemin de fer électrique métro — De. — chemin de fer
SBB — Schweizerische Bundesbahn — chemins de fer fédéraux suisses — De. — chemin de fer
SBCF — Small Business Capital Fund — Fonds de Capitalisation du petit commerce — En. — finances
SBCF — Sec Butyle Chloroformiate (de Benzyle) — Fr. — chimie
s.b.f. — salvo buon fine ; sauf bonne fin — It. Fr. — secrétariat
SBF — Sélection des bijoutiers de France — Fr. — joaillerie
S.B.M. — Single Buoy Mooring — Chargement sur bouée unique — En. — pétroles maritimes
S.B.O. — Specific Behavioural Objectives (psychologie des équipages) — En. — aéronautique, psychologie
SBR — Styrene-Butadiene-Rubber — Caoutchouc-Styrène-Butadiène — En. — caoutchouc
SBS — Short Beam Shear — cisaillement sur faible portée (ASTM) — En. — plastique, test
SBS — Silicon Bilateral Switch — Interrupteur à 2 voies au silicium — En. — semiconducteurs
SBT — Service Belge de transport — Fr. — transports
SBV — Sea Bed Vehicle — Véhicule d'exploration des fonds marins — En. — océanographie
SBW — Saarbergwerke — mines de la Sarre — De. — mines
SBZ — Sowjetische Besatzungszone — Zone d'occupation soviétique — De. — politique
Sc — Scandium — int. — chimie
Sc — (sculpsit) he engraved it — gravé par... — (lat.) En. — général
SC — Security Council (The World) — Conseil de Sécurité (Mondial) — En. — sécurité
SC — Sede centrale — siège central — It. — administration
SC — Semaine commerciale — Fr. — commerce
SC — Semiconducteur — Fr.

SC — Senatus Consultum — décret sénatorial — lat. En. Fr. — politique
SC — Seniorkonvent — réunion d'anciens étudiants — De. — social
SC — serre-câble — Fr. — électricité
SC — Setting clearance — jeu de réglage — En. — mécanique
Sc — (silicet) to wit, namely, it being understood — à savoir, etc. — (lat.) En. — juridique
SC — Small capitals — petites capitales — En. — typographie
SC — soluble dans ClH 5 % — Fr. — chimie
SC — South Carolina — Caroline du Sud — En. — géographie
SC — Specification change — modification de spécification — En. — aéronautique
SC — Sportclub — De. — sports
SC — Special constable — En. — police
SC — Spot cash — comptant à réception — En. — commerce
SC — Staff college — En.
Sc — Stratocumulus — Fr. — météorologie
sc — subcutan — sous-cutané — En. — médecine
SC — Suprema corte ; supreme court — Cour suprême — It. En. — juridique
SCAD — Système de contrôle analogique et digital — Fr. — informatique
SCAD — Subsonic cruise armed decoy — leurre de croisière subsonique armé — En. — avion militaire
SCAD — Supersonic cruise armed decoy — leurre de croisière supersonique armé — En. — avion militaire
SCAD — Système de contrôle analogique et digital — Fr. — informatique
SCAL — Simulation des comportements aléatoires de lecture — Fr. — enseignement
SCAMP — Système de Contrôle Automatique Modulaire Programmable (pour missiles) — Fr. — fusées militaires
SCAN — Self-Correcting Automatic Navigator — Navigation automatique — En. — navigation
SCAN — Switched Circuit Automatic Network — Réseau automatique — En. — navigation
SCAPE — Self-Contained Atmosphere Protective Ensemble — Costume protecteur environnement — En. — sécurité environnement
SCART — Syndicat des constructeurs d'appareils Radiocepteurs et télévision — Fr. — radio télé
SCAT — Self-contained air-transportable hospital — cabine médico-chirurgicale aérotransportable — En. — médecine, militaire, etc.
SCAT — Speed Command of Attitude and Thrust — Contrôle automatique du Vol — En. — aéronautique
SCAT — Speed Control Approach and Take-Off — Vitesse automatique — En. — aéronautique
SCAT — Supersonic commercial air transport = **TSS** — En. — aéronautique
Scatha — Spacecraft charging at high altitude — satellite d'étude des charges électriques — En. — espace
Sc.B — (Scientiae Baccalaureus) Bachelor of Science — (Lat.) En. — enseignement
SCC — Satellite Control Center — Centre de Contrôle des Satellites — En. — satellites
Sc.D — (Scientiae Doctor) Doctor of Science — (Lat.) En. — enseignement
SCD — Selected course deviation — écart de route — En. — nav. avion
SCD — Specification control drawing — clauses techniques ou cahier des charges — En. — aéronautique
SCE — Selected calomel electrode — électrode au calomel saturé — En. — soudage
SCEPTRE — Systems for Circuit Evaluation and Prediction of Transient Radiation Effects — En. — électronique
SCERT — Systems and Computer Evaluation and Review Technique — En. — documentation
s.c.f. — Stress concentration — facteur de concentration — En.
SCG — Special Committee for Inter-Union Cooperation in Geophysics — En.
Sch — Schooner — schooner — En. — marine
Sch — (scholium) a note — note — En. — enseignement
Schmoo — Space cargo handler and Manipulator for orbital operations — En. — espace
Schupo — Schutzpolizei, Schutzpolizist — police, agent de police — De. — police (RFA)
Schw — Schwester — sœur, infirmière — De. — médical religion
SchwG — Schwurgericht — Cour d'Assises — De. — juridique
Sci — Sciences — En. — enseignement
SCI — Service Civil International — Fr. — social
SCI — symbole des cartes imprimées usinées (symbole CCTU) — Fr. — normalisation, électronique
SCIMIP — Syndicat National des Constructeurs et Installateurs de Matériels Industriels et Plastiques — Fr. — plastiques

SCLC — Space-Charge-Limited Current — Courant limité espace-charge — En. — électricité
S.C.M. — Student Christian Movement — Mouvement Chrétien Etudiant — En. — politique
SCOMO — Satellite Collection of Meteorological Observations — Satellites météorologiques — En. — météorologie
SCOR — Scientific Committee of Oceanic Research — En. — océanographie
SCORE — Service Corps of Retired Executives — En. — social
SCORE — Signals Communications Orbital Relay Experiment — En. — militaire, communications
SCOT — Shipborne Satellite Communications Terminal — Centre spatial sur bateau — En. — communications
SCP — Single Cell Protein — Protéine monocellulaire — En. — biologie
SCR — Section Cross-Reference — Référence section transversale — En. — dessin industriel
S.C.R — Semiconductor-controlled rectifier — = thyristor — En — semiconducteurs
S.C.R. — Silicon-controlled rectifier — = thyristor — En. — semiconducteurs
S/CR — Sine/Cosine Resolver — résolver sinus/cosinus — En. — informatique, math.
S.C.R. — Southwire continuous rod — ligne continue Southwire (Brochure SOUTHWIRE, spécialiste de la coulée continue de fil de machine en cuivre) — En. — métallurgie
SCRAMJET — Supersonic Combustion Ramjet — Statoréacteur supersonique — En. — moteur avion
SCROM — Scratchable Read-Only Memory — En. — informatique
SCS — Sea control ship — porte-avions — En. — marine milit.
S.C.S. — Semiconductor-Controlled Switch — Interrupteur à semiconducteur — En. — semiconducteurs
S.C.S — Singel Channel Simplex (VHF mode) — Simplet monocanal — En. — radiocommunications
S.C.T. — Subzero Cooling Treated — traité à basse température — En. — métallurgie
S.C.T. — Sub-zero cooling and temper — refroidissement à basse température et revenu — En. — métallurgie
S.C.T.A. — Sous-Comité Technique et Administratif (angl. TASC) — En. — aéronautique
SCTHP — Syndicat des constructeurs de Transmissions Hydrauliques et Pneumatiques — Fr. — industrie
SCTI — Service central de traitement de l'information — Fr. — informatique
S.C.U. — Signal Convertor unit — convertisseur de signal — En. — électronique
SCUBA — Self-contained underwater breathing apparatus — En. — nautique
S.C.V. — Statto Città del Vaticano — It. — politique, religion
SCV — Sonde cosmique verticale — Fr. — espace
SCVA — Séjours courts de vacance anglais — Fr. — enseignement
SD — Sauvetage-déblaiement — Fr. — sécurité
SD — « sens direct » (de rotation) (l'autre est SI) — Fr. — technique
SD — Sight Draft — Traite à vue — En. — commerce
SD — Sous-Directeur — Fr. — social
SD — « sur demande » — Fr. — général
SD — Sans dissolvant (poudres) — Fr.
s.d. — senza data — sans date — It. — documentation
SD — Sicherheitsdienst — Sûreté — De. — politique, police
s.d. — sine die — indéfiniment — lat. — général
s.d. — siehe dies(es), siehe dort — voyez, conférez, se référer à — De. — secrétariat
S.D. — South Dakota — Sud-Dakota — En. — géographie
SD — State Department — Département d'Etat (Ministère des AE) — En. (USA) — politique
sd — stéradian — unité d'angle solide — Fr. — unités
SDA — Schutzverband Deutscher — Société des Auteurs allemands — De. — social, littéraire
SDA — Schweizer-Depeschen-Agentur — Agence de presse suisse — De. — presse
SDAK — South Dakota — Sud-Dakota — En. — géographie
SDAP — système de dépannage automatique de piste (CROUZET) — Fr. — aéronautique
SDAU — Schémas Directeurs d'Aménagement et d'Urbanisme — Fr. — urbanisme
SDBL — Sight Draft, Bill of Lading — Connaissement — En. — commerce
SDC — Space Defense Center — Centre de Défense Spatiale — En. — militaire
SDC — Static Defect Correction (of altitude) — Correction d'altitude statique — En. — aéronautique
SDC — Submersible Decompression Chamber — Chambre de décompres-

sion en immersion — En. — océanographie
SDCE — Service de Documentation et de Contre-Espionnage — Fr. — politique
SDD — Space drive device — En. — espace
SDECE — Service de Documentation Extérieure et de Contre-Espionnage — Fr. — politique
SDF — Sans Domicile Fixe — Fr. — police
SDF — Self-Defense Force — Force d'Auto-Défense — En. — militaire
SDF — Single Degree of Freedom — Un (seul) degré de liberté — En. — gyroscopes
SdN — Société des Nations; Società delle Nazioni — Fr. It. — politique
SDR — Société de Développement Régional — Fr. — administration
SDR — Special Drawing Rights — Droits de Tirage Spéciaux — En. — juridique
SDR — Süddeutscher Rundfunk — Radio de l'Allemagne du Sud — De. — radio
SDRS — Splash Detection Radar System — En. — radar
SDS — Scientific Data System — Informatique scientifique — En. — informatique
SDS — Societas Divini Salvatoris — Ordre monastique — lat. — religion
SDS — Spare and Defense System — Système de Rechanges Défense — En. — militaire
SDS — Students for a Democratic Society (USA) — En. — politique
SDS — Surveillance du sol — Fr. — militaire
SDT — Simplification du Travail (procédé d'étude du travail) — Fr. — social
SDU — Servo-drive unit — servo-entraîneur — En. — mécanique, moteur
SDU — Synchronous Drive Unit — entraînement synchrone — En. — mécanique, moteur
SDUK — Society for the Diffusion of Useful Knowledge — En. — social
SE — Sélénium — int. — chimie
SE — Société européenne — Fr.
SE — soluble dans l'éther — Fr. — chimie
S.E. — Sua Eccellenza; Son Excellence — It. Fr. — social
SEA — South-East Asia — Asie du Sud-Est — En. — géographie
SEAC — South-East Asia Command — En. — militaire
SEACOM — South-East Asia Commonwealth Telephone Cable — En. — téléphone
SEAFAR — Search and Automatic Track Fixed Array Radar — En. — radar
SEATO — South East Asia Treaty Organization — OTASE — En. — politique
SEBIC — Sustained Electron Bombardment-induced conductivity — conductibilité induite par bombardement électronique — En. — électricité
Sec — salvo errori calculi — sauf erreur de calcul — It. — général
Sec — secante — sécante — It. — mathématiques
sec — secolo — siècle — It. — chronologie
sec — secondaire — Fr. — chimie
sec — secondary — secondaire — En. — général
SEC — Secondary Electron Conductivity or conduction — conductivité électronique secondaire — En. — électronique
sec — « sécher » — (traitement de surface) — Fr. — technique
sec — seconde — seconde — En. It., etc. — chronologie, unit.
sec — section — coupe — En. — dessin industriel
SEC — Sécurité — (composants électroniques) — Fr. — CCT normalisation
SEC — Securities and Exchange Commission (USA) (analogue à la COB fançaise) — En. — finances
SEC — Securities and Exchange commission — commission boursière — En. — finances
SEC — Semi-Essential Consumer Goods (Philippines) — En. — alimentation
SEC — Stock Exchange Commission (USA) — Commission de la Bourse — En. — bourse
SEC — Substances extractibles au chloroforme — Fr.
S.E.C. — Système Européen de Comptes économiques intégrés — Fr. — économie
SECAM — Séquentiel à Mémoire — (procédé couleurs) — Fr. — télévision
SECOR — Sequential collation of range — En. — satellites
SECT — Service d'équipement des champs de tir — Fr. — militaire
secy — secretary — secrétaire — En. us. — secrétariat, adm.
SED — Sozialistische Einheitspartei Deutschlands — De. — politique RDA
SEDAM — Société d'Etude de l'Aéroglisseur Marin — Fr. — transports
SEDAR — Shipborne Electronic Deflection Array Radar — En. — radar
SEDOS — Service de documentation et d'études sociales — Fr. — social, doc.
SEDRE — Service pour la documentation et la rationalisation des entreprises — Fr. — documentation économie
SEE — Scheibe Einbauelemente — pièces de montage des glaces — De. — avion
SEE — State Economic Enterprises (Turquie) — En. — économie

SEE — Systems Effectiveness Engineering — Ingéniérie économique — En. — économie
SEEF — Service des Etudes Economiques et Financières — Fr. — administration, économie
SEF — Small-end first — (navigation inertielle) — En. — nav. avion
S&FA — Shipping and Forwarding Agent — transitaire — En. — commerce
SEFT — Services d'Etudes et Fabrications des Télécommunications — Fr. — télécomm.
SEFT — Services d'Etudes et de Fabrication des Transmissions de l'Armée de Terre — Fr. — militaire
SEG — System Engineering Group — Groupe d'Ingéniérie Systèmes — En. — Ingéniérie
seg. — seguente — suivant — It. — bibliophilie
SEH — Single-engined helicopter — hélicoptère monomoteur — En. — aéronautique
SEI — Service exportation interentreprises — Fr. — commerce
SEI — Syndicat de l'emballage industriel — Fr. — industrie
SEITA — Service d'Exploitation Industrielle des Tabacs et Alumettes — Fr. — commerce
S.E.J.S.L. — Secrétariat d'Etat à la Jeunesse, aux Sports et aux Loisirs — Fr. — administration
Sek — Sekunde — seconde — De — chronologie
Sekr — Sekretär — secrétaire — De. — secrétariat
sel — selig, verstorben — bienheureux, défunt — De. — religion
SEL — Standard Elektrik Lorenz (Société) — De. — électricité, normalisation
SEL — Systems Engineering Laboratories — En
SELAM — Solarelektrisches-Antriebsmodul — Module de manœuvre à énergie solaire — De — espace
SEL-CAL — Selective calling — appel sélectif — En. — avion, radiocommunications
SELR — Selection Register (instruction) — En. — informatique
SEM — Scanning Electron Microscope — Microscope électronique à balayage — En. — microscope
Sem — Seminar — Séminaire, institut de Faculté ; travaux pratiques — De. — enseignement
SEM — Société d'Economie Mixte — Fr. — économie
SEM — Société d'Epargne Mobilière — Fr. — économie
SEM — Sua Eminenza — son Eminence — It. Fr. — social
SEMA — Société d'économie et de mathématiques appliquées — Fr. — économie
SEMINEX — Seminary in exile — Séminaire (« Concordia » de St. Louis-Missouri) en exil — En. — religion
Sen — Senator ; Sénateur — It. Fr. — politique
SEN — Senior — père, aîné, doyen, supérieur, principal — En. De. — social, enseignement
SEN — Sensing element — sonde — En. — carburant avion
SENS — Sensitivity — sensibilité — En. — électricité
SENSISTOR — (Marque de T.I.-USA) — Sensitive (to temperature) resistor — En. — électronique
SENTOL — Sensitivity-Tolerance — Tolérance de sensibilité — En. — électronique
SEOO — Sauf erreur ou omission — Fr. — secrétariat
SEO — Salvo errori e omissioni — sauf erreur ou omission — It. — secrétariat
se (&o) — salvo errore (et omissione) — sauf erreur ou omission — lat. De. — secrétariat
SEP — Section d'Education Professionnelle — Fr. — enseignement
SEP — Semi-essential Producer Goods (Philippines) — En. — alimentation
SEP — Specific Excess Power — Puissance spécifique en excédent — En.
SEPECAT — Société européenne de production de l'avion ECAT — Fr. — aéronautique
SEPRO — Security and Prosperity Fund (Luxembourg) — En. — économie
SEPS — Solar Electric Propulsion Stage (NASA) — Etage de Propulsion Electrique Solaire — En. — espace
Seq. — (sequentes or sequentia) the following or the next — suite ou suivant — (lat.) En. — général
SER — « fonte extra-résistante à bas carbone » (CAFL) — Fr. — métallurgie
Ser. — Serie — série, lignes groupées — De. — téléphone
Ser. — Series — Série — En. — général
Serb. — Serbia, Serbian — Serbie, Serbe — En. — géographie
SEREPT — Société de Recherche et d'Exploitation du Pétrole en Tunisie — Fr. — pétroles
Serg. — Sergent — Sergent — En. — militaire
SERIMA — Société d'entretien et de réparation industrielle de matériel aéronautique — Fr. — aéronautique

Serj. — Serjeant — Sergent — En. — militaire
SERL — Services Electronics Research Laboratory — En. — électronique, militaire
SERNAM — Service national des messageries — Fr. — transports
SERS — « Fonte extra-résistante à bas carbone » — Fr. — métal
SERT — Space Electric Rocket Test — essai de fusée électrique spatiale — En. — espace
SES — Surface-Effect Ship — navire à effet de surface — En. USNA. — militaire
SESSIA — Société d'Etude de Souffleries Supersoniques pour l'Industrie Aéronautique — Fr. — aéronautique
SESTRO — Société d'équipements spatiaux et astronautiques — Fr. — aérospace
SET — Selective Employment Tax — Taxe d'Emploi Sélective — En. — social, fiscal
SET — Surface d'exploitation totale — Fr. — économie
SETAC — Sektor TACAN — Secteur TACAN — De. — navigation, avion
SEUO — Salvo Error u Omisión — sauf erreur ou omission — El. — secrétariat
SEX — Son Excellence — (Evêque) — Fr. — religion
SEX — Son Excellence — (Ministre, Ambassadeur) — Fr. — social
SEZ — Sowjetische Besatzungszone — Zone occupée soviétique — De.
SF — Sans fils de connexion (Code CCTU des résistances) — Fr. — électricité
SF — Schadenfreiheitsklassen (DDR) — De. — social
S.F. — Science-Fiction — En. Fr. — littérature
SF — Schliessfach — boîte postale, compartiment de coffre-fort — De. — postes, banques
SF — Senkrecht—Fräsmaschine — fraiseuse verticale — De. — machines outils
Sf. — Sforzendo — It. — musique
SF — Shrink-fit — ajustage serré (à retrait) — En. — mécanique
SF — Slip-fit — ajustage glissant — En. — mécanique
SF — Special Fund — Fonds spéciaux — En. — finance
SF — Finlande (S pour finnois « Suomi », F pour suédois Finland) — int. — plaques auto
SFA — Service de Formation aéronautique — Fr. — aéronautique
SFA — Société Française d'Astronautique — Fr. — espace
SFA — Surface fourragère additionnelle — Fr. — agriculture
SFAR — Special Federal Aviation Regulation — Réglement Spécial de la FAA — En. — aéronautique
SFB — Sender Freier Berlin — Poste émetteur libre de Berlin — De. — radio, politique
SFC — Safety Flight Control — Contrôle de Sécurité aérienne — En. — aéronautique
SFC — Specific Fuel Consumption — consommation spécifique de carburant — En. — avion
SFE — Society of Fire Engineers — En. — sécurité
SFI — Société Financière Internationale — Fr. — finances
SFIB — Syndicat national des Fabricants d'Ensembles d'Informatique et de machines de bureau — Fr. — informatique
SFIE — Syndicat des Fabricants d'Isolants pour l'Electricité — Fr. — électricité
SFIO — Section française de l'internationale ouvrière — Fr. — politique
SFO — Seefracht-Ordnung — Règlement du Transport maritime — De. — transport
SFPM — Surface Feet per Minute — En. — unités
sfr. — schweizer franken — franc suisse — De. — monnaie
SFR — Selectable Fixed Resistor — Resistance réglable fixe — En. — électricité
SFT — Société Française des Thermiciens — Fr. — thermique
SFT — Société Française des Traducteurs — Fr. — traduction
SFT — Surface fourragère totale — Fr. — agriculture
S.G. — (sui menù) secondo grandezza — suivant la grandeur de la portion (sur les menus) — It. — hôtellerie
SG — Secrétaire Général — Fr. — social
SG — Shaft Governor — limiteur (de vitesse d'arbre) — En. — mécanique
SG — Slaved Gyro — gyroscope asservi — En. — gyroscopes
SG — Specific Gravity — Densité — En. — mesures
S.G. — Sua Grazia — Sa Grâce — It. Fr. — social
S.G. — Super Group — groupe secondaire — En. — appel téléphonique
SG — Angle sidéral local — Fr. — astronomie
SGAC — Secrétariat Général à l'Aviation Civile (du Ministère des Transports) — Fr. — Aéronautique
sgd — signed — signé — En. — secrétariat

SGDF — Solid-State Doppler Direction Finder — = radiogoniomètre Doppler à semiconducteurs — En. — radar
SGDG — Sans garantie du gouvernement — Fr. — brevets
SGDN — Secrétariat Général de la Défense Nationale — Fr. — militaire
SGHWR — Steam Generating Heavy Water Reactor — Réacteur à Eau lourde Générateur de vapeur — En. — nucléaire
SGL — Société des Gens de Lettres — Fr. — arts, littérature
SGLS — Space-ground link system — liaison espace-sol — En. — satellites (US ARMY)
sgt. — Sergeant — sergent — En. — militaire
sgte. — Siguiente — El. — général
S.H. — Seine Hochwohlgeboren — Monsieur (ancienne formule de politesse) — De. — social
S.H. — Seine Hoheit — Son Altesse — De. — social
Sh. — Share — action — En. — bourse
Sh. — Shilling — En. — monnaie
Sh — Sinus Hyperbolique — Fr. int. — mathématique
SHA — Sideral Hour Angle — Angle horaire sidéral — En. — astronomie
SHC — Sans hydrates de carbone — Fr. — alimentation
S.H.A.E.F. — Supreme Headquarters, Allied Expeditionary Forces — En. — militaire
SHAG — Sample High Accuracy Guidance system — En. — aéronautique
Shak. — Shakespeare — En. — histoire
SHANDAP — Shannon Data Processing Center — aéronavigation station-europe — En. — aéronavigation
S.H.A.P.E. — Supreme Headquarters of the Allied Powers in Europe — En. — militaire (OTAN)
SHB — Secondhand Bags — Sacs d'occasion — En. — commerce
S&h.ex. — Sundays and Holidays excepted — sauf dimanches et fêtes — En. — général
SHF — Short high frequency — haute fréquence courte — En. — électronique
SHF — Super High Frequency — Super haute fréquence — En. — électronique
SHG — Soforthilfgesetz — Loi sur l'aide immédiate — De. — social
shipt. — shipment — envoi, expédition — En. — commerce
Shorad — short range air defense system — défense aérienne à faible portée — En. — militaire
Shoran — Short Range Navigation Aid — navigation courte distance — En. — navigation, avion
s.h.p. — supplément honoraires pharmacien — Fr. — médecine sécurité soc.
SHP — Shaft Horse Power — puissance (mécanique) sur l'arbre — En. — mécanique, moteurs
Shr. — Share — action — En. — bourse
SI — Sauf imprévu — Fr. — général
SI — « Sens inverse » (de rotation) (l'autre sens est SD) — Fr. — technique
SI — Sièna — Sienne — It. — Plaques auto
Si — Silicium — Silice — int. — chimie
SI — Silicones — groupes de plastiques — Fr. int. — plastiques
Si — Sicherung — Fusible — De. — électricité
SI — Société Internationale — Fr. — Sociétés
S.I. — Staten Island — En. — géographie
S.I. — Study Item — Article à l'étude — En. — négociations
SI — Syndicat d'initiative — Fr. — tourisme
SI — Système métrique international décimal rendu obligatoire par décret 61-501 du 3 mai 1961 — Fr. — unités de mesure
SIAE — Salon International de l'Aéronautique et de l'espace — Fr. — aérospatial
S.I.A.E. — Società Italiana Autori ed Editori — It. — littérature
SIAL — Salon international de l'alimentation — Fr. — alimentation
SIAM — Sens inverse des aiguilles d'une montre — Fr. — technique
SIAP — Simplified Integrated Modular Base (Honeywell) — Base modulaire intégrée simplifiée — En. — électronique
SIAR — Service de la Surveillance Industrielle de l'Armement — Fr. — administration
SIAR — Service de l'Inspection Aéronautique Régionale — Fr. — administration, aéronautique
Sib — Siberia — Sibérie — En. — géographie
SIB — Standard interprofessionnel banalisé — Fr. — normalisation
SIBEV — Société Interprofessionnelle du Bétail et des Viandes — Fr. — commerce, alimentation
SIC — Security Intelligence Corps — En. — politique
Sic — Sicily — Sicile — It. — géographie
SIC — Sistema Integrato di Carico — Chargement intégré — It. — avion
SIC — Standard Industrial Classification — En. — normalisation
SICA — Société d'intérêt collectif agricole — Fr. — agriculture

SICAV — Société d'Investissement à Capital Variable — Fr. — banques
SICI — Société Immobilière pour le Commerce et l'Industrie — Fr. — finances
SICLI — Secours immédiat contre l'incendie (Sté) — Fr. — sécurité
SICOB — Salon international de l'informatique, de la communication et de l'organisation de bureau — Fr. — secrétariat
SID — Source-Image Distorsion — Fr. En. — télévision
SID — Standard Instrument Departure — Départ Standard aux instruments — En. — navigation, avion
SIDA — Swedish International Development Authority — En. — économie
SIREN — Système informatique pour le répertoire des Entreprises — Fr. — statistique
SIRET — Système informatique pour le répertoire des Etablissements — Fr. — statistique
SIDA — Service d'information et de documentation de l'apprentissage et de la formation professionnelle — Fr. — enseignement
SIDA — Sindacato italiano dell'automobile — Syndicat italien de l'automobile — It. — automobile
SIDA — Sistema integrato di difesa aerea — Système intégré de défense aérienne — It. — avion militaire
SIECA — Secretaría Permanente de Integración Económica Centroaméricana — El. — politique
SIECA — Service d'information, d'études et de cinématographie des armées — Fr. — militaire
SIES — Société des Italianistes de l'Enseignement Supérieur — Fr. — enseignement
S.I.F. — Selective Identification Feature — Repérage sélectif — En. — navigation avion
SIF — Service d'Information des Familles — Fr. — social
SIF — Sound Intermediate Frequency — En. — acoustique
Sig — Signalisation — signalisation — En. Fr. — électronique
sig. — signature — signature — En. — secrétariat, médecine
sig. — signore — Monsieur — It. — social
Sig man — Manual signalisation — signalisation manuelle — En. Fr. — électronique
Sign. — signal — composants électroniques — Fr. — CCT normalisation
Sign — Signiert — Signé — De. — secrétariat
sig.na — signorina — Mademoiselle — It. — secrétariat
sigra — signora — Madame — It. — social
SIL — Salon international du luminaire — Fr. — commerce
SIL — Secrétariat international de la laine — Fr. — vêtements
SILAT — Société industrielle d'aviation Latécoère — Fr. — aéronautique
SILICON — Silicium+Oxygen — En. Fr. — semiconducteur
SILO — Socialist Information and Liaison Office — En. — politique
SIM — Scientific Instrument Module — Module scientifique — En. — espace, satellite
sim — similarity — = angle de similitude (des pales d'hélices) — En. — aéronautique
SIM — Space Interceptor Missile — Missile d'interception spatiale — En. — espace militaire
SIMA — Silicium-magnésium (matière composant la croûte terrestre) — Fr. — géologie
SIMS — Single Item, Multi-Source — Article unique, sources multiples — En. — approvisionnement, industrie
sin — sinus — Fr. int. — mathématiques
sing. — singolare, singular, singulier, singularis — It. En. Fr. De. — grammaire
SINS — Ship's Inertial Navigation System — Système inertiel de bord — En. — navigation
SIP — Siphons (BOURDON) — Fr. — instruments
SIP — Surface initiale pondérée — Fr. — administration
SIPARE — Syndicat des Industries des Pièces détachées et Accessoires radioélectriques et électroniques — Fr. — radio, électronique
SIPI — Scientists Institute for Public Information — En. — documentation
SIPO — Sicherheitspolizei — Police de sûreté — De. — police
SIPRI — Stockholm international Peace Research Institute
SIRENE — Système informatique pour le répertoire des Entreprises et établissements — Fr. — statistique
SIRS — Satellite Infrared Spectrometer — satellite météo — En. — météo
SIRTC — Société Internationale des Recherches contre la Tuberculose et le Cancer — Fr.
SIS — Student Information System — En. — documentation
SISAL — Società italiana sistemi a lotto — Société italienne des loteries d'Etat — It. — Jeu
SISS — Single Item, Single source —

article unique, source unique — En. — appro-industrie

SITC — Standard International Trade classification — classification internationale — En. — documentation

SISTER — Special Institution for Scientific and Technological Education Research — En. — enseignement

SITI — Services interrégionaux de traitement de l'information — Fr. — informatique

SIS — Série Industrielle Standard (Chauvin-Arnoux) — Fr. — électricité

SITEL — Syndicat des Industries de Tubes Electroniques — Fr. — électronique

SITPRO — Simplification of International Trade Procedures — Simplification des procédures commerciales internationales — En. — commerce

S.J. — Societatis Jesu ; Society of Jesus ; Società Jesu ; Sociedad de Jesús Compagnie de Jésus — lat. En. De. Fr. It. El. — religion

S.J.C. — Supreme Judicial Court — Cour Suprême — En. — juridique

SK — sac papier kraft — Fr. — emballage

SK — Special killed — calmé spécial (métal) — En. — métallurgie

SK — Sportklub — Club sportif — De. — sports

Sk — stocke = unité de viscosité cinématique pour un gaz ou une vapeur — Fr. — chimie

SKD — Semi-Knocked Down — En.

S.K.H. — Seine kaiserliche (königliche) Hoheit — Son altesse impériale (royale) — De. — social

Skt. — Sanskrit — Sanscrit — En. — linguistique

Skt. — Sankt — Saint, sainte — De. — religion

S&L — Saving and Loan — Epargne et Prêt — En. — finances

SL — Seal Level — Niveau de la Mer — En. — général

s.l. — (sineloco) ohne Angabe des Druckorts — sans indication de lieu, de parution — (lat) De. — presse

S.l. — Sociedad Limitada — El. — commerce, industrie

SL — Soft Landing — atterrissage en douceur — En. — espace

SL — Speed Lever — Manette de vitesse Manette des gaz — En. automobile, avion

SL — Static Load — Charge Statique — En. — technique

SL — Surface Launch — lancement en surface — En. — fusées

SLA — Symbionese Liberation Army — (USA) — En. — politique

SLAC — Stanford Linear Accelerator center — En. — nucléaire

SLAM — Supersonic Low-Altitude Missile — En. — fusées

slanguage — slang+language — langage argotique — En. — linguistique

SLANT — Simulator Landing Attachment for Night Training — En. — espace

SLAR — Side-Looking Airborne Radar — Radar à vision latérale — En. — aéronautique, radar

SLATE — Small Light Weight Altitude Transmission Equipment — poste émetteur-récepteur léger de transmission en altitude — En. — militaire

SLBM — Submarine-launched ballistic missile — fusée ballistique sous-marine — En. — militaire

SLC — special Letter of Credit — Crédit spécial — En. — commerce

SLC — Sue and Labour Clause — Clause de Main-d'œuvre — En. — juridique

SLC — « Suivre la cote » — Fr. — dessin industriel

SLCM — Submarine-launched cruise missile — missile de croisière sous-marin — En. — militaire

SLD — Solid Logic Densified — En. — semiconducteurs

SLE — Systemic Lupus Erythematosus — En. — médecine

s.l.e.a. — sin loco et anno (ohne Ort und Jahr) — sans indication de lieu ni d'année — lat. De. — commerce

Slg — Sammlung — Collection — De. — général

SLL — Suppression de Lettres de Lecteurs — Fr. — presse

SLM — Schweizerische Lokomotiv- und Maschinenfabrik — (société suisse) — De. — industrie

S.l.m. — sul livello del mare — au-dessus du niveau de la mer — It. — général

SLOMAR — Space, Logistic, Maintenance and Rescue — En. — espace

SLP — Sleep — dormez (NASA) — En. — astronautique

SLR — Self-Loading Rifle — fusil autochargeur — En. — militaire

SLR — Sideways-Looking Radar — radar à vision latérale — En. — radar

SLR — Single-Lens Reflex — reflex monolentilles à un seul objectif — En. — photographie

SLS — Sea-Level Standard — atmosphère standard au niveau de la mer — En. — météo, aéronautique, normalisation

SLST — Sea-Level Standard Thrust — poussée en atmosphère standard — En. — aéronautique

SLT — Solid Logic Technology — En. — semiconducteurs

slt — solution — solution — En. Fr. — chimie, etc.
slt — SALT (voir ce sigle)
SLW — Seitenleitwerk — gouvernail de direction, empennage vertical — De. — avion
Sm — Samarium — int. — chimie
SM — Secourisme en Montagne — Fr. — sécurité
Sm — Seemeile — mille marin — De. — unités
SM — Sergeant Major — En. — militaire
SM — Service Module — Module de service — En. — espace
SM — Siemens-Martin — De. Fr. En. — métallurgie
SM — Small Arm — En. — militaire
SM — Spectromètre de masse — Fr. — mesures
SM — Stato Maggiore — Etat Major — It. — militaire
SM — Strategic Missile — engin stratégique — En. — militaire
SM — Sua Mestà ; Sa Majesté ; Seine Majestät ; Su Majestad — It. Fr. De. El. — social
SM — Supermarché — Fr. — commerce
SMA — Service militaire adapté — Fr. — militaire
SMA — Sowjetische militarische Administration — De. — politique
SMAG — Salaire Minimum Agricole Garanti — Fr. — social
SMART — Signal monitoring and retraction technique (SPERRY) — En. — navigation
SMC — Sealer Motor Construction — En. — moteurs
SMCB — Service mixte de contrôle biologique — Fr. — alimentation
s.MG — schweres Maschinengewehr — mitrailleuse lourde — De. — militaire
SMG — Stato Maggiore Generale — Etat-Major général — It. — militaire
SMGA — Salaire minimum garanti en agriculture — Fr. — administration
SMI — Supplementary Medical Insurance — Assurance médicale complémentaire (US) — En. — social
SMI — Surface minimum d'installation — Fr. — administration
SMIC — Salaire minimum interprofessionnel de croissance — Fr. — administration
SMIG — Salaire minimum interprofessionnel garanti — Fr. — administration
SMISO — Système mondial intégré de stations de données océaniques — Fr. — océaonologie
SMIT — Spin Motor Interruption Technique — En.
SMNP — Salaire minimum national professionnel — fr. — administration
SMOG — SMoke FOg — fumée formant brouillard (GB) — En. — environnement
SMOM — Sovrano Militare Ordine di Malta — Ordre souverain militaire de Malte — It. — social
SMP — Sachet moufle protecteur (pour traitement thermique) — Fr. — métallurgie
SMRD — Spin Motor Running Detector — En.
SMS — Synchronous Meteorological satellite — Satellite météo-synchrone — En. — satellites météorologique
SMSA — Standard Metropolitan Statistical Aeras (US) — En. — statistiques population
SMSB — Service mixte de sécurité biologique — Fr. — sécurité
SMSR — Service mixte de sécurité radiologique — Fr. — sécurité
SMTI — Selective Moving Target Indicator — En. — militaire
SMUR — Service Médical d'Urgence et de Réanimation — Fr. — médecine
SN — Sauvetage nautique — Fr. — sécurité
S/N — Serial Number — Numéro de Série — En. — commerce
S/N — Signal-to-Noise — Rapport signal-bruit — En. — sonar, radar
s/n — sin numero — non numéral — El.
s.n. — sine nomine (ohne Namens Angabe) — sans indication de nom — lat. De. — documentation
S/N — Shipping Note — = note d'embarquement ; Bordereau d'Expédition — En. — commerce
Sn — Stagno (lat. Stannum) — Etain — It. int. — chimie
S/N — Steering needle — aiguille de commande — En. — nav. avion
SNA — Société Nationale Aérospatiale — Fr. — aérospace
SNAP — Selected National Account Program — Programme des Clients nationaux sélectionnés — En. us. — commerce
SNAP — System for nuclear auxiliary power — = moteur atomique — En. — moteurs
S.N.C. — Société en Nom Collectif — Fr. — commerce
SNC — Syndicat national des collèges — Fr. — enseignement
S.N.C. — Système Nerveux Central — Fr. — médecine
SNCB — Société nationale des chemins de fer belges — Fr. — chemin de fer
S.N.D.A. — Società Nazionale Dante Alighieri — It. — social
SNEP — Safety Nuts European Produc-

tion — Ecrous de sécurité, production européenne — En. — visserie

SNGR — Sin Nuestra Garantia ni Responsabilidad. — Sans garantie ni Responsabilité — El. — commerce

SNH — Service de Normalisation des Houillères — Fr. — normalisation

SNIAS — Société Nationale Industrielle Aérospatiale — Fr. — aéronautique

SNLE — Sous-Marin Nucléaire Lanceur d'Engins — Fr. — militaire

SNMP — Syndicat National du Moulage et de la transformation des feuilles et films plastiques — Fr. — plastiques

S.N.O. — Senior Naval Officer — Officier supérieur de marine — En. — marine

SNPA — Syndicat National des Plastiques Alvéolaires — Fr. — plastiques

SNPM — Standard and Nuclear Propulsion Module — Module à propulsion standard et nucléaire — En.

SNPO — Space Nuclear Propulsion Office (NASA) — En. — espace, nucl.

SNPQR — Syndicat National de la Presse Quotidienne Régionale — Fr. — presse

SNQ — Service National de la Qualité — Fr. — contrôle

SNR — Schneller Neutronen Reaktor — réacteur rapide à l'azote — De. — nucléaire

SNSCE — Service national des Statistiques du Commerce Extérieur — Fr. — administration

SNST — Société Nationale pour la vente des scories Thomas — Fr. — métallurgie

SNTRPCVR — Syndicat National des Fabricants de Tubes et Raccords en Polychlorure de Vinyle Rigide — Fr. — plastiques

SNU — Solar Neutrinos Units — Unités de neutrinos solaires — En. — physique

SNV — Schweizerische Normenvereinigung — Association de Normalisation suisse — De. — normalisation

S.O. — Second Oeuvre — Fr. — bâtiment

SO — Self-obturateur — Fr. — technique

s.o. — seller's option — au choix du vendeur — En. — commerce

S.O. — angle Sidéral Origine — Fr. — astronomie

s.o. — siehe oben — voyez plus haut — De. — général

s.o. — sine obligo (ohne Gewähr) — sans garantie — (lat) De. — commerce

S.O. — Sondrio — It. — plaques auto

So. — South, southern — Sud, occidental — En. — géographie

SO — Staff Officer — officier d'Etat-Major — En. — militaire

S.O. — Sud-Ouest ; Sud-Ovest ; Südost — It. Fr. De. — géographie

SOAF — Sultan of Oman's Air Force — En. — aéronautique, militaire

SOAI — Service des Organisations Aéronautiques Internationales — Fr. — aéronautique

SOAR — Safe Operating Area — En. — militaire

SOC — Shut-off cock — = robinet de fermeture de carburant, anti-feu — En. — avion

Soc. — Socialist — En. — politique

Soc. — Società ; society — Société — It. En. — social, commerce

SOCOM — Solar Optical Communications System — En. — communications

SOCOR — Special Committee on Oceanic Research — En. — océanologie

SOD — Small Object Detector — Détecteur de mines — En. — militaire

SOEP — Solar-oriented experiment package — équipement solaire expérimental — En. — satellites

SOERO — Small Orbiting Earth Resources Observatory — En. — satellites

SOFA — the State of Food and Agricultural — En. — alimentation

SOFIA — Système d'ordinateurs pour le fret international aérien — Fr. — aéronautique

SOFIRAD — Société Financière de RAdiodiffusion — Fr. — finances

SOFRES — Société Française d'Enquêtes par Sondages — Fr. — statistiques

sog. — sogennant — (ainsi) nommé — De.

SOGESTA — Société de gestion du personnel navigant des compagnies aériennes — Fr. — aéronautique

SOIVCE — Servicio Official de Inspección y Vigilancia del Comercio Exterior (España) — El. — commerce

SOL — Service d'Ordre de la légion — Fr. — militaire

sol — solide — Fr. — chimie

Sol-Gen. — Solicitor-General — Procureur Général — En. — juridique

SOM — Sortie d'Ordinateur sur Microfilms — Fr. — informatique

SOM — Standard Operations Manual — Manuel des Opérations Standard — En. — aéronautique

SONAR — Sound navigation and ranging — son, navigation et distance (SONAR) (Voir ASDIC) — En. — sonar

SOPHRUC — Société des Planteurs d'Hévéas pour le Ramassage et l'Usinage du Caoutchouc — Fr.

SOPSTO — Simulation of Power-Supply Turn-On — En.

SÖR — Sozial-Ökonomisches Rat — Conseil Socio-Economique — De — économie, social

SOR — Specified Operational Require-

ment — Condition Opérationnelle — En.
S.O.S. — Save our Souls — Sauvez nos âmes — En. int. — sauvetage, sécurité
SOS — Silicon on Sapphire — Silicium sur saphir — En. — Semiconducteurs
SOS — Stabilized Optical Sight — viseur optique stabilisé — En. — militaire
sost. — sostantivo — substantif — It. — grammaire
sott.te — Sottotenente — Sous-Lieutenant — It. — militaire
SOV — Shut-off valve — clapet de fermeture — En. — hydraulique
SOV — Simulated Operational Vehicle — Simulateur de Véhicule — En.
Sov. — Sovereign — Souverain (pièce d'or 20 shg) — En. — monnaie
Sowj. — Sowjetisch — soviétique — De. — politique
Soz. — sozialistisch — socialiste — De. — politique
S.P. — Santo Padre — Saint-Père — It. Fr. — religion
SP — Secteur Postal — Fr. — postes militaires
SP — Self-propelled — auto-propulsé — En. — militaire
SP — Self-propelled (guns) — (canons) auto-moteurs — En. — militaire
SP — set pots — réglage potentiomètres — En. — informatique
SP — Shore patrol — garde-côtes — En. — militaire
SP — Smoke point — point de fumée — En. — test, physique
SP — soluble dans PO_4H_3 concentré — Fr. En. — chimie
Sp. — Spalte — colonne, rubrique — De. — presse
SP — Spare Part — pièce de rechange — En. — ordinateurs
SP - Special Performance aircraft (as in 747SP) — avion à performances spéciales — En. — aéronautique
Sp — Spain, spaniard, spanish — Espagne, Espagnol, espagnol — En. — géographie
SP — La Spezia — It. — plaques auto
SP — Spécial (e) — Fr. — général
SP — Static Pressure — Pression statique — En. — pression
SP — « suivant plan » — Fr. — dessin industrie
S.P. — Supra Protest — sous protêt — En. — banque, commerce
S.p.A. — Società per azioni — société par actions — It. — commerce
S.P.A. — Société protectrice des Animaux ; — Società Protettrice degli Animali — Fr. It. — social
SPA — Surface pondérée de l'acquisition — Fr. — bâtiment
SPAD — Système perfectionné anti-dérapant (HISPANO-SUIZA) — Fr. — atterrissage avion
SPADAT — Space Detection and Tracking — détection et poursuite spatiale — En. — espace
SPAN — Stored-Program Alpha-Numeric System — En. — informatique radar
SPANAT — Systems Plannings Team for the North Atlantic Region — En.
SPAR — Sea-going Platform for Acoustic Research — Plateforme acoustique maritime expérimentale — En. — océanographie
SPAR — Women's Coast Guard Reserve — Garde-côte féminine de Réserve — En. us. — militaire
SPARC — Space Air Relay Communications — En. — communication
SPARTA — Spacial Antimissile Research Tests in Australia — En. — militaire
SPAS — Chambre Syndicale de Production d'aciers fins et Spéciaux — Fr. — métallurgie
SPC — Silver-Platted Copper — cuivre argenté — En. — câbles coaxiaux
SPC — South Pacific Commission — Commission du Pacific Sud — En. — économie
S.P.C.A — Society for Prevention of Cruelty to Animals — En. — social
SPCC — Silver-platted cadmium copper (coax.) — En. — câbles
S.P.C.C. — Society for Prevention of Cruelty to Children — En. — social
S.P.C.K. — Society for Promoting Christian Knowledge — En. — social, relig.
SPCW — silver-plated copper-covered steel wire (coax.) — En. — câbles
SPCWA — silver-platted copper-covered steel wire, annealed (coax.) — En. — câbles
SPD — Sozialdemokratische Partei Deutschland — De. — politique
SPD — System Program Director — En.
SPDT — single pole double throw — relai simple inverseur — En. — électricité
SPE — Service de Propagande économique — Fr. — économie
SPE — Surface pondérée de l'exploitation — Fr. — économie
spec. — specialmente — spécialement — It. — général
spec. — specification — spécification, caractéristique — En. — technique
spec. — spectrum — spectre — En. — physique
specif. — specifically — Spécifiquement — En. — général
SPEI — Società per le Esportazioni e le Importazioni (Italia) — It. — commerce
SPER — Syndicat des Industries de Matériel Professionnel Electronique

et Radioélectrique — Fr. — Radioélectr.
SPERT — Simplified Program Evaluation and Review Technique — En. — documentation
SPES — Secours populaire aux familles des personnes épurées ou sanctionnées — Fr. — social
SPES — Secours populaire pour l'entraide et la solidarité — Fr. — social
SPET — Solid Propellant Electrical Thruster — En.
Spett. — spettabile — (titre honorifique) — It. — secrétariat
spez.Gew. — spezifisches Gewicht — masse spécifique — De. — physique
S.P.G. — Society for the Propagation of the Gospel — Société pour la Propagation de l'Evangile — En. — religion
sp.gr. — specific gravity — masse spécifique — En. — physique
SPI — Society of Plastic Industries, inc — En. — normalisation plastique
SPI — Symbolic pictorial indicator — élément d'affichage symbolique — En. — instr., avion
SPIE — Système de paiements intra-européens — Fr. — commerce
SPIO — Spitzenorganisation der deutschen Filmindustrie — De. — cinéma
SPIW — Special Purpose Individual Weapon — Arme individuelle spéciale — En. — militaire
spl. — simplex (einfach) — simple — (lat.) De. — général
SPL — Sound Pressure Level — Niveau de pression sonore — En. — acoustique
S.P.M. — sue proprie mani — personnel — It. — secrétariat
SPO — Sozialdemokratische Partei Österreichs — De. — politique
SPO — Systems Project (or program) Office (USAF) — Bureau des Projets Systèmes — En. — militaire
SPQ — Standard Package Quantity (Rolls) — Quantité Standard — En. — commerce, moteurs
S.P.Q.R. — (Senatus Populusque Romanus) — Sénat et peuple romains — lat. — histoire
SPR — Semi-permanent repellent — anti-pluie semi-permanent — En. — nav., avion
s.p.r. servizio permanente effettivo — d'active, de service — It. — militaire
SPR — Simplified Practice Recommendation — En. — aéronautique
SPR — Solid Propellant Rocket — Fusée à poudre — En. — fusées
spr. — sprich — prononcez — De. — grammaire
SPR — Surface pondérée de référence — Fr. — bâtiment
SPRAG — Spray Arrester Gear — En.
SPS — Sulfapyridine de sodium — Fr. — chimie
spt. — spot — place, lieu — En. — commerce
SPUD — Solar Power Unit Demonstrator — En.
SPUR — Space Power Unit Reactor — En. — nucl., espace
sq — square — carré — En. — mathématiques
SQ — Stéréo-quadriphonie — Fr. — acoustique
SQ — Sulfaquinoxaline — Fr. — chimie
Sq Ft — Square Foot — pied carré — En. — unités
Sq In — Square Inch — pouce carré — En. — unités
Sq M — Square Mile — Mille carré — En. — unités
Sq Po — Square Pole — Pole carré — En. — unités
Sq R — Square Rod — Rod carrée — En. — unités
SQS — Sulfaquinoxaline de sodium — Fr. — chimie
Sq Yd — Square Yard — Yard carré — En. — unités
S.R. — Sacra Rota — Sacrée Rote — It. — religion
SR — Secourisme routier — Fr. — social
S.R. — Self-raising — qui lève seule (farine) — En. — alimentation
Sr. — Senior ; señor — Monsieur — It. El. — social
Sr. — Seiner (Durchlaucht, etc.) — Son (Altesse, etc.) — De. — social
SR — Série des valeurs recommandées — Fr. — doc., CCTU
SR — Service de Renseignements — Fr. — politique, etc.
S-R — Set-reset — armé-réarmé (circuit logique) — En. — semiconducteur
SR — Short Range — faible portée — En. — militaire
SR — Siracusa — Syracuse — It. — plaques auto
Sr. — sister — sœur — En. — social
SR — Solid Rocket — fusée à combustible solide — En. — militaire
Sr. — Soror (Ordensschwester) — sœur — De. — religion
SR — Specific Range — portée spécifique — En. — radar, etc.
S.R. — State-Registered (nurse) — reconnue par l'Etat — En. — social
SR — Strategic Reconnaissance — US — En. — av. militaire

SR — Stress-relieved — détendu (métal) — En. — métallurgie
Sr. — strontium — int. — chimie
SR — Switch register — tableau de commutation — En. — informatique
Sra — Señora — Madame — El. — social
SRA — Spin reference axis — axe de référence rotation — En. — nucléaire
SRAAM — Short Range Air-to-Air Missile — Missile Air-Air faible portée — En. — fusée milit.
SRAM — Short Range Attack Missile — Missile Tactique faible portée — En. — militaire
SRB — Solid Rocket Booster — Moteur-fusée à poudre — En. — espace
SRC — Step & Repeat Camera — Caméra coup par coup et répétitrice (pour reproduction industrielle) — En. — Photo
SRC — Short Range Cruise — croisière court courrier — En. — aéronautique
SRCC — Strike, Riots and Civil Commotions — Grèves, émeutes et désordres civils — En. — politique
SRD — Step Recovery Diode — En. — semiconducteur
SRE — Sodium reactor experiment — réacteur au sodium expérimental — En. — nucléaire
SRE — Surveillance radar equipment — radar de surveillance — En. — radar
SRE — Survey radar equipment — radar de surveillance — En. — radar militaire
Sres — Señores — Messieurs — El. — social, secrétariat
SRET — Satellite de recherches et d'environnement technique — Fr. — satellites
SRG — Schweizerische Rundfunkgesellschaft — Radio suisse — De. — radio
S.R.I. — Sacrum Romanum Imperium — Saint-Empire Romain — lat. En. — histoire
s.r.l. — Società a Responsabilità Limitata — S.A.R.L. — It. — commerce
SRME — Submerged Repeater Monitoring Equipment — équipement de contrôle de répéteur immergé (câbles sous/m.) — En. — téléphone
S.R.N. — State-Registered Nurse — Infirmière diplômée — En. — social, médecine
SRO — Science Research Organization (USA) — En. — science
SRO — Standing Room Only — En.
SROT — Situation résumée des opérations du trésor — Fr. — administration
SRPC — Série Résistante aux Produits Chimiques (anti-rouille COMET) — Fr. — peintures
SRPJ — Services régionaux de police judiciaire — Fr. — administration
SRS — (Societatis Regiae Socius) Fellow of the Royal Society — Membre de la société royale — En. — social
SRS 1000 — Student Response System 1000 — En. — documentation
SRSK — Short Range Station Keeping — En.
Srta — Señorita — Mademoiselle — El. — social
SRU — Shop replaceable unit — matériel remplaçable en atelier — En. — commerce
S.S. — Santa Sede — Saint Siège — It. Fr. — religion
SS — Santi — Saints — It. — religion
SS — Santissimo — Très-Saint — It. — religion
SS — Sassari — It. — plaques auto
SS — Schutzstaffel = section de protection, corps de défense — De. — police milit. histoire
SS — Sécurité Sociale — Fr. — social
S.S. (atto) — «attento y seguro servidor» — «votre dévoué serviteur» — El. — secrétariat
S/S — shipset — Jeu (de matériel) par avion — En. — aéronautique
s.S. — siehe Seite — voir page — De. — général
SS — Sol-Sol — Fr. — fusées milit.
SS — Sommersemester — semestre d'été — De. — général
S.S. — Steamship — navire à vapeur — En. — marine
S.S. — Straits Settlements — En. — histoire
S.S. — Straight side (wheel rim) — En. — technique
SS — symbole des stratifiés plaqués cuivre — Fr. — électronique
S.S. — Sua Santilà, Su Santidad — Sa Sainteté — It. El. Fr. — religion
S.S. — Sunday School — Ecole du Dimanche — En. — religion
SS — « one half » — « par moitié » — En. — médecine
SSA — Social Security Administration — Sécurité Sociale US. — En. — social
SSA — Social Security Act — Loi sur la Sécurité Sociale (US) — En. — social
SS.AA. — Sus Altezas — Leurs Altesses — El. — social
SSB — Service social breton — Fr. — social
SSB — Single-Side Band — BLU — En. — radio
SSB — «Star-Spangled Banner» — La Bannière étoilée (drapeau US) — En. — politique
SSBS — Sol-Sol Ballistique Stratégique (fusées) — Fr. — fusées milit.
SSBT — Sol-Sol Ballistique Tactique — Fr. — fusées milit.

SSC — Single silk-covered — guipé soie — En. — câbles élect.
SSC — Sodium silicat chromic — En. Fr. — chimie
S.S.C. — Solicitor before the Supreme Courts — En. — juridique
SSD — Space Systems Division — Section des systèmes spatiaux — En. — espace
SSD — Staatssicherheitsdienst — Police de sûreté (RDA) — De. — police politique
SSE — «sans soudure étiré» (tube) — Fr. — métallurgie
SSE — Single silk enamel — guipé sur émail — En. — câbles électr.
SSE — Space, Silence, Economy (slogan for CORVETTE ad in the USA) — En. — aéronautique
SSEP — System Safety Engineering Proposal — En. — sécurité
SSF — Seconds Saybolt Fueloil — (viscosité carburants et huiles) — En. — unités
SSGS — Standardized Space Guidance System — En. — espace
S/Sgt — Staff Sergeant — En. — militaire
SSI — Small Scale Integration — miniaturisation — En. — aérospatial
SSIAR — Service de la Surveillance Industrielle de l'Armement — Fr. — militaire
SSL — Soffiamento dello Strato limite — soufflage de la couche limite — It. — aérodynamique
SS LORAN — Skywave-synchronized Loran — En. — navigation
SSLP — Sol-Sol Longue Portée — Fr. — fusées milit.
SSLT — Starboard Side Light — feu latéral droit — En. — avion
SSM — Surface-to-Surface Missile — engin de surface — En. — fusées milit.
SSME — Space-Shuttle Main Engine — Moteur principal de la Navette Spatiale — En. — espace
SSmo — Santísimo — très saint — El. — religion
SSP — (acte) sous seing privé — Fr. — juridique
SSPE — Semi-solid polyethylene — En. int. — plastiques
SSPLY — Semi-Solid Polyethylene — En. int. — plastiques
SS.PP — Santi Padri — les saints pères — It. — religion
ss.pr. — sous pression — Fr. — physique, chimie
SSR — Secondary Surveillance Radar — radar de surveillance secondaire — En. — radar
SSR — Soviet Socialist Republic — RSS — En. — politique
SSS — Services de Sondages et Statistiques — Fr. — statistiques
SSS — Solid State System — entièrement transistorisé — En. — semiconducteur
S.S.S. — Su seguro servidor — votre dévoué serviteur — El. — secrétariat
SSSC — Single Sideband Suppressed carrier — émission sur BLU et suppression de l'onde porteuse — En. — radio
SST — Seehafen-Speditions Tarife — tarifs portuaires d'expédition — De. — commerce
SST — Supersonic Transport — avion supersonique commercial — En. — avion
SSTA — Supersonic Transport Authority — En. — aéronautique
SSU — Seconds Saybolt Universal — Viscosité carburants et huiles — En. — unités
SSV — Ship-to-surface vessel — (radiocommunications maritimes) — En. — communications
SSV — Sommerschlussverkauf — soldes d'été — De. — commerce
SSVC — Sodium Silicat Vanadium Chromic — En. — chimie
SSVO — Strahlenschutzverordnung — Règlement sur la protection contre les rayonnements — De. — sécurité
SSWM — Standing Spin-Wave Mode — En.
St. — saint (fém. Ste) — saint — En. — religion
S.T. — salvo titulo (anstatt des Titels) — à la place du titre — lat. (De.) — général
St — Sankt — saint — De. — religion
ST — Sans tacite reconduction — (contrats) — Fr. — juridique
ST — Service temporaire (d'un moteur-CEM) — Fr. — électricité
s.t. — short ton — petite tonne — En. — unités
s.t. — sine tempore (pünktlich) — à l'heure dite — lat. (De.) — général
ST — Solution Treated (Quenched but not aged-HARVEY) — Traitement de mise en solution (trempé mais non mûri-HARVEY) — En. — métal
St — Stab — état-major — De. — militaire
ST — Stampiglia — estampille — It. — commerce
st. — stanza — stance — En. — poétique
St. — stone (14 lbs) — pierre — En. — unité de masse
St — straight — droit (non courbe) — En. — général
St — Strait — détroit — En. — géographie
St — Street — rue — En. — postes
St — Stück — pièce, morceau — De. — commerce

st — Stunde — heure — De. — unités
sta — santa — sainte — El. — religion
STA — Service technique aéronautique — Fr. — administration
STA — Solution-Treated and aged — mis en solution et mûri — En. — métal
STA — Stammaktien — actions ordinaires — De. — bourse
s.t.a. — steel tape armour — armature à ruban d'acier — En. — câbles
staatl. — staatlich — national — De. — politique, etc.
STAB — Stabiliser — stabilisateur — En. — avion
STABA — Statistisches Bundesamt — Bureau fédéral des statistiques — De. — statistiques
STADAN — Space Tracking and Data Acquisition Network — Centre Informatique Spatial — En. — espace
Staffs. — Staffordshire — En. — géographie
STAG — Steam and Gas (centrale à cycle mixte turbine-chaudière=français. VEGA) — En. — électricité
Stalag. — Stammlager — Camp définitif (de prisonniers) — De. — politique
STAMP — Small Tactical Serial Mobility Platform — (pour vol individuel) — En. — militaire
STAN — Sum total and nosegear — système de pesage des avions pour le chargement à l'escale — En. — aéronautique
STANAG — Standardization Agreement — Accord de Normalisation — En. — normalisation
STAR — Satellite de télécommunication, d'application et de recherche — Fr. — espace
STAR — Satellite telecommunications with automatic routine — En. — satellites
STAR — Scientific and technical aerospace report (NASA) — En. — espace
STARR — State-of-the-Art Recorder/reproducer (BELL & HOWELL) — En. — électronique
STARS — Silent Tactical Attack Reconnaissance System (USNAVY) — En. — militaire
STARS — Sperry Three-Axis Ref. Syst. — Système Triaxial de Référence Sperry (Contrôle du vol) — En. — aéronautique
STARS — Standard Terminal Arrival Route — = route standard d'arrivée au terminal — En. — nav., avion
START — Spacecraft technology and advanced re-entry tests — En. — militaire, espace
stat. — « at once » — « immédiatement » — En. — médecine
STATE — Simplified tactical approach and terminal equipment — En. — militaire
STBA — Service technique des bases aéronautiques — Fr. — aéronautiques
Stbd — Starboard — côté droit (sur un navire, etc.) — En. — marine, etc.
STBY — Standby — en attente — En. — aéronautique
S.T.C. — Senior Training Corps — Préparation militaire supérieure — En. — militaire
S.T.C. — Supplemental type certificate — certification de type régional — En. — aéronautique
STC — Semiforati a Testa cilindrica — demi-tubulaires à tête cylindrique — It. — rivets
STCAN — Service technique des constructions et armes navales — Fr. — marine
S.T.D. — (Sacrae Theologiae Doctor) Doctor of Divinity — = théologien — En. — religion
S.T.D. — Spécifications techniques détaillées (éléments normalisés des marchés publics - bâtiment et travaux publics) — Fr. — administration
STD — Standard — standard, norme — En. — normalisation
Std. — Stunde — heure — De. — chronologie
S.T.D. — Subscriber Trunk Dialing — En. — téléphone
STE — Spécification technique d'équipement (SNIAS) — Fr. — aéronautique
STEDI — Space Thrust Evaluation and Disposal Investigation — En. — espace
STEG — Staatliche Erfahrungsgesellschaft fur öffentliches Gut — De.
steelionaire — steel + millionaire — En. — social
stellv. — stellvertretend — remplaçant, par intérim — De. — secrétariat
STEM — Shaped tube electrolytic machining — usinage électrolytique tubulaire — En. — industrie
StEm — sortie émission — Fr. — radioélectricité
STET — Simulateur de tir et d'entraînement tactique — Fr. — militaire
STEP — standard equipment practice modules — calculateur de bord FERRANTI — En. — aéronautique
STEM — Stay time extension module — En.
STEM — Storable tubular extendable membre — En.
St. Ex. — stock-exchange — bourse — En. — bourse
stg. — sterling — sterling — En. — monnaie

StGB — Strafgesetzbuch — Code Pénal — De. — juridique
STGB — Strafgesetzbuch — code pénal — De. — juridique
STGT — Secondary Target — Objectif Secondaire — En. — militaire
STH — Surface Toujours en Herbe — Fr. — agriculture
StHf — Sortie Haute fréquence — Fr. — électronique
STI — Service du Traitement de l'Information — Fr. — informatique
STI — Service des Transmissions de l'Intérieur — Fr. — administration
STINGS — Stellar/Inertial guidance system — navigation stellaire/inertielle — En. — navigation
STM — Standards, Temps et Mouvements (méthode) — Fr. — organisation
STNA — Service Technique de la Navigation Aérienne — Fr. — aéronautique
StNr — SteuerNummer — numéro d'imposition — De. — administration
Sto. — santo — saint — El. — religion
STOL — Short Take-Off and Landing — ADAC — En. — aéronautique
STOP — Stable Ocean Platform — plateforme océanique stable — En. — océanographie
s to s — station to station — de gare à gare — En. — commerce
STP — Standard Temperature and Pressure — Température et Pression Standards — En. — mesures
stp — stop — Fr. En. int. — télex
STPD — Standard Temperature and Pressure, Dry — (circuit oxygène avion) — En. — aéronautique
StPO — Strafprozessordnung — code de procédure pénale — De. — juridique
STR — status register — (élément software) — En. — informatique
Str — Strasse — rue — De. — général
Str — Street — rue — En. — général
Str — Strophe — strophe — De. — général
STRACS — Surface Traffic Control System — Contrôle de la Circulation — En.
Strec — sortie réception — Fr. — radioélectr.
STRESS — Structured Engineering System Solver — En.
STRIDA — Système de Transmission et de Recueil d'Informations de Défense Aérienne — En. — militaire
STS — Sistemi di Telecommunicazioni via Satelliti (consorzio per) — It. — espace télécomm.
STS — State Technical Services Act 1965 — (USA) — En. — politique
STS — Sulfathiazole de sodium — Fr. — chimie
St Tffqid — sortie transfert de fréquences d'identification — Fr. — électronique
Stud. — Studierender — étudiant — De. — enseignement
Stud. Ass — Studienassessor — professeur délégué (de lycée) — De. — enseignement
Stud. R. — Studienrat — professeur (de lycée) — De. — enseignement
Stud. Ref. — Studienreferendar — professeur stagiaire — De. — enseignement
Stuka — Sturzkampfflugzeug — bombardier en piqué — De. — militaire, histoire
Stv — Stellvertreter — remplaçant, représentant — De. — commerce, etc
StVO — Strassenverkehrsordnung — code de la route — De. — automobile
STW — Statistische Warenverzeichnis — indices statistiques — De. — économie
SU — Sensory Unit — capteur, palpeur — En. — machine-outil
s.u. — siehe unten — voir plus bas — De. — général
S.U. — Sonnenuntergang — coucher de soleil — De. — général
SU — Soviet Union — URSS — En. int. — Plaques auto
SU — Polysulfone — En. Fr. int. — plastiques
SUAD — Service d'Utilité agricole de développement — Fr. — agriculture
sub. — subaltern — subalterne — En. — militaire, etc.
sub. — submarine — sous-marin — En. — marine
SUBROC — Submarine Rocket — fusée sous-marine — En. — militaire
subst — substantive — substantif — En. — grammaire
subst — substitute — remplacer par — En. — général
SUC — Semi-Unclassified consumer goods — (Philippines) — En. — alimentation
südd — süddeutsch — de l'Allemagne du Sud — De. — géographie
SÜDENA — Südwestdeutsche Nachrichtenagentur — Agence de presse sud-ouest allemande — De. — presse
suf. — suffix — suffixe — En. — grammaire
SUL — Secretario Uruguayo de la Lana — El. — commerce
SUL — Sulfones, Polysulfones — Fr. int. — plastiques
SUM — Surface to Underwater missile — engin sol mer — En. — militaire
SUMA — Supermarché — Fr. — commerce
SUN — Serum Urea Nitrogen — Sérum Urée Azote — En. — médecine
sun. — sunday — dimanche — En. — général

SUN — Symbols, Units and Nomenclature — En. — documentation
SUNFED — Special United Nations Fund for Economic Development — En. — économie
sup. — superlativo — superlatif — It. — grammaire
supp — supplement — supplément, complément — En. — général
SUPPS — Supplementary Procedures — procédures complémentaires — En. — général
Suprà — ci-dessus — Fr. — juridique
supt. — superintendant — En.
supsd — superseded — annulé et remplacé (par) — En. — général
SURANO — Surface Radar and Navigation Operation — En. — navigation
Sur.-Gen. — Surgeon General — En. — médecine
Surv.-Gen. — Surveyor-General — En. — enseignement
S.U.S — Saybolt Universal Seconds — = secondes universelles de Saybolt — En. — chronologie, essais
SUS — Silicon Unilateral Switch — En. — semiconducteur
SUSAN — System Utilizing Signal-Processing for Automatic Navigation — En. — navigation
SUSE — Système Unifié de Statistiques d'entreprises (projet INSEE) — Fr. — statistiques
SÜTEX — Süddeutsche Textileinkaufhaus Vereinigung — De. — textiles
SUV — Soldats Unis vaincront — Fr. — politique
s.v. — salve venia (mit Verlaub) — avec votre permission — De. — général
SV — Savona — Savonae — It. — plaques auto
SV (la) — la Signioria Vostra — Monsieur (langage officiel) — It. — administration
SV — Sozialversicherung — assurances sociales — De. — assurances
SV — Spill valve — vanne de régulation, valve régulatrice — En. — technique, hydraulique
SV — Sportverein, Sportvereinigung — club sportif — De. — sports
s.v. — sub voce — sur parole ou sur titre, référence, se référer à — En. De. — commerce
Sv — Surveillance, Supervision — surveillance — En. Fr. — électronique
S.V.P. — Südtiroler Volkspartei — Parti populaire sudtirolien — De. — politique
SVR — Slant Visual Range — champ visuel incliné — En. — optique
SVR — Siedlungsverband Ruhrkohlenbezirk — De. — industrie
SVTB — Système de verrouillage train bas (CONCORDE-SNIAS) — Fr. — aéronautique
SVTH — Système de verrouillage train haut (CONCORDE-SNIAS) — Fr. — aéronautique
s.v.v. — sit venia verbo (mit Verlaubgesagt) — soit dit avec votre permission — De.
svw — soviel wie — équivalent à — De.
s.w. — schwartz — noir (abréviation suivant DIN 47002) — De. int. — couleur
S.W. — Senior Warden — En. — social
SW — Shock wave — onde de choc — En. — aérodynamique
SW — Short wave — onde courte — En. — radio
S.W. — Small Women's (size) — petites tailles féminines — En. — commerce
S.W. — Socket welding — raccord — En. — soudage
S.W. — South Wales — Galles du Sud — En. — géographie
S.W. — South-West — Sud-Ouest — En. — géographie
S.W. — South-western (postal district of London) — En. — postes
SW — Standing wave — onde stationnaire — En. — radio
SW — Südwest (en) — Sud-Ouest — De. — géographie
SW — Switch — interrupteur — En. — sismologie
SWA — Seaboard World Airlines — compagnie aérienne — En. — aéronautique
SWA — South-West Africa — En. — géographie
SWAT — Special Warfare Armoured Transporter — En. — militaire
SWC — Standard wire gage — jauge standard de fils et câbles — En. — câbles normes
Swed. — Sweden, Swedish — Suède, suédois — En. — géographie
SWF — Stahlwerke Südwestfalen — De. — sidérurgie
SWF — Südwestfunk — radio du Sud-Ouest de l'Allemagne — De. — radio
SW/FR — Slow-Write, Fast-Read — En.
SWG — Standard Wire Gauge — Jauge std fils et câbles — En. — câbles
SWIP — Super Weight Improvement Programme — En. — aéronautique
SWL — Shortwave listener — auditeur ondes courtes — En. — radio
s.w.l. — sehr wenig löslich — très peu soluble — De. — chimie
SWP — Safety water pressure — = pression d'utilisation sans danger (robinet ASI) — En. — robinetterie
SWP — sweep — balayage — En. — électronique
SWPA — South-West Pacific Area — Zone

du Pacifique Sud-Ouest — En. — géographie

SWR — Standing wave ratio — taux d'ondes stationnaires (TOS) — En. — radio, électronique

SWS — Stall warning system — avertisseur de décrochage — En. — aéronautique

Swtz — Switzerland — Suisse — En. — géographie

s.w.u. — siehe weiter unten — voir plus loin — De. — général

SWVR — Standing wave voltage ratio — taux d'ondes stationnaires — En. — radio, électronique

SYLAB — Syndicat des Constructeurs de Laboratoire — Fr. — industrie

SYMA — Syndicat des Constructeurs de Machines pour l'Alimentation — Fr. — alimentation

SYGEM — Système de gestion pour les entreprises moyennes — Fr. — économie

syn. — synonym — synonyme — En. Fr. — grammaire

SYNCOM — Synchronous Communications Satellite — En. — communications

SYNFRAL — Synchronisation France-Allemagne (de l'heure) — Fr. — chronologie

SYNOTPA — Syndicat de Normandie des Transformateurs de Plastiques et Assimilés — Fr. — plastiques

SYNTOL — Syntagmatic organisation language — En. — informatique

SYR — Syrie — int. — plaques auto

SYSCAP — System of Circuit Analysis Programs — En. — informatique

SYSHLP — monitor system utility program — En.

SYSNA — Système d'aide à la navigation — Fr. — aéronautique

s.Z. — seiner Zeit — en son temps — De. — chronologie

S.Z. — Sommerzeit — heure d'été — De. — chronologie

SZT — Seiner Zeit — en son temps — De. — chronologie

T

T — « Taffetas » (BROCHIER) — Fr. — textiles
T — « Tapeflon » — = ruban PTFE entourant certains câbles — En. — câbles
T — Tara — taré — De. — commerce
T — Target — objectif, cible — En. — militaire
T — Taux (de l'intérêt) — Fr. — finances
T — Technicien — Fr. — social
T — Telefon — téléphone — De. — postes
T — Telegraph, Telephone — En. — postes
T — Temps d'exposition (rayonnements) — Fr. — nucléaire
T — Temperature — température — En. — physique
T — symbole SI de la Température Thermodynamique, grandeur exprimée en degré K — Fr. int. — unités
t — symbole SI de la température, grandeur exprimée en un sous-multiple du degré K, le degré Celsius — Fr. int. — unités
T — tenir (un objet immobile) — Fr. — organisation du travail
t — tempo — It. int. — musique
t — temporisation — (CROUZET) — Fr. — automatismes
T — téra — int. — unités
T — Territory — Territoire — En. — géographie
T — Symbole SI du Tesla, unité d'induction magnétique J.O. du 23.12.75, p. 13226 — Fr. int. — unités
T — Testament — testament — En. — juridique, religion
T — Thread — pas (de filetage) — En. — mécanique
T — Thrust — poussée — En. — aéronautique
T — Thymine — int. — génétique
T — Time — temps, heure — En. — chronologie
t — time — temps — En. — chronologie
T — (d'alarme) tiroir d'alarme — (angl. alarm block) — Fr. — électronique
T — (de protection) tiroir de protection → (angl. protection block) — Fr. — électronique
T — filetage Tôle (de vis) — Fr. — visserie
t — tonne métrique — int. — unités
T — Tower — tour (de contrôle) — En. — aéroports
T — Trainer — avion d'entraînement (US) — En. — avion
T — symbole normalisé désignant une phosphatation normale (traitement de surface) — Fr. — métal, normalisation
T — Transformateur — Transformer — Fr. En. — électricité
T — Translucent — translucide (symbole normalisé) — En. — éclairage, avion
T — Transport — transport — En. — commerce
t — transitive — transitif — En. — grammaire
T — position de Travail (repère sur appareils CROUZET) — Fr. — automatismes
T — Tresse, Tricot ou ficelles (protection câbles électriques) — Fr. — normalisation câbles électriques
T — Tresse (de fil) — Fr. — fils et câbles
T — triclinique (système cristallin) — Fr. — chimie
T — Triebwagen — autorail — De. — chemin de fer
3T — triple tempered — entoilage pendant lequel le temps, la température et la tension sont soigneusement contrôlés (pneus GOODYEAR) — En. — pneumatiques
T — Tripolaire (boîte d'extrémité câbles électriques) — Fr. — normalisation EDF
T — Trittium — int. — chimie
T — [2e signe] symbole moteur triphasé (CEM) — Fr. — électricité
T — Tropicalisation — (appareils CROUZET) — Fr. — mécanique, etc.
t — troy — système de mesure de masses — En. — unités
T — désinfection terminale — (déclaration obligatoire) — Fr. — médecine
T — tuyau — (TECALEMIT) — Fr. — tuyauteries
T — solution heat treated (and naturally aged) — trempé et mûri à l'ambiante (symbole d'état de surface) « Etat durci

par traitement thermique » (NF A 02-006) — En. — métal
T — Tuesday — Mardi — En. — chronologie
T — turboprop — turbopropulseur — En. — moteur, aéro.
T/A — Table of Allowance — En.
TA — Table d'attaque (avion patrouilleur maritime BR 1150) — Fr. — militaire
Ta — Tantale — int. — chimie
Ta — Tara — tare — De. — commerce
TA — Taranto — Tarante — It. — plaques auto
TA — Taxe d'Apprentissage — Fr. — administration
TA — Technische Anweisung — instruction technique — De.
TA — Technischer Ausschuss — Commission technique — De. — industrie
TA — Teilabschnitt — tronçon — De. — aéronautique
TA — Telegraphenamt — bureau du télégraphe — De. — postes
T.A. — Telegraphic Address — En. — postes
TA — Température ambiante maximale admissible (symbole littéraux) — int. — semiconducteur
t.a. — temperatura ambientale — température ambiante — It. — température
TA — Terephtalic Acid — acide téréphtalique — En. — chimie
TA — Terres arables — Fr. — agriculture
T.A. — Territorial Army — En. — militaire
TA — Transformateurs d'alimentation (symbole CCTU) — Fr. — normalisation électronique
TAA — Technical Assistance Administration (ONU) — En. — politique
TAA — Trans Australian Airlines — compagnie aérienne — En. — aéronautique
TAA — Transferable account area — En. — commerce
Tab — Tabelle — Tableau, Table — De. — documentation
TAB — Technical assistance board — En.
TABCASS — Tactical Air Beacon Command and Surveillance System — En. — militaire
TABSTONE — Target and Background Signal-to-Noise Emission — En. — électronique
Tabl. — Tablette — tablette, comprimé — De. — médecine
tabl — tablettes — Fr. — chimie
TAC — Tactical Air-Command — (USA) — En. — militaire
TAC — Train Auto-Couchettes — (SNCF) — Fr. — chemins de fer
TAC — Transportes Aereos Continentais (Portugal) — portugais — aéronautique
TAC — Trapped Air Cushion — Coussin d'air piégé — En. — aéronautique
TAC — Technical Assistance Committee — En.
TACA — Toutes Assistances aux Commerçants et Artisans — Fr. — commerce, social
TACAN — Tactical Air Navigation — Navigation aérienne tactique — En. — militaire
Tacelis — Tactical emitter location and identification — localisateur-identificateur de radar au sol — En. — militaire
TACITE — Tentative d'Analyse du Contexte Infra-Rouge Terre-Espace — Fr. — espace
Tacjam — tactical jammer — brouilleur de communications — En. — militaire
TACL — Tête auto-centreuse Launay (empreinte de vis CHAMPION) — Fr. — visserie
TACLINE — Transatlantic Lakes Line — En.
TACOS — Tactical Airborne Countermeasures or Strike — En. — militaire
TACRV — Tracked Air Cushion Research Vehicle — En. — recherche
TACS — Tactical Air Control System — En. — militaire
TAD — Tactical Air Direction — En. — militaire
TAD — Traitement automatique des données — Fr. — informatique
TADG — Three-Axis Data Generator — Générateur de données trois-axes (LEAR-SUD) — En. — navigation, aérienne
TAEM — terminal area energy management (profile of reentry) — En. — aérospace
Taf — Tafel — tableau, table — De. — enseignement
TAF — Terminal Aerodrome Forecast — En. — aéronautique
taff — temporisation affichée sur l'appareil (CROUZET) — Fr. — automatismes
TAG — Trans-Atlantic Geotraverse (programme scientifique russo-américain) — En. — océanographie
TAI — Temps Atomique International — Fr. — chronologie
TAI — Transports Aériens Intercontinentaux — Fr. — aéronautique
TAIC — Taxe sur l'Activité Industrielle et Commerciale — Fr. — administration
TAID — Thrust-Augmented Improved Delta — delta hypersustentateur — En. — aéronautique
TAL — Transalpinische Leitung — pipeline transalpin — De. — pétroles
TALAR — Tactical Approach Landing Radar — En. — militaire

TALC — Taylor's Algebraic Linear Calculator — Calculateur algébrique linéaire de Taylor — En. — informatique, mathématiques
talkathon — talk + marathon — En.
TALL — TransAtlantic Lakes Line — En.
Tal. qual. — (talis qualis) just as they come, average quantity — tels quels, quantité moyenne — En. — commerce
TALTT — Thrust-Augmented Long Tank Thor — En. — fusées milit.
TAM — Technique avancée de Marketing — Fr. — commerce
Tamb — température ambiante — En. Fr. — semiconducteur
tan. — tangent — tangente — En. — géométrie
TAN — Transall-Normen — Normes Transall — En. — avion, militaire
tang. — tangente — tangente — It. — géométrie
TANS — Tactical Air Navigation System — système de navigation DECCA NAV. CO. — En. — aéronautique, militaire
TANU — Tanganyika African National Union — Union Nationale Africaine du Taugauyika — En. — politique
TAOC — Tactical Air Operations Center — Centre d'Opération Aériennes Tactiques — En. — militaire
TAP — Technical Assistance Program (of the UN) — Programme d'Assistance Technique (de l'ONU) — En. — politique
TAP — Third angle projection — projection du 3ème angle — En. — dessin industriel
TAP — Transportes Aéreos Portugueses — compagnie aérienne — portugais — aéronautique
TAPS — Trans-Alaska Pipe-Line System — En. — pétroles
tapuscrit — manuscrit tapé — Fr. — secrétariat
TARAN — Tactical Attack Radar and navigator — En. — aéronautique, militaire
TARAN — Test and replace as necessary — Essayer-remplacer suivant nécessité — En. — contrôle, industrie
TARC — Transport Aircraft Requirements Committee — En. — aéronautique
TARMAC — Tar macadam — route, aire goudronnée — En. — génie civil
TARS — Terrain-Avoidance Radar System — radar anti-collision (de sol) — En. — aéronautique
TAS — Textiles artificiels et synthétiques — Fr. — textiles
TAS — True Airspeed — vitesse vraie (vv) — En. — aéronautique
TASC — Technical and administrative sub-committee (CONCORDE-BAC/AERO) — Sous-commission technique et administrative — En. — aéronautique
TASI — Time assignment speech interpolation system — système téléphonique trans-océanique (BELL) — En. — téléphone
TAT — Thrust-augmented Thor — fusée Thor à poussée augmentée — En. — fusées spatiales
TAT — Transatlantique téléphonique — (câble) — Fr. — téléphone
TA/TB — symbole des transformateurs d'alimentation — Fr. — électronique
taut — tautology — tautologie — En. — grammaire
tav. — tavola — planche — It. — menuiserie
TB — Température du boîtier — (symboles littéraux) — Fr. int. — semiconducteur
TB — Terminal board — plaquette de connexions — En. — électronique
Tb — Terbium — int. — chimie
T.B. — Time base — base de temps — En. — électronique
TB — Torpedo Bomber — bombardier — En. — avion, militaire
TB — Transformateur d'alimentation — (Symbole CCIU) — Fr. — normalisation électronique
TB — Transmit Buffer — (élément d'ordinateur) — En. — informatique
T.B. — Trial balance — balance de vérification — En. — commerce
tb — tuberculosis — tuberculose — En. — médecine
T.B. — Tuberculosis — tuberculose — En. — médecine
Tb — Tuberkulose — tuberculose — De. — médecine
TBA — To be advised — sera précisé ultérieurement — En. — général
TBB — Butylbenzène tertiaire — Fr. int. — chimie
TBC — Tuberculosi — tuberculose — It. — médecine
tbc — Tuberculosi — tuberculose — It. — médecine
Tbc — Tuberkulose — tuberculose — De. — médecine
TBC — Butyl Tertiaire Catéchol — Fr. int. — chimie
TBD — To be determined — à déterminer — En. — général
TBF — Thru-Bulkhead Feed — traversée de cloison — En. — aéronautique
TBO — Time between Overhauls — potentiel entre révisions — En. — contrôle aéronautique, etc.
TBS — talk between ships — télécommunications maritimes — En. — marine
TBS — to be specified — à prescrire, à spécifier — En. — général

tbsp — tablespoon — cuiller à servir, à ragoût — En gastronomie
TC — Taxe complémentaire — Fr. — administration
Tc — Technétium — Fr. int. — chimie
TC — Télégramme collationné — Fr. — postes
TC — Température du boîtier — int. CEI — électronique
TC — Tendances de la Conjoncture — Fr. — économie
TC — Terminal Count — comptage final — En. — circuits intégrés
Tc — Testa cilindrica — tête cylindrique (En. flat head) — It. rivets
TC — Coefficient de température nominale (symboles littéraux) — int. — semiconducteurs
T/C — Thickness chord ratio — finesse — En. — aérodynamique
TC — Thrust Coefficient — Coefficient de poussée — En. — aéronautique
TC — Thrust Computer — calculateur de poussée — En. — aéronautique
TC — Titan/Centaur — (fusée) — En. — militaire
TC — Training Center — Centre de formation — En. — enseignement, etc.
TC — Transformateur de courant (Chauvin-Arnoux) — Fr. — électricité
TC — Transistor de commande — Fr. — électronique
TC — Transit Communautaire — Fr. — douanes
TC — Transport en Charge (désigne le déplacement d'un objet à la main ou au doigt) — Fr. — organisation du travail
TC — Trim Cam — Came du correcteur — En. — avion, moteurs
TC — Trusteeship Council (the) (USA) — En. — administration
TC — Type certificate — certificat d'homologation — En. — aéronautique, etc.
Tc — continuous torque — couple continu — En. — mécanique
TCA — Taxe sur le chiffre d'affaires — Fr. — administration
TCA — Télécommande automatique — Fr. — technique
TCA — Terminal Control Area — zone de contrôle du terminal — En. — aéronautique
TCA — « Tous Chefs d'Approvisionnement » (diffusion à) — Fr. — secrétariat, documentation
TCA — Trans-Caribbean Airways (Compagnie aérienne) — En. — aéronautique
TCB — Tête cylindrique bombée — Fr. — visserie
TCBM — Transcontinental Ballistic Missile — Engin ballistique transcontinental — En. — fusées militaires
TCC — Thermo for Catalytic Cracking — Unité de craquage catalytique — En. — pétroles
TCC — Tonnes de Combustible conventionnel — Fr. — unités, énergie
TCC — Triple Cotton-Covered — guipé trois couches coton — En. — câbles électriques
TCD — Televic Clinic Dispatch — En. — médecine
TCD — Trinity College, Dublin — Collège religieux de Dublin — En. — religion, enseignement
TCEX — Transport des Colis Express — (tarif commun international) — Fr. — chemins de fer
TCF — Touring-Club de France — Fr. — tourisme
TCH — Time Charter — Charter, Charter à temps — En. — aéronautique
TCI — Tableau de composition illustré (angl. « Parts Catalog ») — Fr. — documentation, aéronautique
TCI — Terrain Clearance Indicator — En. — aéronautique
TCI — Touring Club Italiano — It. — tourisme
TCM — Trajectory Correction Maneuver — correction de trajectoire — En. — espace
TCMS — Traitement centralisé des mesures et signalisation (SNCF) — Fr. — chemin de fer
TCN — TACAN (voir ce mot) — En. — aéronautique
TCa — Testa conica — tête conique — It. — rivets
TCNQ — Tétracyanoquinodiméthane — Fr. — chimie
TCP — Technology Coordinating Paper — (US. ARMY) — En. — documentation militaire
TCS — Traitement chimique de surface — Fr. — métallurgie
TCS — Transmission-Controlled Spark — commande de l'avance à l'allumage par la transmission — En. — automobile
TCT — Two-Compoments Torus machine — En. — nucléaire
Tct — Tinktur — teinture, mixture — De. — chimie, etc.
TCV — Troop-Carrying Vehicle — transport de troupes — En. — militaire
TD — Territorial Decoration — En. — militaire
TD — Thermodurcissables — (angl. thermosetting) — Fr. — plastiques
TD 1 — Thor-Delta 1 — En. — fusées milit.
TD — Time Deposit — dépôt à temps — En. — commerce, etc.

TD — Transformateur différentiel — (angl. hybrid transformer) — Fr. — électricité
TD — « Traité au Diphényle » — Fr. — alimentation
T.d — Ter in die (3 times a day) — Trois fois par jour — Lat. En. — médecine
T/D — Time Domain — réponse en temps — En. — informatique
Td — tôles dynamo — (indices économiques) — Fr. — économie
TDA — Target Docking Adapter — adaptateur d'amarrage — En. — espace
TDA — Tunnel Diode Amplifier — ampli à diodes tunnel — En. — semiconducteurs
TDC — Tarif douanier commun — Fr. — douanes
TDC — Techniques de diffusion collective — Fr. — presse
TDC — top dead center — point mort haut — En. — machines outils
TDC — Toutes dépenses confondues — Fr. — comptabilité
TDF — Two-Degree-of-Freedom — à deux degrés de liberté — En. — gyroscopes, etc.
TDI — Toluène diisocyanate — Fr. int. — chimie
TDM — Time-Division Multiplex — (calculateur) — En. — informatique
TDMA — Time-Division Multiple Access — (Hughes) — En. — informatique
TDP — Turbine Discharge Pressure — (indicateurs de poussée P & WA) — En. — moteur avion
TDR — Technical Design Report — Rapport d'Etudes ROLLS — En. — moteur avion
TDR — Technical Documentary Report — rapport technique documentaire — En. — documentation
TDR — Time-Domain Reflectometry — En.
TDRSS — Tracking and Data Relay Satellite system (NASA project) — En. — espace
TDS — Technische Dichtungs-Systeme — Système d'étanchéité — De. — technique
TDS — Total dissolution salts — salinité de l'eau comprenant tous les sels en dissolution — En. — environnement
TDS — Transaction driven system — système de gestion des transactions — En. — informatique
TDS — Transistor Display and Data Handling System — En. — informatique
TDZL — Touchdown Zone Lights — feux de point d'impact — En. — aéronautique
TE — Taxe d'Exportation (Mali) — Fr. — commerce
Te — Tellure — int. — chimie
TE — Teramo — It. — plaques auto
TE — Test Equipment — matériel d'essai — En. — test
te — earliest time — « temps au plus tôt » (PERT) — En. — documentation
TE — Trailing Edge — bord de fuite — En. — avion
TE — Travail et emploi — Fr. — social
TE — Traversée étanche — Fr. — dessin indust.
TEA — Trade Expension Act — USA — En. — commerce
TEA — Transferred Electron Amplifier — semiconducteur à effet Gunn — En. — semiconducteur
TEA — Transverse-electrical excitation at atmospheric pressure — En. — lasers
TEAL — Transversely Excited Atmospheric Laser — laser atmosphérique à excitation transversale — En. — laser
TEAM — Télécommunications électroniques aéronautiques et maritimes — Fr. — télécommunication
TEAM — Top European Advertising Media — En. — documentation
TEC — Tarif extérieur commun (Marché Commun) — Fr. — commerce
TEC — tecnica, tecnico — technique — It.
TEC — tonnes d'équivalent charbon — Fr. — unités
TEC — Transistor à Effet de champ — Fr. — semiconducteur
TECE — Trans Europ Container Express — Express porte-conteneurs transeuropéen — En. — transports
TECH — The Eurobond Clearing House — En.
TECREPS — Technical Representation — représentation technique — En. — commerce
TECS — Caisson lumineux d'entrée du Contresens (SNCF) — Fr. — chemin de fer
TED — Transferred Electron Device — Circuit TED (avionique) — Fr. En. — ordinateurs
TEDS — Tactical Electronic Decoy System — En. — militaire
TEDS — Tactical Expandable Drone System — En. — militaire
TEE — Trans-Europ-Express — SNCF — Fr. int. — chemin de fer
TEEM — Trans-Europe-Express-Marchandises — SNCF — Fr. int. — chemin de fer
TEH — Twin-Engined Helicopter — hélicoptère bimoteur — En. — aéronautique
TEI — Tableau d'échanges interindustriels — Fr. — commerce
TEI — Tube à entretien d'image — Fr. — radar
tel — telefono, telefono, telephone, télé-

phone, telefon — It. El. En. Fr. De. — téléphone
tel — tetraethyl lead — plombtétraéthyle (additif) — En. — carburants
TELAMON — télémesure pour avions et missiles normalisés (mieux connu sous le nom de AJAX, le fils de Télamon dans la mythologie grecque) — Fr. — télémesure
TELERAN — television Radar Air Navigation — Navigation par radar télévisé — En. — navigation
TELEX — Telegraph Exchange — standard télégraphique — En. — postes
TELSTAR — Television Satellite — satellite de télévision — En. — satellites
TEM — Total emitted microwave — puissance de sortie totale — En. — lasers
temp — temperature — température — En.
temp — tempo — It. — musique
temp — temporary — temporaire(ment) — En.
TEN — Techniques Essentielles de la Nature (société commerciale) — Fr. — environnement
Ten — Tenente — Lieutenant — It. — militaire
Tenn — Tennessee — En. — géographie
TENO — Technische Nothilfe — secours technique — De. — industrie
TEO — Transferred Electron Oscillator — Oscillateur à transfert d'électrons — En. — électronique
Teor — teorema — théorème — It. — mathématiques
TEP — tonnes équivalent pétrole — Fr. — unités
ter — terrace — terrasse — En. — agriculture
ter — territory — territoire — En. — géographie
TERCOM — Terrain Contour Marching — adaptation à la configuration du terrain — En. — autopilote, aéronautique
Term — terminal — terminal — En. Fr. — électronique
Term. Tech. — (terminus technicus) Fachausdruck — terme technique — (lat.) De. — linguistique
TERPS — Terminal Instrument Procedures — En.
TERRE — Trans-Europ/Railroad Express (Belgique) — En. — chemins de fer
tert — tertiaire — Fr. — chimie
TET — Turbine Entry Temperature — température d'entrée turbine — En. — avion
TETR — Test and Training Satellite — En. — satellites
teut — teutonic — teutonique — En. — histoire
TEW — Tactical electronic Warfare System — Système de guerre électronique tactique — En. — militaire
TEW — Tarif Général Européen pour le transport des marchandises en wagon complet — Fr. int. — transport
tex — « Nom qui peut être donné au sous-multiple décimal valant un millionième de kilogramme par mètre, pour mesurer la masse linéique des fibres textiles et des fils. » JO 23.12.75 p. 13277 (Décret 75-1200 du 4.12.75 sur les unités). 1 tex = 1 g/km — Fr. — unités de mesure
Tex — Texas — En. — géographie
T.F. — Technological Forecast(ing) — prévisions technologiques — En. — prospective
TF — Temps fréquentiels — Fr. — chronométrage
TF — Tête fraisée — Fr. — visserie
TF — Tragfläche — voilure — De. — avion
TF — Transfer — Transfert — En. Fr. — électronique
TF — Tribunal Fédéral (Suisse) — Fr. — histoire juridique
TFAI — Territoire français des Afars et des Issas — Fr. — politique
TFE — Tétrafluoréthylène — Fr. — chimie plast.
TFE — Tiefflieger Erfassungssystem — = système d'acquisition des avions volant à basse altitude — De. — radar
TFB — Tête fraisée bombée — Fr. — visserie
TFBS — Tête fraisée bombée spéciale — Fr. — visserie
Tfg — Tiefgang — tirant d'eau — De. — marine
TFL — Through-Flow Line — En.
Tfl — Tragflügel — voilure — De. — aéronautique
TFPI — Two-Factor Personality Inventory — = test du personnel navigant — En. — aéronautique
TFR — Terrain-following radar — radar suiveur — En. — radar
TFRS — Très faible résistance série (résist. et condensateur) — Fr. — électronique
TFS — Tête fraisée spéciale — Fr. — visserie
TFS — Tin-Free Steel — acier sans étain — En. — métallurgie
tg — tangente — tangente — It. — géométrie
TG — Task Group — Groupe de travail — En. — normalisation, etc.
TG — Techniques graphiques — Fr. — documentation
TG — Temps affichable dans la gamme d'un appareil (CROUZET) — Fr. — automatismes

TG — Thermal Generator — générateur de chaleur — En. — technique
Tgb — Tagebuch — journal (tenu par qn) — De. — littérature
TGC — Transmitter Gain Control — Contrôle du Gain en émission — En. — radio
TGD — (courbe) thermogravimétrique développée (balance thermique) — Fr. — physique
TGED — Tarif général européen pour les expéditions de détail — Fr. — économie
TGI — Tribunal de Grande Instance — Fr. — juridique
TGP — turned, ground and polished — = tourné, meulé et poli (métal) — En. — métallurgie
TGS — Taxi Guidance Sign — Feux de piste de roulage — En. — aéronautique
TGS — Testa goccia di sego (o testa suasata con calotta) — Tête goutte de suif (ang. oval head) — It. — rivets
TGT — Température Gaz Turbine — Fr. — moteur avion
TGT — Turbine Gas Temperature — température des gaz de turbine — En. — moteur avion
Th — tangente hyperbolique — Fr. int. — mathématiques
T.H. — Tapping hole — orifice de prélèvement — En. — mécanique flui.
TH — Technische Hochschule — Ecole Polytechnique, Ecole supérieure technique — De. — enseignement
TH — Terrain Height — Altitude Terrain — En. — aéronautique
T.H. — Territory of Hawaii — Territoire de Hawai — En. us. — géographie
Th. — Theology — Théologie — En. — religion
th — thermie (quantité de chaleur nécessaire pour élever de 14°5 à 15°5 sous la pression atmosphérique normale la température d'une tonne d'eau) — Fr. int. — unité calorifique
Th. — Thomas — Thomas — En. — onomastique
Th — Thorium — int. — chimie
Th. — Thursday — jeudi — En. — chronologie
TH — True Heading — cap vrai — En. — navigation
Thce — Thermistance — Fr. — électronique
t.Hdg — true reading — cap vrai (CV) — En. — nav. aéro.
THI — Temperature-Humidity Index — Indice Température-higrométrie — En. — météo
Thos. — Thomas — Thomas — En. — onomastique
THP — Thrust Horse Power — poussée en HP — En. — moteur avion
THP — très haute précision (manomètre) — Fr. — mesures
thrd — thread — pas (de filetage) — En. — mécanique
Thro'B.L. — Through the bill of lading — par le connaissement — En. — commerce mar.
THT — Très haute Tension — (angl. E.H.V.) — Fr. — électricité
THTR — Thorium à Haute Température — Fr. — chimie
THW — Technisches Hilfswerk — De. — technique
TI — Target Identification — Identification du but — En. — militaire
TI — Taxe d'importation (Mali) — Fr. — commerce
Ti — Titane — int. — chimie
Ti — Trésorerie immédiate — Fr. — économie
TI — Tribunal d'Instance — Fr. — juridique
Ti — symbole de la température totale — = angl. TT — Fr. — aérodynamique
TIA — Traitement interne intégral Armand (des chaudières de locomotive contre l'eau calcaire) SNCF — Fr. — chemins de fer
TIARD — Transport, Incendie, Accidents et risques divers — Fr. — assurances
TIAS — Target identification and Acquisition System — En. — radar
TIB — Technical Information Bureau — Bureau d'Informations Techniques — En. — documentation
TIC — Target Interceptor Computer — En.
TIC — Transducer information center — En.
TIC — Tripsyne Inhibitory Capacity — Pouvoir d'inhibition de la Tripsyne — En. — médecine
Tic — Tyne Improvement Commission — En. — moteur avion
t.i.d. — « Three times daily » — « trois fois par jour » — En. — médecine
TIDAR — Time Delay Array Radar — Radar à retard — En. — radar
TIDE — Transponder interrogating and decoding equipment — En. — nav. avion
TIDS — Technical Information Distribution Service — Service gratuit de diffusion d'informations électroniques — En. — documentation électronique
TIE — Target Identification Equipment — Matériel d'identification du but — En. — militaire
TIE — Technical Integration and Evaluation — En. — management
TIF — Transport international par Fer — Fr. — chemin de fer

TIFS — Total In Flight Simulator — simulateur volant — En. — aéronautique
TIG — Tungsten Inert Gas (welding) — soudage TIG (sous atmosphère inerte) — En. — soudage
TILS — Tactical Instrument Landing System — En. — aéronautique militaire
TIP — Travail-Intérêts-Profits — Fr. — économie
TIPI — Tactical Information Processing and Interpretation system — En. — informatique, militaire
TIR — Temps entre révisions — Fr. — maintenance
TIR — Total Indicator Reading — indication maxi de l'indicateur — En. — mesures
TIR — Transports internationaux routiers — Fr. — transports
TIRD — Transit international routier comme Office de départ et de destination — Fr. transports
TIROS — Television Infrared Observation satellite — En. — satellites
Tit. — Titel — Titre — De. — social, etc.
TIT — Turbine Inlet Temperature — température d'entrée turbine — En. — moteur avion
Tj — température de jonction (symboles littéraux) — int. — semiconducteur
TJ — témoins de Jéhovah — Fr. — religion
TJP — Turbo-Jet Propulsion — Propulsion par turbo-réacteur — En. — moteurs
TK — Technische Kurzbeschreibung — brève description technique — En. — technique
TK — Tonne-kilomètre — Fr. — unités
TKO — Technical knockout — k.O. technique — En. — sports
T.L. — Tall-Oil — En. — plastiques
TL — Taxe Locale — Fr. — administration
TL — Technische Lieferbediegungen — conditions de livraison techniques, clauses techniques — De. — commerce
Tl — Thallium — int. — chimie
TL — Throttle Lever — manette des gaz — En. — avion
tl — latest time — « temps au plus tard » (PERT) — En. — documentation
T.L. — Total Loss — total pertes — En. — commerce
T.L. — Trade Last — En. — commerce
TL — Transfert lever — manette de transfert — En. — technique
Tl — translucide — (espèces minérales) — Fr. — chimie
TL — Turbinen-Luftstrahltriebwerk — De. — moteur avion
TLA — Télémètre laser aérien — Fr. — mesures
TLA — Trilauralamine — Fr. — chimie
TLC — Tower light circuits — circuits éclairage de tour — En. — aéroports
TLCA — Tower light circuits plus alarm — En. — aéroports
TLG — Tail Landing Gear — train arrière ; roulette de queue — En. — avion
TLE — Taxe locale d'équipement — Fr. — administration
TLI — Taxe locale inclue — Fr. — administration
TLO — Total Loss only — total pertes seulement — En. — commerce
TLU — Threshold Logic Unit — élément logique de base d'une machine électronique — En. — électronique
TLU — Très longues utilisations — Fr.
TLV — Threshold Limit Value — Valeur-seuil (définie par « the American Conference of Governmental Industrial Hygienists » : « limite moyenne au-dessous de laquelle on peut admettre que la presque totalité des travailleurs peuvent être exposés, jour après jour, sans effet néfaste » pollution atmosphérique) — En. — environnement
TM — Tactical Missile — Engine Tactique — En. — militaire
TM — Taux de marque — Fr. — commerce
TM — Technical Manual — Manuel technique — En. — aéronautique
TM — teinture-mère — Fr. — pharmacopée
TM — télégramme multiple — Fr. — postes
Tm — temps main (de travail) — Fr. — chronométrage
Tm — Thulium — int. — chimie
T/M — Torquemeter — couplemètre — En. — mesures
TM — Trade Mark — marque commerciale — En. — commerce
TM — Trade Mission — Mission commerciale — En. — commerce
TM — Tragflügel Mittlere — Plan central — De. — avion
TW-wave — transverse-magnetic wave — onde TM (composante magnétique transversale d'une onde) — En. — physique
Tm — tubes, moulded — tubes moulés (OTAN) — En. — plastiques
TM — Tupamaros-München — Tupamaros de Munich — De. — politique
TMA — Terminal Control Area — Zone du Terminal — En. — aéronautique
Tma — tôles à chaud acier E 24-2 — (indices économiques) — Fr. — économie
TMA — Tôles moyennes en acier (indice des) — Fr. — économie
TMA — Trans-Mediterranean Airways — compagnie aérienne — En. — aéronautique

Tmb — température du fond de Boîtier — En. Fr. — semiconducteurs
TMB — Travail mécanique du bois — Fr. — bois
TMB — Triméthoxyboroxyne (agent chimique d'extinction des feux de titane) — Fr. — incendie
TMG — Temps du méridien de Greenwich — Fr. — chronologie
TMN — True Mach Number — Mach vrais — En. — nav. avion
TMO — Travail et main-d'œuvre — Fr. — social
TMO — Maximum operating stagnation temperature — (température maxi garantie en croisière) (CONCORDE) — En. — aéronautique
TMP — Techniques mathématiques de la physique — Fr. — phys. math.
TMS — Transistor magnetic scales — compteur magnétique à transistors — En. — mesures
TMT — Travail mécanique de la tôle — (Belgique) — Fr. — industrie
TMTD — Tétraméthylthiuram Disulfide — Fr. — chimie
TMTT — Thoughts of Mao Tse Toung — Pensées de Mao — En. — littérature, politique
TMU — Time Measurement Unit — Unité de mesure du temps — En. — chronologie
TN — Trésorerie nette — Fr. — économie
TN — Telefonbau und Normalzeit — De.
TN — Thrust component Normal to the ground — composante perpendiculaire de la poussée — En. — aéronautique
TN — symbole des thermistances à KG négatif — Fr. — électronique
tn — ton — tonne — En. — unités
T.N. — Trade Name — Nom Commercial — En. — commerce
TN — Trento — Trente — It. — plaques auto
TN — Tunisie — int. — plaques auto
TNC — Théâtre National de Chaillot — Fr. — arts
TNF — Théâtre noir francophone — Fr. — arts
TNO/CIVO — Institut hollandais pour la recherche alimentaire — néerlandais — alimentation
TNP — Théâtre national populaire — Fr. — arts
TNPF — Travaux de normalisation des pneumatiques pour la France — Fr. — normalisation
TNS — Travailleurs non-salariés — Fr. — administration
TNT — Textiles non-tissés — Fr. — textiles
T.N.T. — Trinitrotoluène (explosif) — int. — chimie
T/O — Take-Off — décollage — En. — aéronautique
TO — Tarifordnung — convention collective — De. — social
T.O. — Technical Order — Instruction technique — En. — aéronautique
T.O. — Telegraph Office — bureau de poste — En. — postes
T.O. — Toilet Operation (NASA) — opération toilettes — En. — espace
TO — Torino — Turin — It. — plaques auto
TO — Trade Opportunity — possibilité de commercer — En. — commerce
T.O. — Turn over — chiffre d'affaires — En. — commerce
TO.A — Tarifordnung für Angestellte des öffentlichen Dienstes — convention collective des employés des services publics — De. — social
TOA — Total obligational Authority for the strategic nuclear forces — En. — militaire
TOB — Take over bid — En.
TO.B — Tarifordnung des arbeiter des öffentlichen Dienstes — convention collective des travailleurs du secteur public — De. — social
T.O.B. — Traduction Oecuménique de la Bible — Fr. — bible
TOE — Théâtre d'Opérations extérieures — Fr. — militaire
TOF — Time of Flight analyzer — Analyseur de Temps de Vol — En. — informatique
TOFC — Trailer on flat car — remorque sur waggon plat — En. — chemin de fer
Toff — turn-off time — = temps de désamorçage par la gachette — En. — semiconducteur
TOIL — Turbine Operation Instruction Letter (P & WA) — En. — moteur avion
tol — toluène — Fr. — chimie
tol. — tolérance — (composants électroniques) — Fr. CCTU
TOM — Territoires d'Outre-Mer — Fr. — postes
Tom — tome or volume — tome — En. — bibliographie
tom. — tomo — tome — It. Fr. — bibliographie
Tom. — tomus — tome — De. — bibliographie
ton — turn-on time — temps d'amorçage par la gâchette — En. — semiconducteurs
TOP — Technical Office and Professional Departement (Auto Workers') — En. — social
Top. — Topography — topographie — En.
TOP — Tube à Onde Progressive (pour satellites) — Fr. — espace
TOPAS — Travel Order Programmed Accountyng Syst. — moteur à gérer les

frais de déplacement — En. — informatique
TOPS — Total Operation Processing System — En. — informatique
TORR — (de Torricelli) — = 1 millimètre de mercure — int. — unité pression
TOS — Taux d'Ondes Stationnaires — = SWR (angl) — Fr. — radio
TOS — Tiros Operational Satellite — En. — satellites
TOS — Tiros Operational System — En. — satellites
TOT — Take-off thrust — poussée au décollage — En. — aéronautique
TOT — Time over target — temps sur l'objectif — En. — militaire
TOT — Turbine Outlet Temperature — température de sortie turbine — En. — moteur avion
TOP. IP — Totalizzatore Ippico — Totalisateur hippique — It. — courses
Toto — Totalisator — totalisateur, pari mutuel — De. — courses
TOTO-CALCIO — Totalizzatore Calcistico — Sport-toto — It. — sports
TOUROPA — Agence de voyages collectifs — De. — tourisme
TOW — Take-off Weight — masse au décollage — En. — avion
TOW — tube-launched, optically-tracked, wire (command-link) guided missile — engin guidé par fil à poursuite optique — En. — militaire
TP — Teleprinter — Télé-imprimeur — En. — télécomm.
TP — Thermoplastiques — Fr. — plastiques
T.p. — Titulo pleno (mit vollem Titel) — en-tête de lettre — (lat.) De. — secrétariat
tp — township — En.
TP — Train Principal — Fr. — avion
TP — Transistor de Puissance — Fr. — semiconducteurs
Tp — transparent — (espèces minérales) — Fr. — chimie
TP — Trapani — It. — plaques auto
TP — Travaux pratiques — Fr. — enseignement
TP — Travaux publics — Fr.
TP — trous après perçage — Fr. — circuits imprimés, etc.
TP — Turned and polished — tourné et poli — En. — métallurgie
TPA — Thermoplastiques (polymères) amorphes — Fr. — plastiques
TPA — Transmissive Power of the Atmosphere — En. — géophysique
TPA — Triphenic Acid — Acide triphénique — En. — chimie
TPC — Thermoplastiques (polymères) partiellement cristallins — Fr. — plastiques
TPC — Tinned-copper cable — câble en cuivre étamé (coax) — En. — câbles
TPCW — Tinned-copper-covered steel wire — fil d'acier cuivré-étamé (coax) — En. — câbles
TPE — Turbo-prop engines — turbopropulseurs — En. — moteurs avion
TPG — Techniques papetières et graphiques — Fr. — papeterie
TPI — Tribunal de Première Instance — Fr. — juridique
t.p.i — turns per inch — spires (ou tours) par pouce (de fil) — En. — textiles
TPL — Tourner-pousser lumineux (contacteurs rotatifs) — Fr. — électricité
TPM — Transport public de marchandises — Fr. — transports
T/P/O — Technology planning objectives (US ARMY) — En. — militaire
TPO — Tube à propagation d'ondes — Fr. — électronique
TPS — Taxe sur les prestations de service — Fr. — administration
TPS — Téléphone par le sol — Fr. — téléphone
TPS — Testa Piana Svasata — Tête fraisée — It. — rivets
TPS — Thermal protection system — protection thermique spatiale — En. — espace
tps — très peu soluble — Fr. — chimie
tpy — tons per year — tonnes/an — En. — unités
t/q — tale quale — En.
TQ — Teatro quartiere — théâtre de quartier (Italie) — It. — arts
tq — temps de reblocage — int. CEI — électronique
TR — Tacite reconduction — (contrats) — Fr. — juridique
TR — Taux de Rente (accidents du travail) — Fr. — social
TR — Technical Report — compte-rendu technique — En. — industrie
TR — Teinture rapide — Fr. — textiles
TR — télégramme avec réponse — Fr. — postes
TR — Terminal Ready flip-flop — (instruction) — En. — informatique
TR — Terni — It. — plaques auto
T.R. — Tons register — En. — unités
tr — tours (/minute) — Fr. — unités
Tr — Translation — Traduction — En. — documentation
Tr — Translator — Traducteur — En. — documentation
TR — Transmit-receive — émission-réception — En. — radio
T/R — Transmitter/receiver — Emetteur/récepteur — En. — radio
tr — tratta, traite — It. Fr. — commerce

Tr — Treasurer — Trésorier — En. — social
Tr — Tresse — composants électroniques — Fr. — CCT-norme
tr — troop — troupe — En. — militaire
Tr — Trustee — fidéicommissaire — En. — juridique commerce
Tr — Trustee — curateur, curatrice — En. — juridique
T.R. ou T/R — Trust receipt — En.
Tr — tubes rolled — tubes laminés (OTAN) — En. — plastiques
TR — Turquie — int. — plaques auto
TR — Tuyère à réserve aval — Fr. — moteur, avion
TRA — Thrust reverser aft (syst. SNECMA) — inverseur de poussée arrière — En. — aéronautique
TRA — tuyère reverse aval (avion CONCORDE) — Fr. — aéronautique
TRAAC — Transit Research and Attitude Control — En. — aéronautique
TRAC — Telescopic Rotor Aircraft — Avion à rotor télescopique — En. — avion
TRACE — Tape-controlled recording automatic checkout equipment — = équipement de contrôle automatique et d'enregistrement commandé par bande magnétique — En. — essais, aéronau.
Trafo — Transformator — Transformateur — De. — électricité
TRAMAR — Transports maritimes (consortium européen de) — Fr. — transports
Trans — transformateur — transformer — Fr. En. — électricité
trans — transactions — transactions — En. — commerce
Trans — transitivo, transitive, transitif — It. En. Fr. — grammaire
trans — translation — traduction — En. — documentation
TRANSALL — Transporter-Allianz — avion Transall franco-allemand — De. Fr. — avion
TRANSYT — Traffic network study tool — = programme d'automatisation de la circulation — En. — transports
TRAP — Terminal Radiation Program — En.
TRAPATT — Trapped Plasma Avalanche Trigger Transit (diode) — En. — semiconducteur
TRC — Tube à Rayons cathodiques — En. — électronique
TREFINA — Treuhandverwaltung für das Deutsch-Niederländische Finanzabkommen — En. — finances
TREE — Transiant Radiation Effects on Electronics — effets de rayonnements transitoires sur les appareils électroniques (dans lesquels les radars et les détecteurs sont temporairement neutralisés) — En. — nucléonique
TRF — Transfer — Transfert — En.
TRF — Tuned Radio Frequency — radiofréquence accordée — En. — radio
TRF — TSH-releasing factor — En. — endocrinologie
Trfg — Tragfähigkeit — tonnage ; capacité de charge — De. — transports
trg — training — formation, entraînement — En. — aéronautique
TRI — Taux de rentabilité interne — Fr. — économie
TRI — Turbine Rub Indicator — indicateur de frottement turbine (ROLLS) — En. — moteur
Trib — Tribunal — Fr. — juridique
trim — trimestre, trimestre — It. Fr. — chronologie
TRIM — Turn results into money — En. — commerce
TRK — Track — glissière, voie — En. — aéronautique
TRL — Transistor-Resistor Logic — En. — semiconducteur
Trl — Translation (coffret de) — translation cabinet — Fr. En. — électronique
tr/mn — tours/minute — Fr. — mesures
trn — transistor — En. Fr. — semiconducteurs
TROCODOP — Tronc commun décloisonné optionel — Fr.
Tron — Transmission (signal d'appel) — transmission — En. Fr. — radioélectronique
trr — temps de recouvrement inverse TVJ=25°C, valeur typique — int. CEI — semiconducteurs
TRSB — Time-Reference scanning Beam — (système d'attente automatique) — En. — aéronautique
TRSL — Tête ronde semi-large (empreinte de vis champion) — Fr. — visserie
TRU — Transformer-rectifier unit — transformateur-redresseur — En. — électrique
T/S — Tage nach Sicht — jours après vue — De. — commerce
TS — Taxe sur les Salaires — Fr. — administration
TS — Techniciens supérieurs — Fr. — social
TS — Temperature de Service — Fr. — fils, câbles
Ts — (Air) temperature static — avion Concorde — En. — aéronautique
TS — Tensile strenght — résistance à la traction — En. — métallurgie
TS — Test set — poste d'essai — En. — essais

TS — Time sharing — temps partagé — En. — informatique
Ts — train sorti — Fr. — avion
TS — Trieste — It. — plaques auto
ts — très soluble — Fr. — chimie
TS — Très souple (joint de colle CIBA plastique) — Fr. — colles
TSAR — Time sharing activity request — demande de travail en temps partagé — En. — informatique
TSCS — caisson lumineux de sortie du contresens (SNCF) — Fr. — chemins de fer
TSD — Tactical situation display — En. — militaire
Tsd — Tausend — Mille — De. — unités
TSD — Technical Sheet Drawing — dessin, plan — En. — dessin, indust.
TSD/T — Time sharing debug/trace — En. — informatique
TSE — Tokyo Stock Exchange — Bourse de Tokyo — En. — bourse
TSF — Télégraphie sans fil — Fr. — radio
TSF — Touring secours France — Fr. — tourisme
TSG — Tierschutzgesetz — Loi sur la protection des animaux — De. — social
T/Sgt — Technical Seargeant — En. — militaire
TSH — Telegrafia sin hilo — TSF — El. — radio
TSH — thyro-stimulating hormone ou thyrotripin — = thyrotripine — En. Fr. — génétique
T.S.I. — ton/square inch — En. — unités
TSL-PC — Testa svasata larga e punta conica — tête fraisée large, pointe cônique — It. — rivets
T.S.N. — Time since new — temps de l'équipement neuf — En. — industrie
TSO — Technical Standard Order — Normes de la FAA — En. — tec., aéronautique
TSO — Time since overhaul — temps écoulé depuis la révision — En. — maintenance, av.
tsp — teaspoon — cuiller à servir — En. — gastronomie
TSS — time-sharing system — = système de partage du temps — En. — informatique
TSS — Transport supersonique — Fr. — aéronautique
TSTG — Storage Temperature — Temps de stockage — En. — semiconduct.
TSU — Toilet Servicing Unit — élément sanitaire (d'avion) — En. — aéronautique sanitaire
TSV — Turn-und Sportverein — Association d'Athlétisme et de sport — De. — sports
T Sym — Transformateur symmétriseur — (angl. balancing transformer) — Fr. — électricité
TT — Transfert télégraphique — telegraphie transfer — Fr. — postes
TT — Tourisme et Travail (association de loisirs) — Fr. — social
TT — Taxe transactions — Fr. — administration
TT ou T.T. — telegraphic (cable) transfer — transfert télégraphique — En. — postes
T.T. — « Tuberculin tested » — a subi la cutiréaction — En. — médecine
T.T. — Teetotaller — anti-alcoolique ; qui ne boit que de l'eau — En. — médecine
T.T. — Tourist trophy — En. — sports
TT — Total temperature — température totale (Ti) — En. — aérodynamique aéronautique
Tt — Temps technologique (pendant lequel la machine travaille sans l'intervention de l'opérateur) ou temps machine — Fr. — chronométrage
TT — « trou taraudé » (codification matière SNIAS) — Fr. — industrie
TT — Tape Telemetry — télémesure sur bande — En. — satellites
TT — Testa tonda — Tête ronde — It. — rivets
TT — Transformateur de tension (Chauvin Arnoux) — Fr. — élect.
TTC — Tactical Telephone Central — en. — militaire
TTC — Technical Training Center — Centre de formation technique — En. — aéronautique
TTC — Toronto Transit Commission (Canada) — En. — transports
TTC — Toutes taxes comprises — Fr. — administration
TTCA — Thrust translation control assembly — (NASA) — En. — satellites
TTD — Temporary Travel Document — En.
TTD — Traducteurs Techniques à Domicile (groupement professionnel) — Fr. — linguistique
TTF — Testa tonda a fungo — tête à champignon — It. — rivets
TTF — Traducteur tension-fréquence — Fr. — électricité
T1/2TL — Testa semitonda Larga — Tête demi-ronde large — It. — rivets
TTL — to take leave — En.
TTL — Through the Lens — En.
TTL — Transistor-transistor logic — En. — semiconducteur
Ttm — temps technologique et temps main ou temps main-machine — Fr. — chronométrage
Ttm — tôles à froid TC 1 mm — (indices économiques) — Fr. — économie

TTrC — Testa tronco conica — Tête à tronc de cône — It. — rivets
TTY — Teletypewriter — En. — Télétype
TU — Technische Universität — De. — enseignement
TU — Telegraphen-Union — De. — postes
TU — Temps Universel — heure G.M.T. — Fr. — chronologie
TU — Testo unico — It. — juridique
TU — Tubulari — Tubulaires — It. — rivets
TUBAGEX — Tubos de Acero por Extrusión — El. — métallurgie
TUC — Temps Universel Coordonné — Fr. — chronologie
TUC — Trade-Union Committee for EFTA — En. — social
TUC — Trade-Union Congress — En. — social
Tues — Tuesday — Mardi — En. — chronologie
TUGP — Taxe unique globale à la production (Algérie) — Fr. — administration
TUP — Tension unipolaire — Fr. — semiconducteur
TUP — Titre Universel de Paiement (CCP) — Fr. — commerce
TUT — Taxe unique sur les transactions (Madagascar) — Fr. — administration
TV — Televisione ; television — télévision — It. En. — télévision
T.V. — Tension de vapeur — Fr. — test
TV — Terminal velocity — Vitesse terminale — En.
TV — Transport à vide (mouvement de la main ou des doigts) — Fr. — org. du travail
TV — Très Visqueux (plastiques CIBA) — Fr. — degrés de viscosité
TV — Treviso — Trévise — It. — plaques auto
TV — « trou vis » (codification matière SNIAS) — Fr.
TV — Truppenvertrag — De.
TVA — Taxe à la valeur ajoutée — Fr. — administration
TVA — Tennessee Valley Authority (USA) — En. — administration
TVC — Télévision couleurs — Fr. — télévision
TVC (or VIFF) — Thrust Vector Control — (programme NASA-RAF) — En. — aéronautique
T.V.C.F. — Télévision en circuit fermé — Fr. — télévision
TVE — Television Española — El. — télévision
TVI — Traitement et visualisation (département THOMSON-CSF) — Fr. — électronique
TVI — Turbine Vibration Indicator — Indicateur vibrations turbine — En. — avion
TVJ — température de la jonction — int. CEI — électronique
TVJM — température maximale de la jonction — int. CEI — électronique
TVM — Target-Via-Missile guidance system — (USAF) — En. — militaire
TVOR — Terminal VOR — Fr. — électronique
TVP — Testa tipo « vienna » piana — tête type « vienna » — It. — rivets
TVT — Tissus de verre téflonné — Fr. — textiles plast
TW — direction du vent — int. — navigation aéro.
TW — Tupamaros West Berlin — Tupamaros de Berlin-Ouest — De. — politique
TWA — Trans-World Airlines — compagnie aérienne — En. — aéronautique
TWI — Training Within Industries — Formation permanente — En. — enseignement
TWL — « Teeny weeny laser » — En. — militaire
TWPA — Travelling-Wave Parametric Amplifier — Amplificateur paramétrique à ondes progressives — En. — électronique
TWR — Tower — tour — En. — aéronautique
TWT — Travelling wave tube — tube à ondes progressives — En. — électronique
TWU — Transport Workers' Union — Syndicat du Transport — En. — social
TWX — Teletypewriter Exchange Service — Central télex — En. — postes
TX — Text — texte — De. — général
typ — typographisch — typographique — De.
typ — typography — typographie — En.
TYPHEE — Type à hélium électrisé (magnétohydrodynamique) — Fr. — MHD
Tz — temps marqué : temps main effectué pendant un temps machine — Fr. — chronométrage
TZM — alliage Titane-Zirconium-Molybdène (base Mo) — int. — métal

U

U — symbole normalisé désignant une phosphatation mince (traitement de surface) — Fr. — métallurgie normalisation
U — Design Gust Velocity — Vitesse de calcul bourrasque — En. — avion
U — you — vous — En. — télex
u. — und — et — De. — général
U — Union — syndicat — En. — politique
U. — Unipolaire (boîte d'extrémité câbles électriques) — Fr. — normalisation EDF
U — united — uni — En.
U — Universal — films — En. — cinéma
U — University — université — En. — enseignement
u — unsere — notre, nos — De. — général
U — Unterseeboot — sous-marin — De. — marine
U — upper — supérieur — En. — général
U — uracil — Fr. — génétique
U — Uranium — int. — chimie
U — normes U.S.E. — Fr. — normalisation câbles élect.
U. — Usted — vous — El. — général
U — Utiliser — Fr. — org. du travail
U — Utility — avion utilitaire (USNA) — En. — militaire
UA — Ubergangsabkommen — De.
u.ä. — und ähnliche — et d'autres de même sorte — De. — général
u.a. — und andere — et d'autres encore, etc. — De. — général
U.A. — Unité d'acquisition (centralise les informations provenant de différents capteurs, dans une chaîne de mesure) — Fr. — informatique
U.A. — Unité astronomique (voir à « Z ») — Fr. — astronomie
UA — Unsichtbare Ausfuhr — De.
u.a. — unter anderem — entre autres — De. — général
u.A. — unter Anzeige — sous avis — De. — général
UAA — United Arab Airlines — Compagnie aérienne — En. — aéronautique
UACC — Upper Area Control Center — En.
UAM — Underwater to Air Missile — engin mer-surface — En. — militaire
u.a.m. — und andere mehr — et d'autres encore, etc. — De. — général
UAMCE — Union Africaine et Malgache de Coopération Economique — Fr. — politique
UAR — United Arab Republic — RAU — En. — politique
UAR — Upper Air Route — route supérieure — En. — navigation
UATI — Union des Associations Techniques internationales — Fr.
UATP — Universal Air Travel Plan — En. — aéronautique
U.A.W. — United auto, aircraft and agricultural implements workers — En. — social
UAW — United Auto Workers — (syndicats US) — En. — automobile
u.A.w.g. — um Antwort wird gebeten — réponse, s'il vous plait — De. — secrétariat
u.A.z.n. — um Abschied zu nehmen — pour prendre congé — De. — secrétariat
UB — User Buffer flip flop — (instruction) — En. — informatique
UBA — Union of Burma Airways — En. — aéronautique
UBAC — Udylite Bright Acid Copper — En. — métallurgie
U-Bahn — Untergrundbahn — métro — De. — transports
übers — übersetzt — traduit — De. — bibliographie
übertr — übertragen — traduit — De. — bibliographie
UBLS — University of Botswana, Lesotho and Swaziland — En. — enseignement
U-Boot — Unterseeboot — sous-marin — De. — marine
UBR — tension de claquage — int. CEI — électronique
UC — Ufficio di Collocamento — bureau de placement — It. — social
UC — Unclassified Consumer Goods (Philippines) — En. — commerce

UC — Undercarriage — train d'atterrissage — En. — avion
UC — Unité de comptage (de la Communauté = « dollar vert ») — Fr. — unités économie
UC — Unité complémentaire — Fr. — unités
UC — Upper Case — (caractères typographiques) — En. — imprimerie
UC — Urbis Conditae — à partir de la construction de Rome — lat. — chronologie
UC — Urethane foam, Cored — mousse uréthane garnie — En. — plastiques
UCA — Upper Control Area — Zone supérieure de Contrôle — En.
UCAME — Unité de compte accord monétaire européen — Fr. — monnaie
UCI — Unit Classification Index — Classification américaine — En. — documentation
UCI — Unit construction Index — Indice de la construction — En. — aéronautique
UCJF — Union Chrétienne des Jeunes Filles — Fr. — religion, social
UCJG — Union Chrétienne des Jeunes Gens — Fr. — religion, social
UCL — University College, London — En. — enseignement
UD — Udine — It. — plaques auto
UD — Underdrive — Sous-multipliée (première) — En. — automobile
Ud — Usted — vous — El. — général
UDC — United Daughters of the Confederacy — En.
UDC — Universal Decimal Classification — CDU — En. — unités, doc.
UDC — Urban District Council — En. — administration
u.desgl. — und desgleichen (mehr) — et d'autres du même genre — De. — général
u.dgl. — und dergleichen (mehr) — et d'autres choses semblables — De. — général
UDHM — Unsymmetrical dimethyl hydrazine — En. — carburants
UDI — Unilateral Declaration of Independance (of Rhodesia in 1965) — En. — politique
UDI — Unione Donne Italiane (communiste) — Union des femmes italiennes — It. — politique
u.d.M. — unter dem Meerespiegel — au-dessous du niveau de la mer — De. — géophysique océanographie
üdd.M. — über dem Meerespiegel — au-dessus du niveau de la mer — De. — océanographie
UDO — Union douanière occidentale — Fr. — douanes
u drgl — und dergleichen — et autres du même genre — De. — général
Uds — Ustedes — Vous — El. — général
UdSSR — Union der Sozialistischen Sowjetrepubliken — De. — politique
U.d.T. — unter dem Titel — sous le titre — De. — secrétariat
U.D.T. — Underwater Demolition Team — En. — marine
UE — Unbedenklichkeitserklärung — De.
U.E. — unseres Erachtens — à notre avis — De. — général
ue. — unehelich — illégitime, naturel — De. — social, juridique
UE — Unsichtbare Einfuhr — De.
u.e.a. — und einige andere — et quelques autres — De. — général
UEBL — Union Economique Belgo-Luxembourgeoise — Fr. — économique
UEC — Usinage électrochimique — Fr. — industrie
U.E.O. — Union européenne occidentale — Fr. int. — politique
U.E.P. — Union européenne des paiments — Fr. int. — politique
U.E.R. — Union européenne de radiodiffusion — Fr. int. — politique
UER — Unités d'enseignement et de recherches — Fr. — enseignement
UF — Unité fourragère — Fr. — unités
UF — Universal Fräsmaschine — fraiseuse universelle — De. — machines-outil
UF — Urea-formaldehyde — En. — chimie, plastiques
UF — Use Field flip-flop — (instruction) — En. — informatique
UF — Tension directe corr. au cour. direct indiqué IF — int. CEI — électronique
UFC — Uniform Freight Classification — Frêt unitaire — En. — transports
UFC — Union Fédérale de la Consommation — Fr. — social
UFCS — Union Féminine civique et sociale — Fr. — social
uff. — ufficiale — officier — It. — militaire
u.ff. — und folgende — et les suivants — De. — général
Uffz — Unteroffizier — sous-officier — De. — militaire
UFINEX — Union pour le Financement de l'Expansion du Commerce international — Fr. — finances
UFK — Ungelenkter Flugkorper — engin non-guidé — De. — militaire
UFM — Union Fédéraliste Mondiale — Fr. — politique
UFO — Unidentified Flying Object — OVNI — En. — aéronautique
UFR — Union Fer-Route — Fr. — transports
U'FULL — Underfull — non rempli complè-

tement — En. — (CONCORDE) carburant
UG — Umstellungsgesetz — De.
UGB — Unité de gros bétail — Fr. — unités, économie
UGBB — Unité de gros bétail bovin — Fr. — unités, économie
UGBP — Unité de gros bétail porcin — Fr. — unités, économie
UGE — Union des Grandes Ecoles — Fr. — enseignement
Ugict — Union générale des ingénieurs cadres et techniciens — Fr. — social
UGP — Union générale des pétroles — Fr. — pétroles
U.G.T. — Unión general de Trabajadores — El. — social
UGT — Tension minimale de gâchette — int. — électronique semi-conducteur
UGTAN — Union Générale des Travailleurs d'Afrique Noire — Fr. — politique
U.H.F. — Ultra High Frequency — Ultra-haute fréquence — En. Fr. — radio
UHP — Une Haute Puissance de fusion — Fr. — métallurgie
U.H.P — Ultra High Power — Très haute puissance — En. — électricité
UHT — Ultra-Haute Température — Fr. — unités
u.i. — ut infra (wie unten) — comme ci-dessous — lat. (De). — secrétariat
UIA — Union Internationale contre l'Alcoolisme — Fr. int. — social
UIA — Union Internationale Antiraciste — Fr. int. — social
UIA — Union Internationale des Architectes — Fr. int. — bâtiment
UIA — Union Internationale des Syndicats des industries Alimentaires — Fr. int. — alimentation
UIC — Union Internationale des Chemins de Fer — Fr. int. — chemins de fer
U.I.C. — Ufficio Italiano Cambi — Bureau de Changes italien — It. — banque
UICT — Union Internationale contre la Tuberculose — Fr. — médecine
UIEO — Union of International Engineering Organizations — en. — industrie
U.I.L. — Ufficio Internazionale del Lavoro — B.I.T. — It. — social
U.I.L. — Unione Italiana dei Lavoratori — Union des travailleurs italiens — It. — social
UINF — Union Internationale de la Navigation Fluviale — Fr. — navigation
UINT — Interrupt flip-flop — Contacteur — En. — informatique
UIO — Unit in operation — en fonctionnement — En.
UIOOT — Union internationale des Organismes Officiels du Tourisme — Fr. — tourisme
UIP — Union Interparlementaire — Fr. — politique
UIPE — Union Internationale de Protection de l'Enfance — Fr. — social
UIR — Upper Information Region — (au-dessus de 6000 m) — En. — radionavigation avion
UIS — Union Internationale de Secours — Fr. — sécurité
UIT — union des industries textiles — Fr. — textiles
UIT — Union internationale des transports — Fr. — transports
U.I.T. — Union Internationale des Télécommunications — Fr. — postes
U.I.T. — Unione Internazionale delle Telecomunicazioni — It. — postes
UJT — Unijonction transistor — transistor unijonction — En. — semiconducteur
uk — unabkömmlich — en sursis d'appel — De — militaire
U.K. — United Kingdom — Royaume-Uni — En. — politique
U.K.A. — Ulster King-at-Arms — En. — politique
UKAEA — United Kingdom Atomic Energy Authority — En. — nucléaire
Ukr. — Ukraine — En. — politique
UKW — Ultra-Kurz-Welle — Ondes métriques (jamais « ultra-courtes », qui sont « Mikrowellen ») — De. — radio
UL — Underwriters Laboratories — En. — normalisation
UL — Unit Loading — unité de charge — En. — circuit intégré
UL — Universal League — En.
ULA — Union der Leitenden Angestellten — De. — social
ULE — Ultra Low Expansion — dilatation ultra-faible (verre au silicate de titane mis au point pour le plus grand télescope d'Italie) — En. — verre
U.I.F. — Unsere liebe Frau — Notre-Dame — De. — religion
ULMS — Underwater Long-Range Missile System (now called Trident) — réseau d'engins sous-marins à longue portée — En. — militaire
ÜLT — Übungs-Lade-Trainer — fin (de mois ou d'année) — De.
ult. — ultimo — le mois précédent — (lat) En.
ult. — (ultimo) in the preceding month — le mois dernier — (lat) En. — secrétariat
ULV — Ultra-low volume (agricultural spray units) — En. — agriculture
ÜM — Über Merrespiegel — au-dessus du niveau de la mer — De.
U.M. — Unione Militare — Union militaire — It. — militaire
UM — soudage à l'air submergé sous flux solide — int. — soudage

UMI — Union musulmane internationale — Fr. — religion
UMI — Unione Magistrati Italiani — Union des magistrats italiens — It. — jurisprudence
U/min — Umdrehung/min — tours/minute — De. — mécanique
UMM — Universal Messmikroskop — microscope universel — De. — instruments
U.M.T. — Universal Military-Training — Formation militaire universelle — En. — militaire
UMTA — Urban Mass Transportation Administration — En. us. — administration, transports
U.M.W. — United Mine Workers — En. — social
U.N. — United Nations — O.N.U. — En. — politique
UNA — United Nations Association — En. — politique
UNAM — Universidad autónoma de Mexico — El. — enseignement
UNAMAGE — Universal Automatic Map Compilation Equipment — En. — topographie
UNAPER — Union Nationale des Associations de Parents de l'Ecole Libre — Fr. — enseignement
unbest. — unbestimmt — indécis — De. — général
UNC — United Nations Command — En. — politique
UNCLE — Unclassified — non secret — En. — administration
UNCLE — Union des Coopératives Laitières — Fr. — agriculture
UNCLE — United Network Command for Law Enforcement — En. — police
UNEF — Union nationale des Etudiants de France — Fr. — politique
UNEF — UNITED nations Emergency Force — Forces d'intervention de l'ONU — En. — politique
UNESCO — United Nations Educations, Science and Cultural Organisation — En. — politique
UNF — Unified — pas unifié (filetages) — En. — visserie
UNG — Universal News Germany — En.
Ung — « ointment » — « par onction » — En. — médecine
UNI — Unificazione nazionale italiana — organisme de normalisation — It. — normalisation
U.N.I. — Union Nationale Interuniversitaire — Fr. — social
Uni — Universität — Université — De. — enseignement
UNI — Ente nazionale di unificazione — office de normalisation — It. — normalisation
uni-bi — unipolaire-bipolaire — Fr. — électricité
UNICEF — United Nations' International Children's Emergency Fund — En. — social
univ. — universal — universel — En.
Univ. — Universität — université — De. — enseignement
Univ. — University — université — En. — enseignement
UNO — United Nations Organisation — ONU — En. — politique
UNO — Unified Nimbus Observatory — En. — météorologie
UNOF — Union Nationale des Organisations Familiales — Fr. — politique
UNRRA — United Nations' Relief and Rehabilitation Administration — Administration des Nations Unies pour le Secours et la Reconstruction — En. — social
UNRWA — Office de secours et de travaux des Nations Unies pour les réfugiés (palestiniens) — En. — social
UNSJ — Union Nationale des Syndicats de Journalistes — Fr. — presse
UNTAB — United Nations Technical Assistance Board — En. — social
UNTS — Undergraduate Navigator Training System — En. — aéronautique
u.R. — unter Rückerbittung — à retourner s.v.p. — De. — secrétariat
U.R. — « Your » — votre — En. — télex
UR — Ultra-rapide (coupe-circuit) — Fr. — électricité
U.R.A.C. — Union des Républiques d'Afrique Centrale — Fr. — politique
URBANICOM — Urbanisme et Commerce (Association internationale) — Fr.
URC — Unité de réserve collective — Fr.
URE — Union des religieuses enseignantes — Fr. — religion enseignement
urg. — urgente ; urgent ; urgent — It. Fr. En. — général
URRM — Valeur limite de la tension inverse de pointe répétitive — int. (CEI) — électronique
URSM — Valeur limite de la tension inverse de pointe non-répétitive — int. (CEI) — électronique
urspr. — ursprünglich — primitivement, à l'origine — De. — général
URSSAF — Union pour le recouvrement des cotisations de la sécurité sociale et des allocations familiales — Fr. — social
Uru. — Uruguay — En. — géographie
URV — Unité de réponse verbale — Fr.
u.ö — und öfter — et plus souvent encore — De. — général
UOL — Underwater Object Locator — Localisateur d'objets sous l'eau — En. — marine

UP — Unclassified Producer goods (Philippines) — En. — industrie
UP — Unités de production — Fr. — industrie
UP — united presbytarian church — En. — religion
up — united press — Agence de presse — En. — presse
UP — United Provinces — Provinces Unies (Pays-Bas) — En. — géographie
UP — Uttar Pradesh — (Inde) — En. — géographie
UPI — United Press International — (Agence) — En. — presse
UPL — Unlimited Private Line — = service spécial téléphonique — En. us. — téléphone
UPR — Ultra-Portable Radar — radar portable ultra-léger — En. — radar
UPT — Undergraduate Pilot Training — En. — aéronautique
UPU — Union postale universelle — Fr. — postes
UPWT — Unitary Plan Wind Tunnel — soufflerie à plusieurs chambres d'essai mais à un seul moteur — En. — aérodynamique
UQ — Ultimo quarto — dernier quartier — It. — astronomie
U.S. — Ufficio Stampa — Bureau de Presse — It. — presse
u.s. — ultimo scorso — dernier, précédent — It. — secrétariat
U.S. — Ultra-Schall ; — Ultra-Sons — De. Fr. — acoustique
U.S. — Unconditioned Stimulus — stimulus non-conditionné — En. — médecine
US — « Unidirectionnel, satin » (BROCHIER) — Fr. — textiles
U/S — unserviceable — hors d'usage, inutilisable — En. — commerce
U.S. — Uscita di Sicurezza — Sortie de Secours — It. — sécurité
U.S. — (ut supra) as above — comme ci-dessus — (lat) En. — secrétariat
u.s. — (ut supra) wie oben — comme ci-dessus — (lat) De. — secrétariat
U.S.A — Union of South Africa — Union d'Afrique du Sud — En. — géographie
U.S.A — United states Army — En. — militaire
U.S.A. — United States of America — En. — géographie
USAAVLABS — U.S. Army Aviation Laboratories — En. — militaire
U.S.A.F. — United States Air Force — En. — militaire
USAFSS — U.S. Air Force Security Service — En. — militaire
USAID — United States Agency for International Development — En. — économie
USAREUR — U.S. Army Europe — En. — militaire
U.S.B. — Upper side band — bande supérieure en émission B.L.U. — En. — radio
USBM — US Bureau of Mines — En.
USC — University of Southern California — En. — enseignement
USC — United States Customs — douanes américaines — En. — douanes
USCG — United States Coast Guard — En. — militaire
USCINCEUR — U.S. Commander-In-Chief Europe — En. — militaire
U.S.E.S. — United States Employment Service — Service de l'Emploi — En. — social
u.s.f. — und so fort — et ainsi de suite — De. — secrétariat
USF — User skip flip-flop — (instruction) — En. — informatique
U.S.G. — United States Gallons — En. — unités
USGS — United States Geological Survey — En.
USIAS — Union Syndicale des Industries Aéronautiques et Spatiales (devenu GIFAS) — Fr. — aérospace
U.S.I.S. — United States Information Service — En. — information
USM — Underwater-to-surface missile — engin mer-air — En. — militaire
U.S.M.A. — United States Military Academy — En. — militaire
U.S.M.C. — United States Marine Corps — En. — militaire
USMSR — U.S. Military Specification Requirements — En. — militaire
U.S.N. — United States Navy — marine américaine — En. — militaire
USNA — United States Naval Academy — En. — militaire
USNA — United States Naval Aviation — En. — militaire
USO — United Service Organizations — En.
USP — United States Patent — Brevet américain — En. — brevets
USP — United States Pharmacopoeia — Pharmacopée américaine — En. — pharmacie
USP — usage pharmaceutiques — Fr. — médecine
USP — Unique Selling Proposition — proposition exceptionnelle — En. — commerce
USPS — United States Postal Service — Postes américaines — En. — postes
USQt — United States Quart — Quart américain — En. — unités
USS — underwater Sound Signaller — explosif de repérage — En. — marine
USS — United States Ship or Steamer —

navire de guerre américain — En. — marine

USS — United States Standard — norme américaine — En. — normalisation

USSR — Union of Soviet Socialist Republics — En. — géographie

USTG — Umsatzsteuergesetz — taxe sur le chiffre d'affaires — De. — administration

USTOL — Ultra Short-Take-Off and Landing — Super ADAC — En. — avion

USTS — United States Traval Service — En.

usu — usual, usually — habituel(lement) — En. — général

usw — und so weiter, und so wohl — et ainsi de suite, etc. — De. — général

USWA — United Steelworkers of America — En. — métallurgie social

USWA — US War Shipping Administration — En. — militaire

UT — « Unidirectionnel et Taffetas » (BROCHIER) — Fr. — textiles

UT — Unité de traction — Fr.

UT — Unité de Traitement — Fr. — informatique

Ut — Utah — En. — géographie

UT — Tension directe correspondant au courant direct spécifié — int. CEI — électronique

Utd — united — uni — En. — général

Ut dict — « as directed » — « sur indications » — En. — médecine

UTE — Union Technique de l'Electricité — Fr. — normalisation

UTH — Unités de travail humain — Fr. — ergonomie

UTHF — unité de travailleur humain familial — Fr. — ergonomie

UTM — Unité de Traction mécanique — Fr.

UTO — United Towns organization — En. — urbanisme

UTO — Universal Tourism Organisation — En. — tourisme

UTO — Tension de seuil — int. — électronique

UTS — Ultimate Tensile Strength — charge de rupture, résistance à la traction — En. — test

UTSDB — Umsatzsteuer-Durchführungsbestimmungen — De. — administration

UTTAS — Utility Tactical Transport Aircraft System (US ARMY) — En. — militaire aéronautique

U.U — unter Umständen — selon le cas — De. — général

UU — Urethane foam, uncored — Mousse uréthane non garnie — En. — plastiques

UU — Ustedes — Vous — El. — secrétariat

uu — micromicro, pico — symbole erroné — En. Fr. — unités

uuf — picofarad — symbole erroné — En. fr. — unités

U.U.T. — Unit Under Test — élément à l'essai — En. — test

u.ü.V. — unter üblichem Vorbehalt — sous les réserves d'usage — De. — commerce

UV — ultra-violet, ultra-violet, Ultraviolett — Fr. En. It. — physique

UV — Unfallversicherung — assurance accidents — De. — assurances

UV — Unité de valeur — Fr. — unités

UVA — Ultra-violet activated — activé par ultra-violet — En. — physique

u.v.a. — und vieles anderes — et bien d'autres choses encore — De. — général

UVD — Unteroffizier vom Dienst — sous-officier de service — De. — militaire

UVLG — Ultraviolet light guide — guide de lumière UV — En. — optoélectricité

U/W — Underwriter — membre d'un syndicat de garantie — En. — juridique

UW — Unseres Wissens — à notre connaissance — De. — commerce

UWG — Gesetz gegen den unlauteren Wettbewerb = loi contre la concurrence déloyale — De. — commerce

UWM — underwater weather maps — cartes météorologiques sous-marines — En. — océanographie

UX1 — Uranium X1 (234 Th) — int. — physique

UX2 — Uranium X2 (234 Pa, parfois appelé Brevium) — int. — physique

UY — Uranium Y-(231 Th) — int. — physique

UZ — Uranium Z (234 Pa) — int. — physique

UZ — Ursprungszeugniss — témoignage original — De. — juridique

u.Z. — unserer Zeitrechnung — de notre ère — De. — chronologie

u.zw. — und zwar — à savoir — De. — général

V

V — Vacuum — vide — En. — physique
V — Vacuum tube — tube à vide — En. — électronique
V — Vanadium — int. — chimie
v. — vedi — voir (voyez) — It. — secrétariat
V — Vergelstungswaffe — armes de représailles (V2, V1) — De. — militaire
v. — verbo, verbe, verb — It. Fr. En. — grammaire
v. — verso — verso — It. — bibliographie
v. — (versus) against — en fonction de — (lat) En. — mathématiques
v. — (versos) against — contre — (lat) En. — droit
v. — verse — verset — En. — Bible
v. — (verte) wende — tournez — (lat) De. — secrétariat
V — Vers — Vers — De. — biblio
v — vert — Fr. — chimie, couleur
V — Victoria — Victoria — En. — histoire
V — victory — victoire — En. — général
v. — (vice) vice — à la place de — (lat) En. — général
v — (vide) siehe — voyez, voir — (lat) De. — secrétariat
V. — Via — rue — It. — postes
v — coefficient de viscosité cinématique — Fr. — viscosité
V — Vitesse — Fr. — viscosité
V_1 — Critical-Engine-Failure speed — Vitesse de panne du moteur critique — En. — avion
V_2 — Take-Off Safety Speed — Vitesse de décollage de sécurité — En. — avion
v — symbole SI de la Vitesse linéaire, grandeur exprimée en m/s — Fr. — unités
V — Vitesse de circulation de l'argent (dans la formule MV-PQ) — Fr. — finances
V — visqueux (plastiques CIBA) — Fr. — viscosité
V. — (vide) see — voyez, voir — (lat) En. — secrétariat
V — Volt — int. — unité électrique
v. — volume — volume — En. — bibliographie
v. — von — de — De. — général
v. — vom — du — De. — datation
V (volumen) Band — Volume — (lat) De. — biblio
V — void — vide, évidement — En. — plastiques
V — voltage — tension — En. — électricité
V — Voltmeter — voltmètre — En. — électricité
V — symbole SI du Volume, grandeur exprimée en mètre cube — Fr. — unités
V — symbole SI du Volume massique ou spécifique, grandeur exprimée en m^3/kg — Fr. — unités
V — « risques de poussière » (symbole de la norme C15-100) — Fr. — norm. câble élec.
V — Polychlorure de Vinyle (symbole câbles CEAT) — Fr. — câbles électr.
V — Symbole moteur Vertical à brides (CEM) — Fr. — électricité
V. — Ustled — vous — El. — secrétariat
VA — Varese — Varèse — It. — plaques auto
Va — Valuta — Valeur — De. — commerce
V.A — Value Analysis — Analyse de la Valeur — En. — commerce, technique
VA — Veterans' Administration — Ministère des Anciens combat — En. (US) — social
VA — Vicar-Apostolic — En. — religion
Va — Virginia — Virginie — En. — géographie
VA — Vice-Admiral — En. — militaire
VA — Victoria and Albert, Royal Order of — En. — social
VA — Design Maneuvering Speed — Vitesse de manœuvre de calcul — En. — aéronautique
VA — Vitesse d'atterrissage d'un parachute — Fr. int. — parachutisme
VA — Volt-Ampère — « nom spécial du Watt utilisé pour le mesurage de la puissance apparente du courant électrique alternatif » JO du 23-12-75 p 13223 — int. — unité électr.
VA — Voltage avalanche — tension d'avalanche — En. Fr. — semiconducteur

В Вольт — Volt — ru — électr.
VA — Vorzugsaktien — action privilégiée, de préférence ou de priorité — De. — bourse
VA — Condensateurs ajustables à air (symbole des) — Fr. — électronique
VAB — Vehicle assembly building — Tour de montage — En. — fusées spatiales
VAC — Vector Analog Computer — En.
VAC — Voltage alternating current — tension courant alternatif — En. — électricité
VAC — Volt-ampere current — intensité en volt-Ampère — En. — électricité
VACC — Victorian Automobile Chamber of Commerce — En. — automobile
VAD — Voluntary Aid Detachment — Fr.
VADS — Vulcan Air Defense System — En. — milit. aéro
VAE — Vorschriftenausschuss Elektrotechnik — De. — normalisation
v.a.G. — Verein auf Gegenseitigkeit — mutuelle — De. — social
VAG — Versicherungsaufsichtsgesetz — (DDR) — De. — social
val. — valore — valeur — It. — commerce
val — value — valeur — En. — commerce
val — valuta — valeur — It. — commerce
VAL P — Valor Per — El. — commerce
VAMP — Variable Anamorphic Motion Picture — En. — cinéma
VAOC — Vin d'appellation d'origine contrôlée — Fr. — gastronomie
vap — vapore — vapeur — It. Fr.
VAP — Variateur de vitesse amplificateur de puissance (CEM) — Fr. — électromécanique
VAP — symbole des varistances basse tension — Fr. — électronique
VAPHI — Voltmètre-Ampèremètre-Phasemètre (Chauvin-Arnoux) — Fr. — élect.
VAPI — Visual approach path indicator — indicateur de trajectoire d'approche — En. — nav. avion
Var. — variante — variante — De. Fr.
Var — Varietät — variété — De.
var — variety — variété, diversité — En. — général
VAR — Vereinigte Arabische Republik — RAU — De. — politique
VAR — Visual-Aural Range — = indicateur de direction à repérage visuel et audible — En. — nav. avion
VAR — Volt-ampères réactifs — Puissance électrique réactive (SI) — Fr. — électricité
VARICAP — Variable capacitor — condensateur variable — En. — électricité
VARIG — Viaçiao Aereo do Rio Grande (Brasil) — portugais — aéronautique
VARNA — Couleur, caste — sanskrit religion
VASI — Visual approach system slope indicator — indicateur d'approche visuelle — En. — nav. avion
VASP — Viaciao Aereo Siao Paolo (Brasil) — portugais — aéronautique
VAST — Versatile Avionics Shop Test — En. — aéronautique
Vat. — Vaticano, Vatican. Vatican — It. En. Fr. — religion politique
VATE — Versatile Automatic Test Equipment — En — test
VATLS — Visual airborne target locator system — = télémètre à maser — Fr. — télémétrie
VAW — Vereinigte Aluminium Werke — fonderie d'aluminium (sté) — De. — métallurgie
VB — Design speed for maximum gust intensity = — Vitesse de calcul à la rafale maximale — En. Fr. — avion
VBI — Verband Beratender Ingenieure — En. — technique
VBO — tension directe de retournement — int. — semiconducteurs, thyristors
VBR — tension inverse d'avalanche — En. Fr. — semiconducteurs
VC — Design Cruise Speed — Vitesse de croisière de calcul — En. Fr. — avion
VC — Tension typique de blocage (symboles littéraux) — int. — semiconducteurs
VC — Vaches contrôlées (nombre de) — Fr. — agriculture
V.C. — Variable Consequence (NASA) — En. — espace
VC — Varnishe Cambric — (toile isolante) — Fr. — textiles
VC — Vercelli — It. — plaques auto
VC — Verre consigné — Fr. — commerce
VC (or R/C) — Vertical Speed — vitesse ascentionnelle (Vz) — En. — avion
V.C. — Vice-Chairman — Vice-Président — En. — commerce, ect.
V.C. — Vice-Chancellor — En. — social
V.C. — Vice Console ; Vice-Consul — Vice-Consul — It. En. Fr. — commerce
V.C. — Victoria Cross — En. — social
V.C. — Viet-Cong — En. — politique
VC — vitesse calibrée (ou conventionnelle ou corrigée) — (angl. C.A.S.) — En. — avion
V.C.A. — Véhicule à coussin d'air — (angl. A.C.V.) — Fr. — transports
VCAI — Véhicule de combat amphibie d'infanterie — Fr. — militaire
V.C.B. — Voltage Collector-Base — Tension collecteur-base — En. Fr. — semiconducteurs
VCC — Vin de consommation courante — Fr. — gastronomie
VCE SAT — tension de saturation entre

collecteur et émetteur — En. Fr. — semiconducteurs
v.c.f. — vivat, crescat, floreat — longue vie et prospérité à — lat. — social
VCO — Voltage-Controlled Oscillator — oscillateur à tension constante — En. — électronique
v.Chr. — vor Christus — avant J.-C. — De. — datation
VCIS — Voltage-Controlled input Source : — source à courant constant contrôlé par la tension d'entrée — En. — électronique
VCO — Voltage-to-frequency converter — convertisseur tension-fréquence — En. — électricité
VCOD — Vertical Carrier On-Board Delivery — ADAV embarqué (MCDONNELL) — En. — militaire
VCOS — Voltage-Controlled Oscillator — En. — électronique
VCR — Video-Cartridge Record — enregistrement sur cartouche vidéo — En. — enregistrement
VCR — Video-Cassette Recorder — enregistreur vidéo-cassette — En. — enregistrement
Vcr — Vitesse de Croisière (de calcul) — (angl. Vc) — It. — avion
VCS — Vidicon Camera System — Caméra Vidicon — En. — télévision
VD — Design Dive Speed — Vitesse de piqué — En. — avion
Vd. — Usded — vous — El. — secrétariat
VD — tension continue (état bloqué) — En. Fr. — thyristors
VD — Valeur Déclarée — Fr. — postes, douanes
VD — Vapor Density — densité de vapeur — En. — physique
VD — Venereal Desease — maladie vénérienne — En. — médecine
VD — Ventil Federdraht — De.
VD — Victorian Decoration — En. — social
VD — Volunteer Officers Decoration — En. — social
Vda. — vioda — veuve — El. — social
VDBS — Verband Deutscher Bühnenschriftsteller und Bühnenkomponisten — De. — social
VDC — Volt Direct Current — Tension continue, maximum appliquée (Symboles littéraux) — int. — semiconducteurs
VDD — Voice-Data Discriminator — En. — radiocomm
VDE — Verband Deutscher Elektrotechniker — De. — électricité
VDE — Demonstrated Flight Diving Speed — vitesse de piqué démontrée en vol — En. — avion
VDFG — Variable diode function generator — générateur de fonctions — En. — semiconducteurs
VDF/MDF — Demonstrated Flight Diving Speed — Vitesse de piqué réalisée aux essais en vol — En. Fr. — avion
v.d.H. — vor der Hohe — au pied du mont — De. — géographie
VDI — Verein Deutscher Ingenieure — De. — Social
VDI — Visual Doppler Indicator — radar Doppler à lecture directe — En. — navigation
VDIG — Vertical Display Indicator Group — En. — avion
VdK — Verband der Kriegsbeschädigten, Kriegshinterbliebenen und Sozialrentner — De. — social
VDL — Verband Deutscher Luftfahrttechnik — De. — aéronautique
VDM — Verbi Dei Minister, Minister of the Word of God — Ministre religieux — lat. En. — religion
VDN — Vin Doux Naturel — Fr. — agriculture
VDP — Verband Deutscher Presse — De. — presse
VDQS — Vins délimités de qualité supérieure — Fr. — gastronomie
VDR — Voltage Dependent Resistor — En. — électricité
VDRM — tension directe récurrente à l'état bloqué (symbole littéraux) — (de pointe ou crête) — int. En. Fr. — semiconducteurs, thyristors
VDS — Verband Deutscher Studentenschaften — De. — social
Vds — Ustedes — Vous — El. — secrétariat
VDS — Voltage Drain-Source — tension drain-source — En. Fr. — semiconducteur
VDSM — tension non-récurrente à l'état bloqué (de pointe) — En. Fr. — thyristors
vdt — vidit = **hat gesehen** — vu par — lat. De. — secrétariat
V.Dt.F.A. — Verband Deutscheren Filmautoren — De. — cinéma
V.Dt.S.V. — Vereinigung Deutscher Schriftssettlerverbände — De. — social
VDW — Verein Deutscher Werkzeugmaschinenfabriken — De. — machines-outil
VDWM — tension directe récurrente à l'état bloqué (de pointe) — En. Fr. — semiconducteurs
V.E. — Value Engineering — Analyse de la valeur — En. — commerce
VE — Véhicule Expérimental — Fr. — test
VE — Venezia — Venise — It. — plaques auto
VE — Verrechnungseinheit — unité de compte — De. — informatique

VE — Verrechnungseinheit — unité de compensation — De. — commerce
V.E. — Vitesse d'évaporation — Fr. — physique
V.E. — Vitesse équivalente — (angl. E.A.S.) — Fr. — avion
VE — Victory in Europe — En. — militaire, historique
V.E. — Vostra Eccellenza — Votre Excellence — It. Fr. — social
Ve — equivalent airspeed — vitesse équivalente — En. — avion
VEB — Volkseigener Betrieb (DDR) — entreprise socialisée (RDA) — De. — social
VEB — Voltage Emitter-Base — Tension émetteur-base — En. Fr. — semiconducteur
VEC — Symbole des variateurs de vitesse à thyristors (CEM) — Fr. — électromécanique
VECP — Value Engineering Change Proposal — Proposition de modification d'analyse de la valeur — En. — industrie
ved. — vedova — veuve — It. — social
VED — Visco-élasto-dynamique — Fr. — mesures
VEGA — Vapeur et Gaz (centrale mixte turbine-chaudière) = angl. STEAM-GAS) — Fr. — électricité
Vel. — Velocity — vitesse — En. — sciences
VELA — Vereinigung Leitender Angestellten — De. — social
VEM — Volkseigener Elektromaschinenbau (DDR) — De. — électromécanique
V.Em. — Vostra Eminenza, Votre Eminence — It. Fr. — social
VEMS — Volume Expiratoire Maximum Seconde — Fr. — médecine
Ven. — Venerabile, Vénérable — It. Fr. — religion
VENUS — Voix Electronique Normalisée à l'Usage des Sourds (CNET) — Fr. — médecine
Ver. — Verein — Association — De. — social
VERAS — Véhicule Expérimental de Recherches Aérothermodynamiques et Structurales — Fr. — test, aérodynamique
verb — verband — Union, Association — De. — social
verb — verbessert — corrigé, amélioré — De. — grammaire
Verehel — verehelichte — femme X., épouse X. — De. — juridique
Verf — Verfasser — Auteur — De. — bibliographie
verh — verheiratet — marié — De. — juridique
verg — vergangen — passé, écoulé — De. — général
Verl — Verlag — Editions — De. — bibliographie
Verm — vermählt — marié — De. — juridique
VERNAV — Vertical Navigation System — En. — navigation
Veröff — Veröffentlichung — publication — De. — presse
Vers — versamento — versement — It. — Finances
Vers — Versicherung — Assurance — De. — assurances
VerSt — Vereinigten Staaten — Etats-Unis — De. — géographie
verst — verstorben — défunt — De. — juridique
vert — verlatur = bitte wenden — tournez s.v.p. — lat. De.
Vert — Vertreter — Représentant — De.
Verw — Verwaltung — Administration — De.
verw — verwitwet — veuf, veuve — De.
Verz — Verzeichnis — liste, index, table des matières — De.
VIET — Variateur électronique de tension (pour moteurs asynchrones - CEM) — Fr. — électromécanique
vet — veteran — ancien combattant (US) — En. — militaire
vet — veterinarion— vétérinaire — It. — médecine
VET — Veterinary Surgeon ; veterinarian ; vétérinaire — En. Fr. — médecine
VF — Vaterländische Front — Front patriotique (Autriche) — De. — politique, historique
Vf — Verfasser — Auteur — De. — arts
VF — Video-Frequency — fréquence vidéo, fréquence d'image — En. — télévision
V.F. — Vigili del Fuoco — « Vigiles du feu » = pompiers — It. — sécurité
VF — Voice-Frequency — fréquence vocale — En. — acoustique
VF — Voltage, forward — tension directe — En. Fr. — semiconducteurs
VF — Design Flap Speed (for flight loading conditions with flaps in the landing position) — En. — avion, calculs
VFA — Visual Flight Attachments — En. — aéronautique
VFAKO — tension directe anode-cathode — En. Fr. — semiconducteurs
VFC/MFC — Maximum speed for stability-characteristics — Vitesse maximale de stabilité — En. — avion
VFE — Flap Extended Speed (maximum speed with wing flaps at a prescribed extended position) — En. — avion

VFIL — Voie Ferrée d'Intérêt Local (SNCF) — Fr. — chemins de fer
Vfg — Verfügung — arrêté, décret — De. — administration
V-FIN — Vehicle for Instrumentation — en. — tests
VfL — Verein für Leibesübungen — Association d'athlétisme — De. — sports
VFM — Chute de tension maximum (symboles littéraux) — int. — semiconducteurs
VFN — Normen der Vereignigten Flugtechnischen Werke-Fokker — De. — normalisation, aéronautique
VFO — Variable Frequency Oscillator — Oscillateur à fréquence variable — En. — électronique
VFR — Verein für Raumschiffahrt — (DDR) — De. — espace
VFR — Visual Flight Rules — Règles de pilotage à vue — En. — aéronautique
VFW — Vereinigte Flugtechnische Werke — Avionneur Allemand — De. — aéronautique
VFW — Veterans of Foreign Wars — (USA) anciens combattants des T.O.E. américains — En. — militaire
VFX — Variable Frequency Crystal oscillator — oscillateur piloté par quartz à fréquence variable — En. — électronique
VG — Valeur globulaire — Fr. — médecine
VG — Variable Geometry — Géométrie Variable — En. — avion
V.G. — (verbi gratia)-for example — par exemple — lat. En. — général
v.g. — verbigracia : por ejemplo — par exemple — El. — général
v.g. — (verbi gratia)-zum Beispiel — par exemple — lat. De. — général
VG — Verteidigungsgeräte-Normen — normes militaires — De. — normalisation
V.G. — Vertical gyro — gyroscope de verticale — En. — navigation, avion
V.G. — Vicar-General — En. — religion
V.G. — Vortex generator — générateur de tourbillons (G.T.) — En. — essais
V.G. — Vostra Grazia ; Votre Grâce — It. Fr. — social
VGB — Vereinigung der Grosskesselbetreiber — De.
VGD — Tension gâchette cathode n'amorçant pas le thyristor — En. Fr. — thyristors
VGH — Velocity, Gust, Height — Vitesse, rafale, altitude — En. — aérodynamique
vgl. — vergleiche — comparez, conférez (deux écrits) — De. — général
v.gr. — verbigracia — par exemple — El. — général
VGS — Voltage Gate-Source — Tension porte-source — En. Fr. — semiconducteurs
VGSI — Visual Glide Slope Indicator — Indicateur de pente visuelle — En. — avion
VGS(P) — tension porte source au blocage — En. Fr. — semiconducteurs
VGT — Tension gâchette cathode amorçant le thyristor (symboles littéraux) — En. Fr. — semiconducteurs, thyristors
v.g.u. — vorgelesen, genehmigt, unterschrieben — = lu et approuvé (et signé) — De. — secrétariat
Vh — Vitesse de déplacement horizontal d'un parachute, appelée vitesse propre sur les parachutes aérodynamiques utilisant des fenêtres ou fentes — Fr. int. — parachutisme
Vh — Volkshochschule — université populaire — De. — enseignement
v.H. — vom Hundert — pour cent — De.
V.H.F. — Very High Frequency — Très haute fréquence = hyperfréquences de 30 à 300 MHz — En. — télécommunication
V.H.F.D.F. — Very high frequency direction finding — = radiogoniométrie sur ondes ultra-courtes — En. — radio
VHR — Verre à haute résistance — Fr. — verre
VHRR — Very high resolution radiometer — radiomètre à très haute résolution (satellites météo US) — En. — météo
V.H.S. — Volkshochschule — université populaire — De. — enseignement
v.i. — verb, intransitiv — verbe intransitif — En. — grammaire
VI — Vicenza — Vicence — It. — plaques auto
Vi. — Violet — (abréviation suivant DIN 47002) — De. int. — couleurs
VI — Viscosity index — indice de viscosité — En. — mesures
Vi — Vitesse indiquée — (angl. I.A.S.) — Fr. — avion
VI — Voitures industrielles — Fr. — transports
VI — vol, incendie — Fr. — assurances
Vi — Voltage, inlet — tension d'entrée — En. Fr. — semiconducteurs
VI — Volume indicator — En.
via — by way of — par l'entremise de — En. — commerce
VIA — Volvo Insurance Association — En. — assurances
Vias — = « version SNIAS — (utilisé par certains fournisseurs de la SNIAS) — Fr. — aéronautique
Vib — Vibreur — Vibrator ringer — Fr. En. — électronique
VIBS — Very Important Business Men —

Hommes d'affaires très importants — En. — commerce
VIC — Very Important Cargo — En. — commerce
VIC — Victoria — En.
VICAR — Video Image Communication and Retrieval — En.
vid — (vide) see — voyez — lat. En. — général
VIDEO — Visual Information Display for Efficient Operation — En. — informatique
VIFF — Vectoring in Forward Flight (or TVC) — (test programme) (RAF) — En. — aéronautique
VIGIL — Vertical Indicating Gyro Internally Lighted — En. — gyroscopes
VIKYN — Institut de Recherches sur le Caoutchouc au Vietnam — Fr.
Vim — Valeurs immobilisées (économie) — Fr. — économie
viol — violet — Fr. — chimie
VIP — Vertical traffic Information Processing — En. — informatique
V.I.P. — Very Important Person — Haute personnalité — En. — social
VIP — Very Important Pulp (Finlande) — En. — papeterie
VIP — Visitors in Paris — En. — tourisme
VIP — Visual Integrated Presentation — En. — aéronautique
VIPS — Voice interruption priority system — Système d'alerte prioritaire vocale (NORTHROP) — En. — sécurité, avion
VIPS — Verbal Instruction-Programmed System — En. — informatique
V.I.R. — Vulcanized india-rubber — caoutchouc vulcanisé — En. — caoutchouc
Vis — Mots — Fr. — juridique
Vis. — Visitors — Visiteurs — En. — sports
Visc. — Visconte — Vicomte — It. — social
VISSR — Visible and Infrared Spin Scan Radiometer — En. — mesures
VISTA — Volunteers in service to America — En.
viz. — (videlicet) namely, to wit — à savoir, c'est-à-dire — En. — général
Vj — Velocity of Exhaust Jet — vitesse des gaz d'échappement — En. — avion
Vj — Vierteljahr — trimestre, trois mois — De. — chronologie
v.J. — vorigen Jahres — de l'année précédente — De. — chronologie
Vk — Vorkreis — De. — condensateurs
Vkz — Vertriebkennzeichen — marque de vente — De. — commerce
VL — Vaches en lactation — Fr. — agriculture
VL — Vor-Loc — En. — navigation, avion
V.L. — Volume indicator — décibelmètre — En. — acoustique
VL — Design Level Speed — Vitesse en palier — En. — avion
VLA — Very Low Altitude — très basse altitude — En. — avion
VLCC — Very large crude oil carrier — navire pétrolier géant — En. — pétroles
V.le — Viale — rue, voie, avenue, etc. — It. — général
VLE — Landing Gear extended Speed (maximum speed at which the airplane can be flown safely with L.G. down) — Vitesse train sorti — En. — avion
V.L.F. — Very Low Frequency — Très Basse Fréquence (au-dessous de 30 kHz) — En. — électronique
VLO — Landing Gear Operating Speed (maximum speed at which the L.G. can be raised or lowered safely) — En. — avion
VLOF — Lift off speed — vitesse à laquelle l'avion se sustente pour la 1re fois au cours d'un décollage — En. — avion
VLP — Video Long Playing — disque vidéo longue-durée — En.
V.L.R. — Very Long Range — très longue distance — En. — navigation, avion
VLTP — Vertical launch test program (of space shuttle) — programme d'essai de lancement vertical (de la navette spatiale) — En. — aérospace
VM — Velocity modulation — En.
Vm — maximum vertical speed (fictitious value in a vertical dive with zero prop. thrust) — En. — aéronautique
VM — Voltmeter — voltmètre — En. — électronique
v.M. — Vorigen Monats — du mois précédent, du mois dernier — De. — chronologie
vm. — vormals — anciennement, précédemment — De. — général
vm. — vormittags — du matin, le matin — De. — chronologie
V.M. — Vostra Maestà ; Votre Majesté ; Vuestra Majestad, Vuestro Merced — It. Fr. El. — social
VMC — Velocity minimum for control (with the critical engine inoperative) — vitesse de contrôle minimale (avec moteur critique en panne) — En. — aéronautique, avion
VMC Visual Meteorological Conditions — En. — météorologie
V.M.O. — Maximum operating speed — vitesse maximale opérationnelle — En. Fr. — navigation, avion
VMTS — Vorigen Monats — du mois précédent — De. — chronologie
VMU — Minimum Unstick Speed — vitesse mini à laquelle on peut sustenter l'avion au décollage — En. — avion
VN — Valeur à neuf — Fr.
Vn — component of flight velocity normal to the ground — En. — aéronautique

VN — Vereinte Nationen — Nations Unies — De. — politique
V-N — Viet-Nam — En. — politique
Vn. — Vorname — prénom — De.
VNA — Valeur nette actuelle — Fr.
VNA — Vietnamese Air Force — En. — militaire
VNC — Vin Nature de la Champagne — Fr. — gastronomie
VNE — Never Exceed Speed — En. — avion
VNI — Voltmètre numérique intégré — Fr. — électricité
VNO — Normal Operating Limit Speed — Vitesse limite normale — En. — avion
V° — mot — Fr. — juridique
Vo — tension moyenne redressée — En. Fr. — semiconducteur
VO — Verordnung — décret, édit, ordonnance — De. — politique
VO — Very Old — Très vieux — En. — gastronomie
V° — Visto — El.
V.O. — Royal Victorian Order — En. — social
v.o. — von oben — d'en haut (de la page) — De. — général
VOA — Voice of America — La voix de l'Amérique — En. — radio, politique
VOB — Verteidigungsordnung für — Bauleistungen — De. — construction
V°B° — Visto Bueno — certifié conforme — El. — administration
voc. — vocativo ; vocatif ; vocative — It. Fr. En. — grammaire
VODAS — Voice-operating device anti-singing — VODAS — En. — acoustique
VODER — Voice operation demonstrator — appareil électrique de production de la parole — En. acoustique
VOGAD — Voice-operated gain adjusting device — VOGAD — En. — acoustique
VOL — Verteidigungsordnung für Leistungen — De.
vol. — volume ; volume ; volume — De. En. Fr. — mathématiques
Vol. — Volumen (Band) — Volume — lat. De. — biblio
VOLMET — Vol météo — (information météo en vol) — Fr. — météorologie
VOM — Volt-Ohm-Milliammeter — contrôleur universel — En. — électricité
Vomn — Voie omnibus — Fr. — électronique
VOP — very old product — En. — commerce
Vopo — Volkspolizei — Police populaire (RDA) — De. — police
VOR — VHF omnidirectional range — indicateur de direction — En. — navigation avion
VOR — Visual Omni-Range — radiogoniomètre d'approche — En. — navigation avion
VORB — Vorbemerkung — De.
vorm. — vormals — anciennement — De. — général
vorm — vormittags — le matin — De. — chronologie
Vorr. — Vorrede — avant-propos — De. — biblio
Vors. — Vorsitzender — Président — De. — social
Vorst. — Vorstand ; Vorstands... — Président du comité de direction — De. — social
VORTAC VHF — omnidirectional range and tactical navigation — En. — navigation avion militaire
Vortr. — Vortrag — exposé, conférence — De.
Vorw. — Vorwort — Préface, introduction — De. — biblio
VOX — Voice-operated relay — relai à déclenchement vocal — En. — électricité
VP — Vaglia postale — mandat-poste — It. — postes
VP — Verre perdu — Fr. — commerce
VP — Verstellpropeller — De.
VP — Vice-President — Vice-Président — En. Fr. — social
Vp — Vitesse de chute (ou vitesse verticale) d'un parachute — Fr. int. — parachutisme
V_p — vitesse propre — true airspeed V_t — Fr. — navigation avion
VP — Volkspolizei — police populaire (RDA) — En. — police
V_p — Design maneuvering speed — Vitesse de manœuvre de calcul — En. — avion
VPC — Vente par correspondance — Fr. — commerce
VPDG — Vice-Président Directeur Général — Fr. — social
VPE — Vitesse propre Est — Fr. — aéro-navigation
VPG — Very Pregnant Guppy — avion de transport fusées, grosses pièces, etc. — En. — avion
VPI — Vapour Phase Inhibitor process — procédé d'inhibition en phase gazeuse — En. — métallurgie
VPKA — Volkspolizeikreisamt — De. — police
vpm — volts per meter — Volts par mètre — En. Fr. — électricité
VPN — Vickers Pyramidal Number — Dûreté Vickers — En. — test
VPN — Vitesse propre Nord — Fr. — aéro-navigation
VQPRD — Vin de qualité produit dans des régions délimitées — Fr. — gastronomie

v.r. — vedi retro — T.S.V.P. — It. — biblio
V.R. — Victoria regina — Reine Victoria — lat. En. — social
VR — Viking Rover — Véhicule Viking — En. — espace
VR — Verona — Vérone — It. — plaques auto
V.R. — Viscous restrictor — restricteur de viscosité — En. — chimie
V.R. — Voltage Regulator — Régulateur de tension — En. — électricité
V_R — Voltage, reverse — tension inverse — En. Fr. — semiconducteurs
V_R — Rotation Speed — vitesse de rotation de l'avion à la cadence max. en vue du décollage — En. — avion
VRA — Vertraulicher Runderlass Aussenwirtschaft — De. — économie
VRA — Volta River Authority (Ghana) — Administration de la Volta — En. — géographie
VRAKO — Tension inverse anode cathode — En. Fr. — semiconducteurs
VRC — Varecom (coffret variateur de vitesse) — Fr. — industrie
VRD — Voies et réseaux divers — Fr. — administration
VRM — Tension inverse de crête récurrente — En. Fr. — semiconducteurs
VRME — Véhicule de référence multiétages — Fr.
VRMS — tension RMS max. appliquée (symboles littéraux) — int. — semiconducteurs
VRN — symbole des variations de vitesse à thyristors pour moteurs asynchrones (CEM) — Fr. — électromécanique
V.R.P. — Voyageur-Représentant-Placier — Fr. — commerce
VRRM — Tension inverse récurrente (ou répétitive) — valeur de pointe (ou crête), (symboles littéraux) — int. — semiconducteurs
VRSM — Tension inverse non récurrente — valeur de pointe (symboles littéraux) — int. — semiconducteurs
V.R.U. — Vertical reference unit — référence de verticale — En. — navigation avion
v.R.w. — von Rechts wegen — de droit, de plein droit — De. — juridique
Vs — Stall Speed — Vitesse de décrochage — En. — avion
V.S. — Valeur seuil — Fr. — mesures
vs. — versus — en fonction de — En. — général
VS — Veterinary Surgeon — vétérinaire — En. — médical
v.s. — vide supra (siehe oben) — voyez plus haut — De. — général
Vs — vitesse de déplacement par rapport au sol (parachute) — int. — parachutisme
V.S. — Vitesse-sol ou Vs — = engl. G/S — Fr. — navigation avion
V.S. — Volets sortis — Fr. — navigation avion
VS — Vostra Signoria — Monsieur (langage officiel) — It. — administration
vs — vostro — votre — It. — général
Vs — Design Gliding Speed — vitesse de plané de calcul — En. — avion
V_S — Design Stalling Speed — vitesse de décrochage de calcul — En. — avion
vsb — vestigial sideband — bande latérale restante — En.
VSCF — Variable Speed Constant Frequency — electrical generating system (GE) — En. — aéro-électricité
V.S.C.G. — Variable Stroke Character Generator — (programme) — En. — informatique
vs/c.to — vostro conto — votre compte — It. — banque
VSD — Vente et service à domicile — Fr. — commerce
VSE — Vitesse Sol Est — Fr. — aéronavigation
V Serv — Voie de Service — Fr. — radioélectronique
V.S.I. — Vertical Speed Indicator — variomètre — En. — navigation avion
VSL — soudage Vertical Sous Laitier électroconducteur — Fr. — soudage
V.S.M. — Vibrating sample magnetometer — magnétomètre à échantillon vibrant — En. — mesures
V.S.M.F. — Visual Search Micro-File — Microfichier visuel — En. — documentation
VSN — Vitesse Sol Nord — Fr. — aéronavigation
VSO — Stalling Speed (or minimum steady flight speed with wing flaps in the landing position, and power off) — vitesse de décrochage minimum — En. — avion
V.S.O.P. — Very Special Old Pale — En. — gastronomie
VSOP — Vieilli sous l'œil du propriétaire (vins) — Fr. — gastronomie
VSP — Very Special Product — En. — gastronomie
V.S.S. — Variable Stability System — En.
VSS — Vehicle Systems Simulator — simulateur — En.
VSS — Slipstream velocity — vitesse de l'air dans le champ de l'hélice — En. — aéronautique
V/STOL — Vertical/short TOL — ADACV — En. — avion
VSTT — Variable Speed Training Target (US ARMY) — (cible volante) — En. — militaire
VSWR — Voltage standing wave ratio — = rapport d'amplitude de tension ou

taux d'ondes stationnaires (dans un guide d'onde) — En. — électronique
VT — Vacuum tube — tube à vide, lampe radio — En. — électronique
VT — Variable Time — temps ou heure variable — En. — chronologie
vt — verb transitive ; verbo transitivo ; verbe transitif — En. It. Fr. — grammaire
VT — Ventilateurs (symbole CCTU) — Fr. — norme électronique
Vt — Vermont — En. — géographie
VT — Verre textile — Fr. — textiles
VT — Viterbo — Viterbe — It. — plaques auto
vT — vom Tausend — pour mille — De. — commerce
VT — Tension continue (état conducteur) — En. Fr. — thyristors
Vt — True airspeed — Vitesse propre Vp — En. — aérodynamique
VTA — Verlade und Transport Anlagen — De. — transports
VTE — Variable temperature equalizer — égaliseur de température — En. — câble téléphonique
VTE — Véhicule transporteur érecteur (de fusées) — Fr. — fusées
VT Fuze — Velocity-Time Fuze — fusée de proximité radio-électrique — En.
VTH — Verband der technischen Händler — De.
VTI — Symbole des variateurs de vitesse à thyristors pour moteurs à courant continu (CEM) — Fr. — électromécanique
VTL — Vorläufige Technische Lieferbedingungen — Clauses techniques applicables — De. — commerce, industrie
VTM — Visibilité et tenue maximum — Fr.
VTN — Symbole des variateurs de vitesse à thyristors pour moteurs à courant continu (CEM) — Fr. — électromécanique
VTO — Vencimiento — échéance — El. — commerce
VTOHL — Vertical Take-Off and Horizontal Landing — décollage vertical et atterrissage horizontal — En. — avion
VTOL — Vertical Take-off and Landing — ADAV — En. — avion
VTPR — Vertical temperature profile radiometer — Radiosonde de température verticale (à bord des satellites météo US) — météo
VTR — Symbole des variateurs de vitesse à thyristors pour moteurs à courant continu (CEM) — Fr. — électromécanique
VTVM — Vacuum-tube-voltmeter — voltmètre à lampe — En. — électricité
VTW — Verfahrentechnisches Werk — De. — industrie
VU — Versicherungsunternehmen (DDR) — De. — assurances
VU — Volume unit (« a term used to express the magnitude of a complex electrical wave, such as that corresponding to speech or music ») — unité de volume (décibel) — En. — unité acoustique
vu — von unten — d'en bas (de la page) — De. — biblio
VUG — Verlust und Gewinn Rechnung — compte des pertes et profits — De. — commerce
VUI — Volume unit indicator — décibelmètre, volumètre — En. — électronique
vulg — vulgar, vulgarly — En. — général
VUM — Volume unit meter — décibelmètre — En. — acoustique
VUS — Vertical Upper Stage — Dernier étage vertical — En. — fusées
VUT — Voie unique temporaire (SNCF) — Fr. — chemin de fer
vuZ — vor unserer Zeitrechnung — avant notre ère — De. — chronologie
VV — Valeur vénale du véhicule — Fr. — assurances
vv — verses — vers, versets — En. — littérature
vv — vice versa (umgekehrt) — inversement — lat. De. — général
VV — Vitesse vraie — (angl. T.A.S.) — Fr. — avion
VVB — Verein der Datenverarbeitungs und Büromaschinen — De.
VVN — Vereinigung der Verfolgten des Naziregimes — De. — politique
VVO — very, very old — En. — gastronomie
VVSOP — very, very superior old product — En. — gastronomie
VVV — Veni Vedi Vici — lat. — histoire
Vw — Vitesse de déplacement de la masse d'air dans laquelle se trouve un parachutiste — Fr. int. — parachutisme
Vw — grandeur du vent ou vitesse vent — Fr. int. — navigation aéro
VW — Volkswagen — De. — automobile
VWD — Vereinigter Wirtschaftsdienst — De. — économie
VwE — Vitesse vent Est — Fr. — navigation aéro
VWGO — Verwaltungsgerichtsordnung Bundesgesetz — De. — administration
VWL — Variable word length — longueur de mot variable — En. — informatique
VwN — Vitesse vent Nord — Fr. — navigation aéro
VwVG — Verwaltungs-Vollstreckung — Règlement administratif — De. — administration

VZ — Vitesse ascentionnelle — (angl. Vc or R/C) — Fr. — avion

VZ — Voltage, zener — tension de Zener nominale (symboles littéraux) — int. — semiconducteurs

vZ — vor der Zeitrechnung — avant l'ère chrétienne — De. — chronologie

W

W — Wasser — eau — De. — alimentation
W — Watt(age) — En. int. — unités
W — Wechsel — lettre de change, traite — De. — commerce
W — Weight — masse ou poids — En. — avion
W — Welsh — gallois — En. — géographie
w — weiblich — féminin — De. — grammaire
w — wenden — tourner (la page) — De. — général
w — werktags — en semaine — De. — général
w — werter — cher (formule de politesse) — De. — social
W — Westfallen — Wesphalie — De. — géographie
W — Wert — valeur — De. — douanes, etc.
W — West ; West(en) — Ouest — En. De. — géographie
W — Western (postal district of London) — En. — postes
w — westlich — à l'ouest — De. — géographie
w — wicket — En.
w — width — largeur — En. — dessin industriel
w — wife — épouse — En. — juridique
w — with — avec — En. — général
W — Wolfram — tungstène — En. int. — chimie
W — Women's (size) — femmes (taille) — En. — commerce
w — wrong — erroné, faux — En. — général
W — Total Load — charge totale — En.
W — Solution heat treated and suitable for artificial ageing — « état trempé non stabilisé » (NFA 02-006), trempé et apte au vieillissement artificiel, (Symbole d'état de surface) — En. — métallurgie
W — sorties pour circuits imprimés, montage sur champ (potentiomètres) — En. — électricité, normalisation MIL
W — risques de corrosion (symbole de la norme C 15-100) — Fr. — normalisation, câbles électriques
W — symbole moteur vertical à pattes (CEM) — Fr. — électricité
WA — Western Australia — Australie occidentale — En. — géographie
WA (ou WPA) — with particular average — avec avaries particulières (couverture plus large que celle du FPA) — En. — assurances
WAAC — Women's Auxiliary Corps — En. — militaire
WAAE — World Association for Adult Education — En. — social
WAAF — Women's Auxiliary Air Force — En. — militaire
WAC — Wagon auto-chargeur — SNCF — En. — chemin de fer
WAC — Women's Army Corps — USA En. — militaire
WACC — World Air Cargo Commodity Classification — En. — aéronautique
WACM — West African Common Market — Marché commun de l'Ouest africain — En. — commerce
WAD — Weapon Assignment Display — En. — militaire
WADC — Western Air Defense Command — En. — militaire
WADC — Wright Air Development Center — En. — aéronautique
WADD — Wright Air Development Division — En. — aéronautique
WADS — Wide Area Data Service — En. — télex
WAEC — West African Economic Community — CE de l'Ouest africain — En. — commerce
WAF — Women Air Force — En. — militaire
WAPOR — World Association for Public Opinion Research — En. — social
War. — Warwickshire — En. — géographie
WARDA — West African Rice Development Association — En. — alimentation
WARG — West African Regional Grouping — En.
Wash — Washington — En. — géographie

WASP — Women's Airforce Service Pilots — En. — militaire
WASP — Women Against Soaring Price — En. — social
WAT — World Airport Technology (organization) — En. — aéronautique
WAT — Weight Appropriate to the Altitude and Temperature — En. — aéronautique
WATOG — World Airlines Technical Operations Glossary (produced by the Data Exchange Committee of the AECMA) — En. — aéronautique
WATS — Wide Area Telephone Service — En. — téléphone
WAVES — Westinghouse Audio-Visual Electronics — En. — électronique
WAVES — Women accepted for volunteer emergency service (US NAVY) — En. — militaire
WAWF — World Association of World Federalists — En. — politique
WB — Way Bill — lettre de voiture — En. — transport
Wb — Weber unité SI de flux d'induction magnétique (JO du 23.12.75 p. 13225), — volt-seconde — int. — unités
Wb — Wörterbuch — dictionnaire — De. — biblio
WBAS — Weather Bureau Airport Station — En. — météorologie
WBC — Westinghouse Broadcasting Company — En. — radio
Wbf — Wertbrief — lettre chargée — De. — postes
W.B.S. — Weight Balance System — système électronique de pesage et de détermination du centrage (avion) — En. — aéronautique
W.C. — Water Closet — En. Fr. — sanitaire
WC — Wind Cone — « biroute » indiquant la direction du vent sur les terrains d'aviation — En. — aéronautique
w.c. — without charge — gratuitement — En. — commerce, etc.
W.C. — West Central — En. — géographie
W.C. — Western Central (postal district of London) — En. — postes
W.C. — Word count state — (programme de) comptage — En. — informatique
W/C — Worst Case — En. — juridique
W.C.C. — World Council of Churches — En. — religion
WCCE — West Coast Commodity Exchange (USA) — En. — commerce
W.C.T.U. — Women's Christian Temperance Union — En. — social
WD — Waranteed — garanti — En. — commerce
W.D. — Weapon detector — détecteur d'armes — En. — piraterie
WD — Solution heat treated and drawn — trempé et étiré (symbole d'état de surface) — En. — métallurgie
WDB — Wehrdienstbeschädigung — invalidité due au service militaire — De. — social
WDC — World Data Center — En. — documentation
WDK — Wirtschaftsverband der Deutschen Kautschukindustrie — De. — économie, caoutchouc
WDR — Westdeutscher Rundfunk — radio de l'Allemagne de l'Ouest — De. — radio
W.E. — Wärmeeinheit — unité calorifique allemande (= 1 mth) — De. — unités
w./e. — week ending — semaine se terminant le... — En. — chronologie
WE — Halbwertsbreite in der E-Ebene — De.
W.E.A. — Workers' Educational Association — En. — social
WEAAC — Western European Airport Authorities Conference — En. — aéronautique
WEB — Wareneingangsbescheinigung — attestation d'entrée — De. — commerce, douanes
Wed — Wednesday — mercredi — En. — chronologie
Wef — with effect from — applicable à partir de... — En. — chronologie, etc.
weil. — weiland — jadis, ci-devant — De. — général
Westf. — Westfallen — Westphalie — De. — géographie
W.E.T. — West European Time — heure de l'Europe occidentale — En. — chronologie
WEU — Western European Union — Union de l'Europe occidentale — En. — politique
WEU — Westeuropäische Union — Union de l'Europe occidentale — De. — politique
WEZ — Westeuropäische Zeit — heure de l'Europe occidentale — De. — chronologie
W.F. — waagerecht Fräsmaschine — fraiseuse horizontale — De. — machines-outils
WFC — World's Food Council — Conseil mondial de l'alimentation — En. — alimentation
WFG — Waveform Generator — En. — électronique
W.F.T.U. — Workers' Federation of Trade Unions — = Fédération syndicale mondiale — En. — social
WFUNA — World Federation of United Associations — En.
WFV — Westdeutscher Fussballverband — De. — sports

WG — Währungsgesetz — De. — économie
W.g. — Weight Guaranteed — masse garantie — En. — commerce
W.G. — Water Gauge — tirant d'eau — En. — marine
WGLR — Wissentschaftliche Gesellschaft für Luft- und Raumfahrt — De. — aérospace
WGT — Weight — masse — En.
Wh — Watt-heure — int. — unités
W.H. — Wehrmacht : Heer — force militaire : armée de terre — De. — militaire
WH — Winterhilfswerk — secours d'hiver — De. — social
WHEC — Western Hemisphere Exports Council (GB) — En. — commerce
Whf — Wharf — En. — marine
W.H.O. — World Health Organization — O.M.S. — En. — médecine, social
W.I. — West Indies — Indes occidentales — En. — histoire
W.I. — Wireless Intercoms — intercommunications sans fil — En. — avion
W.I. — Women's Institute — Institut de Beauté — En. — esthétique
W.I.D. — Work Inspection Department — Service Contrôle — En. — industrie
WIG — Wolfram Inert Gas — soudage WIG — En. — soudage
Wilts. — Wiltshire — En. — géographie
WIM — Wirtschaftsvereinigung Industrielle Meerestechnik — De.
WIND — Weather Information Network and Display System — En. — météorologie
WIPO — World Intellectual Property Organization — En.
Wis. — Wisconsin — En. — géographie
WISTG — Wirtschaftsstrafgesetz — De. — économie
WITCH — Women International Terrorist Conspiration of Hell — En. — religion, politique
WIV — Working Inverse Voltage — Tension de Travail Inverse — En. — semiconducteurs
WJC — World Jewish Council — Conseil mondial juif — En. — religion, social
wk — week — semaine — En. — chronologie
wk — work — travail, ouvrage — En.
WK — Work Task — objectif (NASA) — En. — espace
W.L. — Wagons-lits — (SNCF) — Fr. — chemins de fer
W.L. — Warning Light — Voyant lumineux — En. — technique
W.L. — Water Line — Ligne de flottaison — En. — marine
WL — Water Line — section horizontale (traçage) — En. — aéronautique
WL — Wave-Length — longueur d'onde — En. — électronique
W.L. — Wechmacht : Luftwaffe — force armée : armée de l'air — De. — militaire
w.L. — westlicher Länge — longitude ouest — De. — géographie
W.Lon — West Longitude — Longitude Ouest — En. — géographie
WLTS — Wiltshire — En. — géographie
W.M. — Water-Methanol — Eau-Méthanol — En. — moteur, avion
W.M. — Wechmacht : Marine — force militaire : marine — De. — militaire
W/M — Weight/Measurement — poids et mesures ; poids et cube (transports maritimes) — En. — mesures, commerce
Wm — William — Guillaume — En.
W.M. — Worshipful Master — Vénérable (F.M.) — En. — religion
W.M.O. — World Meteorological Organisation — O.M.M. (ONU) — En. — météo
WMS — World Magnetic Survey — En. — magnétisme
W.M.S. — Work Mounting Surface — surface de montage de pièce — En. — machines-outils
WMT — Wickman Machine Tool — Machine Wickman — En. — machines-outils
W.O. — War Office — Ministère de la Guerre — En. — militaire
W.O. — Warrant Officer — Sous-Officier breveté — En. — militaire
WO — Wechselordnung — règlement sur les lettres de change — De. — commerce
w.o. — wie oben — comme ci-dessus — De. — général
w/o — without — sans — En. — général
Wo — tungstène (wolfram) — (indices économiques) — Fr. — économie
W.O. — Work Order — Ordre de fabrication (O.F.) — En. — industrie
WOFAC — Work Factor — Facteur de Travail — En. — social
W.O.G. — Water, Oil or Gas — Eau, huile ou gaz — En. — robinetterie
W.O.G. — Water or Gas — Eau ou gaz (robinetterie-classification ASI) — En. — robinetterie
w.o.g. — with other goods — En. — commerce
WOM — Weltorganisation für Meteorologie — De. — météorologie
WOMAN — World Organisation of Mothers of All Nations — En. — social
WOR — Without our responsibility — sans notre responsabilité — En. — juridique
Worcs. — Worcestershire — En. — géographie
W.P. — Way point — but assigné au

calculateur de navigation de surface — En. — navigation
w.p. — weather permitting — si le temps le permet — En. — commerce
W.P. — Without Prejudice — sans préjudice — En. — juridique
W.P. — Working Pressure — pression effective — En. — pression
WP — Works Process — Procédé d'atelier — En. — industrie
Wp — Worshipful — Vénérable — En. — religion
WP — Solution heat treated and artificially aged — trempé et revenu (Symbole d'état de surface) — En. — métallurgie
W.P.A. — Works Progress Administration — En.
w.p.a. — with particular average — dommage partiel remboursé par l'assureur — En. — commerce, assurances
W.P.B. — War Production Board — En. — politique
W.P.B. — Waste paper basket — corbeille à papier — En. — bureau
WPC — World Power Conference — conférence des puissances mondiales — En. — politique
W.P.E. — Workshop for Professional Employment — En. — social
WPRL — Water Pollution Research Laboratory — (USA) — En. — environnement
W.R. — Wagon-Restaurant — SNCF — Fr. — chemins de fer
wr. ; W/R — warehouse receipt — bon de livraison — En. — commerce
W.R. — war risk — risques de guerre — En. — commerce
WR — Wire reply — câblez réponse — En. — postes
WR — Wissenschaftsrat — Conseil scientifique — De — sciences
W.R.A.C. — Women's Royal Army Corp — En. — militaire
W.R.A.F. — Women's Royal Air Force — En. — militaire
WRAMA — Warner Robins Air Material Area — En. — militaire
WRNS — Women's Royal Naval Service — En. — militaire
W.R.I. — Women's Royal Institute — En.
WRK — Westdeutsche Rektorenkonferenz — De. — enseignement
WS — Weapon System — système d'armes — En. — militaire
WS. — Weiss — blanc (abréviation suivant DIN 47002) — int. De. — couleurs
W.S. — White Spirit — En. — chimie
WS — Wintersemester — semestre d'hiver — De. — chronologie
WS — Wireless Set — poste sans fil — En. — radio
W.S. — Writer to the Signet — avoué (Ecosse) — En. — juridique
w.S.g.u. — wenden Sie gefälligst um — tournez, s.v.p. — De. — secrétariat
WSMR — White Sands Missile Range — Polygone de tir de fusées des White Sands — En. — militaire
WSPO — Weapon System Project Office — En. — militaire
W/sr — Symbole SI du Watt par Stéradian, unité d'intensité énergétique (JO du 23.12.75, p. 13223) — Fr. — unités
WST — Weapons system test — essai de système d'armes — En. — militaire
WST — Weapon system total (complex) — En. — militaire
WST — World Satellite Terminal — En. — satellites
WSV — Winterschlussverkauf — soldes d'hiver — De. — commerce
WSV — Wintersportverein — De. — sports
WT — Wall thickness — épaisseur des parois (tubes) — En. — industrie
WT — Weapon Training — entraînement armements — En. — militaire
Wt — weight — poids, masse — En.
WT — Weight and Temperature — Poids et température (NASA) — En. — espace, médecine
WT — Wind Tee — indicateur continu de la direction du vent sur les aéroports donnant aussi la direction la plus favorable pour l'atterrissage — En. — aéronautique
W/T — Wireless telegraphy — télégraphie sans fil — En. — radio
WTC — World Trade Center — centre commercial mondial — En. — commerce
WTC — World Trade Corporation — Société Commerciale Internationale — En. — commerce
WTD — World Trade Directory — Répertoire du commerce mondial — En. — commerce
WTO — World Trade Organization — En. — commerce
Wttbg — Württemberg — Wurtemberg — De. — géographie
WUST — Warenumsatzsteuer — De. — administration
WUW — Wirtschaft und Wettbewerb — De. — économie
WUW/E — Wirtschaft une Wettbewerb Entscheidigungssammlung — De. — économie
WUW/EBGH — Wirtschaft und Wettbewerb Entscheidigungen des Bundesgerichtshofes — De. — économie
WUW/E BKARTA — Wirtschaft und Wettbewerb Entscheidigungen des Bundeskartellamtes — De. — économie
WUW/E EWG/MUV — Wirtschaft und Wett-

bewerb Entscheidigungen des Gerichtshofes der Europäischen Wirtschaftsgemeinschaft — De. — économie
WUW/E LG/AG — Wirtschaft und Wettbewerb Entscheidigungen des Lands- und Amtsgerichtes — De. — économie
WUW/E OLG Wirtschaft und Wettbewerb Entscheidigungen des Oberlandsgericht — De. — économie
WV — Wiedervorlage — à présenter une seconde fois — De. — banques
WVa — West Virginia — Virginie occidentale — En. — géographie
WVB — Warenverkehrsbescheinigungen — De. — économie, douanes
WVS — Women's Voluntary Service — service volontaire féminin — En. — militaire
WW — Warehouse warrant — certificat d'entrepôt — En. — commerce
WW — Windschield wiper — essuie-glace — En. — avion, etc.
WW — World War — guerre mondiale — En. — histoire
WWA — World Warning Agency — agence d'alerte internationale — En. — militaire
WWD — Weather working days, weather permitting — jours ouvrables si le temps le permet — En. — commerce
WWE — Witwe — veuve — De. — administration, juridique
WWF — World Wildlife Fund — = FMN — En. — social
WWMCCS — Worldwide Military Command and Control System — En. — militaire
WWW — World Weather Watch — vieille météorologique mondiale — En. — météorologie
WX — WX Radar — radar météorologique — En. — radar
Wyo — Wyoming — En. — géographie
WZ — Warenzeichen — marque de fabrique, marque commerciale — De. — commerce
WZO — Wertzollordnung — organisation douanière — De. — douanes

X

Xo — X force at zero lift — En. — aéronautique
X — Xénon — (symbole erroné) — Fr. int. — chimie
X — Xylène — Fr. — plastiques
X^2 — Chi-squared test — Test du Khi-Deux — En. Fr. — statistiques
X — Christ — Christ — En. — religion
X — cross — croix — En. — religion
X — Crystal — quartz — En. — radio, etc.
X — dérive — Fr. — navigation, aéronautique
X — experimental — avion U.S. — En. — aéronautique
X — Force parallel to the flight path (instead of Drag when the forces are mainly due to the propulsion system) — En. — aéronautique
X — persona ignota — personne inconnue — It. Fr.
X — « risques mécaniques » (symboles de la norme C15-100) — Fr. — section MIL normalisation câble électrique
X — symbole de la réactance — En. Fr. int. — électricité, radio
X — symbole normalisé désignant un traitement antigrippage (traitement de surface) — Fr. — métal, normalisation
X — désigne une pièce élémentaire ou diverse (TECALEMIT) — Fr. — tuyauteries
X — sorties pour circuits imprimés en triangle (potentiomètres) — En. — électricité, normalisation
X.C. — Ex-Coupons — coupons détachés — En. — finance
x.d. — ex-dividend — ex-dividende — En. — finance
X.Div. — Ex-Dividend — ex-dividende — En. — finance
XDS — Xeros Data System — Informatique Xeros — En. — informatique
Xe — Xénon — int. — chimie
x.i. — ex-interest — ex-intérêt — En. — finances
Xm — Christmas — Noël — En. — religion
Xmas — Christmas — Noël — En. — religion
X-meter — transmitter — émetteur — En. — radio
XMSN — Transmission — Emission — En. — militaire
XMTR — Transmitter — Emetteur — En. — militaire
Xn — Christian — Chrétien — En. — religion
x.n. — ex-new shares — ex nouvelles actions — En. — finances
XP — Eilbote bezahlt — distribution exprès payée — De. — postes
XP — Express paid — exprès payé — En. — postes
XPx.. — Exprès payé x francs — Fr. — postes
X sect — Cross section — coupe, section — En. — dessin, etc.
Xt — Christ —Christ — En. — religion

Y

Y — symbole de l'admittance — En. Fr. int. — électricité électronique
y. — year — année — En. — commerce
Y — Young Men's Christian Association — En. us. — social
Y — Yttrium — Fr. int. — chimie
Y — avion de pré-série U.S. — En. — aéronautique
Y — Symbole de diagramme vectoriel électromécanique — = étoile BT — int. — électromécanique
Y — Symbole de diagramme vectoriel électromécanique — = étoile HT — int. — électromécanique
Y — « risques d'incendie » (symbole de la norme C15-100) — Fr. int. — normalisation, câble électrique
Y — sorties pour circuits imprimés-RT12 et RTR12 — En. — électricité, normalisation MIL
Y/A — York/Antwerp Rules — Règles d'York et Anvers — En. — assurances maritimes
YA — symbole des relais « tout ou rien » (CCTU) — Fr. — électronique
YAG — Ittrium-Aluminium Garnet (crystal for laser) — Grenat Aluminium-Yttrium — En. — laser
Y.A.R. — York-Antwerp-Rules — En. — commerce
Yb — Ytterbium — Fr. int. — chimie
yb — year book — annuaire — En. — bibliographie
YCF — Yacimientos Carboniferos Fiscales (Argentinas) — El. — mines
Y.C.I. — Yacht Club Italia — En. — sports
yd — yard — En. — unités
YD — Yards and Docks — En. — marine
YD — Yaw damp — amortissement en lacet — En. — aéronautique
Ye — The or Thee — Toi — En. — télex
YEA — Yankee Electric Administration — (USA) — En. — administration
Y.H.A. — Youth Hotel Association — Auberges de Jeunesse — En. — social
YIG — Yttrium Iron Garnet (crystal for laser) — grenat fer-yttrium — En. — laser
Y.M.C.A. — Young Men's Christian Association — En. us. — social
Y.M.H.A. — Young Men's Hebrew Association — En. us. — social
YNSU — Yawata National Space Unit — En. — espace
YORKS — Yorkshire — En. — géographie
YPF — Yacimientos Petroliferos Fiscales (Argentina) — El. — mines
yr — year — année — En. — chronologie
yr — your — votre — En. — secrétariat
yr — younger — plus jeune — En. — administration
YS — Yield strength — limite élastique — Fr. — mécanique
Y.W.C.A. — Young Women's Christian Association — En. — social

Z

Z — **Zahl** — chiffre — De. — général
Z — **Zeile** — ligne — De. — général
Z — **Zeitschrift** — revue, périodique — De. — presse
Z — **zeppelin** — = ballon (US NAVY) — En. — aéronavale
Z — **zero** — zéro — En. — général
Z — **zingage** — (NASA) Traitement de surface — En. Fr. — aéronautique
z — **zone** — zone — En. — aéronautique
Z. — **zur** — De. — général
Z — **« Risques d'explosion » (symbole de la norme C15-100)** — Fr. — normalisation câble électrique
Z — **Greenwich Mean Time** — Heure moyenne de Greenwich — En. — chronologie
Z — **nombre de pales (d'hélice)** — Fr. — aéronautique
Z — **« Unité astronomique » : le demi grand-axe de l'orbite terrestre ; prise dans le système solaire comme unité astronomique de distance (U.A.) vaut 149,6 millions de km)** — int. — astronomie
Z — **symbole de l'altitude pression** — = angl. H — Fr. — aérodynamique
Z — **symbole de diagramme vectoriel électromécanique** — = Zig-Zag BT — Fr. — électromécanique
Z — **symbole de diagramme vectoriel électromécanique** — = Zig-Zag HT — Fr. — électromécanique
Z — **symbole de l'impédance ou résistance pure** — Fr. — électricité
z — **symbole SI du temps, grandeur exprimée en seconde (s)** — Fr. — unités
Z — **nombre ou charge atomique** — int. — nucléaire
ZA — **Zahlungsabkommen** — réglementation des prix — De. — commerce
ZA — **Zollamt** — direction des douanes — De. — douanes
ZA — **Afrique du Sud (pour néerlandais zuid-Afrika)** — int. — géographie
ZAA — **Zentralblatt für Aero- und Astronautik** — De. — aérospace
ZABFO — **Zollabfertigungsordnung** — règlement douanier — De. — douanes
ZAC — **Zone d'aménagement concerté** — Fr. — urbanisme
ZAD — **Zone à Démolir** — Fr. — urbanisme
ZAD — **Zone d'aménagement différé** — Fr. — urbanisme
ZAMCO — **Zambese Consorcio Hidro-Electrico** — El. — électricité
ZAP — **Zero anti-aircraft potential (US NAVY)** — En. — fusées
ZAR — **Zone d'action rurale** — Fr. — urbanisme
ZAST — **Zollaufsichtsstelle** — poste de douane — De. — douanes
ZAV — **Zentralarbeitsgemeinschaft des Strassenverkehrsgewerbes** — De. — transport
ZAV — **Zentralstelle für Arbeitsvermittlung** — De. — social
ZAW — **zentralausschuss der Werbewirtschaft** — De. — économie
zB — **zum Beispiel** — par exemple — De. — général
ZBA — **Zentralvereinigung Berliner Arbeitgeberverbände** — De. — social
zbV — **zur besonderen Verwendung** — pour affectation spéciale — De. — général
ZC — **Zirconium Copper** — zirconium-cuivre — En. — métallurgie
zD — **zur Disposition** — en disponibilité — De. — militaire
zdA — **zu den Akten** — aux archives, classé — De. — biblio.
ZDH — **Zentralverband der Deutschen Handwerker** — De — social
ZDK — **Zentralverband des Kraftfahrzeughandels und Gewerbes** — De. — commerce
ZE — **zéro-effusion** — (tuyauteries souples TITEFLEX) — En. Fr. — technique
zE — **zum Exempel** — à titre d'exemple — De. — général
ZEAT — **Zone d'Etude et d'Aménagement du Territoire** — Fr. — urbanisme
ZEDE — **Zone d'Etude démographique et d'Emploi** — Fr. — social
ZELL — **zero-length launcher** — catapulte pour avion — En. — aéronautique

ZF — Zone of Fire — Zone de feu — En. Fr. — militaire
ZF — Zwischenfrequenz — fréquence intermédiaire — De. — radio
ZFCG — Zero-fuel center of gravity — centre de gravité sans carburant — En. — avion CONCORDE
ZFW — zero-fuel weight — masse sans carburant (MVE) — En. — avion
ZG — Zollgesetz — code des douanes — De. — douanes
ZG — Zoological Garden — jardin zoologique — En. — zoo
ZGmbH — Zentralgesellschaft mit beschränkter Haftung — (S.a.r.l. multinationale) — De. — sociétés
ZH — Zone d'habitation — Fr. — urbanisme
ZH — zu Händen — entre les mains de ; à l'attention de — De. — secrétariat
z Hnd — zuhanden — entre les mains de ; à l'attention de — De. — secrétariat
ZI — Zone industrielle — Fr. — urbanisme
ZI — Zone of the Interior — En. — militaire
Ziff — Ziffer — chiffre — De. — militaire
ZIL — Zone d'industries légères — Fr. — urbanisme
ZIPcode — code postal USA — En. — postes
ZIRST — zone d'implantation pour la recherche scientifique et technique — Fr. — urbanisme
ZIS — Zentral Institut für Schweisstechnik (DDR) — De. — soudage
ZL — zone libre — Fr. — histoire
ZLDI — Zentralstelle für Luftfahrtdokumentation und -information — De. — documentation aéronautique
ZLE — zone de libre échange — Fr. — commerce
ZLTO — Zero-Length Take-Off — décollage par catapulte — En. — avion
ZM — Zahlungsverbot und Moratorium — interdiction de payer et moratoire — De. — commerce
ZM — Zero Marker — balise Marker de seuil — En. — aéronautique
ZMAR — Zeus Multi-Function Array Radar — En. — Radar
Zn — zinc — int. — chimie
ZN — Zone normale — Fr. — urbanisme
ZOE — Zero Energy — Zéro Energie — En. — nucléaire
ZP — Zingage par projection (normes NSA) — Fr. — aéronautique
ZP — Zingué passivé blanc (protection vis) — Fr. — visserie
ZPIU — Zone de peuplement industriel et urbain — Fr. — urbanisme
ZPO — Zivilprozessordnung — code de procédure civile — De. — juridique
Zr — zirconium — int. — chimie
z.R. — zur Rücksprache — se mettre en rapport — De. — secrétariat
ZZR — Zone de rénovation rurale — Fr. — urbanisme
Zs. — Zeitschrift — revue — De. — presse
ZS — zero-static — (tuyauteries souples TITEFLEX) — En. Fr. — technique
Z.S. — zur See — de marine — De. — marine
ZT — Zone time — temps ou heure de zone — En. — chronologie
z.T. — zum Teil — en partie — De.
Ztg — Zeitung — journal — De. — presse
ZTG — Zolltarifgesetz — code des tarifs douaniers — De. — douanes
ZTL-Triebwerk — Zweistrom-Turbinen-Luftstrahltriebwerk — De. — moteur avion
ZTO — Zinc Thermal Oxidizer — En. — métallurgie
Zth — Impédance thermique transitoire — En. Fr. — semiconducteurs
Ztr — Zentner — 1/2 quintal (50 kg) — De. — unités
ZUP — zone à urbaniser en priorité — Fr. — urbanisme
zus. — zusammen — ensemble, total — De. — général
ZUZ — Zuzüglich — en supplément — De. — général
ZVEI — Zentralverband der Elektrotechnischen Industrie — De. — électricité
ZWA — Zollwertanmeldung — déclaration en douanes — De. — douanes
z.w.V. — zur weiteren Veranlassung — à toutes fins utiles — De. — secrétariat
z.Ww — zur Wiederverwendung — à réutiliser — De.
z.Ww — zur Wiedervorlage — à présenter une seconde fois — De. — postes
Zz — Zinszahl — nombre (intérêts) — De. — finance
z.Z. — zur Zeit — actuellement, en ce moment — De. — général
ZZGL — Zuzüglich — en plus — De. — général
ZZK — l'impédance dynamique au coude de la courbe pour le courant ZZK — int. — semiconducteurs
Zzr — Impédance dynamique Zener mesurée pour le courant test IZT — int. — semiconducteurs
ZZT — zur Zeit — actuellement, en ce moment — De. — chronologie

A

А — Автомобильный (бензин)
automobile (essence d') — automobile

А — Азимут
azimuth — navigation, etc.

А — анод
anode — électricité

А — антенна
antenne — radio

А — антрацит
anthracite — charbons

А — армия
armée — militaire

АА — академия архитектуры
Académie d'Architecture — sciences

АА — армейская авиация
Aviation de l'Armée — militaire

АА — армейская артиллерия
Artillerie de l'Armée — militaire

АБВ — Антенна бегущей волны
Antenne à ondes progressives — antennes

АБЗ — Автобензозаправщик
camion citerne (etc...)

АБЗ — Асфальтобетонный завод
usine d'asphalte — béton — routes

АБОН — Авиационная бригада особого назначения
brigade aérienne spéciale — aéronautique

АБП — Авиационная бетонная площадка
piste bétonnée — aéronautique

АБР — Авиационная баллистическая ракета
fusée ballistique aéroportée ou sur avion — militaire

АБС — Авиационный баллистический снаряд
engin ballistique sur avion — militaire

АВБ — Авиационная база
base aérienne — militaire

авг. — август
Août — chronologie

авиа — авиапочта
poste aérienne — postes

авиаль — авиационный алюминевый сплав
alliage d'aluminium aéronautique — métallurgie

АВЛ — Авианосец лёгкий
porte-avion léger — militaire

АВМ — Аналоговая вычислительная машина
calculateur analogique — informatique

АВФМ — Авиация военно — морского флота
Aéro-navale — militaire

АВН — Аппарат высокого напряжения
appareil à haute tension — électricité

АГК — Авиагоризонт, комбинированный
Horizon artificiel combiné — aéronautique

агло — агломерационный
agglomération — chimie

АГМИ — Агрометеорологический институт
Institut de Météorologie agricole — météorologie

агр. — аграрный
agraire — agriculture

агр. — агроном
agronome — agriculture

агрофак — агрономический факультет
faculté d'agriculture — agriculture

АГУ — Азербайджанский государственный университет
université d'Azerbaïdjan — enseignement

АГШ — Академия генерального штаба
Académie d'Etat-Major Général — militaire

АД — Авиационная дивизия
Division aérienne — militaire

АД — Авиационный двигатель
Moteur d'avion — aéronautique

АД — Автомат давления
Régulateur de pression automatique (combinaison de vol) — aéronautique

АДГ — аварийный дизельгенератор
générateur diésel de secours — électricité

АДД — Авиация дальнего действия
aviation stratégique — militaire

адм. — адмирал
Amiral — militaire

адм. — административный
administratif

АДН — Всегерманское Телеграфное Агенство (ГДР)
Agence ADN (RDA) — presse

АДП — Аэродромно-диспечерский пункт
contrôle aérien d'aéroport — aéronautique

АДС — Авиационно-диспечерская служба
Contrôle du trafic aérien (service de) — aéronautique

АДУ — аппарат дистанционного управления
dispositif de télécommande — technique

АЕ — Астрономический ежегодник (Академии наук СССР)
Annuaire astronomique (de l'Académie des sciences de l'URSS) — astronomie

а. е. — астрономическая единица
unité astronomique — astronomie

АЕМ — атомная единица массы
unité atomique de masse — nucléonique

а. е. м. — атомная единица массы
unité atomique de masse — nucléonique

АЖ — Астрономический журкал (Академии наук ССР)
Revue astronomique (de l'Académie des Sciences de l'URSS) – astronomie

АЗ — Аэростат загражденция
Ballon de barrage — aérostats

АЗ — Авиационное звено
formation (3 à 5 avions) — aéronautique militaire

аз — Авиационное звено
formation (3 à 5 avions) — aéronautique militaire

АЗ — Азовский
d'Azov — géographie

АК — Астрономический календар
Calendrier astronomique — astronomie

АК — Астрономический компасс
Astro-compas — navigation

ак — акустика
acoustique

акад. — академик
académicien — enseignement

АКИН — Акустический Институт
Institut acoustique — acoustique

аккл. — акклиматизация
acclimatation — général

аком — акустический ом
ohm acoustique — acoustique

АКС — авиационная компрессорная станция
compresseur de servitude — aéronautique

АКС — автомобильная компрессорная станция
Poste de compression automobile — automobile

акц — акционерный
par actions — industrie

АЛ — автоматическая линия
Machine Transfert — mach. out.

АЛ — автомобильньй лифт
camion-grue — industrie

а/л — атомный ледокол
brise-glace atomique — maritime

алг. — алгебра
algèbre — mathématiques

алф — алфавитный
alphabétique — biblio

альфоль — алюминиевая фольга
feuille d'aluminium — métallurgie

АМ — авияционный мотор
Moteur d'avion — aéronautique

АМ — Алехандр микулин
Alexandre Micouline (constr. de moteurs d'avions) — aéronautique

АМ — Амплитудная модуляция
Modulation d'amplitude — radio

ам. — американский
américain — général

АМБ — аэрометеорологическое бюро
office de météorologie aérienne — météorologie

АМН — Академия Медицинских Наук
Académie des sciences médicales — médecine

АМО — Анодно-механическая обработка
Usinage par étincelage — usinage

АМС — Авияционная Метеорологическая служба
Service de Météorologie aérienne — météorologie

АМС — Автоматическая Межпланетная станция
Station interplanétaire automatique — espace

АМСГ — Авиационная Метеорологическая станция Гражданского Воздушного флота
Station Météorologique de l'Aviation Civile — aéronautique

АМТУ — Авиационные металлургические технические условия
Spécifications techniques métallurgiques pour l'aéronautique — aéronautique

АН — Авиационная нормаль
Norme aéronautique — aéronautique

АН — Академия Наук
Académie des sciences

АН — Аэростат неблюдения
Ballon d'observation — aéronautique

АН — Антонов
Antonov — aéronautique

ан. — авианосец
Porte-avions — maritime

ан. — английский
anglais — général

анг. — ангар
hangar — aéronautique

анг. — ангидрия
anhydre — chimie

АНО — аэронавигационные огни
feux de navigation — navigation

Анс — аэронавигационная служба
service de la navigation aérienne — navigation

АО — административный отдел
division administrative

АО — акционерное общество
société anonyme (par actions) — industrie, etc.

а/о — акционерное общество
société anonyme (par action) — industrie

АО — астрономическая обсерватория
observatoire astronomique — sciences

АО — атомное оруже
arme atomique — militaire

АО — (метод) атомных орбит
(Méthode) des orbites atomiques — physique

АОЛГУ — Астрономическая обсерватория Ленинградского Государственного Университета
Observatoire astronomique de l'Université d'Etat de Léningrad — sciences

АОН — Академия общественных Наук
Académie des sciences sociales — sciences

АОО — аэродромное осветительное оборудование
Matériel d'éclairage de terrain d'aviation — aéronautique

АП — Автоматическая Подстройка
accord automatique — radio

АП — Автопилот
pilote automatique — aéronautique

АП — Авиационный полк
escadrille aérienne — militaire

а/п — аэропорт
aéroport — aéronautique

АПА — аэродромный подвижный (электрический) агрегат
groupe mobile d'aéroport — aéronautique

АПВРД — Атомный прямоточный воздушно-реактивный двигатель
statoréacteur atomique — aéronautique

АПН — Агенстго печати Новости
Agence de Presse Novosty — presse

апп — аппарат
appareil — général

апр — апрель
avril — chronologie

АПУ — Автоматическая подстройка цастоты
accord de fréquence automatique — électronique

ар. — арык
canal d'irrigation artificielle en Asie Centrale : un « aryk » — agriculture

АРГ — Автоматическое регулирование громкости
Contrôle de volume automatique — radio

АРД — Атомный Реактивный Двигатель
Réacteur atomique — aéronautique

ард. — аэродинамика
aérodynamique

АРЗ — Авторемонтный завод
Atelier de réparation automobile — automobile

арифм. — арифметика
arithmétique

АРК — Авиационный радиокомпас
Radio-compas de bord — aéronautique

арм. — армянский
arménien — général

армо — армированный
renforcé, armé — technique

АРМС — Автоматическая радиометеорологическая станция
Station radio-météo automatique

АРН — Автоматическое регулирование напряжения
régulateur de tension — électronique

АРП — Автоматический радиопеленгатор
Radiogoniomètre automatique — navigation

АРТ — Автоматическое регулирование температуры
régulateur de température automatique — technique

арт. — артилерийский
d'artillerie — militaire

арт. к. — артезианский колодец
puits artésien — hydrologie

АРУ — Автоматическое регулирование уровня
Réglage de niveau automatique — technique

АРУ — Автоматическое регулирование усиления
commande de volume automatique — radio

арх. — археология
archéologie

арх. — архитектор
architecte

АРЧ — Автоматическое регулирование частоты
contrôle automatique de fréquence — électronique

АС — Авиационная радиостанция
station-radio aéronautique — aéronautique

а-с — ампер-секунда
ampère/seconde — électricité

АСА
ASA (américaine) — normalisation

асбо — асбестовыьй
d'amiante — technique

а. с. л. — автоматическая станочная линия
ligne-transfert automatique — machines-outils

АСУ — Атомная судовая установка
Moteur de bateau nucléaire — maritime

АСШ — Авияционный штурманский справочник
Manuel de navigation aérienne — aéronautique

АТ — Абонентский телеграф
Télétype — postes

АТ — Авиационная торпеда
Torpille aérienne — militaire

ат. — атомный
torpille aérienne atomique — militaire

АТБ — Авиационно-техническая база
Base aérienne technique — aéronautique

а. т. в. — атомный вес
Masse atomique — physique

АГВД — Атомный турбовинтовой двигатель
Turbopropulseur atomique — moteurs

ат. ед. — атомная единица
unité atomique

АТЗ — Автотопливозаправщик
camion-citerne à carburant — automobile

АТИМ — Авиационный теплоизоляционный материал
Matériau thermo-isolant d'aviation — aéronautique

АТК — Автотранспортная контора
Bureau de transport routier — automobile

атм. — атмосферный
atmosphérique

атм — атмосфера физическая
atmosphère barométrique — physique

ат. н — атомиый нумер
nombre atomique — physique

ат. % — атомный процент
pourcentage atomique — physique

АТРД — Атомный турбореактивный двигатель
moteur à réaction nucléaire — moteurs

АТС — авиационно-техническая служба
service technique aéronautique — aéronautique

АТС — автоматическая телефонная станция
central automatique — téléphone

ат. эн. — атомная энергия
énergie atomique — nucléonique

АУ — автоматическое управление
contrôle automatique commande automatique — technique

АУ — арифметическое устройство
unité arithmétique — informatique

АУ — астрономический универсальный инструмецт
instrument astronomique universel — astronomie

АУРС — авиационный управляемый реактивный снаряд
engin guidé aéroporté — militaire

АФ — антарктический фронт, арктический фронт
front antarctique — météo
front arctique — météo

АФА — аэрофотоаппарат
appareil de photographie aérienne — photographie

АФИ — Агрофизический Институт
Institut de physique Agricole — agriculture

АФИ — Астрофизический Институт
Institut d'astrophysique

АХБ — авиационная химическая бомба
bombe chimique — militaire

АХО — административно-хозяйственный отдел
section des services administratifs — administration

АХУ — административно-хозяйственный отдел
bureau administratif et économique — administration

АВЧ — административно-хозяйственная часть
section de l'intendance — militaire

АЦ — Астрономический Циркуляр
Circulaire astronomique (revue) — astronomie

АЦ — ацетилцеллюлоза
acétate de cellulose — chimie

ац — ацетон
acétone — chimie

АЦВМ — автоматическая цифровая вычислительная машина
ordinateur — informatique

а-ч — ампер-час
ampère-heure — électricité

АЧХ — авиационные часы хронометрические
chronomètre de bord — aéronautique

АШ — А. Швецова
A Shvetsov (moteurs d'avion) — moteurs

АШС — авиационный штурманский справочник
manuel de navigation — aéronautique

Б

Б — Бензин
essence — moteurs

б — бывший
précédemment, ex- — général

б — бел
bel — acoustique

б — бакинский
de Bakou — unités, général

б — бактериологический
bactériologique — militaire

ББ — Ближний бомбардировщик
Bombardier rapproché — militaire

БВ — безводный
anhydre — chimie

БВМ — Большая вычислительная машина
Ordinateur — informatique

б. г. — без года
sans date — chronologie

БЗ — батарея зенитная
batterie de D. C. A. — militaire

БК — Блок коммутации
bloc de commutation — électronique

БО — бактериологические оружие
arme bactériologique — militaire

Бо — береговая оборона
défense côtière — militaire

Бп — бронепоезд
train blindé — militaire

В

В — Восток
Est — géographie

В. — Век
siècle — chronologie

в — вольт
volt — électricité

ВА — воздушная армия
armée de l'air — militaire

ВАР — вариометр
variomètre — aéronautique

ВВ — взрывчатое вещество
explosif — militaire

ВВ — воздушный винт
hélice — aéronautique

ВВ — Выдержка времени
retard (de temps) — chronologie

ВВ. — Века
Siècles — chronologie

В-В — Воздух-воздух
Air-air — fusées milit.

В-Во — вещество
matière, substance — physique

вкя. — включительно
y compris — général

вл — ватерлиния
ligne de flottaison — maritime

вм. — вместо
au lieu de — général

вн — ваккум-насос
pompe à vide — industrie du vide

вн — высшее напряжение
très haute tension — électricité

в. н. — высокое напряжение
haute tension — électricité

во — вероятное отклонение
erreur probable — mathématiques

вод. ст. — водяного столба
colonne d'eau — hydraulique

вп — военный порт
port militaire — militaire

вп — вспомагательный прибор
dispositif auxiliaire — industrie

врз — вагоноремонтный завод
atelier de réparation des chemins de fer — chemins de fer

в/с — высший сорт
meilleure qualité — général

в-с — вольт-секунда
volt-seconde — électricité

ВТ — Воздушная тревога
Alerte aérienne — militaire

ВТ — Вращающийся трансформатор
Transformateur rotatif — électricité

ВТ — Выходной трансформатор
Transformateur de sortie — électricité

вт. — вторник
mardi — chronologie

вт. — ватт
watt — électricité

в. т. ч. — в том числе
comprenant, parmi lesquels — général

втч — ватт-час
watt-heure — électricité

ву — вертикальный угол
angle vertical — mathématique

вф — воздушный флот
flotte aérienne — militaire

вц — вычислительный центр
centre de calcul — informatique

вып. — выпуск
délivrance — général

в. э. — водный эквивалент
équivalent eau — hydraulique

Г

Г — Газовый (уголь)
coque — industrie

Г — Гига
giga — unités

Г — грамм-сила
gramme-force — unités

г. — год
année — chronologie

г. — гора
montagne — géographie

г. — город
ville — géographie

г. — господин, госпожа
M., Mme — général

г **— гекто**
hecto — unités

г **— грамм**
gramme — unités

га **— гектар**
hectare — unités

газив — государственный авиационный завод
usine aéronautique d'Etat — aéronautique

ГАГ — Гироазимут-горизонт
Horizon artificiel — aéronautique

ГАЗ — Горьковский Автомобильный Завод
usine automobile de Gorki — automobile

ГАС — гражданское авиационное строительство
construction aéronautique civile — aéronautique

ГБ — главная база
base principale — militaire

гб **— гильберт**
Gilbert G — unités

ГГ — газогенератор
générateur à gaz — moteurs

гг. — годы
années — chronologie

гг. — города
villes — géographie

гг. — господа
Messieurs — général

гг **— гектограмм**
hectogramme — unités

ГД — Генератор Двигатель — machine tournante — électricité

Г-жа — госпожа
Madame, Mademoiselle — général

ги — генератор импульсов
générateur d'impulsions — électronique

гл. — глава
chapitre — biblio

гл. — главный
principal — général

гм **— гектометр**
hectomètre — unités

гл. обр. — главным образом
principalement essentiellement — général

Г-Н — Господин
Monsieur — général

гн **— генри**
henry — unités

гос — государственный
d'Etat — industrie

ГОСБАНК — Государственный банк —
Banque d'Etat — finances

ГП — Гражданский противогаз
Masque à gaz civil — protection civile

гр. — горячая посадка
ajustage à chaud — industrie

гр. — градус
degré — unités

гр. — графа
colonne — biblio

гр. — группа
groupe — général

***г*-р — грамм-рентген**
gramme-roentgen — unités

гс — генератор самолётный
génératrice de bord — aéronautique électricité

гс — генератор сигналов
générateur de signaux — électronique

гс — госпитальное судно
bateau hôpital — marine

***гс* — гаусс**
gauss — unités

ГСВ — Гринвичское средние время — GMT

ГТ — Газовая Турбина
Turbine à gaz — moteurs

гу — главное управление
administration principale — administration

ГЭС — гидроэлектростанция
centrale hydro-électrique — électricité

Д

Д — дальность
distance, portée — technique

Д — диоптрия
dioptrie — unités

д — дивизион
bataillon — militaire

д — дивизия
division — militaire

д. — долгота
longitude — géographie

д. — дюйм
pouce — unités

***д* — деци**
déci — unités

ДВ — Дальный Восток
Extrême-Orient — géographie

дв. — двойной
double, duplex, binaire — technique

***дг* — дециграмм**
décigramme — unités

д. г. н. — Доктор географических наук
Docteur en géographie — enseignement

дц* — *деци — déci — unités

ДК — десантный корабль
bateau de débarquement — militaire

***дк* — дека**
déca — unités

дл. — длина
longueur — mathématiques

***дл*. — децилитр**
longueur — mathématiques

ДМ — дальномер
télémètre — technique

дм — двойм
pouce — unités

***дм* — дециметр**
décimètre — unités

***дн* — дина**
dyne — unités

Д. П. — « Для построена » — pour fabrication — industrie

д-р — директор
directeur — industrie

д-р — доктор
docteur — enseignement

др. — другой
autre — général

ДС — Дальный Север
extrême Nord — géographie

дс — дегазационная станция
Station de dégazage — industrie

ДТ — Дизельное Топливо
Carburant Diésel — moteurs

ДТ — Дом Техники
Maison de la Technique — social

Д. Т. Н. — Доктор Технических Наук
Docteur es-Sciences Techniques — enseignement

ДТРД — Двухконтурный реактивный двигатель — Réacteur à double flux — aéronautique moteurs

ДХ — датчик Холла
effet Hall — électronique

Д. Э. Н. — Доктор Экономических Наук
Docteur en Sciences Economiques — enseignement

Е

Ее — единица
unité — mathématiques

Е — ёмкость
capacité, contenance — mathématiques

ЕВ — единица веса
unité de masse — mathématiques

е. в. р. — единица времени
unité de temps — mathématiques

ЕО — единица обьёма
unité de volume — mathématiques

ЕТ — единица теплоты
unité thermique, unité calorifique — mathématiques

Ж

ж. — жидкость
liquide — physique

ж.-б. — железобетонный
béton armé — bâtiment

жгг — жидкостный газогенератор
générateur de gaz liquide — industrie

ж/д — железная дорога
chemin de fer

жс — живая сила
énergie cinétique — physique

жс — жирные спирты
alcools gras — gastronomie

жэс — железнодорожная электростанция
centrale électrique des chemins de fer

З

з — запад
Ouest — géographie

з — земля
terre, sol — agriculture

з — зимнее
d'hiver — carburants

з — зенитный
anti-aérien — militaire

зав. — заведующий
chef, responsable — social

зав. — заводский
d'usine

з-в — земля-воздух
sol-air — fusées

зо — зенитная оборона
défense aérienne — militaire

зол. — золото
d'or, doré — général

зп — золото и платина
or et platine

з/с — зерновой совхоз
sovkoz céréalier — agriculture

зук — звёздый указатель курса
astro-compas — aéronautique

зх — задний ход
inversion, reverse

И

И — истребитель
chasseur — avion

и — инерта
inerte — unité de masse

ИА — Институт Автоматики
Institut de l'Automation

ИА — Иинститут Археологий
Institut archéologique

ИА — Истинный азимут
Azimuth vrai — physique

ИАЭ — Институт атомный энергий
Institut de l'énergie atomique — nucléaire

ИВ — измеритель видимости
visibilité-mètre

ив — индекс вязкости
indice de viscosité — physique

изд. — издание
édition — biblio.

ик — искуственная кожа
cuir synthétique — plastiques

ик — истинный курс
cap vrai — navigation

ил — индикаторная лампочка
voyant lumineux — technique

ИЛ — Ильюшина
Illiouchine — aéronautique

и. л. с. — индикаторная лошадиная сила
puissance indiquée en chevaux — technique

им. — имени
du nom de, appelé — général

ин — иностранный
étranger — général

и. о. — исполняющий обязанностн
en remplacement de — général

ирл. — ирландский
irlandais

ИС — искуственный спутник
satellite artificiel — espace

исл. — исландский
islandais

исп. — испанский
espagnol

исп — испытуемый
d'essai, à l'essai — technique

ист. вр. — истинное время
heure vraie, temps vrai — astronomie

ит. — итальянский
italien

и. т. д. — и так далее
et ainsi de suite — général

ИУ — инжеиерное управление
service technique

ИФГ — институт физической географии
institut de géographie physique

ифк — инфракрасный
infrarouge — technique

ИХФ — Институт химической физики
Institut de physicochimie

ИЭ — Институт экономики
Institut économique

иэт — изоэлектрическая точка
point iso-électrique — biologie

ия — информационный язык
langage informatique — informatique

К

К — каменистый
pierreux — agriculture

К — Камов
kamov — hélicoptères

К — катод
cathode — technique

К — компас
compas — navigation

К — компрессор
compresseur — technique

К — контрольный калибр
calibre de référence — contrôle

К — коэффициент
coefficient — technique

К — кран
grue — bâtiment

К — курс
cap — navigation

К. — кислота
acide — chimie

КА — космический аппарат
appareil cosmique — espace

Каб. — кабель
câble — technique

кан. — канал
canal — général

кап. — капитальный
capital, essentiel — général

КБ — конструкторское бюро
bureau d'études — technique

кб. — кубический
cubique

К. В. — Камера Вилсона
chambre de Wilson — industrie

кв. — квадрат
carré

кз — короткое замыкание
court-circuit — électricité

ки — кабельискатель
détecteur de câbles (sous-terrains) — technique

кит. — китайский
chinois

кк — компасный курс
cap au compas — navigation

КЛ — канонерская лодка
canonnière — milit. marine

кл. — класс
classe, catégorie

к. л. — космические лучи
rayons cosmiques — espace

км — кислородая маска
masque à oxygène — aéronautique

кор. — корейский
coréen

кп — коробка передач
boîte de transmission — moteurs

к-рый — который
qui, que — général

К. Т. — комнатная температура
température ambiante (en salle) — technique

К-та — кислота
acide — chimie

кч — ковкий чугун
fonte brute — métallurgie

КЭ — кинетическая энергия
énergie cinétique — physique

КЭС — киноэлектростанция
centrale électrique cinématographique — cinéma

Л

Л — Ленинград
Léningrad — géographie

л. — лампа
lampe, tube — radio

л — литр
litre — unités

лв — левое вращение
sens anti-horaire — technique

ЛВЖ — легковоспламеняемая жидкость
liquide facilement inflammable — technique

лев. — левый
gauche — général

лег — лёгкий
léger — général

ЛЕД — Ледокол
Brise-glace — maritime

лёт. — лётный, лётчик
volant — aéronautique
aviateur, pilote — aéronautique

лит. — литовский
lithuanien

лк — линейный корабль
bateau de guerre — militaire

л/к — ледокол
brise-glace

лм — люмен
lumen — unités

л/с — личный состав
personnel, effectif — social

л. с. — лошадиная сила
force en chevaux (métriques) — unités

лу — ламповый усилитель
amplificateur à lampes — électronique

M

М — масштаб
jauge, échelle — mesures

М — Маха число
Nombre de mach — unités

М — металл
métal — chimie

М — Москва
Moscou — géographie

M

М. — море
mer — marine

м. — мужеской
masculin — grammaire

МАС — Международный астрономический союз
Union Astronomique Internationale — astronomie

МАС — межпланетная автоматическая станция
station interplanétaire automatique — espace

МАС Мировая Автоматическая Станция
— satellites

МБ — Магнитный барабан
Tambour magnétique — informatique

М. Б. — может быть
peut-être — général

МВ — молекулярный вес
masse moléculaire — chimie

мгаэр — магнитоаэродинамика
magnéto-aérodynamique — physique

МЕ — международная единица
unité internationale — unités

мед. — медицина
médecine

мз — масло зимнее
huile d'hiver — automobile

Мин. — Минск
Minsk — géographie

Мир. Вр. — Мировое Время
Temps universel — chronologie

мк — магнитный курс
cap magnétique — navigation

мк — маяк
phare — maritime

мк — микро...
micro... — général

МН — Магнитное насьшение
Saturation magnétique — magnétique

мн-к — многоугольник
polygone — géométrie

МО — Министерство Обороны
Ministère de la Défense — administration

МОТ — Междуиародная Организация Труда
Organisation Internationale du Travail — social

МП — Машинный перевод
Traduction automatique

мр — мощная радиостанция
station-radio à grande puissance — radio

мс — межпланетная станция
station interplanétaire — espace

мс — многомоторный самолёт
avion multimoteur — aéronautique

мт — мёртвая точка
point mort — automobile

МТ — Мореходные таблицы
Tables de Navigation — maritime

му — магнитный усилитель
amplificateur magnétique — électronique

мф — московский филиал
filiale de Moscou — commerce

м-ц — месяц
Mois — chronologie

H

Н — норма
norme — normalisation

н — ньютон
newton — unités

НА — направляющий аппарат
dispositif de guidage — technique

нв — направление ветра
direction du vent — navigation

нв — направление вращения
sens de rotation — technique

н. в. э. — нормальный водородный эквивалент
équivalent hydrogène normal — chimie

нг — нейтральный газ
gaz neutre — chimie

н. д. — низкое давление
basse pression — physique

н. и. — научно-исследовательский
recherche scientifique — sciences

нир — научно-исследовательская работа
(travail) recherche scientifique — sciences

нк — навигационный координатор
indicateur de position-sol — navigation

нк — натуральный каучук
caoutchouc naturel — caoutchouc

нп — направление полёта
direction du vol — aéronautique

нпп — низкополётная полоса
zone d'approche — aéronautique

н. с. — намагничивающая сила
force de magnétisation — magnétisme

нт — нормальный тип
type standard, normal — technique

нтс — научно-технический совет
conseil scientifique et technique

нту — нормальные технические условия
spécifications techniques normales — normalisation

н. у. м. — над уровнем моря
au-dessus du niveau de la mer — aéronautique etc.

нч — низкая частота
basse fréquence — électronique

О

О — орудие
canon — militaire

О — осевой насос
pompe axiale — technique

о. — область
province, région — géographie

о. — остров
île — géographie

об. — оборот
révolution, tour — technique

об. в. — обьёмный вес
masse volumétrique — mesures

об-во — общество
société, association — social

об/сек — оборотов в секунду
tours/seconde — technique

оз. — озеро
lac

ок — отсечной клапан
clapet de fermeture, d'arrêt — technique

опт — оптимальный
optimal — technique

ОР — опасный район
zone dangereuse

ор. — орудие
canon — militaire

осн. — основный
fondamental, de base, principal — général

П

П — паровоз
locomotive — chemins de fer

п — помехи
parasites — radio

п — пункт
point — général

п. а. — почтовый адрес
adresse postale — postes

пк — поправка вкурсе
correction de cap — aéronautique

пп — полупроводник
semi-conducteur

пп — посадочная площадка
terrain d'atterrissage — aéronautique

пу — переключатель управления
interrupteur de commande — technique

п/х — пароход
navire à vapeur — maritime

пч — промежуточная частота
fréquence intermédiaire — radio

Р

р. — рубль
rouble — monnaie

ра-во — равенство
égalité — mathématique

рд — рудёжная дорожка
taxiway, piste de roulage

рем — ремонтный
de réparation — technique

р. з. — редкие земли
terres rares — physique

рк — реле контроля
relais de commande — technique

рл — реитгенновские лучи
rayons X

рм — ремонтная мастерская
atelier de réparation — technique

ро — радиоосадкомер
indicateur de retombées radioactives — nucléaires

р-р. — раствор
solution — chimie

рс — регулятор скорости
régulateur de vitesse — technique

р/с — радиостанция
station radio — radio

ру — ручное управление
commande manuelle — technique

рэ — реле электромагнитное
relais électromagnétique — technique

С

С — Север
Nord — géographie

СА — стандартная атмосфера
atmosphère standard — météo

св — спальный вагон
voiture-lit — chemins de fer

с-г — сего года
de cette année — chronologie

СД — синхроный двигатель
moteur-synchrone — moteurs

С-З — Северо-Запад
Nord-Ouest — géographie

см — снегоуборочная машина
machine à enlever la neige

см — счётная машина
machine à calculer

с-м — сего месяца
de ce mois — chronologie

сн. — снизу
en partant du bas, au-dessous — général

СП — Северный Полос
Pôle Nord — géographie

ср. — сравни
comparer — général

сс — санитарный самолёт
avion-ambulance — aéronautique

ст. — статья
clause, article — juridique

сук — солнечный указатель курса
compas solaire — aéronautique

с-х — сельское хозяйство
agriculture

сх. — схема
schéma — dessin

с-ч — сего числа
d'aujourd'hui — chronologie

с-ш — северная широта
latitude Nord — géographie

Т

Т — текущий ремонт
maintenance — technique

Т — тысяча
mille — unités

***т* — *т*онна**
tonne — unités

тв — телевключатель
interrupteur à distance — technique

т. г. — текущего года
année en cours — chronologie

тд — туннельный диод
diode tunnel — électronique

т. е. — то есть
c'est-à-dire — général

т. зам — температура замерзания
point de congélation — physique

т. заст — температура застывания
point de solidification — physique

тк — технический контроль
contrôle technique — technique

тк — турбокомпрессор
turbo-compresseur

тн — трансформатор напряжения
transformateur de tension — électricité

т. н. — так называемый
appelé — général

т. о. — таким образом
de cette manière, ainsi — général

т. п. — точа плавления
point de fusion — physique

тст — томасовская сталь
acier thomas

тч — тональная частота
fréquence acoustique audio-fréquence — électronique

тэс — тепловая электростаниия
centrale électrique thermique — électricité

У

У- — указание
instruction, désignation — normalisation

у. в. — удельный вес
gravité spécifique, poids spécifique — mesures

уг. — угол
angle — dessin indust.

уд. — удельный
spécifique

уд — управление делами
direction (service) — sociétés

ук — учебный корабль
bateau-école — marine

умф. — умформер
convertisseur — électricité

упл. — управление
administration

ур. — уравнение
équation — mathématique

ур. — уровень
niveau

ус — усилитель
amplificateur — électronique

ус — учебный самолёт
avion d'entraînement — aéronautique

уф — ультрафиолетовый
ultraviolet — physique

уфл — ультрафиолетовые лучи
rayons ultraviolets — physique

Ф

ф — фунт
livre — unités

ф. — фут
pied — unités

фаб. — фабричный
d'usine — industrie

ф. з. — фабрично-заводской
usine de fabrication — industrie

фил. — филиал
filiale — industrie

ф-ла — формула
formule — industrie

фоб — франко борт судна
franco à bord, FOB — commerce

фр. — франк
franc — unités

ф. с. т. — фунт стерлингов
livre Sterling — unités

ф-ция — функция
fonction

фа — фотоэлемент
cellule photo — électronique

Х

х/б — хлопчатобумажный
de, en coton — textiles

х-во — хозяйство
économie, ferme, établissement — économie

хм — холодная масса
masse froide (d'air) — météorologie

хол. — холодный
froid — général

хр. — хронометр
chronomètre

х. т. — холоднотянутый
étiré à froid — métallurgie

Ц

°Ц — градусов Цельсия
degré Celcius — unités

цв. — цвет
couleur, coloré

цд — центр давления
centre de pression — technique

цех. — цеховой
d'atelier — industrie

цм — цветная металлургия
métallurgie non-ferreuse — métallurgie

цо — центральный орган
organe central

цт — центр тяжести
centre de gravité — technique

цу — центральное управление
contrôle central, Administration centrale — technique

Ч

ч. — час
heure

ч. — часть
unité — militaire

ч. — число
numéro, nombre — général

чм — чёрная металлургия
industrie lourde (du fer et de l'acier) — métallurgie

чп — чрезвычайное происшествие
accident extraordinaire

ч. р. — частично растворим
partiellement soluble — chimie

чу — читающее устройство
lecteur — informatique

Ш

ш. — широта
latitude — géographie

ш — шум
bruit — général

шп — шар-пилот
Ballon-pilote — aéronautique

шт. — штука
morceau, pièce, chose — général

шел. — шелочной
alcalin — chimie

Э

э — эксплуатация
exploitation, utilisation

э — эрстед
œrsted — unités

ЭАП — злектрический автопилот
autopilote électrique

эв — злектронный вычислитель
calculateur électronique

эк — электрокомбинат
électro-combinat

зк. — зкономика
économie

экз. — экземпляр
copie

эш — эффект штарка
effet de Stark

Ю

Ю — ЮГ
Sud — géographie

ю. щ. — южная широта
latitude Sud — géographie

Я

яв — ядовитое вещество
substance toxique, poison — pharmacie

яд — ядерный двигатель
moteur atomique — nucléaire

яд. эн. — ядерная энергия
énergie nucléaire — nucléaire

янв. — яньвар
janvier — chronologie

яп — японский
japonais — géographie

Photocomposé, traité et imprimé par :
Imprimerie Jouve, 17, rue du Louvre 75001 PARIS